最优化方法

（修订版）

解可新　韩　健　林友联　编

U0259278

天津大学出版社
TIANJIN UNIVERSITY PRESS

图书在版编目(CIP)数据

最优化方法/解可新编.—天津:天津大学出版社,1997.1 (2022.1重印)

ISBN 7-5618-0940-9

Ⅰ.最… Ⅱ.解… Ⅲ.最优化 Ⅳ.0224

中国版本图书馆CIP数据核字(2001)第05843号

出版发行	天津大学出版社
地　　址	天津市卫津路92号天津大学内(邮编:300072)
电　　话	发行部:022-27403647
网　　址	publish.tju.edu.cn
印　　刷	廊坊市海涛印刷有限公司
经　　销	全国各地新华书店
开　　本	148mm×210mm
印　　张	10.75
字　　数	310千
版　　次	1997年1月第1版　2004年8月第2版
印　　次	2022年1月第15次
定　　价	23.00元

修订版前言

该书自从与广大读者见面之后，受到广大读者的厚爱与关怀.作者表示衷心的感谢.

遗传算法是新发展起来的一种优化算法.它的理论、算法尚未成熟，有待于进一步地发展与完善.但是在解决大量的优化问题中，它显示出了其强大的生命力.特别是对于一些大型、复杂的非线性系统优化问题，它显示出了比其他传统优化方法独特和优越的性能，具有巨大的发展潜能.因此，借此次修订该书之际，增加了遗传算法简介的内容，作为第7章.

尚望广大读者能一如既往地关心本书，并提出宝贵的意见和建议.谢谢！

作者

2004年5月

于天津大学理学院

前　　言

追求最优目标是人类的理想,最优化方法就是从众多可能方案中选择最佳者,以达到最优目标的科学.它是一门新兴的应用数学分支,近二三十年来随着电子计算机的普遍应用而迅猛发展,已经广泛地应用于国民经济各个部门和科学技术的各个领域中.

最优化理论和方法的内容极其广博,由于篇幅和学时所限,根据工科研究生课程指导委员会制定的"工学硕士研究生最优化方法课程教学基本要求",结合天津大学为本校硕士研究生和本科生编写的最优化理论与方法教材及多年来教学实践的体会,我们选取了线性规划、非线性规划、多目标规划与动态规划四部分.每部分内容着重阐明基本理论与基本方法.既阐述了经过长期考验被认为是有效的方法,也给出了很有实用价值的新方法,并辅之以相应的例题和习题,以便给读者在该领域的深入学习和研究打下良好的基础.对于一些证明较冗长和复杂的定理,我们只给出定理的内容,证明从略.

本书力求深入浅出,通俗易懂.凡是学过高等数学和线性代数的读者均能学习.本书既可作为工科硕士研究生和高年级大学生学习本门课程的教材,也可以作为从事应用数学、管理工程、系统工程及工程设计方面工作的广大科技人员的参考书.

1994年应工科研究生课程指导委员会数学课程指导小组的征稿,我们将本书稿向该课程指导小组投标.经过全国多名同行专家的评审及课程指导小组全体委员的认真讨论得以通过,并给予高度评价:"概念清晰,重点突出,选材针对性较强,理论分析详简合适,对于优化及其应用问题阐明清楚,便于教学,具有较好的可读性."

由于编者水平所限,缺点和错误在所难免,敬请读者予以批评指正.

作者 1996 年 4 月于天津大学数学系

目　　录

符 号 说 明

$A \setminus B$	集合 A 和集合 B 的差集
$A \cup B$	集合 A 和集合 B 的并集
$A \cap B$	集合 A 和集合 B 的交集
$A \subset B$	集合 B 包含集合 A
$A - \{p\}$	从集合 A 中删除元素 p 后的集合
$A + \{q\}$	对集合 A 添加元素 q 后的集合
$\boldsymbol{x}$	n 维列向量
$\mathbf{R}^n$	n 维向量空间
$\\|\cdot\\|$	向量的范数或矩阵的范数
$\boldsymbol{a}^{\mathrm{T}}$	向量 $\boldsymbol{a}$ 的转置
$\boldsymbol{B}^{\mathrm{T}}$	矩阵 $\boldsymbol{B}$ 的转置
$\boldsymbol{B}^{-1}$	矩阵 $\boldsymbol{B}$ 的逆矩阵
$f(\boldsymbol{x})$	目标函数
$\boldsymbol{F}(\boldsymbol{x})$	向量目标函数 $\boldsymbol{F}(\boldsymbol{x}) = (f_1(\boldsymbol{x}), \cdots, f_m(\boldsymbol{x}))^{\mathrm{T}}$
$\nabla f(\boldsymbol{x}) = \boldsymbol{g}(\boldsymbol{x})$	函数 $f(\boldsymbol{x})$的梯度向量 $\boldsymbol{g}(\boldsymbol{x}) = \nabla f(\boldsymbol{x}) = (\frac{\partial f}{\partial x_1}, \cdots, \frac{\partial f}{\partial x_n})^{\mathrm{T}}$
$\nabla^2 f(\boldsymbol{x}) = G(\boldsymbol{x})$	$f(\boldsymbol{x})$的Hesse矩阵,其第 i 行第 j 列的元素为$\frac{\partial^2 f(\boldsymbol{x})}{\partial x_i \partial x_j}$
$c_i(\boldsymbol{x})$	第 i 个约束函数
$\boldsymbol{c}(\boldsymbol{x})$	向量约束函数,例如 $\boldsymbol{c}(\boldsymbol{x}) = (c_1(\boldsymbol{x}), \cdots, c_l(\boldsymbol{x}))^{\mathrm{T}}$
$\nabla c_i(\boldsymbol{x})$	第 i 个约束函数的梯度向量
$\boldsymbol{x}^*$	最优化问题的最优解
$\boldsymbol{x}_k$	解 $\boldsymbol{x}^*$ 的第 k 次近似

$S=\{\boldsymbol{x}\mid\boldsymbol{x}$ 所满足的性质$\}$	
	满足某些性质的 $\boldsymbol{x}$ 的全体(集合)
$\boldsymbol{x}\in S$	$\boldsymbol{x}$ 属于集合 S
$\boldsymbol{x}\notin S$	$\boldsymbol{x}$ 不属于集合 S

第 1 章　最优化问题概述

最优化理论和方法是第二次世界大战后迅速发展起来的一个新学科,随着现代化生产的发展和科学技术的进步,最优化理论和方法日益受到人们的重视.现在它已渗透到生产、管理、商业、军事、决策等各领域.本章由几个实例入手,说明最优化问题的数学模型及有关的概念,并叙述求解最优化问题的迭代算法.最后给出一维搜索的几个方法.

1.1　最优化问题的数学模型与基本概念

最优化问题的实例一般都比较复杂,为了便于理解,我们只举几个简单的例子.

例 1.1.1　运输问题　设有 m 个水泥厂 $A_1,A_2,\cdots,A_m$,年产量各为 $a_1,a_2,\cdots,a_m$ t.有 k 个城市 $B_1,B_2,\cdots,B_k$ 用这些水泥厂生产的水泥,年需求量各为 $b_1,b_2,\cdots,b_k$ t.再设由 A_i 到 B_j 每吨水泥的运价为 c_{ij} 元.假设产销是平衡的,即 $\sum_{i=1}^{m} a_i = \sum_{j=1}^{k} b_j$.试设计一个调运方案,在满足需要的同时使总运费最省.

设 A_i 调往 B_j 的水泥为 x_{ij} t,则问题化为求总运费

$$s = \sum_{i=1}^{m}\sum_{j=1}^{k} c_{ij}x_{ij}$$

的极小值,且满足下面的条件:

$$\sum_{j=1}^{k} x_{ij} = a_i, \quad i=1,2,\cdots,m;$$

$$\sum_{i=1}^{m} x_{ij} = b_j, \quad j=1,2,\cdots,k;$$

$$x_{ij} \geqslant 0, \quad i=1,2,\cdots,m, \quad j=1,2,\cdots,k.$$

例 1.1.2　生产计划问题　设某工厂有 m 种资源 $B_1,B_2,\cdots,B_m$，数量各为 $b_1,b_2,\cdots,b_m$.用这些资源生产 n 种产品 $A_1,A_2,\cdots,A_n$.每生产一个单位的 A_j 产品需要消耗资源 B_i 的量为 a_{ij}.根据合同规定，产品 A_j 的量不少于 d_j.再设 A_j 的单价为 c_j.问如何安排生产计划，才能既完成合同，又使该厂总收入最多？

设产品 A_j 的计划产量为 x_j，总产值 $y=\sum\limits_{j=1}^{n}c_jx_j$，则问题化为求总产值

$$y=\sum_{j=1}^{n}c_jx_j$$

的极大值，且满足条件：

$$\sum_{j=1}^{n}a_{ij}x_j\leqslant b_i,\quad i=1,2,\cdots,m;$$

$$x_j\geqslant d_j,\quad j=1,2,\cdots,n.$$

例 1.1.3　指派问题　设有四项任务 B_1,B_2,B_3,B_4，派四个人 A_1,A_2,A_3,A_4 去完成.每个人都可以承担四项任务中的任何一项，但所耗费的资金不同.设 A_i 完成 B_j 所需资金为 c_{ij}.如何分配任务，使总支出最少？

设变量 $x_{ij}=\begin{cases}1, & \text{指派 } A_i \text{ 去完成 } B_j;\\ 0, & \text{不派 } A_i \text{ 去完成 } B_j.\end{cases}$

总支出为 $s=\sum\limits_{i=1}^{4}\sum\limits_{j=1}^{4}c_{ij}x_{ij}$，则问题化为使总支出 s 最小且满足条件

$$\sum_{j=1}^{4}x_{ij}=1,\quad i=1,2,3,4;$$

$$\sum_{i=1}^{4}x_{ij}=1,\quad j=1,2,3,4.$$

其中　$x_{ij}=0$ 或 1，

这里的变量 x_{ij} 叫 0－1 变量.

例 1.1.4　数据拟合问题　在实验数据处理或统计资料分析中常遇到如下问题.设两个变量 x 和 y，已知存在函数关系，但其解析表达

式或者是未知的或者虽然为已知的但过于复杂.设已取得一组数据

$$(x_i, y_i), \quad i = 1, 2, \cdots, m.$$

根据这一组数据导出函数 $y = f(x)$ 的一个简单而近似的解析表达式.

取一个简单的函数序列 $\varphi_0(x), \varphi_1(x), \cdots, \varphi_n(x)$,比如取幂函数列 $1, x, x^2, \cdots, x^n$ 作为基本函数系.求 $\varphi_0, \varphi_1, \cdots, \varphi_n$ 的一个线性组合 $\sum_{j=0}^{n} \alpha_j \varphi_j(x)$ 作为函数 $f(x)$ 的近似表达式,而系数 $\alpha_0, \alpha_1, \cdots, \alpha_n$ 的选取要使得平方和

$$Q = \sum_{i=1}^{m} [y_i - \sum_{j=0}^{n} \alpha_j \varphi_j(x_i)]^2$$

最小.此问题的变量为 $\alpha_0, \alpha_1, \cdots, \alpha_n$,对这些变量没有限制.这种问题又叫最小二乘问题.

例 1.1.5　两杆桁架的最优设计问题　两杆桁架由两根等长的圆钢管组成,如图 1-1 所示.图 1-2 是钢管的截面图.设桁架的跨度为 $2s$,钢管壁厚为 t,抗压强度为 Δ_0,弹性模量为 E.求钢管的直径 d 及桁架的高度 h,使得桁架在点 A 处承受垂直载荷 $2P$ 时不出现屈曲且不出现弹性变形,并使桁架尽可能轻.

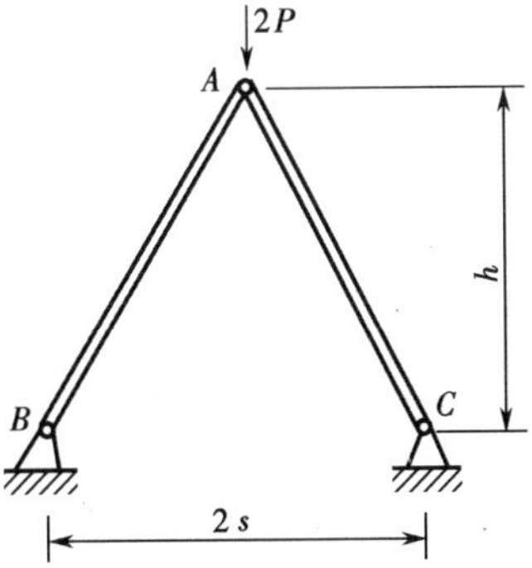

图 1-1

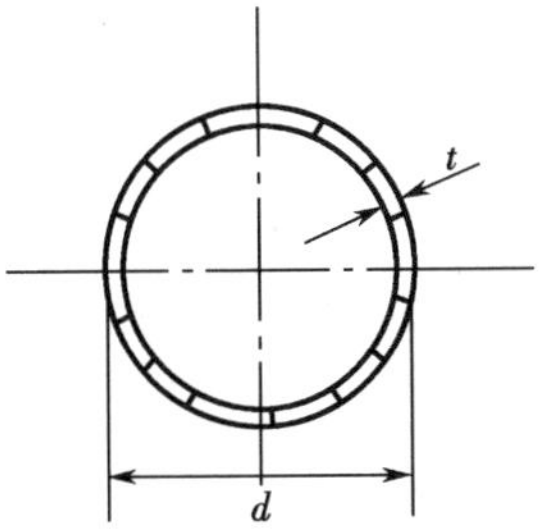

图 1-2

此问题中 s, t, Δ_0, E, P 都是已知量,设计变量是 d 和 h.

设计的目标是使桁架的重量最轻,这等价于使桁架的体积最小,所

以求函数

$$f(d,h)=2\pi dt(h^2+s^2)^{\frac{1}{2}}$$

的极小值.对于变量 d 和 h 的限制可做如下考虑.

当桁架于 A 点承受垂直载荷 $2P$ 时,每根钢管所受的压力是 $P(h^2+s^2)^{\frac{1}{2}}/h$,因而杆件的单位截面积所受的压力为

$$\Delta=\frac{P(h^2+s^2)^{\frac{1}{2}}}{\pi dth}.$$

根据结构力学原理,对于选定的钢管,不出现屈曲的条件是 $\Delta<\Delta_0$,即需满足不等式

$$\Delta_0-\frac{P(h^2+s^2)^{\frac{1}{2}}}{\pi dth}\geqslant 0,$$

而不出现弹性弯曲的条件为

$$\Delta\leqslant\frac{\pi^2E(d^2+t^2)}{8(h^2+s^2)},$$

再考虑到 d 和 h 的选择还受到尺寸的限制,这可用下面的不等式表示

$$d_1\leqslant d\leqslant d_2,\quad h_1\leqslant h\leqslant h_2.$$

由上面的几个例子可以看出,最优化问题的一般数学模型为

$$\min f(\boldsymbol{x}), \tag{1.1}$$

$$\text{(P)}\quad \text{s.t. } h_i(\boldsymbol{x})=0,\quad i=1,\cdots,m; \tag{1.2}$$

$$g_j(\boldsymbol{x})\geqslant 0,\quad j=1,\cdots,p. \tag{1.3}$$

其中 $\boldsymbol{x}=(x_1,x_2,\cdots,x_n)^{\mathrm{T}}\in\mathbf{R}^n$,即 $\boldsymbol{x}$ 是 n 维向量.在实际问题中也常常把变量 $x_1,x_2,\cdots,x_n$ 叫决策变量;$f(\boldsymbol{x})$, $h_i(\boldsymbol{x})$ $(i=1,\cdots,m)$, $g_j(\boldsymbol{x})$ $(j=1,\cdots,p)$为 $\boldsymbol{x}$ 的函数;s.t. 为英文“subject to”的缩写,表示“受限制于”.

求极小值的函数 $f(\boldsymbol{x})$称为目标函数,$h_i(\boldsymbol{x})(i=1,\cdots,m)$,$g_j(\boldsymbol{x})$ $(j=1,\cdots,p)$称为约束函数,其中 $h_i(\boldsymbol{x})=0$ 称为等式约束,而 $g_j(\boldsymbol{x})\geqslant 0$ 称为不等式约束.对于求目标函数极大值的问题,由于 $\max f(\boldsymbol{x})$与 $\min[-f(\boldsymbol{x})]$的最优解相同,因而可转化为求解 $\min[-f(x)]$.

前面所举的几个例子都可用最优化问题的数学模型表示.如其中

的例1.1.1运输问题可表示为

$$\begin{aligned}\min\ s &= \sum_{i=1}^{m}\sum_{j=1}^{k} c_{ij}x_{ij},\\ \text{s.t.}\quad & \sum_{j=1}^{k} x_{ij} = a_i,\quad i=1,2,\cdots,m,\\ & \sum_{i=1}^{m} x_{ij} = b_j,\quad j=1,2\cdots,k,\\ & x_{ij}\geqslant 0,\quad i=1,\cdots,m,\quad j=1,\cdots,k.\end{aligned}$$

例1.1.4　数据拟合问题的数学模型为

$$\min\ Q = \sum_{i=1}^{m}\left[y_i - \sum_{j=0}^{n}\alpha_j\varphi_j(x_i)\right]^2.$$

例1.1.5　桁架问题的数学模型为

$$\begin{aligned}\min\ & f(d,h) = 2\pi dt(h^2+s^2)^{\frac{1}{2}},\\ \text{s.t.}\quad & \Delta_0 - \frac{P(h^2+s^2)^{\frac{1}{2}}}{\pi dth}\geqslant 0,\\ & \frac{\pi^2E(d^2+t^2)}{8(h^2+s^2)} - \frac{P(h^2+s^2)^{\frac{1}{2}}}{\pi dth}\geqslant 0,\\ & d-d_1\geqslant 0,\\ & d_2-d\geqslant 0,\\ & h-h_1\geqslant 0,\\ & h_2-h\geqslant 0.\end{aligned}$$

满足约束条件(1.2)和(1.3)的 $\boldsymbol{x}$ 称为可行解,或可行点,或容许解.全体可行解构成的集合称为可行域或容许集,记为 D,即

$$D=\{\boldsymbol{x}\mid h_i(\boldsymbol{x})=0,\quad i=1,\cdots,m,\quad g_j(\boldsymbol{x})\geqslant 0,\\ j=1,\cdots,p,\quad \boldsymbol{x}\in\mathbf{R}^n\}$$

若 $h_i(\boldsymbol{x}),g_j(\boldsymbol{x})$是连续函数,则 D 是闭集.

定义1.1.1　若 $\boldsymbol{x}^*\in D$,对于一切 $\boldsymbol{x}\in D$ 恒有$f(\boldsymbol{x}^*)\leqslant f(\boldsymbol{x})$,则称 $\boldsymbol{x}^*$ 为最优化问题(P)的整体最优解.

若 $\boldsymbol{x}^*\in D$,对于一切 $\boldsymbol{x}\in D,\boldsymbol{x}\neq\boldsymbol{x}^*$,恒有 $f(\boldsymbol{x}^*)<f(\boldsymbol{x})$,则称 $\boldsymbol{x}^*$ 为问题(P)的严格整体最优解.

定义 1.1.2 若 $\boldsymbol{x}^* \in D$,存在 $\boldsymbol{x}^*$ 的某邻域 $N_\varepsilon(\boldsymbol{x}^*)$,使得对于一切 $\boldsymbol{x} \in D \cap N_\varepsilon(\boldsymbol{x}^*)$恒有 $f(\boldsymbol{x}^*) \leqslant f(\boldsymbol{x})$,则称 $\boldsymbol{x}^*$ 为最优化问题(P)的局部最优解.其中 $N_\varepsilon(\boldsymbol{x}^*) = \{\boldsymbol{x} \mid \| \boldsymbol{x} - \boldsymbol{x}^* \| < \varepsilon, \varepsilon > 0\}$. $\| \cdot \|$ 是范数.

若上面的不等式为严格不等式 $f(\boldsymbol{x}^*) < f(\boldsymbol{x}), \boldsymbol{x} \neq \boldsymbol{x}^*$,则称 $\boldsymbol{x}^*$ 为问题(P)的严格局部最优解.

显然,整体最优解一定是局部最优解,而局部最优解不一定是整体最优解.求解最优化问题(P),就是求目标函数 $f(\boldsymbol{x})$在约束条件(1.2)、(1.3)下的极小点,实际上是求可行域 D 上的整体最优解.但是,在一般情况下,很不容易求出整体最优解,往往只能求出局部最优解.

最优解 $\boldsymbol{x}^*$ 对应的目标函数值 $f(\boldsymbol{x}^*)$称为最优值,常用 f^* 表示.

在定义 1.1.2 中我们用到了范数 $\| \cdot \|$,范数是最优化方法中常遇到的一个概念,为此下面给出范数的定义.

定义 1.1.3 在 n 维线性空间 $\mathbf{R}^n$ 中,定义实函数 $\| \boldsymbol{x} \|$,使其满足以下三个条件:

(i)对任意 $\boldsymbol{x} \in \mathbf{R}^n$ 有 $\| \boldsymbol{x} \| \geqslant 0$,当且仅当 $\boldsymbol{x} = \mathbf{0}$ 时 $\| \boldsymbol{x} \| = 0$;

(ii)对任意 $\boldsymbol{x} \in \mathbf{R}^n$ 及实数α 有 $\| \alpha \boldsymbol{x} \| = |\alpha| \cdot \| \boldsymbol{x} \|$;

(iii)对任意 $\boldsymbol{x}, \boldsymbol{y} \in \mathbf{R}^n$ 有 $\| \boldsymbol{x} + \boldsymbol{y} \| \leqslant \| \boldsymbol{x} \| + \| \boldsymbol{y} \|$.

则称函数 $\| \boldsymbol{x} \|$ 为 $\mathbf{R}^n$ 上的向量范数.

对于任意 $\boldsymbol{x} = (x_1, \cdots, x_n)^{\mathrm{T}} \in \mathbf{R}^n, 1 \leqslant p < \infty$,称$(\sum_{i=1}^{n} |x_i|^p)^{1/p}$为向量$\boldsymbol{x}$ 的p - 范数,记作 $\| \boldsymbol{x} \|_p$,即

$$\| \boldsymbol{x} \|_p = (\sum_{i=1}^{n} |x_i|^p)^{1/p} \quad (1 \leqslant p < \infty).$$

称$\max\limits_{1 \leqslant i \leqslant n} |x_i|$为$\infty$ - 范数,记作 $\| \boldsymbol{x} \|_\infty$,即

$$\| \boldsymbol{x} \|_\infty = \max_{1 \leqslant i \leqslant n} |x_i|.$$

在 p - 范数中,用得最多的是 2 - 范数,即

$$\| \boldsymbol{x} \|_2 = (\sum_{i=1}^{n} x_i^2)^{\frac{1}{2}},$$

因此常记 $\| \cdot \|_2$ 为 $\| \cdot \|$.

根据目标函数与约束函数的不同形式,可以把最优化问题分为不

同的类型.

若根据数学模型中有无约束函数分类,可分为有约束的最优化问题和无约束的最优化问题.在数学模型中 $m=0,p=0$ 时,即不存在约束的最优化问题称为无约束最优化问题,否则称为约束最优化问题.

亦可根据目标函数和约束函数的函数类型分类.若 $f(\boldsymbol{x})$、$h_i(\boldsymbol{x})$ $(i=1,\cdots,m)$与 $g_j(\boldsymbol{x})$ $(j=1,\cdots,p)$都是线性函数,则最优化问题(P)称为线性规划;若其中至少有一个为非线性函数,则称问题(P)为非线性规划.

另外,对于某些特殊类型的 $f(\boldsymbol{x})$, $h_i(\boldsymbol{x})$和 $g_j(\boldsymbol{x})$而言,还有一些特殊类型的最优化问题.如目标函数为二次函数,而约束函数全部是线性函数的最优化问题称为二次规划.当目标函数不是数量函数而是向量函数时,就是多目标规划.还有用于解决多阶段决策问题的动态规划等.前面所给出的几个例子中,例 1.1.1、例 1.1.2 及例 1.1.3 是线性规划.其中例 1.1.3 因为其变量只取 0 和 1 两个值,又叫 0-1 规划.例 1.1.4 是无约束的非线性规划问题.例 1.1.5 是有约束的非线性规划问题.

1.2　最优化问题的一般算法

求解最优化问题(P)的基本方法是给定一个初始可行点 $\boldsymbol{x}_0\in D$,由这个初始可行点出发,依次产生一个可行点列 $\boldsymbol{x}_1,\boldsymbol{x}_2,\cdots,\boldsymbol{x}_k,\cdots$,记为$\{\boldsymbol{x}_k\}$,使得某个 $\boldsymbol{x}_k$ 恰好是问题的一个最优解,或者该点列$\{\boldsymbol{x}_k\}$收敛到问题的一个最优解 $\boldsymbol{x}^*$.这就是我们平时所说的迭代算法.在迭代算法中由点 $\boldsymbol{x}_k$ 迭代到$\boldsymbol{x}_{k+1}$时,要求 $f(\boldsymbol{x}_{k+1})\leqslant f(\boldsymbol{x}_k)$,称这种算法为下降算法.点列$\{\boldsymbol{x}_k\}$的产生,通常采取两步来完成.首先在可行域内点 $\boldsymbol{x}_k$ 处求一个方向 $\boldsymbol{p}_k$,使得点 $\boldsymbol{x}_k$ 沿方向 $\boldsymbol{p}_k$ 移动时函数值$f(\boldsymbol{x})$有所下降,一般称这个方向为下降方向或搜索方向;其次以 $\boldsymbol{x}_k$ 为出发点,以 $\boldsymbol{p}_k$ 为方向作射线 $\boldsymbol{x}_k+\alpha\boldsymbol{p}_k$,其中 $\alpha>0$,在此射线上求一点 $\boldsymbol{x}_{k+1}$, $\boldsymbol{x}_{k+1}=\boldsymbol{x}_k+\alpha_k\boldsymbol{p}_k$,使得 $f(\boldsymbol{x}_{k+1})<f(\boldsymbol{x}_k)$,其中 α_k 称为步长.

定义 1.2.1　在点 $\boldsymbol{x}_k$ 处,对于向量 $\boldsymbol{p}_k \neq \boldsymbol{0}$,若存在实数 $\bar{\alpha} > 0$,使任意的 $\alpha \in (0, \bar{\alpha})$有

$$f(\boldsymbol{x}_k + \alpha \boldsymbol{p}_k) < f(\boldsymbol{x}_k)$$

成立,则称 $\boldsymbol{p}_k$ 为函数$f(\boldsymbol{x})$在点 $\boldsymbol{x}_k$ 处的一个下降方向.

当 $f(\boldsymbol{x})$具有连续的一阶偏导数时,记 $f(\boldsymbol{x})$在点 $\boldsymbol{x}_k$ 处的梯度为$\nabla f(\boldsymbol{x}_k) = \boldsymbol{g}_k$,由 Taylor 公式,有

$$f(\boldsymbol{x}_k + \alpha \boldsymbol{p}_k) = f(\boldsymbol{x}_k) + \alpha \boldsymbol{g}_k^{\mathrm{T}} \boldsymbol{p}_k + o(\alpha).$$

当 $\boldsymbol{g}_k^{\mathrm{T}} \boldsymbol{p}_k < 0$ 时,有 $f(\boldsymbol{x}_k + \alpha \boldsymbol{p}_k) < f(\boldsymbol{x}_k)$,所以 $\boldsymbol{p}_k$ 是$f(\boldsymbol{x})$在点 $\boldsymbol{x}_k$ 处的一个下降方向;反之,当 $\boldsymbol{p}_k$ 是$f(\boldsymbol{x})$在点 $\boldsymbol{x}_k$ 处的下降方向时,有 $\boldsymbol{g}_k^{\mathrm{T}} \boldsymbol{p}_k < 0$. 所以也称满足

$$\boldsymbol{g}_k^{\mathrm{T}} \boldsymbol{p}_k < 0$$

的方向 $\boldsymbol{p}_k$ 为$f(\boldsymbol{x})$在点 $\boldsymbol{x}_k$ 处的下降方向.

定义 1.2.2　已知区域 $D \subset \mathbf{R}^n$, $\boldsymbol{x}_k \in D$,对于向量 $\boldsymbol{p}_k \neq \boldsymbol{0}$,若存在实数 $\bar{\alpha} > 0$,使对任意 $\alpha \in (0, \bar{\alpha})$,有

$$\boldsymbol{x}_k + \alpha \boldsymbol{p}_k \in D,$$

则称 $\boldsymbol{p}_k$ 为点$\boldsymbol{x}_k$ 处关于区域D 的可行方向.

显然,对于 D 的内点来说,任意的向量 $\boldsymbol{p}_k$ 都是可行方向.若点 $\boldsymbol{x}_k$ 是D 的边界点,那么有些方向是可行的,有些方向不是可行的.

设函数 $f(\boldsymbol{x})$在域 $D \subset \mathbf{R}^n$ 内有定义,对于向量 $\boldsymbol{p}_k \neq \boldsymbol{0}$,若它既是$f(\boldsymbol{x})$在点 $\boldsymbol{x}_k$ 处的下降方向,又是在该点处关于域 D 的可行方向,则称 $\boldsymbol{p}_k$ 是函数 $f(\boldsymbol{x})$在点 $\boldsymbol{x}_k$ 处的可行下降方向.

最优化问题的算法具有一般迭代格式:

给定初始点 $\boldsymbol{x}_0$,令 $k = 0$.

(1)确定点 $\boldsymbol{x}_k$ 处的可行下降方向$\boldsymbol{p}_k$;

(2)确定步长 $\alpha_k > 0$,使得 $f(\boldsymbol{x}_k + \alpha_k \boldsymbol{p}_k) < f(\boldsymbol{x}_k)$;

(3)令 $\boldsymbol{x}_{k+1} = \boldsymbol{x}_k + \alpha_k \boldsymbol{p}_k$;

(4)若 $\boldsymbol{x}_{k+1}$ 满足某种终止准则,则停止迭代,以 $\boldsymbol{x}_{k+1}$ 为近似最优解.否则令 $k=k+1$,转(1).

根据不同的原则选取不同的搜索方向 $\boldsymbol{p}_k$,就可得到各种不同的算法.

由 $\boldsymbol{x}_k$ 出发沿方向 $\boldsymbol{p}_k$ 求步长 α_k 的过程叫一维搜索或线性搜索,它是求解最优化问题的基本步骤之一.当搜索方向确定之后,一维搜索的优劣便成为求解最优化问题的关键.

如果某算法构造出的点列 $\{\boldsymbol{x}_k\}$ 能够在有限步之内得到最优化问题的最优解 $\boldsymbol{x}^*$,或者点列 $\{\boldsymbol{x}_k\}$ 有极限点,并且其极限点是最优解 $\boldsymbol{x}^*$,则称这种算法是收敛的.显然,收敛的算法才有意义.算法收敛是对一个算法的基本要求,因此,当提出一种新算法时,往往首先要讨论其收敛性.

一个算法是否收敛,往往同初始点 $\boldsymbol{x}_0$ 的选取有关.如果只有当 $\boldsymbol{x}_0$ 充分接近最优解 $\boldsymbol{x}^*$ 时,由算法产生的点列才收敛于 $\boldsymbol{x}^*$,则该算法称为具有局部收敛性的算法;如果对于任意的初始点 $\boldsymbol{x}_0 \in D$,由算法产生的点列都收敛于最优解 $\boldsymbol{x}^*$,则这个算法称为具有整体收敛性的算法.由于一般情况下最优解 $\boldsymbol{x}^*$ 是未知的,所以只有具有整体收敛性的算法才是有实用意义的.但是对算法的局部收敛性分析,在理论上是重要的,因为它是全局收敛性分析的基础.

另外,作为一个好算法,还必须以较快的速度收敛到最优解.如果一个算法产生的序列 $\{\boldsymbol{x}_k\}$ 虽然收敛于最优解 $\boldsymbol{x}^*$,但收敛得太"慢",这种算法不是好算法.下面给出与收敛速度有关的概念.

定义 1.2.3　设序列 $\{\boldsymbol{x}_k\}$ 收敛于 $\boldsymbol{x}^*$,而且

$$\lim_{k\to\infty}\frac{\|\boldsymbol{x}_{k+1}-\boldsymbol{x}^*\|}{\|\boldsymbol{x}_k-\boldsymbol{x}^*\|}=\beta,$$

若 $0<\beta<1$,则称序列 $\{\boldsymbol{x}_k\}$ 为线性收敛的,称 β 为收敛比;若 $\beta=0$,则称序列 $\{\boldsymbol{x}_k\}$ 为超线性收敛的;若 $\beta=1$,则称序列 $\{\boldsymbol{x}_k\}$ 为次线性收敛.

定义 1.2.4　设序列 $\{\boldsymbol{x}_k\}$ 收敛于 $\boldsymbol{x}^*$,若对于某个实数 $p\geqslant 1$,有

$$\lim_{k\to\infty}\frac{\|\boldsymbol{x}_{k+1}-\boldsymbol{x}^*\|}{\|\boldsymbol{x}_k-\boldsymbol{x}^*\|^p}=\beta,\quad 0<\beta<+\infty,$$

则称序列$\{\boldsymbol{x}_k\}$为 p 阶收敛的.

我们主要考虑线性收敛、超线性收敛与二阶收敛三种收敛速度.如果我们说一个算法是线性(或超线性或二阶)收敛的,是指算法产生的序列是线性(或超线性或二阶)收敛的.

对于一种算法,我们还要给出某种终止准则.当某次迭代满足终止准则时,就停止迭代,而以这次迭代所得到的点 $\boldsymbol{x}_k$ 或 $\boldsymbol{x}_{k+1}$ 作为最优解 $\boldsymbol{x}^*$ 的近似解.常用的终止准则有下面几种:

(1) $\|\boldsymbol{x}_{k+1}-\boldsymbol{x}_k\|<\varepsilon$ 或 $\dfrac{\|\boldsymbol{x}_{k+1}-\boldsymbol{x}_k\|}{\|\boldsymbol{x}_k\|}<\varepsilon$;

(2) $|f(\boldsymbol{x}_{k+1})-f(\boldsymbol{x}_k)|<\varepsilon$ 或 $\dfrac{|f(\boldsymbol{x}_{k+1})-f(\boldsymbol{x}_k)|}{|f(\boldsymbol{x}_k)|}<\varepsilon$;

(3) $\|\nabla f(\boldsymbol{x}_k)\|=\|\boldsymbol{g}_k\|<\varepsilon$;

(4)上述三种终止准则的组合.

其中 $\varepsilon>0$ 是预先给定的适当小的实数.

1.3 二维最优化问题的几何解释

具有两个变量的最优化问题有明显的几何意义,往往可以用图解法获得最优解.

二维最优化问题的目标函数 $z=f(x_1,x_2)$表示三维空间 $\mathbf{R}^3$ 中的曲面.在空间直角坐标系 $O-x_1x_2z$ 中,平面 $z=c$ 与曲面 $z=f(x_1,x_2)$的交线在 $O-x_1x_2$ 平面上的投影曲线为

$$\begin{cases}z=0,\\ f(x_1,x_2)=c,\end{cases}$$

取不同的 c 值得到不同的投影曲线.每一条投影曲线对应一个 c 值,所以称投影曲线$\begin{cases}f(x_1,x_2)=c,\\ z=0\end{cases}$为目标函数 $z=f(x_1,x_2)$的等值线,或等高线,如图 1-3 所示.

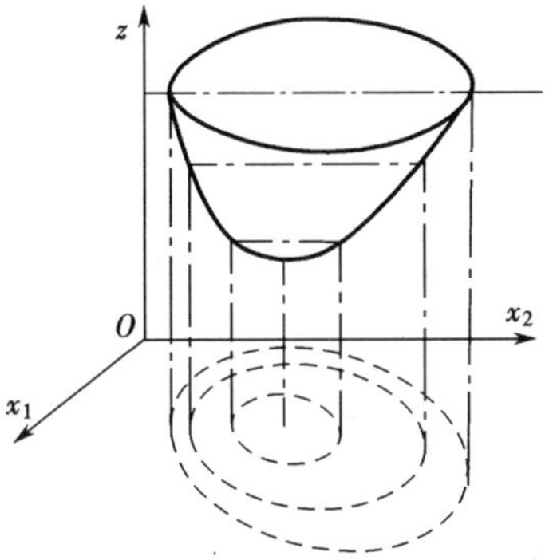

图 1-3

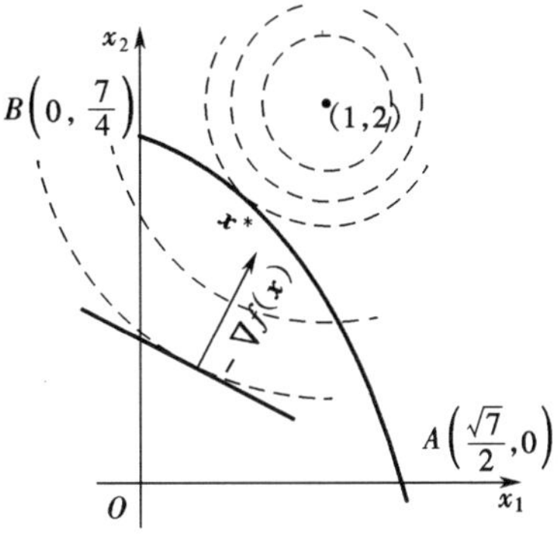

图 1-4

求目标函数 $z=f(x_1,x_2)$ 在可行域 D（二维情况下，D 为一平面域）上的极小点，是在与可行域 D 有交集的等值线中找出具有最小值的等值线. 也就是在可行域 D 上沿着 $f(x_1,x_2)$ 的负梯度方向或某种下降方向上找取得最小值 c 的点. 下面用例子说明如何用图解法求解二维最优化问题.

例 1.3.1　$\min\ (x_1-1)^2+(x_2-2)^2$,

$$\text{s.t.}\quad x_1^2+x_2-\frac{7}{4}\leqslant 0,$$

$$x_1,x_2\geqslant 0.$$

解　首先画出可行域 D. 目标函数 $f(x_1,x_2)=(x_1-1)^2+(x_2-2)^2$ 的等值线是以点 $(1,2)^{\mathrm{T}}$ 为圆心的一族同心圆，如图 1-4 所示. $f(x_1,x_2)$ 的梯度 $\nabla f(x_1,x_2)=(2(x_1-1),2(x_2-2))^{\mathrm{T}}$，负梯度方向指向等值线的圆心，所以等值线与可行域 D 的边界相切的点是此最优化问题的最优解 $\boldsymbol{x}^*$，$\boldsymbol{x}^*=(\frac{1}{2},\frac{3}{2})^{\mathrm{T}}$，目标函数的最优值 $f^*=\frac{1}{2}$.

例 1.3.2　$\max\ 2x_1+3x_2$,

$$\text{s.t.}\quad x_1+2x_2\leqslant 8,$$

$$x_1\leqslant 4,$$

$$x_2\leqslant 3,$$

$$x_1, x_2 \geqslant 0.$$

解　首先画出可行域 D 的图形，D 为凸多边形 $ODEFGO$. 再以 c 为参数画出目标函数的等值线

$$2x_1 + 3x_2 = c,$$

见图 1-5. 由图 1-5 可以看出，当 c 的值由小到大逐渐增加，等值线沿着目标函数的梯度方向平行移动，当移动到点 E 时，再移动就与可行域 D 不相交了，所以顶点 E 是最优点，$\boldsymbol{x}^* = (4,2)^{\mathrm{T}}$，最优值 $f^* = 14$.

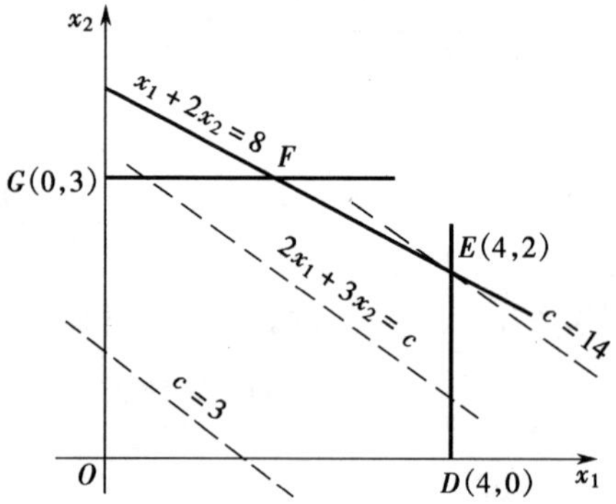

图 1-5

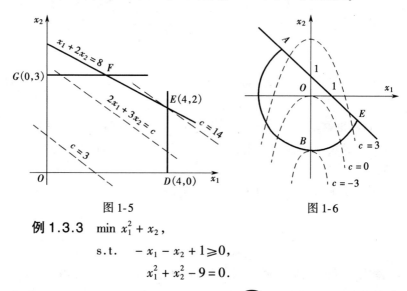

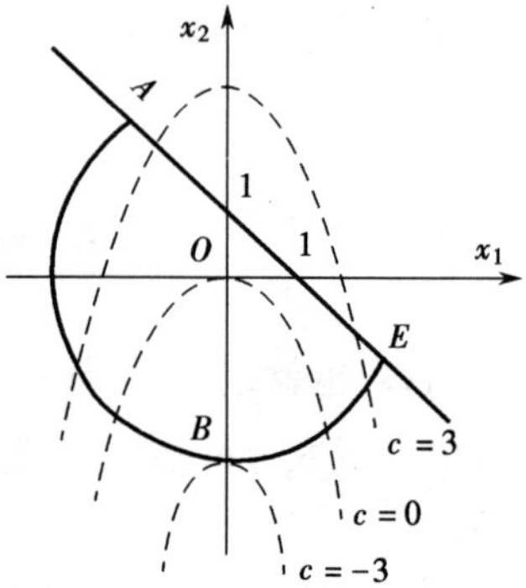

图 1-6

例 1.3.3　$\min\ x_1^2 + x_2,$

$$\text{s.t.}\quad -x_1 - x_2 + 1 \geqslant 0,$$

$$x_1^2 + x_2^2 - 9 = 0.$$

解　如图 1-6，可行域 D 只能是圆弧 $\widehat{ABE}$，其中点 A 和点 E 是直线 $-x_1 - x_2 + 1 = 0$ 与圆 $x_1^2 + x_2^2 = 9$ 的交点. 注意到等值线 $x_1^2 + x_2 = c$ 是一抛物线族，图中画出了几条目标函数的等值线. 容易看出 B 点是最优点，所以最优解 $\boldsymbol{x}^* = (0, -3)^{\mathrm{T}}$，最优值 $f^* = -3$.

1.4　一维搜索

已知 $\boldsymbol{x}_k$，并且求出了 $\boldsymbol{x}_k$ 处的可行下降方向 $\boldsymbol{p}_k$，从 $\boldsymbol{x}_k$ 出发，沿方向 $\boldsymbol{p}_k$ 求目标函数的最优解，即求解问题

$$\min_{\alpha>0} f(\boldsymbol{x}_k+\alpha\boldsymbol{p}_k)=\min_{\alpha>0}\varphi(\alpha).$$

设其最优解为 α_k，于是得到一个新点

$$\boldsymbol{x}_{k+1}=\boldsymbol{x}_k+\alpha_k\boldsymbol{p}_k,$$

所以一维搜索是求解一元函数 $\varphi(\alpha)$的最优化问题(也叫一维最优化问题).我们仍把此问题表示为

$$\min_{x\in\mathbf{R}^1} f(x)\quad 或\quad \min_{a\leqslant x\leqslant b} f(x).$$

下面介绍几种求解一维最优化问题的方法.

1.4.1　Fibonacci 法与黄金分割法

设 $f(x)$在区间$[a,b]$上是下单峰函数，即在$[a,b]$内 $f(x)$有唯一极小点 x^*，在 x^* 的左边 $f(x)$严格下降，在 x^* 的右边 $f(x)$严格上升.在$[a,b]$内任取两点 x_1,x_2 且 $x_1<x_2$，计算这两点处的函数值 $f(x_1),f(x_2)$.若 $f(x_1)<f(x_2)$，则 $x^*\in[a,x_2]$；若 $f(x_1)\geqslant f(x_2)$，则 $x^*\in[x_1,b]$.如图 1-7 所示.

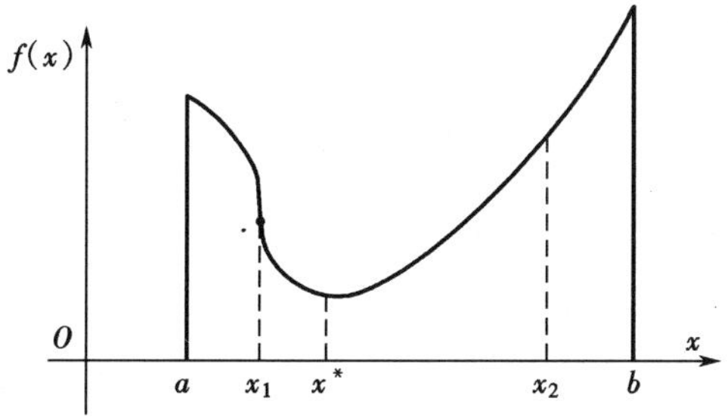

图 1-7

由此可知，只要在$[a,b]$内取两点 x_1,x_2，并计算出 $f(x_1),f(x_2)$，通过比较，就可将区间$[a,b]$缩短为$[a,x_2]$或$[x_1,b]$.因为新的区间内包含一个已经计算过函数值的点，所以再从其中取一个试点，又可将这个新区间再缩短一次.不断地重复这个过程，直至最终的区间长度缩短到满足预先给定的精确度为止.

1　Fibonacci 法

现在的问题是，怎样选取试点，在保证同样精确度的情况下使得计算 $f(x)$函数值的次数最少？在计算函数值的次数一定的情况下，最初区间与最终区间的长度之比可作为取点方式优劣的一个标准.这个比值越大，说明取点方式越好.也就是说，初始区间长度一定，计算 n 次

函数值,如何选取试点才能使最终区间长度最小? 换一种说法,按什么方式取点,求 n 次函数值之后可最多将多长的原始区间缩短为最终区间长度为 1?

为此,引入 Fibonacci 数列.

由 $F_0 = F_1 = 1$,

$$F_n = F_{n-1} + F_{n-2}, \quad n \geqslant 2$$

所确定的数列$\{F_n\}$称为 Fibonacci 数列.数列$\{F_n\}$中的数 F_n 称为(第 $n+1$ 个)Fibonacci 数.Fibonacci 数的前几个数如表 1-1 所示.

表 1-1

n	0	1	2	3	4	5	6	7	8	9	10	…
F_n	1	1	2	3	5	8	13	21	34	55	89	…

设 L_n 表示试点个数为 n、最终区间长度为 1 时的原始区间$[a,b]$的最大可能长度,现在找出 L_n 的一个上界.设最初的两个试点为 x_1 和 x_2,且 $x_1 < x_2$.如果极小点位于$[a,x_1]$内,则至多还有 $n-2$ 个试点,因此 $x_1 - a \leqslant L_{n-2}$.如果极小点位于$[x_1,b]$内,则包括 x_2 在内还可以有 $n-1$ 个试点,因此 $b - x_1 \leqslant L_{n-1}$.因为 $L_n = b - a = (b - x_1) + (x_1 - a) \leqslant L_{n-1} + L_{n-2}$,所以

$$L_n \leqslant L_{n-1} + L_{n-2}.$$

显然,不计算函数值或只计算一次函数值不能使区间缩小,故有

$$L_0 = L_1 = 1.$$

因此,如果原始区间长度满足递推关系:

$$L_n = L_{n-1} + L_{n-2}, \quad n \geqslant 2,$$

$$L_0 = L_1 = 1,$$

则 L_n 是最大原始区间的长度.这正是上述 Fibonacci 数列应满足的关系.

若原始区间为$[a,b]$,要求最终的区间长度小于等于 $\varepsilon(\varepsilon > 0)$,则有

$$F_n \geqslant \frac{b-a}{\varepsilon}.$$

由此可以确定试点的个数 n. 试点个数 n 确定之后,区间缩短后的长度与缩短前的长度之比(即区间缩短率)依次为

$$\frac{F_{n-1}}{F_n},\frac{F_{n-2}}{F_{n-1}},\cdots,\frac{3}{5},\frac{2}{3},\frac{1}{2},$$

且有

$$\frac{F_{n-1}}{F_n}+\frac{F_{n-2}}{F_n}=1,\quad n=2,3,\cdots.$$

所以当试点个数 n 确定之后,最初的两个试点分别选为

$$x_1=a+\frac{F_{n-2}}{F_n}(b-a);$$

$$x_2=a+\frac{F_{n-1}}{F_n}(b-a).$$

显然 x_1,x_2 关于区间 $[a,b]$ 对称,即有 $x_1-a=b-x_2$,如图 1-8 所示.

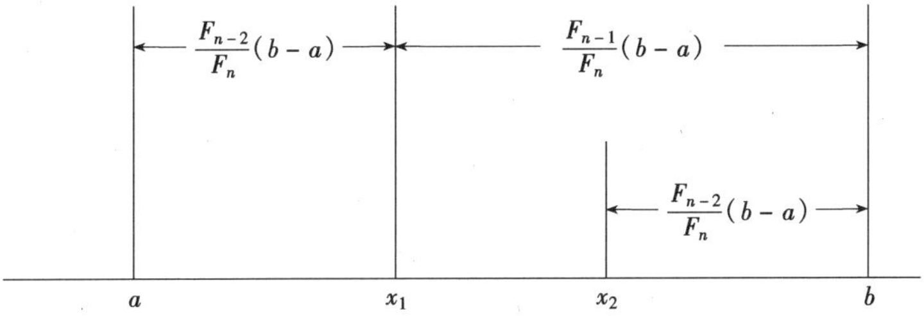

图 1-8

通过计算 $f(x_1),f(x_2)$,并比较其大小就得到一个新的区间,新区间仍然记为区间 $[a,b]$. 这就完成了一次迭代. 现在假设已经迭代了 $i-1$ 次,在第 i 次迭代开始时,我们还有 $n-i+1$ 个试点,其中包括已经计算过函数值的一个试点. 这时令

$$x_1=a+\frac{F_{n-i-1}}{F_{n-i+1}}(b-a),$$

$$x_2=a+\frac{F_{n-i}}{F_{n-i+1}}(b-a),$$

x_1,x_2 中已有一个已经计算过函数值,只需再计算另一点的函数值并进行比较,便可完成第 i 次迭代. 当 $i=n-1$ 时,即进行最后一次迭代

时，由于 $F_0=F_1=1$，x_1 与 x_2 重合，且已计算过函数值，因此第 n 个试点应选在离该点距离为一个充分小的正数 ε 处.

归纳以上讨论，就得到一个求解问题

$$\min_{a\leqslant x\leqslant b} f(x)$$

的方法，这个方法叫 Fibonacci 法.

需要指出的是，在使用 Fibonacci 法之前必须事先计算出计算函数值的次数 n. 除了第一次迭代需要计算两个函数值之外，其余每次迭代只需计算一个函数值. 可以证明，在借助于计算 n 个函数值的所有非随机搜索方法中，Fibonacci 法可使原始区间与最终区间长度之比达到最大值，这是它的优点. 而 Fibonacci 法的主要缺点是区间缩短率 $\frac{F_{i-1}}{F_i}$ 不固定，选取试点的公式不是固定的，这样就增加了计算量.

算法 1.4.1 Fibonacci 法

给定区间 $[a,b]$ 及 $\varepsilon>0$.

step 1 令 $c=\frac{b-a}{\varepsilon}$, $n=1$, $F_0=1$, $F_1=1$, 转 step 2.

step 2 $n=n+1$, $F_n=F_{n-2}+F_{n-1}$，转 step 3.

step 3 若 $F_n<c$，则转 step 2；否则转 step 4.

step 4 $k=1$,

$$x_1=a+\frac{F_{n-2}}{F_n}(b-a),$$

$$x_2=a+\frac{F_{n-1}}{F_n}(b-a),$$

令 $f_1=f(x_1)$，$f_2=f(x_2)$，转 step 5.

step 5 若 $f_1<f_2$，则令 $b=x_2$，$x_2=x_1$，$f_2=f_1$，

$$x_1=a+\frac{F_{n-k-2}}{F_{n-k}}(b-a),\ f_1=f(x_1),\text{转 step 6;}$$

若 $f_1\geqslant f_2$，则令 $a=x_1$，$x_1=x_2$，$f_1=f_2$，

$$x_2=a+\frac{F_{n-k-1}}{F_{n-k}}(b-a),\ f_2=f(x_2),\text{转 step 6.}$$

step 6　令 $k=k+1$,若 $k<n-2$,则转 step 5;若 $k=n-2$,则转 step 7.

step 7　若 $f_1<f_2$,则令 $b=x_2$, $x_2=x_1$, $f_2=f_1$,转 step 8;

若 $f_1\geqslant f_2$,则令 $a=x_1$,转 step 8.

step 8　令 $x_1=x_2-0.1(b-a)$, $f_1=f(x_1)$.

若 $f_1<f_2$,则 $x^*=\frac{1}{2}(a+x_2)$;

若 $f_1=f_2$,则 $x^*=\frac{1}{2}(x_1+x_2)$;

若 $f_1>f_2$,则 $x^*=\frac{1}{2}(x_1+b)$.

2　黄金分割法

黄金分割法又叫0.618法.它与Fibonacci法类似,所不同的是每次迭代都把区间缩短率定为0.618,所以每次迭代的试点分别为

$$x_1=a+0.382(b-a),$$

$$x_2=a+0.618(b-a).$$

对于预先给定的精确度 $\varepsilon>0$,当保留的区间长度 $|b-a|\leqslant\varepsilon$ 时,停止迭代.此时可取保留区间 $[a,b]$ 内任一点作为极小点的近似值.

算法 1.4.2　黄金分割法

给定 $a,b(a<b)$ 及 $\varepsilon>0$.

step 1　令 $x_2=a+0.618(b-a)$, $f_2=f(x_2)$,转 step 2.

step 2　令 $x_1=a+0.382(b-a)$, $f_1=f(x_1)$,转 step 3.

step 3　若 $|b-a|\leqslant\varepsilon$,则 $x^*=\frac{a+b}{2}$,停;否则转 step 4.

step 4　若 $f_1<f_2$,则 $b=x_2$, $x_2=x_1$, $f_2=f_1$,转 step 2;

若 $f_1=f_2$,则 $a=x_1$, $b=x_2$,转 step 1;

若 $f_1>f_2$,则 $a=x_1$, $x_1=x_2$, $f_1=f_2$,转 step 5.

step 5　令 $x_2=a+0.618(b-a)$, $f_2=f(x_2)$,转 step 3.

3　黄金分割法与Fibonacci法的关系

黄金分割法与Fibonacci法之间是有一定关系的,用数学归纳法可

以证明,Fibonacci 数列$\{F_n\}$具有如下表达式:

$$F_n=\frac{1}{\sqrt{5}}\left\{\left(\frac{1+\sqrt{5}}{2}\right)^{n+1}-\left(\frac{1-\sqrt{5}}{2}\right)^{n+1}\right\},n=0,1,2,\cdots.$$

由此表达式可以得到下面的结论.

定理 1.4.1 设 F_n 表示 Fibonacci 数,则

$$\lim_{n\to\infty}\frac{F_{n-1}}{F_n}=\frac{\sqrt{5}-1}{2}\approx 0.618.$$

证

$$\lim_{n\to\infty}\frac{F_{n-1}}{F_n}=\lim_{n\to\infty}\frac{\left(\frac{1+\sqrt{5}}{2}\right)^{n}-\left(\frac{1-\sqrt{5}}{2}\right)^{n}}{\left(\frac{1+\sqrt{5}}{2}\right)^{n+1}-\left(\frac{1-\sqrt{5}}{2}\right)^{n+1}}$$

$$=\lim_{n\to\infty}\frac{1-\left(\frac{1-\sqrt{5}}{1+\sqrt{5}}\right)^{n}}{\frac{1+\sqrt{5}}{2}-\left(\frac{1-\sqrt{5}}{1+\sqrt{5}}\right)^{n}\frac{1-\sqrt{5}}{2}}=\frac{2}{1+\sqrt{5}}=\frac{\sqrt{5}-1}{2}.$$ □

这个定理说明黄金分割法是 Fibonacci 法的极限形式.

另外,也可以证明黄金分割法与 Fibonacci 法都是线性收敛的,收敛比为$\frac{\sqrt{5}-1}{2}$.

例 1.4.1 用 Fibonacci 法和 0.618 法求函数 $f(x)=x^2-x+2$ 在区间$[-1,3]$上的极小点,要求最终区间长不大于原始区间长的 0.08.

解 函数 $f(x)$在区间$[-1,3]$上为下单峰函数,$\varepsilon\leqslant(3+1)\times 0.08=0.32$.

用 Fibonacci 法求解.

由 $F_n\geqslant\frac{b-a}{\varepsilon}=12.5$ 可知,应取的试点个数 $n=6$.

第一次迭代:

最初的两个试点分别为 $x_1=a+\frac{F_4}{F_6}(b-a)=-1+\frac{5}{13}\times 4=0.538$, $x_2=a+\frac{F_5}{F_6}(b-a)=1.462$,且 $f_1=1.751$, $f_2=2.675$.因为 $f_1<$

f_2,所以缩短后的新区间为$[-1,\ 1.462]$.

第二次迭代:

令 $x_2=0.538, f_2=1.751$,取 $x_1=-1+\frac{F_3}{F_5}(1.462+1)=-0.077$,则 $f_1=2.083$.因为 $f_1>f_2$,所以又得新区间$[-0.077,1.462]$.

第三次迭代:

令 $x_1=0.538, f_1=1.751$,取 $x_2=-0.077+\frac{F_3}{F_4}(1.462+0.077)=0.846$, $f_2=1.870$.因为 $f_1<f_2$,所以新区间为$[-0.077,0.846]$.

第四次迭代:

令 $x_2=0.538, f_2=1.751$,取 $x_1=-0.077+\frac{F_1}{F_3}(0.846+0.077)=0.231$,则 $f_1=1.822$.区间又缩短到$[0.231,0.846]$.

第五次迭代,即最后一次迭代:

取 $x_2=0.538, x_1=x_2-0.1\times(0.846-0.231)=0.477, f_1=1.751$.因为 $f_1=f_2$,所以最优解可取为 $x^*=\frac{1}{2}(x_1+x_2)=0.508, f^*=1.750$.

下面用 0.618 法求解.

取 $x_1=a+0.382(b-a)=0.528, x_2=a+0.618(b-a)=1.472$,则 $f_1=1.751, f_2=2.695$.因为 $f_1<f_2$,所以得到的新区间为$[-1,1.472]$.仍把此区间记为$[a,b]$,并令 $x_2=x_1$,取 $x_1=a+0.382(b-a)$,计算过程如表 1-2.

表 1-2

迭代次数	$[a,b]$	x_1	x_2	f_1	f_2	$\|b-a\|<\varepsilon$
0	$[-1,3]$	0.528	1.472	1.751	2.695	否
1	$[-1,1.472]$	−0.056	0.528	2.059	1.751	否
2	$[-0.056,1.472]$	0.528	0.888	1.751	1.901	否
3	$[-0.056,0.888]$	0.305	0.528	1.788	1.751	否
4	$[0.305,0.888]$	0.528	0.665	1.751	1.777	否

续表

迭代次数	$[a,b]$	x_1	x_2	f_1	f_2	$\|b-a\|<\varepsilon$
5	[0.305,0.665]	0.443	0.528	1.753	1.751	否
6	[0.443,0.665]	0.528	0.580	1.751	1.757	是
7	[0.443,0.580]					

经过6次迭代已满足精度要求,最优解与最优值分别为

$$x^* = \frac{1}{2}(0.443+0.665)=0.554,$$

$$f^* = 1.751.$$

4　进退法

在 Fibonacci 法和 0.618 法中,都要求 $f(x)$在初始区间$[a,b]$上是下单峰函数.下面我们给出一个求初始区间的算法,在所求出的区间上$f(x)$是下单峰函数.此算法叫进退法.

算法 1.4.3　进退法

给定初始点 x_0,初始步长 $\Delta x(>0)$.

step 1　计算 $f(x_0)$,转 step 2.

step 2　$x_1 = x_0+\Delta x$,计算 $f(x_1)$.

若 $f(x_1)\leqslant f(x_0)$,则转 step 3 ;否则转 step 5.

step 3　令 $\Delta x = 2\Delta x$, $x_2 = x_1+\Delta x$,计算 $f(x_2)$.若 $f(x_1)\leqslant f(x_2)$,则得到区间$[x_0,x_2]$为初始区间,停;若 $f(x_1)>f(x_2)$,则转 step 4.

step 4　令 $x_0 = x_1$, $x_1 = x_2$, $f(x_0)=f(x_1)$, $f(x_1)=f(x_2)$,转step 3.

step 5　令 $\Delta x = 2\Delta x$, $x_2 = x_0-\Delta x$,计算 $f(x_2)$.若 $f(x_0)\leqslant f(x_2)$,则得到区间$[x_2,x_1]$为初始区间;若 $f(x_0)>f(x_2)$,则转 step 6.

step 6　令 $x_1 = x_0$, $x_0 = x_2$, $f(x_1)=f(x_0)$, $f(x_0)=f(x_2)$,转step 5.

1.4.2　平分法

前面介绍的 Fibonacci 法和黄金分割法对函数 $f(x)$的要求很低,只需要能计算函数值.如果 $f(x)$具有较好的解析性质,那么每次迭代去掉的区间还可以大些,收敛速度更快些.平分法要求函数$f(x)$在区间$[a,b]$上为下单峰函数且具有连续的一阶导数,每迭代一次便可去掉

区间的二分之一.

设 $f(x)$ 在区间 $[a,b]$ 上一阶导数连续,且 $f'(a)<0, f'(b)>0$,则取 $c=\frac{1}{2}(a+b)$,计算 $f'(c)$.若 $f'(c)=0$,则 c 是极小点;若 $f'(c)>0$,则在 $[a,c]$ 内有极小点,去掉区间 $[c,b]$,得到保留区间 $[a,c]$;若 $f'(c)<0$,则在 $[c,b]$ 内有极小点,去掉区间 $[a,c]$,保留区间为 $[c,b]$.把保留下来的区间仍记为 $[a,b]$,重复前面的过程,直到区间 $[a,b]$ 的长度充分小,满足所要求的精度为止.

平分法也是线性收敛的,收敛比为 $\frac{1}{2}$.

算法 1.4.4　平分法

已知 a,b 且 $a<b, f'(a)<0, f'(b)>0$ 及 $\varepsilon>0$.

step 1　$c=\frac{1}{2}(a+b)$,转 step 2.

step 2　若 $b-a\leqslant\varepsilon$,则转 step 4;否则转 step 3.

step 3　计算 $f'(c)$.若 $f'(c)=0$,则转 step 4;若 $f'(c)<0$,则令 $a=c$,转 step 1;若 $f'(c)>0$,则令 $b=c$,转 step 1.

step 4　令 $x^*=c$.停.

1.4.3　抛物线法

用多项式逼近函数是一种常用的方法.在求一元函数的极小点问题上我们可以利用若干点处的函数值来构造一个多项式,用这个多项式的极小点作为原来函数极小点的近似值.抛物线法就是一个用二次函数来逼近 $f(x)$ 的方法,这也是我们常说的二次插值法.

设在已知的三点 $x_1<x_0<x_2$ 处对应的函数值 $f(x_i)=f_i, i=0,1,2$,且满足

$$f_1>f_0,\quad f_0<f_2.$$

我们通过曲线 $y=f(x)$ 上的三点 (x_1,f_1)、(x_0,f_0)、(x_2,f_2) 构造二次函数 $y=\varphi(x)$,即作一条抛物线,则不难推导出 $\varphi(x)$ 应为

$$\varphi(x)=\frac{(x-x_0)(x-x_2)}{(x_1-x_0)(x_1-x_2)}f_1+\frac{(x-x_1)(x-x_2)}{(x_0-x_1)(x_0-x_2)}f_0+$$

$$\frac{(x-x_0)(x-x_1)}{(x_2-x_0)(x_2-x_1)}f_2,$$

为求 $\varphi(x)$的极小点,令 $\varphi'(x)=0$,得

$$\bar{x}=\frac{1}{2}\cdot\frac{(x_2^2-x_0^2)f_1+(x_1^2-x_2^2)f_0+(x_0^2-x_1^2)f_2}{(x_2-x_0)f_1+(x_1-x_2)f_0+(x_0-x_1)f_2}. \tag{1.4}$$

若 $\bar{x}$ 充分接近x_0,即对于预先给定的精度 $\varepsilon>0$,有$|x_0-\bar{x}|<\varepsilon$,则把 $\bar{x}$ 作为近似极小点.否则,计算 $f(\bar{x})=\bar{f}$,找出 f_0 与 $\bar{f}$ 之间最大者,去掉 x_1 或 x_2,构成新的三点,使新的三点仍然具有两端点的函数值大于中间点的函数值的性质.利用新的三点再构造二次函数,继续进行迭代.

当 x_1,x_0,x_2 三点等距离时,设

$$x_2-x_0=x_0-x_1=\Delta x,\Delta x>0,$$

则有

$$\bar{x}=x_0+\frac{f_1-f_2}{2(f_1-2f_0+f_2)}\Delta x. \tag{1.5}$$

由抛物线法产生的序列收敛于它的极小点 x^*.可以证明抛物线法是超线性收敛的.

算法 1.4.5　抛物线法——二次插值法

已知三点 $x_1<x_0<x_2$,对应的函数值满足 $f_1>f_0<f_2$,控制误差 $\varepsilon_1>0,\varepsilon_2>0$.

step 1　若$|x_1-x_2|\leqslant\varepsilon_1$,则转 step 10;否则转 step 2.

step 2　若$|(x_2-x_0)f_1+(x_1-x_2)f_0+(x_0-x_1)f_2|\leqslant\varepsilon_2$,则转 step 10;否则转 step 3.

step 3　按公式(1.4)计算 $\bar{x}$,并计算 $\bar{f}=f(\bar{x})$,转 step 4.

step 4　若 $f_0-\bar{f}<0$,则转 step 6;若 $f_0-\bar{f}=0$,转 step 7;若 $f_0-\bar{f}>0$,转 step 5.

step 5　若 $x_0>\bar{x}$,则令 $x_2=x_0,x_0=\bar{x},f_2=f_0,f_0=\bar{f}$,转 step 1;否则 $x_0<\bar{x}$,则 $x_1=x_0,x_0=\bar{x},f_1=f_0,f_0=\bar{f}$,转 step 1.

step 6　若 $x_0<\bar{x}$,则 $x_2=\bar{x},f_2=\bar{f}$,转 step 1;否则$(x_0>\bar{x})$ $x_1=\bar{x}$,

$f_1=\bar{f}$,转 step 1.

step 7　若 $x_0<\bar{x}$,则 $x_1=x_0$, $x_2=\bar{x}$, $x_0=\frac{1}{2}(x_1+x_2)$, $f_1=f_0$, $f_2=\bar{f}$,计算 $f_0=f(x_0)$,转 step 1;若 $x_0=\bar{x}$,则转 step 8;若 $x_0>\bar{x}$,则转 step 9.

step 8　令 $\hat{x}=\frac{1}{2}(x_1+x_0)$,计算 $\hat{f}=f(\hat{x})$;若 $\hat{f}<f_0$,则 $x_2=x_0$, $x_0=\hat{x}$, $f_2=f_0$, $f_0=\hat{f}$,转 step 1;

若 $f(\hat{x})=f_0$,则 $x_1=\hat{x}$, $x_2=x_0$, $x_0=\frac{1}{2}(x_1+x_2)$, $f_1=f(\hat{x})$, $f_2=f_0$,计算 $f_0=f(x_0)$,转 step 1;若 $f(\hat{x})>f_0$,则 $x_1=\hat{x}$, $f_1=f(\hat{x})$,转 step 1.

step 9　令 $x_1=\bar{x}$, $x_2=x_0$, $x_0=\frac{1}{2}(x_1+x_2)$, $f_1=\bar{f}$, $f_2=f_0$,计算 $f_0=f(x_0)$,转 step 1.

step 10　令 $x^*=x_0$, $f^*=f_0$,停.

1.4.4　不精确的一维搜索

前面介绍的几种一维搜索方法,都是为了获得一元函数 $f(x)$的最优解,所以习惯上称为精确一维搜索.在解非线性规划问题中,一维搜索一般很难达到真正的精确值.为了达到比较高的精度,往往需要计算很多个函数值,计算量大.因此,人们开始重视不精确的一维搜索.即在 $\boldsymbol{x}_k$ 点确定了下降方向 $\boldsymbol{p}_k$ 后,只计算少量的几个函数值,就可得到一个满足 $f(\boldsymbol{x}_{k+1})<f(\boldsymbol{x}_k)$的近似点 $\boldsymbol{x}_{k+1}$.对于不精确的一维搜索,要求产生的点列$\{\boldsymbol{x}_k\}$具有某种收敛性质.所以除了对下降方向 $\boldsymbol{p}_k$ 有要求之外,对步长 α_k 也有要求,即使目标函数 $f(\boldsymbol{x})$要"充分地下降"

下面给出最常用的不精确的一维搜索确定步长 α_k 的一个原则,称为 Wolfe 原则.

设 $f(\boldsymbol{x})$可微,取 $\mu\in(0,\frac{1}{2})$, $\sigma\in(\mu,1)$,选取 $\alpha_k>0$ 使

$$f(\boldsymbol{x}_k)-f(\boldsymbol{x}_k+\alpha_k\boldsymbol{p}_k)\geqslant-\mu\alpha_k\boldsymbol{g}_k^{\mathrm{T}}\boldsymbol{p}_k, \tag{1.6}$$

$$\nabla f(\boldsymbol{x}_k+\alpha_k\boldsymbol{p}_k)^{\mathrm{T}}\boldsymbol{p}_k \geqslant \sigma \boldsymbol{g}_k^{\mathrm{T}}\boldsymbol{p}_k \tag{1.7}$$

成立.

或者用下面更强的条件代替式(1.7):

$$|\nabla f(\boldsymbol{x}_k+\alpha_k\boldsymbol{p}_k)^{\mathrm{T}}\boldsymbol{p}_k| \leqslant -\sigma \boldsymbol{g}_k^{\mathrm{T}}\boldsymbol{p}_k. \tag{1.8}$$

式(1.6)的作用是保证目标函数 $f(\boldsymbol{x})$ 的值下降.因为 $\boldsymbol{g}_k^{\mathrm{T}}\boldsymbol{p}_k<0$,所以只要 $\alpha_k>0$ 充分小,就可使式(1.6)成立.但是 α_k 又不能过分的小,在保证式(1.6)成立的条件下,增大 α_k 的值,使式(1.7)成立,即保证目标函数 $f(\boldsymbol{x})$"充分地下降".

关于满足 Wolfe 原则的步长 α_k 的存在性,有如下定理.

定理 1.4.2　设 $f(\boldsymbol{x})$ 有下界且 $\boldsymbol{g}_k^{\mathrm{T}}\boldsymbol{p}_k<0$.令 $\mu\in(0,\frac{1}{2})$,$\sigma\in(\mu,1)$,则存在区间 $[c_1,c_2]$,$0<c_1<c_2$,使每个 $\alpha\in[c_1,c_2]$ 均满足式(1.6)与(1.7)(也满足式(1.8)).

此定理证明略去.

下面给出在满足 Wolfe 原则下求步长 α_k 的一种算法.

设已知 $\boldsymbol{x}_k$ 及下降方向 $\boldsymbol{p}_k$,求问题

$$\min_{\alpha>0} f(\boldsymbol{x}_k+\alpha\boldsymbol{p}_k)$$

的近似值 α_k,使 α_k 满足式(1.6)与(1.7).

算法 1.4.6　不精确一维搜索 Wolfe 算法

step 1　给定 $\mu\in(0,\frac{1}{2})$,$\sigma\in(\mu,1)$,令 $a=0$,　$b=+\infty$,　$\alpha=1$,$j=0$.

step 2　$\boldsymbol{x}_{k+1}=\boldsymbol{x}_k+\alpha\boldsymbol{p}_k$,计算 f_{k+1},$\boldsymbol{g}_{k+1}$.

若 α 满足式(1.6)和(1.7),则 $\alpha_k=\alpha$,停;

若 α 不满足式(1.6),令 $j=j+1$,转 step 3;

若 α 不满足式(1.7),令 $j=j+1$,转 step 4.

step 3　令 $b=\alpha$,　$\alpha=\dfrac{\alpha+a}{2}$,转 step 2.

step 4　令 $a=\alpha$,　$\alpha=\min\left\{2\alpha,\dfrac{\alpha+b}{2}\right\}$,转 step 2.

例 1.4.2　用不精确一维搜索求 Rosenbrock 函数

$$f(\boldsymbol{x})=100(x_2-x_1^2)^2+(1-x_1)^2$$

在点 $\boldsymbol{x}_k=(0,0)^{\mathrm{T}}$ 沿方向 $\boldsymbol{p}_k=(1,0)^{\mathrm{T}}$ 的近似步长 α_k.

解　$\nabla f(\boldsymbol{x})=\begin{pmatrix}-400(x_2-x_1^2)x_1-2(1-x_1)\\200(x_2-x_1^2)\end{pmatrix}$

$f_k=f(0,0)=1,\quad \boldsymbol{g}_k=(-2,0)^{\mathrm{T}},\quad \boldsymbol{g}_k^{\mathrm{T}}\boldsymbol{p}_k=-2.$

step 1　给定 $\mu=0.1,\quad \sigma=0.5$,令 $a=0,\quad b=\infty,\quad \alpha=1,\quad j=0.$

step 2　$\boldsymbol{x}_{k+1}=\boldsymbol{x}_k+\alpha\boldsymbol{p}_k=(1,0)^{\mathrm{T}},\quad f_{k+1}=f(1,0)=100,$　因为 $f_k-f_{k+1}=1-100=-99<-\mu\alpha\boldsymbol{g}_k^{\mathrm{T}}\boldsymbol{p}_k=0.2$,所以式(1.6)不成立.转 step 3.

step 3　令 $b=1,\alpha=\dfrac{\alpha+a}{2}=\dfrac{1+0}{2}=0.5$,转 step 2.重新计算 $\boldsymbol{x}_{k+1}$.

计算过程见表 1-3.

表 1-3

j	$\boldsymbol{x}_k$	f_k	α	$\boldsymbol{x}_{k+1}$	f_{k+1}	条件(1.6)	条件(1.7)
0	$(0,0)^{\mathrm{T}}$	1	1	$(1,0)^{\mathrm{T}}$	100	不成立	
1	$(0,0)^{\mathrm{T}}$	1	0.5	$(0.5,0)^{\mathrm{T}}$	6.25	不成立	
2	$(0,0)^{\mathrm{T}}$	1	0.25	$(0.25,0)^{\mathrm{T}}$	0.953	不成立	
3	$(0,0)^{\mathrm{T}}$	1	0.125	$(0.125,0)^{\mathrm{T}}$	0.790	成立	成立

由表 1-3 可以看出,迭代四次就得到了满足 Wolfe 条件的步长 $\alpha_k=0.125$,则

$$\boldsymbol{x}_{k+1}=\boldsymbol{x}_k+\alpha_k\boldsymbol{p}_k=(0.125,0)^{\mathrm{T}}.$$

习　题

1.1　某食堂要为 1 000 人安排一周内的菜谱.可以买到的副食品有肉、蛋、豆制品及蔬菜等共计 n 种,记为 $A_1,A_2,\cdots,A_n$;单价各为 $C_1,C_2,\cdots,C_n$(元/kg).平均每人需要的营养成分有 m 种,记为 B_1、$B_2,\cdots,B_m$;平均每人每周所需各种营养成分的量不能少于 $b_1,b_2,\cdots,b_m$.由于市场供应能力及大家的爱好,A_1,A_2 的进货量不能超过 d_1,d_2(kg),A_3

的进货量不能少于 d_3(kg).设已知每公斤第 j 种副食品 A_j 中含第 i 种营养成分 B_i 的量为 a_{ij}.在满足以上条件下,各种副食品各应购进多少,才能使总支出最少(只要求建立数学模型)?

1.2 假设我们要将一些不同类型的货物装上一艘货船,这些货物的重量、体积、冷藏要求、可燃性指数以及价值不尽相同,它们由下表给出:

货号	重量(kg)	体积(m^3)	冷藏要求	可燃性指数	价值(元)
1	20	1	需要	0.1	50
2	5	2	不需要	0.2	100
3	10	4	不需要	0.4	150
4	12	3	需要	0.1	100
5	25	2	不需要	0.3	250
6	50	5	不需要	0.9	250

假定货船可以装载的总重量为 400 000 kg,总体积为 50 000 m^3,可以冷藏的总体积为 10 000 m^3,允许的可燃性指数的总和不能超过 7.50,装到船上的各种货物的件数只能是整数.试建立数学模型,使装载的货物取得最大价值.

1.3 设有非线性规划

$$
\begin{aligned}
\min\ & f(\boldsymbol{x}) = (x_1-7)^2+(x_2-6)^2,\\
\text{s.t.}\ & 3x_1-3x_2 \geqslant -4,\\
& x_1-2x_2 \leqslant 3,\\
& x_1+x_2 \leqslant 9,\\
& x_1,x_2 \geqslant 0.
\end{aligned}
$$

试画出可行域 D 的图形及目标函数的等值线:$f(\boldsymbol{x})=4, f(\boldsymbol{x})=9$.

1.4 试用数学归纳法证明 Fibonacci 数列的表达式

$$F_n=\frac{1}{\sqrt{5}}\left\{\left(\frac{1+\sqrt{5}}{2}\right)^{n+1}-\left(\frac{1-\sqrt{5}}{2}\right)^{n+1}\right\}, n=0,1,2\cdots.$$

1.5 编写一个黄金分割法或平分法的源程序.

1.6 设 $f(x)=e^{-x}+x^2$,试用黄金分割法求其极小点.取初始区间为$[-1,1]$,$\varepsilon=0.1$.

1.7 试用 Fibonacci 法和二次插值法求 $f(x)=x^4+2x+4$ 的极小

点 x^*. 要求准确到小数点后第二位,取初始区间为$[-1,0]$.

1.8　用不精确一维搜索对问题

$$\min_{0\leqslant t\leqslant 2\pi} \varphi(t)=\sin(t+\pi)$$

进行一维搜索. 取初始点 $t_0=\dfrac{3}{2}\pi, \mu=0.1, \sigma=0.7$.

1.9　编写不精确一维搜索的计算程序,并计算

$$\min \varphi(\alpha)=f(\boldsymbol{x}_k+\alpha\boldsymbol{p}_k),$$

其中　$f(\boldsymbol{x})=100(x_2-x_1^2)^2+(1-x_1)^2, \boldsymbol{x}_k=(-1,1)^{\mathrm{T}},$

$\boldsymbol{p}_k=(1,1)^{\mathrm{T}}$.

第 2 章　线性规划

线性规划是最优化方法中理论完整、方法成熟、应用广泛的一个分支.它本身在实际问题中有许多直接的应用,而且为某些非线性规划问题的解法起到间接作用.本章首先给出凸集和凸函数的概念,然后给出线性规划的基本概念及求解线性规划的单纯形法、线性规划的对偶理论及对偶单纯形法,最后给出整数规划的两种解法.

2.1　凸集与凸函数

凸集与凸函数是最优化理论中的重要概念之一,下面给出凸集与凸函数的定义和性质.

定义 2.1.1　设集合 $D\subset\mathbf{R}^n$,若对于任意点 $\boldsymbol{x},\boldsymbol{y}\in D$ 及实数 $\alpha\in[0,1]$,都有

$$\alpha\boldsymbol{x}+(1-\alpha)\boldsymbol{y}\in D,$$

则称集合 D 为凸集.

例 2.1.1　试证明超平面

$$H=\{\boldsymbol{x}\in\mathbf{R}^n \mid a_1x_1+a_2x_2+\cdots+a_nx_n=b\}$$

为凸集.

证　设 $\boldsymbol{x}=(x_1,x_2,\cdots,x_n)^{\mathrm{T}}$ 及 $\boldsymbol{y}=(y_1,y_2,\cdots,y_n)^{\mathrm{T}}\in H$,

即

$$a_1x_1+a_2x_2+\cdots+a_nx_n=b,$$

$$a_1y_1+a_2y_2+\cdots+a_ny_n=b.$$

对　$\alpha\in[0,1]$有

$$\alpha\boldsymbol{x}+(1-\alpha)\boldsymbol{y}=[\alpha x_1+(1-\alpha)y_1,\alpha x_2+(1-\alpha)y_2,\cdots,\alpha x_n+(1-\alpha)y_n]^{\mathrm{T}},$$

$$a_1[\alpha x_1+(1-\alpha)y_1]+\cdots+a_n[\alpha x_n+(1-\alpha)y_n]$$

$$= \alpha(a_1 x_1 + \cdots + a_n x_n) + (1-\alpha)(a_1 y_1 + \cdots + a_n y_n)$$
$$= \alpha b + (1-\alpha) b = b,$$

即点 $\alpha \boldsymbol{x} + (1-\alpha)\boldsymbol{y} \in H$,所以 H 是凸集.

例 2.1.2 试证明超球 $\| \boldsymbol{x} \| \leqslant r$ 为凸集.

证 设 $\boldsymbol{x},\boldsymbol{y}$ 为超球中任意两点,$\alpha \in [0,1]$,则有

$$\| \alpha \boldsymbol{x} + (1-\alpha)\boldsymbol{y} \| \leqslant \alpha \| \boldsymbol{x} \| + (1-\alpha) \| \boldsymbol{y} \|$$
$$\leqslant \alpha r + (1-\alpha) r = r,$$

即点 $\alpha \boldsymbol{x} + (1-\alpha)\boldsymbol{y}$ 属于超球,所以超球为凸集.

类似地可以证明,整个欧氏空间 $\mathbf{R}^n$,半空间 $H^+ = \{\boldsymbol{x} \in \mathbf{R}^n \mid a_1 x_1 + a_2 x_2 + \cdots + a_n x_n \geqslant b\}$ 等都是凸集.并规定空集 $\varnothing$ 是凸集.

由凸集的定义不难知道凸集的几何意义.对于非空集合 $D \subset \mathbf{R}^n$,联接 D 中任意两点 $\boldsymbol{x},\boldsymbol{y}$ 的线段仍属于该集合,则该集合 D 是凸集.如图 2-1 是凸集,图 2-2 是非凸集.

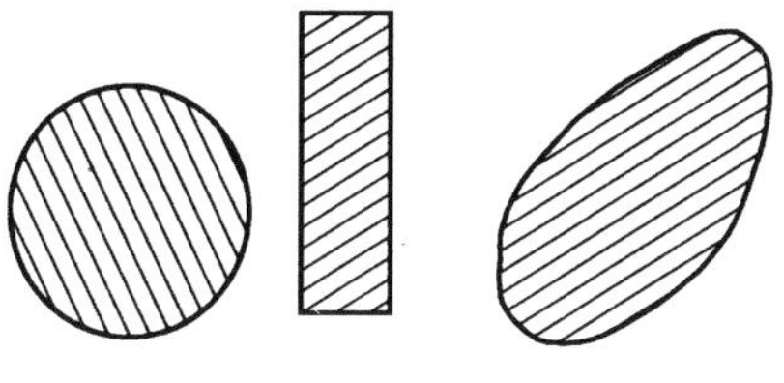

图 2-1

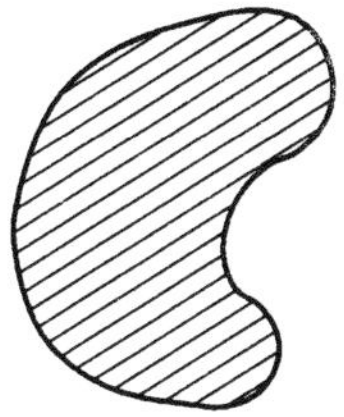

图 2-2

凸集有如下性质(设 $D_i \subset \mathbf{R}^n, i = 1,2,\cdots,k$):

(1)设 $D_1, D_2, \cdots, D_k$ 是凸集,则它们的交

$$D = D_1 \cap D_2 \cap \cdots \cap D_k$$

是凸集.

证 设 $\boldsymbol{x},\boldsymbol{y} \in D$,$\alpha \in [0,1]$.由 $\boldsymbol{x},\boldsymbol{y} \in D$ 知 $\boldsymbol{x},\boldsymbol{y} \in D_j, j = 1,2,\cdots,k$.

因为 D_j 是凸集,所以 $\alpha \boldsymbol{x} + (1-\alpha)\boldsymbol{y} \in D_j, j = 1,2,\cdots,k$,于是

$$\alpha \boldsymbol{x} + (1-\alpha)\boldsymbol{y} \in D,$$

所以 D 是凸集. □

(2)设 D 是凸集,β 为一实数,则集合

$$\beta D=\{\boldsymbol{y}\mid \boldsymbol{y}=\beta\boldsymbol{x},\boldsymbol{x}\in D\}$$

是凸集.

证　设 $\boldsymbol{y},\boldsymbol{z}\in\beta D$,则存在 $\boldsymbol{x}_1,\boldsymbol{x}_2\in D$,使得

$$\boldsymbol{y}=\beta\boldsymbol{x}_1,\quad \boldsymbol{z}=\beta\boldsymbol{x}_2.$$

因为 D 是凸集,对于任意的 $\alpha\in[0,1]$有 $\alpha\boldsymbol{x}_1+(1-\alpha)\boldsymbol{x}_2\in D$,于是

$$\alpha\boldsymbol{y}+(1-\alpha)\boldsymbol{z}=\beta[\alpha\boldsymbol{x}_1+(1-\alpha)\boldsymbol{x}_2]\in\beta D,$$

所以 βD 是凸集.　□

类似地可以证明:

(3)设 D_1,D_2 是凸集,则 D_1 与 D_2 的和集

$$D_1+D_2=\{\boldsymbol{y}\mid \boldsymbol{y}=\boldsymbol{x}+\boldsymbol{z},\quad \boldsymbol{x}\in D_1,\quad \boldsymbol{z}\in D_2\}$$

是凸集.

推论　设 D_i 是凸集,$i=1,2,\cdots,k$,则 $\sum_{i=1}^{k}\beta_iD_i$ 也是凸集,其中 β_i 是实数,$i=1,2,\cdots,k$.

定义 2.1.2　设 $\boldsymbol{x}_i\in\mathbf{R}^n$,　$i=1,2,\cdots,k$,实数 $\lambda_i\geqslant0$,$\sum_{i=1}^{k}\lambda_i=1$,则 $\boldsymbol{x}=\sum_{i=1}^{k}\lambda_i\boldsymbol{x}_i$ 称为 $\boldsymbol{x}_1,\boldsymbol{x}_2,\cdots,\boldsymbol{x}_k$ 的凸组合.

由凸集的定义知,凸集 D 中任意两点 $\boldsymbol{x},\boldsymbol{y}$ 的凸组合属于 D.

当 $\boldsymbol{x}_i\in$ 凸集 D,$\alpha_i\geqslant0$,$i=1,2,3$,且 $\sum_{i=1}^{3}\alpha_i=1$ 时,则 $\boldsymbol{x}=\alpha_1\boldsymbol{x}_1+\alpha_2\boldsymbol{x}_2+\alpha_3\boldsymbol{x}_3$ 也属于 D.

不妨设 $\alpha_3\neq1$,有

$$\boldsymbol{x}\doteq(\alpha_1+\alpha_2)\left(\frac{\alpha_1}{\alpha_1+\alpha_2}\boldsymbol{x}_1+\frac{\alpha_2}{\alpha_1+\alpha_2}\boldsymbol{x}_2\right)+\alpha_3\boldsymbol{x}_3.$$

令 $\alpha_1'=\dfrac{\alpha_1}{\alpha_1+\alpha_2}$,$\alpha_2'=\dfrac{\alpha_2}{\alpha_1+\alpha_2}$,则 $\alpha_1'\geqslant0$,$\alpha_2'\geqslant0$,且 $\sum_{i=1}^{2}\alpha_i'=1$,所以

$$\alpha_1'\boldsymbol{x}_1+\alpha_2'\boldsymbol{x}_2\in D,$$

即$\dfrac{\alpha_1}{\alpha_1+\alpha_2}\boldsymbol{x}_1+\dfrac{\alpha_2}{\alpha_1+\alpha_2}\boldsymbol{x}_2\in D$,而$\sum\limits_{i=1}^{3}\alpha_i=1,\alpha_i\geqslant 0,i=1,2,3$.所以

$$\boldsymbol{x}=(\alpha_1+\alpha_2)\left(\frac{\alpha_1}{\alpha_1+\alpha_2}\boldsymbol{x}_1+\frac{\alpha_2}{\alpha_1+\alpha_2}\boldsymbol{x}_2\right)+\alpha_3\boldsymbol{x}_3\in D,$$

即

$$\boldsymbol{x}=\alpha_1\boldsymbol{x}_1+\alpha_2\boldsymbol{x}_2+\alpha_3\boldsymbol{x}_3\in D.$$

这个推导过程可以推广到任意有限个点,所以凸集 D 中任意有限个点的凸组合仍属于 D.

定义 2.1.3　设 D 为凸集,$\boldsymbol{x}\in D$.若 D 中不存在两个相异的点 $\boldsymbol{y},\boldsymbol{z}$ 及某一实数 $\alpha\in(0,1)$使得

$$\boldsymbol{x}=\alpha\boldsymbol{y}+(1-\alpha)\boldsymbol{z},$$

则称 $\boldsymbol{x}$ 为 D 的极点.

在 $\mathbf{R}^2$ 中,可以证明正方形的四个顶点都是此正方形的极点.圆周 $\|\boldsymbol{x}\|=a$ 上的点都是圆域 D: $\|\boldsymbol{x}\|\leqslant a$ 的极点.

定义 2.1.4　设函数 $f(\boldsymbol{x})$定义在凸集 $D\subset\mathbf{R}^n$ 上.若对于任意的 $\boldsymbol{x},\boldsymbol{y}\in D$ 及任意实数 $\alpha\in[0,1]$,都有

$$f[\alpha\boldsymbol{x}+(1-\alpha)\boldsymbol{y}]\leqslant\alpha f(\boldsymbol{x})+(1-\alpha)f(\boldsymbol{y}),$$

则称 $f(\boldsymbol{x})$为凸集 D 上的凸函数.

定义 2.1.5　设函数 $f(\boldsymbol{x})$定义在凸集 $D\subset\mathbf{R}^n$ 上.若对于任意的 $\boldsymbol{x},\boldsymbol{y}\in D,\boldsymbol{x}\neq\boldsymbol{y}$,及任意的 $\alpha\in(0,1)$,都有

$$f[\alpha\boldsymbol{x}+(1-\alpha)\boldsymbol{y}]<\alpha f(\boldsymbol{x})+(1-\alpha)f(\boldsymbol{y}),$$

则称函数 $f(\boldsymbol{x})$为凸集 D 上的严格凸函数.

在以上定义中,把不等号倒一个方向,则得到凹函数和严格凹函数的定义.

例 2.1.3　设 $f(x)=(x-1)^2,x\in\mathbf{R}^1$.试证明 $f(x)$在$(-\infty,+\infty)$上是严格凸函数.

证　设 $x,y\in\mathbf{R}^1$ 且 $x\neq y,\alpha\in(0,1)$,则

$$\begin{aligned}f[\alpha x+(1-\alpha)y]&=[\alpha x+(1-\alpha)y]^2-2[\alpha x+(1-\alpha)y]+1\\&=[y+\alpha(x-y)][x+(1-\alpha)(y-x)]-2[\alpha x+(1-\alpha)y]+1\\&=\alpha x^2+(1-\alpha)y^2-\alpha(1-\alpha)(y-x)^2-2\alpha x-2(1-\alpha)y+1\end{aligned}$$

$$= \alpha(x^2-2x+1)+(1-\alpha)(y^2-2y+1)-\alpha(1-\alpha)(y-x)^2$$
$$= \alpha f(x)+(1-\alpha)f(y)-\alpha(1-\alpha)(y-x)^2.$$

因为 $\alpha(1-\alpha)(y-x)^2>0$,所以

$$f[\alpha x+(1-\alpha)y]<\alpha f(x)+(1-\alpha)f(y),$$

故 $f(x)$在$(-\infty,+\infty)$上是严格凸函数.

例 2.1.4　试证线性函数 $f(\boldsymbol{x})=\boldsymbol{c}^{\mathrm{T}}\boldsymbol{x}=c_1x_1+c_2x_2+\cdots+c_nx_n$ 是 $\mathbf{R}^n$ 上的凸函数.

证　设 $\boldsymbol{x},\boldsymbol{y}\in\mathbf{R}^n,\alpha\in[0,1]$,则

$$f[\alpha\boldsymbol{x}+(1-\alpha)\boldsymbol{y}]=\boldsymbol{c}^{\mathrm{T}}[\alpha\boldsymbol{x}+(1-\alpha)\boldsymbol{y}]=\alpha\boldsymbol{c}^{\mathrm{T}}\boldsymbol{x}+(1-\alpha)\boldsymbol{c}^{\mathrm{T}}\boldsymbol{y}$$
$$=\alpha f(\boldsymbol{x})+(1-\alpha)f(\boldsymbol{y}).$$

所以 $\boldsymbol{c}^{\mathrm{T}}\boldsymbol{x}$ 是凸函数.

类似地可以证明 $\boldsymbol{c}^{\mathrm{T}}\boldsymbol{x}$ 也是凹函数,说明线性函数既是凸函数也是凹函数.

对一元函数 $f(x)$,在几何上点$(\alpha x_1+(1-\alpha)x_2,\alpha f(x_1)+(1-\alpha)f(x_2))$表示过点$(x_1,f(x_1))$与$(x_2,f(x_2))$的线段上的点.$f[\alpha x_1+(1-\alpha)x_2]$表示在点 $\alpha x_1+(1-\alpha)x_2$ 处的函数值,所以,一元凸函数表示连接函数图形上任意两点的线段总位于曲线弧的上方,见图 2-3.而对凹函数来说情形正好相反,见图 2-4.

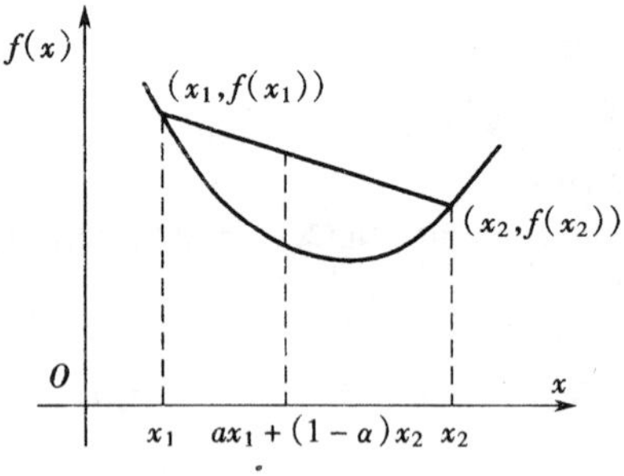

图 2-3

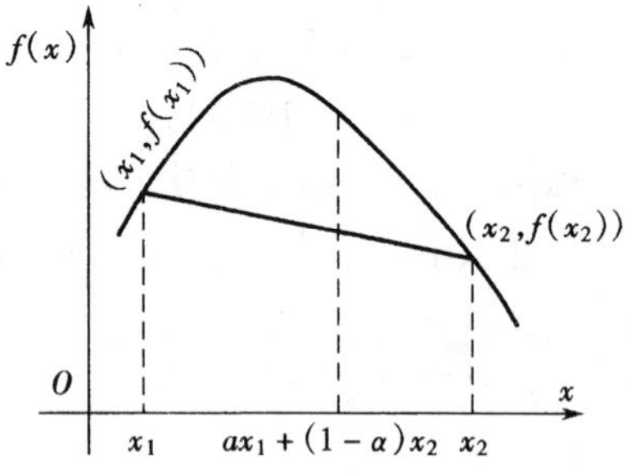

图 2-4

凸函数具有如下性质.

(1)设 $f(\boldsymbol{x})$是凸集 $D\subset\mathbf{R}^n$ 上的凸函数,实数 $k\geqslant0$,则 $kf(\boldsymbol{x})$也是 D 上的凸函数.

证　取任意 $\boldsymbol{x},\boldsymbol{y}\in D$ 及 $\alpha\in[0,1]$，因为 $f(\boldsymbol{x})$ 是 D 上的凸函数，所以有

$$f[\alpha\boldsymbol{x}+(1-\alpha)\boldsymbol{y}]\leqslant\alpha f(\boldsymbol{x})+(1-\alpha)f(\boldsymbol{y}).$$

又因为 $k\geqslant0$，所以

$$kf[\alpha\boldsymbol{x}+(1-\alpha)\boldsymbol{y}]\leqslant\alpha kf(\boldsymbol{x})+(1-\alpha)kf(\boldsymbol{y}),$$

因此，$kf(\boldsymbol{x})$ 是 D 上的凸函数.　□

类似地可以证明性质(2).

(2)设 $f_1(\boldsymbol{x}),f_2(\boldsymbol{x})$ 是凸集 $D\subset\mathbf{R}^n$ 上的凸函数，实数 $\lambda\geqslant0,\mu\geqslant0$，则 $\lambda f_1(\boldsymbol{x})+\mu f_2(\boldsymbol{x})$ 也是 D 上的凸函数.

(3)设 $f(\boldsymbol{x})$ 是凸集 $D\subset\mathbf{R}^n$ 上的凸函数，β 为实数，则水平集

$$S(f,\beta)=\{\boldsymbol{x}\mid\boldsymbol{x}\in D,f(\boldsymbol{x})\leqslant\beta\}$$

是凸集.

证　设 $\boldsymbol{x},\boldsymbol{y}\in S(f,\beta)$ 及 $\alpha\in[0,1]$，于是 $\boldsymbol{x},\boldsymbol{y}\in D$，

且　$f(\boldsymbol{x})\leqslant\beta,f(\boldsymbol{y})\leqslant\beta.$

因为 D 是凸集，所以 $\alpha\boldsymbol{x}+(1-\alpha)\boldsymbol{y}\in D$.

又因为 $f(\boldsymbol{x})$ 是 D 上的凸函数，所以有

$$f[\alpha\boldsymbol{x}+(1-\alpha)\boldsymbol{y}]\leqslant\alpha f(\boldsymbol{x})+(1-\alpha)f(\boldsymbol{y})\leqslant\alpha\beta+(1-\alpha)\beta=\beta$$

即 $\alpha\boldsymbol{x}+(1-\alpha)\boldsymbol{y}\in S(f,\beta)$.因此 $S(f,\beta)$ 是凸集.　□

由凸函数与凹函数的定义可以得到：

(4)$f(\boldsymbol{x})$ 是凸集 $D\subset\mathbf{R}^n$ 上的凹函数的充分必要条件是 $[-f(\boldsymbol{x})]$ 是凸集 $D\subset\mathbf{R}^n$ 上的凸函数.

凸函数具有如下的充分必要条件.

定理 2.1.1　设 $f(\boldsymbol{x})$ 定义在凸集 $D\subset\mathbf{R}^n$ 上，$\boldsymbol{x},\boldsymbol{y}\in D$.令

$$\Phi(t)=f(t\boldsymbol{x}+(1-t)\boldsymbol{y}),t\in[0,1],$$

则

(i)$f(\boldsymbol{x})$ 是凸集 D 上的凸函数的充分必要条件为对任意的 $\boldsymbol{x},\boldsymbol{y}\in D$，单元函数 $\Phi(t)$ 在 $[0,1]$ 上为凸函数.

(ii)设 $\boldsymbol{x}\neq\boldsymbol{y}$，若 $\Phi(t)$ 在 $[0,1]$ 上为严格凸函数，则 $f(\boldsymbol{x})$ 在 D 上为严格凸函数.

只证明(i).

证 必要性.设 $f(\boldsymbol{x})$在凸集 D 上为凸函数,$\boldsymbol{x},\boldsymbol{y}\in D$, $t_1,t_2\in[0,1]$,$0\leqslant\alpha\leqslant1$,于是

$$0\leqslant \alpha t_1+(1-\alpha)t_2\leqslant 1,$$

$$\Phi[\alpha t_1+(1-\alpha)t_2]=f[(\alpha t_1+(1-\alpha)t_2)\boldsymbol{x}+(1-\alpha t_1-(1-\alpha)t_2)\boldsymbol{y}]=f[\alpha(t_1\boldsymbol{x}+(1-t_1)\boldsymbol{y})+(1-\alpha)(t_2\boldsymbol{x}+(1-t_2)\boldsymbol{y})]$$
$$\leqslant \alpha f[t_1\boldsymbol{x}+(1-t_1)\boldsymbol{y}]+(1-\alpha)f[t_2\boldsymbol{x}+(1-t_2)\boldsymbol{y}]$$
$$=\alpha\Phi(t_1)+(1-\alpha)\Phi(t_2).$$

故 $\Phi(t)$为$[0,1]$上的凸函数.

充分性.设 $\Phi(t)$是$[0,1]$上的凸函数,对任意的 $\boldsymbol{x},\boldsymbol{y}\in D$,$0\leqslant\alpha\leqslant1$,则有

$$f[\alpha\boldsymbol{x}+(1-\alpha)\boldsymbol{y}]=\Phi(\alpha)=\Phi[\alpha\cdot1+(1-\alpha)\cdot0]$$
$$\leqslant\alpha\Phi(1)+(1-\alpha)\Phi(0)=\alpha f(\boldsymbol{x})+(1-\alpha)f(\boldsymbol{y}),$$

故 $f(\boldsymbol{x})$是 D 上的凸函数.

□

定理 2.1.2 (一阶条件)设在凸集 $D\subset\mathbf{R}^n$ 上 $f(\boldsymbol{x})$可微,则 $f(\boldsymbol{x})$ 在 D 上为凸函数的充分必要条件是对任意的 $\boldsymbol{x},\boldsymbol{y}\in D$ 都有

$$f(\boldsymbol{y})\geqslant f(\boldsymbol{x})+\nabla f(\boldsymbol{x})^{\mathrm{T}}(\boldsymbol{y}-\boldsymbol{x}).$$

证 必要性.设 $f(\boldsymbol{x})$是 D 上的凸函数.任取 $\boldsymbol{x},\boldsymbol{y}\in D$ 及 $\alpha\in(0,1]$,有

$$f[\alpha\boldsymbol{y}+(1-\alpha)\boldsymbol{x}]\leqslant\alpha f(\boldsymbol{y})+(1-\alpha)f(\boldsymbol{x}),$$

即
$$f[\boldsymbol{x}+\alpha(\boldsymbol{y}-\boldsymbol{x})]\leqslant f(\boldsymbol{x})+\alpha[f(\boldsymbol{y})-f(\boldsymbol{x})].$$

由 Taylor 公式有

$$f[\boldsymbol{x}+\alpha(\boldsymbol{y}-\boldsymbol{x})]=f(\boldsymbol{x})+\alpha\nabla f(\boldsymbol{x})^{\mathrm{T}}(\boldsymbol{y}-\boldsymbol{x})+o(\|\alpha(\boldsymbol{y}-\boldsymbol{x})\|),$$

代入上式得

$$f(\boldsymbol{y})-f(\boldsymbol{x})\geqslant\nabla f(\boldsymbol{x})^{\mathrm{T}}(\boldsymbol{y}-\boldsymbol{x})+\frac{o(\|\alpha(\boldsymbol{y}-\boldsymbol{x})\|)}{\alpha}.$$

上式两端取极限,令 $\alpha\to0$ 有

$$f(\boldsymbol{y})\geqslant f(\boldsymbol{x})+\nabla f(\boldsymbol{x})^{\mathrm{T}}(\boldsymbol{y}-\boldsymbol{x}).$$

充分性.设任意的 $\boldsymbol{x},\boldsymbol{y}\in D$,$\alpha\in[0,1]$,则

$$\alpha\boldsymbol{x}+(1-\alpha)\boldsymbol{y}\in D,$$

令 $\alpha\boldsymbol{x}+(1-\alpha)\boldsymbol{y}=\boldsymbol{z}$ 有

$$f(\boldsymbol{x})-f(\boldsymbol{z})\geqslant\nabla f(\boldsymbol{z})^{\mathrm{T}}(\boldsymbol{x}-\boldsymbol{z}),$$

$$f(\boldsymbol{y})-f(\boldsymbol{z})\geqslant\nabla f(\boldsymbol{z})^{\mathrm{T}}(\boldsymbol{y}-\boldsymbol{z}),$$

用 α,$(1-\alpha)$分别乘上面两式再相加得

$$\alpha f(\boldsymbol{x})+(1-\alpha)f(\boldsymbol{y})-f(\boldsymbol{z})\geqslant 0,$$

即 $$f[\alpha\boldsymbol{x}+(1-\alpha)\boldsymbol{y}]\leqslant\alpha f(\boldsymbol{x})+(1-\alpha)f(\boldsymbol{y}).$$

故 $f(\boldsymbol{x})$在 D 上是凸函数. □

定理 2.1.3　设在凸集 $D\subset\mathbf{R}^n$ 上 $f(\boldsymbol{x})$可微,则 $f(\boldsymbol{x})$为 D 上的严格凸函数的充分必要条件是对任意的 $\boldsymbol{x},\boldsymbol{y}\in D,\boldsymbol{x}\neq\boldsymbol{y}$ 都有

$$f(\boldsymbol{y})>f(\boldsymbol{x})+\nabla f(\boldsymbol{x})^{\mathrm{T}}(\boldsymbol{y}-\boldsymbol{x}).$$

定理 2.1.4　(二阶条件)设在开凸集 $D\subset\mathbf{R}^n$ 内 $f(\boldsymbol{x})$二阶可微,则

(i)　$f(\boldsymbol{x})$是 D 内的凸函数的充分必要条件为在 D 内任一点 $\boldsymbol{x}$ 处,$f(\boldsymbol{x})$的海色(Hesse)矩阵 $G(\boldsymbol{x})$半正定,其中

$$\boldsymbol{G}(\boldsymbol{x})=\nabla^2 f(\boldsymbol{x})=\begin{pmatrix}\dfrac{\partial^2 f}{\partial \boldsymbol{x}_1{}^2} & \dfrac{\partial^2 f}{\partial \boldsymbol{x}_1\partial \boldsymbol{x}_2} & \cdots & \dfrac{\partial^2 f}{\partial \boldsymbol{x}_1\partial \boldsymbol{x}_n}\\ \dfrac{\partial^2 f}{\partial \boldsymbol{x}_2\partial \boldsymbol{x}_1} & \dfrac{\partial^2 f}{\partial \boldsymbol{x}_2^2} & \cdots & \dfrac{\partial^2 f}{\partial \boldsymbol{x}_2\partial \boldsymbol{x}_n}\\ \vdots & \vdots & & \vdots\\ \dfrac{\partial^2 f}{\partial \boldsymbol{x}_n\partial \boldsymbol{x}_1} & \dfrac{\partial^2 f}{\partial \boldsymbol{x}_n\partial \boldsymbol{x}_2} & \cdots & \dfrac{\partial^2 f}{\partial \boldsymbol{x}_n^2}\end{pmatrix}.$$

(ii)若在 D 内 $G(\boldsymbol{x})$正定,则 $f(\boldsymbol{x})$在 D 内是严格凸函数.

证(i)　必要性.任取 $\boldsymbol{x}\in D$ 及 $\boldsymbol{y}\in\mathbf{R}^n(\boldsymbol{y}\neq\mathbf{0})$,因为 D 为开集,所以存在 $\varepsilon>0$,当 $\alpha\in[-\varepsilon,\varepsilon]$时 $\boldsymbol{x}+\alpha\boldsymbol{y}\in D$.由定理 2.1.2 有

$$f(\boldsymbol{x}+\alpha\boldsymbol{y})\geqslant f(\boldsymbol{x})+\alpha\nabla f(\boldsymbol{x})^{\mathrm{T}}\boldsymbol{y},$$

由 Taylor 公式有

$$f(\boldsymbol{x}+\alpha\boldsymbol{y})=f(\boldsymbol{x})+\alpha\nabla f(\boldsymbol{x})^{\mathrm{T}}\boldsymbol{y}+\frac{1}{2}\alpha^2\boldsymbol{y}^{\mathrm{T}}G(\boldsymbol{x})\boldsymbol{y}+o(\alpha^2).$$

由上面两式得

$$\frac{1}{2}\alpha^2\boldsymbol{y}^{\mathrm{T}}G(\boldsymbol{x})\boldsymbol{y}+o(\alpha^2)\geqslant 0,$$

或　　$$\boldsymbol{y}^{\mathrm{T}}G(\boldsymbol{x})\boldsymbol{y}+\frac{o(\alpha^2)}{\alpha^2}\geqslant 0.$$

令 $\alpha\to 0$ 取极限得

$$\boldsymbol{y}^{\mathrm{T}}G(\boldsymbol{x})\boldsymbol{y}\geqslant 0,$$

即　　$G(\boldsymbol{x})$是半正定的.

充分性.任取 $\boldsymbol{x},\boldsymbol{y}\in D$,因为 $G(\boldsymbol{x})$半正定,由 Taylor 公式有

$$\begin{aligned}f(\boldsymbol{y})&=f(\boldsymbol{x})+\nabla f(\boldsymbol{x})^{\mathrm{T}}(\boldsymbol{y}-\boldsymbol{x})+\frac{1}{2}(\boldsymbol{y}-\boldsymbol{x})^{\mathrm{T}}G(\xi)(\boldsymbol{y}-\boldsymbol{x})\\&\geqslant f(\boldsymbol{x})+\nabla f(\boldsymbol{x})^{\mathrm{T}}(\boldsymbol{y}-\boldsymbol{x}),\end{aligned}$$

其中$\xi=\boldsymbol{x}+\alpha(\boldsymbol{y}-\boldsymbol{x}),\alpha\in(0,1)$.

由定理 2.1.2 知 $f(\boldsymbol{x})$为凸函数.

证(ii)　由(i)的充分性的证明过程,当 $G(\xi)$正定,$\boldsymbol{x}\neq\boldsymbol{y}$ 时有

$$f(\boldsymbol{y})>f(\boldsymbol{x})+\nabla f(\boldsymbol{x})^{\mathrm{T}}(\boldsymbol{y}-\boldsymbol{x}),$$

所以 $f(\boldsymbol{x})$是严格凸的.

□

定义 2.1.6　设 $D\subset\mathbf{R}^n$ 为凸集,$f(\boldsymbol{x})$为 D 上的凸函数,则称规划问题

$$\min_{\boldsymbol{x}\in D}f(\boldsymbol{x})$$

为凸规划问题.

对于凸规划,可以证明以下定理.

定理 2.1.5

(i)凸规划的任一局部极小点 $\boldsymbol{x}$ 是整体极小点,全体极小点组成凸集;

(ii)若 $f(\boldsymbol{x})$是凸集 $D\subset\mathbf{R}^n$ 上的严格凸函数,且凸规划问题

$$\min_{\boldsymbol{x}\in D}f(\boldsymbol{x})$$

的整体极小点存在,则整体极小点是唯一的.

2.2　线性规划的标准型与基本概念

线性规划问题(Linear Programming,简记为 LP 问题)是求一组非负的变量$(x_1,x_2,\cdots,x_n)^{\mathrm{T}}$,它们在满足一组线性等式或不等式约束的条

件下，使一个线性函数达到极小或极大，即

$$
\begin{aligned}
&\min\ (\text{或}\ \max\ )\ c_1x_1+c_2x_2+\cdots+c_nx_n,\\
&\text{s.t.}\quad a_{11}x_1+a_{12}x_2+\cdots+a_{1n}x_n\geqslant b_1,\\
&\qquad\quad a_{21}x_1+a_{22}x_2+\cdots+a_{2n}x_n\geqslant b_2,\\
&\qquad\quad\cdots\cdots\\
&\qquad\quad a_{m1}x_1+a_{m2}x_2+\cdots+a_{mn}x_n\geqslant b_m,\\
&\qquad\quad x_1,\cdots,x_n\geqslant 0.
\end{aligned}
$$

为了便于研究和求解，我们把各种形式的线性规划问题化为线性规划的标准形式，称下列形式的线性规划问题为线性规划的标准型：

$$\min\sum_{j=1}^{n}c_jx_j=c_1x_1+c_2x_2+\cdots+c_nx_n, \tag{2.1}$$

$$
\text{(LP)}\quad
\begin{aligned}
&\text{s.t.}\quad a_{11}x_1+a_{12}x_2+\cdots+a_{1m}x_n=b_1.\\
&\qquad\quad a_{21}x_1+a_{22}x_2+\cdots+a_{2m}x_n=b_2,\\
&\qquad\quad\cdots\cdots\\
&\qquad\quad a_{m1}x_1+a_{m2}x_2+\cdots+a_{mn}x_n=b_m,
\end{aligned} \tag{2.2}
$$

$$x_1,\cdots,x_n\geqslant 0, \tag{2.3}$$

其中 b_i,c_j,a_{ij} 为已知常数，$b_i\geqslant 0, i=1,\cdots,m, j=1,\cdots,n$.

一般称条件 $x_j\geqslant 0(j=1,\cdots,n)$ 为非负约束，称 c_j 为成本系数或价格系数 $(j=1,\cdots,n)$.

线性规划也常用矩阵——向量的形式表示.

若记 $\boldsymbol{c}=(c_1,\cdots,c_n)^{\mathrm{T}},\boldsymbol{x}=(x_1,\cdots,x_n)^{\mathrm{T}},\boldsymbol{b}=(b_1,\cdots,b_m)^{\mathrm{T}}$,

$$
\boldsymbol{A}=\begin{pmatrix}
a_{11} & a_{12} & \cdots & a_{1n}\\
a_{21} & a_{22} & \cdots & a_{2n}\\
\vdots & \vdots & & \vdots\\
a_{m1} & a_{m2} & \cdots & a_{mn}
\end{pmatrix}
$$

把非负约束 $x_j\geqslant 0(j=1,\cdots,n)$ 简记为 $\boldsymbol{x}\geqslant\boldsymbol{0}$，则线性规划(LP)可表示为

$$
\text{(LP)}\quad
\begin{aligned}
&\min\ \boldsymbol{c}^{\mathrm{T}}\boldsymbol{x},\\
&\text{s.t.}\quad \boldsymbol{Ax}=\boldsymbol{b},\\
&\qquad\quad \boldsymbol{x}\geqslant\boldsymbol{0}
\end{aligned}
$$

记 $\boldsymbol{A}=(\boldsymbol{p}_1,\boldsymbol{p}_2,\cdots,\boldsymbol{p}_n)$，其中 $\boldsymbol{p}_j=(a_{1j},a_{2j},\cdots,a_{mj})^{\mathrm{T}}$，线性规划(LP)又可表示为

$$
\text{(LP)}\quad
\begin{aligned}
&\min\ \boldsymbol{c}^{\mathrm{T}}\boldsymbol{x},\\
&\text{s.t.}\quad \sum_{j=1}^{n}\boldsymbol{p}_j x_j=\boldsymbol{b},\\
&\qquad\quad x_j\geqslant 0,\quad j=1,\cdots,n.
\end{aligned}
$$

矩阵 $\boldsymbol{A}=(a_{ij})_{m\times n}$ 被称为约束矩阵；向量 $\boldsymbol{b}$ 称为右端向量.满足约束条件(2.2)和(2.3)的向量 $\boldsymbol{x}$ 是可行解，全体可行解构成可行域 D.当可行域为空集，即 $D=\varnothing$ 时，称此线性规划无可行解或无解；当可行域非空，即 $D\neq\varnothing$，但目标函数值在 D 上无界，则称此线性规划(LP)无界或无最优解.

定理 2.2.1 线性规划问题

$$
\text{(LP)}\quad
\begin{aligned}
&\min\ \boldsymbol{c}^{\mathrm{T}}\boldsymbol{x},\\
&\text{s.t.}\quad \boldsymbol{A}\boldsymbol{x}=\boldsymbol{b},\\
&\qquad\quad \boldsymbol{x}\geqslant\boldsymbol{0}
\end{aligned}
$$

的可行域 D 是凸集.

证 取任意 $\boldsymbol{x},\boldsymbol{y}\in D$，则有

$$\boldsymbol{A}\boldsymbol{x}=\boldsymbol{b},\ \boldsymbol{x}\geqslant\boldsymbol{0};$$

$$\boldsymbol{A}\boldsymbol{y}=\boldsymbol{b},\ \boldsymbol{y}\geqslant\boldsymbol{0}.$$

对任意的 $\alpha\in[0,1]$，设 $\boldsymbol{z}=\alpha\boldsymbol{x}+(1-\alpha)\boldsymbol{y}$，则 $\boldsymbol{z}\geqslant\boldsymbol{0}$，且

$$
\begin{aligned}
\boldsymbol{A}\boldsymbol{z}&=\boldsymbol{A}(\alpha\boldsymbol{x}+(1-\alpha)\boldsymbol{y})=\alpha\boldsymbol{A}\boldsymbol{x}+(1-\alpha)\boldsymbol{A}\boldsymbol{y}\\
&=\alpha\boldsymbol{b}+(1-\alpha)\boldsymbol{b}=\boldsymbol{b},
\end{aligned}
$$

所以(LP)的可行域 D 是凸集. □

各种形式的线性规划都可化为标准型线性规划.

(1)若给出的线性规划是极大化目标函数，则有

$$\max f(\boldsymbol{x})=\min[-f(\boldsymbol{x})].$$

(2)若第 i 个约束为不等式

$$\sum_{j=1}^{n}a_{ij}x_j\leqslant b_i,$$

则增加松弛变量 $x_{n+i}\geqslant 0$，把上述约束化为等式约束

$$\sum_{j=1}^{n} a_{ij}x_j + x_{n+i} = b_i,$$

而目标函数则保持不变,即松弛变量 x_{n+i} 的价格系数 $c_{n+i}=0$.

类似地,若第 i 个约束为

$$\sum_{j=1}^{n} a_{ij}x_j \geqslant b_i,$$

可将它化为

$$\sum_{j=1}^{n} a_{ij}x_j - x_{n+i} = b_i, \quad x_{n+i} \geqslant 0.$$

(3)若第 i 个等式约束中 $b_i<0$,则用(-1)乘该等式两端.

(4)若第 j 个变量 x_j 没有非负限制,此时称 x_j 为自由变量,则引进两个非负变量 $x_j' \geqslant 0, x_j'' \geqslant 0$,令

$$x_j = x_j' - x_j'',$$

把它代入目标函数及约束条件中去.

例 2.2.1 试将线性规划

$$\begin{aligned}
&\min\ y = 2x_1 - x_2 - 3x_3,\\
&\text{s.t.}\quad x_1 + x_2 + x_3 \leqslant 7,\\
&\qquad\ \ x_1 - x_2 + x_3 \geqslant 2,\\
&\qquad\ \ -3x_1 - x_2 + 2x_3 = 5,\\
&\qquad\ \ x_1, x_2 \geqslant 0, x_3 \text{ 是自由变量},
\end{aligned}$$

化为标准型.

解 引入松弛变量 $x_4, x_5 \geqslant 0$,再令 $x_3 = x_3' - x_3''$,则上述线性规划的标准型为

$$\begin{aligned}
&\min\ y = 2x_1 - x_2 - 3x_3' + 3x_3'',\\
&\text{s.t.}\quad x_1 + x_2 + x_3' - x_3'' + x_4 = 7,\\
&\qquad\ \ x_1 - x_2 + x_3' - x_3'' - x_5 = 2,\\
&\qquad\ \ -3x_1 - x_2 + 2x_3' - 2x_3'' = 5,\\
&\qquad\ \ x_1, x_2, x_3', x_3'', x_4, x_5 \geqslant 0.
\end{aligned}$$

设约束方程组(2.2)系数矩阵 $\boldsymbol{A}$ 的秩为 m,且 $m \leqslant n$,则 $\boldsymbol{A}$ 中必存

在 m 阶非奇异的子阵 $\boldsymbol{B}$.为方便起见,不妨设

$$\boldsymbol{B}=(\boldsymbol{p}_1,\boldsymbol{p}_2,\cdots,\boldsymbol{p}_m),$$

称方阵 $\boldsymbol{B}$ 为线性规划问题(LP)的一个基矩阵,习惯上也称为一个基.基矩阵 $\boldsymbol{B}$ 中包含的列向量 $\boldsymbol{p}_1,\boldsymbol{p}_2,\cdots,\boldsymbol{p}_m$ 称为基向量,其余的列向量称为非基向量.与基向量对应的变量 $x_1,x_2,\cdots,x_m$ 称为基变量,其余变量称为非基变量.

在约束方程组(2.2)中取定一个基 $\boldsymbol{B}$ 之后,令非基变量均为 0,则方程组

$$\boldsymbol{p}_1x_1+\boldsymbol{p}_2x_2+\cdots+\boldsymbol{p}_mx_m=\boldsymbol{b}$$

有唯一解,这样可得到约束方程组(2.2)的一个解向量

$$\boldsymbol{x}=(x_1,\cdots,x_m,0,\cdots,0)^{\mathrm{T}}.$$

通过这种方法得到的满足约束(2.2)的解称为与基矩阵 $\boldsymbol{B}$ 对应的基解.

显然,线性规划(LP)的基解个数不会超过 C_n^m.基解中的非零分量不一定全部非负.若基解又满足非负条件(2.3),则称它为基可行解,此时的基 $\boldsymbol{B}$ 称为可行基.基可行解中非零分量的个数不超过 m.若基可行解中正分量的个数恰为 m 个,则称此基可行解为非退化的基可行解;若基可行解中正分量的个数小于 m,则称它为退化的基可行解.如果一个线性规划的所有基可行解都是非退化的,则称此线性规划为非退化的.

2.3 线性规划的基本定理

一般说,线性规划问题(LP)的可行解有无穷多个,怎样从这无穷多个可行解中找出最优解?由下面线性规划的基本定理可以知道,只需在基可行解中选择就可得到最优解.

定理 2.3.1 设 $\boldsymbol{x}$ 是标准型线性规划(LP)的可行解.$\boldsymbol{x}$ 为(LP)的基可行解的充分必要条件是 $\boldsymbol{x}$ 的正分量对应的系数列向量线性无关.

证 不妨设 $\boldsymbol{x}$ 的前 k 个分量为正分量,则

$$x=(x_1,\cdots,x_k,0,\cdots,0)^{\mathrm{T}},\quad x_j>0,\quad j=1,\cdots,k.$$

必要性由基可行解的定义可得.下面证明充分性.

设 $\boldsymbol{x}$ 的正分量对应的列向量 $\boldsymbol{p}_1,\boldsymbol{p}_2,\cdots,\boldsymbol{p}_k$ 线性无关.因为系数矩阵 $\boldsymbol{A}$ 的秩为 m,于是 $k\leqslant m$.由于 $\boldsymbol{x}$ 是可行解,$\boldsymbol{A}\boldsymbol{x}=\boldsymbol{b}$,所以

$$\sum_{j=1}^{k}\boldsymbol{p}_j x_j=\boldsymbol{b}.$$

若 $k=m$,则 $\boldsymbol{p}_1,\boldsymbol{p}_2,\cdots,\boldsymbol{p}_m$ 构成(LP)的一个基.$\boldsymbol{x}$ 为与此基对应的基可行解.若 $k<m$,由于 $\boldsymbol{A}$ 的秩为 m,所以从 $\boldsymbol{p}_{k+1},\cdots,\boldsymbol{p}_n$ 中必可选出 $m-k$ 个向量,与 $\boldsymbol{p}_1,\cdots,\boldsymbol{p}_k$ 一起构成(LP)的一个基.$\boldsymbol{x}$ 是与这个基对应的基可行解.

□

定理 2.3.2 设 $\boldsymbol{x}$ 为标准型线性规划(LP)的可行解,$\boldsymbol{x}$ 为(LP)的基可行解的充分必要条件是 $\boldsymbol{x}$ 为可行域 D 的极点.

证 必要性.设 $\boldsymbol{x}=(x_1,\cdots,x_m,0,\cdots 0)^{\mathrm{T}}$ 是(LP)的基可行解,且 $x_1,x_2,\cdots,x_m$ 是基变量.假设有 $\boldsymbol{x}_1,\boldsymbol{x}_2\in D$,$0<\alpha<1$,使得

$$\boldsymbol{x}=\alpha\boldsymbol{x}_1+(1-\alpha)\boldsymbol{x}_2,$$

这里 $\boldsymbol{x}_1=(x_1^{(1)},\cdots,x_n^{(1)})^{\mathrm{T}}$, $\boldsymbol{x}_2=(x_1^{(2)},\cdots,x_n^{(2)})^{\mathrm{T}}$.

由于 $0<\alpha<1$,$\boldsymbol{x}_1\geqslant\boldsymbol{0}$,$\boldsymbol{x}_2\geqslant\boldsymbol{0}$,及 $x_j=0$,$j=m+1,\cdots,n$,所以 $x_j^{(1)}=x_j^{(2)}=0$,$j=m+1,\cdots,n$.又因为 $\boldsymbol{x}_1,\boldsymbol{x}_2\in D$,所以

$$\sum_{j=1}^{m}\boldsymbol{p}_j x_j^{(1)}=\boldsymbol{b},\quad \sum_{j=1}^{m}\boldsymbol{p}_j x_j^{(2)}=\boldsymbol{b},$$

两式相减得

$$\sum_{j=1}^{m}(x_j^{(1)}-x_j^{(2)})\boldsymbol{p}_j=\boldsymbol{0}.$$

因为 $\boldsymbol{x}$ 是基可行解,所以 $\boldsymbol{p}_1,\cdots,\boldsymbol{p}_m$ 线性无关,于是 $x_j^{(1)}-x_j^{(2)}=0$,即 $x_j^{(1)}=x_j^{(2)}$,$j=1,\cdots,m$.从而 $\boldsymbol{x}_1=\boldsymbol{x}_2$,说明 $\boldsymbol{x}$ 是 D 的极点.

充分性.设 $\boldsymbol{x}=(x_1,\cdots,x_k,0,\cdots,0)^{\mathrm{T}}$ 是可行域 D 的极点,其中 $x_1,\cdots,x_k>0$.假设 $\boldsymbol{x}$ 不是基可行解,于是由定理 2.3.1,$\boldsymbol{x}$ 的正分量对应的系数列向量 $\boldsymbol{p}_1,\cdots,\boldsymbol{p}_k$ 线性相关,即存在一组不全为零的数 $\alpha_1,\cdots,\alpha_k$,使

$$\sum_{j=1}^{k} \alpha_j \boldsymbol{p}_j = \boldsymbol{0}, \tag{2.4}$$

又因为 $\boldsymbol{x} = (x_1, \cdots, x_k, 0, \cdots, 0)^{\mathrm{T}} \in D$,所以

$$\sum_{j=1}^{k} x_j \boldsymbol{p}_j = \boldsymbol{b}. \tag{2.5}$$

用 $\varepsilon > 0$ 乘式(2.4)再与式(2.5)相加减得

$$\sum_{j=1}^{k} (x_j + \varepsilon\alpha_j) \boldsymbol{p}_j = \boldsymbol{b},$$

$$\sum_{j=1}^{k} (x_j - \varepsilon\alpha_j) \boldsymbol{p}_j = \boldsymbol{b}.$$

令 $\boldsymbol{x}_1 = (x_1 + \varepsilon\alpha_1, \cdots, x_k + \varepsilon\alpha_k, 0, \cdots, 0)^{\mathrm{T}}$,

$\boldsymbol{x}_2 = (x_1 - \varepsilon\alpha_1, \cdots, x_k - \varepsilon\alpha_k, 0, \cdots, 0)^{\mathrm{T}}$,

则满足 $\boldsymbol{A}\boldsymbol{x}_1 = \boldsymbol{b}, \boldsymbol{A}\boldsymbol{x}_2 = \boldsymbol{b}$.当 ε 充分小时,可使 $\boldsymbol{x}_1 \geqslant \boldsymbol{0}, \boldsymbol{x}_2 \geqslant \boldsymbol{0}$.

所以当 ε 充分小时 $\boldsymbol{x}_1, \boldsymbol{x}_2$ 都是(LP)的可行解,且 $\boldsymbol{x}_1 \neq \boldsymbol{x}_2$,但是

$$\boldsymbol{x} = \frac{1}{2}\boldsymbol{x}_1 + \frac{1}{2}\boldsymbol{x}_2,$$

这与 $\boldsymbol{x}$ 是可行域 D 的极点矛盾.故 $\boldsymbol{x}$ 是基可行解. □

推论 线性规划(LP)的可行域 $D = \{\boldsymbol{x} \mid \boldsymbol{A}\boldsymbol{x} = \boldsymbol{b}, \boldsymbol{x} \geqslant 0\}$ 最多具有有限个极点.

证 由基解的定义可知,线性规划(LP)的基解个数最多为

$$\mathrm{C}_n^m = \frac{n!}{m!\,(n-m)!}$$

个.而基可行解集合只是基解集合的一个子集.即极点集合只是基解集合的一个子集,所以极点的个数 $\leqslant \mathrm{C}_n^m$. □

需要指出的是,一个可行基对应着一个基可行解;反之,若一个基可行解是非退化的,那么它也对应着唯一的一个可行基;若一个基可行解是退化的,一般地说它可以由不止一个可行基得到.

例 2.3.1 已知线性规划

$$\min\ 2x_1 - x_2,$$

$$\text{s.t.}\quad x_1 + x_2 + x_3 = 5,$$

$$
\begin{aligned}
-x_1+x_2\qquad +x_4\quad &=0,\\
6x_1+2x_2\qquad\quad +x_5&=21,\\
x_j\geqslant 0,\quad j=1,2,\cdots,5&.
\end{aligned}
$$

当取基矩阵

$$
\boldsymbol{B}_1=(\boldsymbol{p}_3,\boldsymbol{p}_4,\boldsymbol{p}_5)=\begin{pmatrix}1&0&0\\0&1&0\\0&0&1\end{pmatrix}
$$

时，基变量为 x_3,x_4,x_5，非基变量为 x_1,x_2，对应的基可行解为

$$
\boldsymbol{x}_1=(0,0,5,0,21)^{\mathrm{T}}.
$$

当取基矩阵

$$
\boldsymbol{B}_2=(\boldsymbol{p}_2,\boldsymbol{p}_3,\boldsymbol{p}_5)=\begin{pmatrix}1&1&0\\1&0&0\\2&0&1\end{pmatrix}
$$

时，基变量为 x_2,x_3,x_5，非基变量为 x_1,x_4，对应的基可行解为 $\boldsymbol{x}_2=(0,0,5,0,21)^{\mathrm{T}}$.再取基距阵

$$
\boldsymbol{B}_3=(\boldsymbol{p}_1,\boldsymbol{p}_3,\boldsymbol{p}_5)=\begin{pmatrix}1&1&0\\-1&0&0\\6&0&1\end{pmatrix}
$$

时，对应的基可行解为 $\boldsymbol{x}_3=(0,0,5,0,21)^{\mathrm{T}}$，$\boldsymbol{x}_1,\boldsymbol{x}_2,\boldsymbol{x}_3$ 是三个不同的基矩阵所对应的可行解，但它们对应于同一个极点$(0,0,5,0,21)^{\mathrm{T}}$.

定理 2.3.3　若线性规划(LP)存在可行解，则它一定存在基可行解.

证　设 $\boldsymbol{x}=(x_1,x_2,\cdots,x_n)^{\mathrm{T}}$ 是(LP)的可行解.不失一般性，设 $\boldsymbol{x}$ 的前 k 个分量为正数，其余分量为零，于是有

$$
\sum_{j=1}^{k}x_j\boldsymbol{p}_j=\boldsymbol{b}.
$$

若 $\boldsymbol{p}_1,\boldsymbol{p}_2,\cdots,\boldsymbol{p}_k$ 线性无关，则由定理 2.3.1 知 $\boldsymbol{x}$ 是基可行解；若 $\boldsymbol{p}_1,\boldsymbol{p}_2,\cdots,\boldsymbol{p}_k$ 线性相关，则存在不全为零的数 $\alpha_1,\cdots,\alpha_k$，使

$$
\sum_{j=1}^{k}\alpha_j\boldsymbol{p}_j=\boldsymbol{0},
$$

与定理 2.3.2 充分性的证明类似,作

$$\boldsymbol{x}_1=\boldsymbol{x}+\varepsilon\boldsymbol{\alpha},\quad \boldsymbol{x}_2=\boldsymbol{x}-\varepsilon\boldsymbol{\alpha},$$

其中 $\boldsymbol{\alpha}=(\alpha_1,\cdots,\alpha_k,0,\cdots,0)^{\mathrm{T}}$.当 $\varepsilon>0$ 充分小时,$\boldsymbol{x}_1,\boldsymbol{x}_2$ 是线性规划(LP)的可行解.

选择适当的 ε,使得 $x_j+\varepsilon\alpha_j,x_j-\varepsilon\alpha_j(j=1,\cdots,k)$ 中至少有一个为零,而其余的值大于等于零.这样得到一个新的可行解,但是其中非零分量的个数比 $\boldsymbol{x}$ 至少减少一个.考察这个新可行解中正分量对应的列向量是否线性相关.若这个新可行解中正分量对应的列向量线性无关,则问题得证了.否则,重复上面的过程,再减少正分量的个数,直至正分量对应的系数列向量线性无关为止. □

定理 2.3.4 若线性规划(LP)存在最优解,则必存在基可行解是最优解.

证 设 $\boldsymbol{x}$ 是最优解.若 $\boldsymbol{x}$ 又是基可行解,则它就是最优的基可行解.若 $\boldsymbol{x}$ 不是基可行解,按定理 2.3.3 的证明过程,做出两个新的可行解:$\boldsymbol{x}+\varepsilon\boldsymbol{\alpha}$ 和 $\boldsymbol{x}-\varepsilon\boldsymbol{\alpha}$.它们对应的目标函数值分别为

$$\boldsymbol{c}^{\mathrm{T}}(\boldsymbol{x}+\varepsilon\boldsymbol{\alpha})=\boldsymbol{c}^{\mathrm{T}}\boldsymbol{x}+\varepsilon\boldsymbol{c}^{\mathrm{T}}\boldsymbol{\alpha},$$
$$\boldsymbol{c}^{\mathrm{T}}(\boldsymbol{x}-\varepsilon\boldsymbol{\alpha})=\boldsymbol{c}^{\mathrm{T}}\boldsymbol{x}-\varepsilon\boldsymbol{c}^{\mathrm{T}}\boldsymbol{\alpha}.$$

因为 $\boldsymbol{x}$ 是最优解,所以有

$$\boldsymbol{c}^{\mathrm{T}}(\boldsymbol{x}+\varepsilon\boldsymbol{\alpha})=\boldsymbol{c}^{\mathrm{T}}\boldsymbol{x}+\varepsilon\boldsymbol{c}^{\mathrm{T}}\boldsymbol{\alpha}\geqslant\boldsymbol{c}^{\mathrm{T}}\boldsymbol{x},$$
$$\boldsymbol{c}^{\mathrm{T}}(\boldsymbol{x}-\varepsilon\boldsymbol{\alpha})=\boldsymbol{c}^{\mathrm{T}}\boldsymbol{x}-\varepsilon\boldsymbol{c}^{\mathrm{T}}\boldsymbol{\alpha}\geqslant\boldsymbol{c}^{\mathrm{T}}\boldsymbol{x},$$

由此可以得到 $\boldsymbol{c}^{\mathrm{T}}\boldsymbol{\alpha}=0$.因此

$$\boldsymbol{c}^{\mathrm{T}}(\boldsymbol{x}+\varepsilon\boldsymbol{\alpha})=\boldsymbol{c}^{\mathrm{T}}(\boldsymbol{x}-\varepsilon\boldsymbol{\alpha})=\boldsymbol{c}^{\mathrm{T}}\boldsymbol{x},$$

也就是说,当 $\varepsilon>0$ 充分小时 $\boldsymbol{x}+\varepsilon\boldsymbol{\alpha},\boldsymbol{x}-\varepsilon\boldsymbol{\alpha}$ 是可行解,也是最优解.按定理 2.3.3 的方法继续进行下去,使新的最优解的正分量的个数逐步减少,最后得到的基可行解一定是最优解. □

由上述几个定理可知,若线性规划问题(LP)有最优解,只需从基可行解中找最优解,而基可行解的个数不会超过 C_n^m 个.但是,对于很大的 n 和 m,要算出全部基可行解,并从中选出一个使目标函数取极小值的解,计算量是很大的.因此需要一种计算方法,按一定的规律只挑选一小部分基可行解,并且收敛到极小点.在 1947 年由 G.B.Dantzig 提

出的单纯形法(Simplex method)就是这样的一种方法.这种方法是先找到一个基可行解,即找到可行域的一个极点,判断这个极点是不是最优点.如果是,问题就解决了;如果不是,设法找到一个相邻的极点,使新极点处的目标函数值不大于前一个极点处的目标函数值.这样做下去,经过有限次迭代步骤就可以找到(LP)的极小点或者判断线性规划问题有没有最优解.

2.4　单纯形方法

仍然考虑线性规划问题(2.1)、(2.2)、(2.3):

$$\text{(LP)}\quad \begin{aligned} &\min f(\boldsymbol{x}) = \boldsymbol{c}^{\mathrm{T}}\boldsymbol{x},\\ &\text{s.t.}\quad \boldsymbol{A}\boldsymbol{x} = \boldsymbol{b},\\ &\qquad\quad \boldsymbol{x} \geqslant \boldsymbol{0}. \end{aligned}$$

设系数矩阵 $\boldsymbol{A}$ 的秩为 m.

为方便起见,仍设 $x_1,\cdots,x_m$ 是基变量,$x_{m+1},\cdots,x_n$ 是非基变量,则基矩阵 $\boldsymbol{B}=(\boldsymbol{p}_1,\boldsymbol{p}_2,\cdots,\boldsymbol{p}_m)$.并记非基向量构成的矩阵为 $\boldsymbol{N}=(\boldsymbol{p}_{m+1},\cdots,\boldsymbol{p}_n)$.系数矩阵 $\boldsymbol{A}$ 分解为 $\boldsymbol{A}=(\boldsymbol{B},\boldsymbol{N})$,其中 $\boldsymbol{N}$ 叫作非基矩阵.把向量 $\boldsymbol{x}$ 和 $\boldsymbol{c}$ 也分别作相应的分解

$$\boldsymbol{x}=\begin{pmatrix}\boldsymbol{x}_B\\ \boldsymbol{x}_N\end{pmatrix},\quad \boldsymbol{c}=\begin{pmatrix}\boldsymbol{c}_B\\ \boldsymbol{c}_N\end{pmatrix},$$

其中 $\boldsymbol{x}_B,\boldsymbol{c}_B$ 表示与基变量对应的 m 维列向量,$\boldsymbol{x}_N$ 和 $\boldsymbol{c}_N$ 表示与非基变量对应的$(n-m)$维列向量.这样,约束方程组 $\boldsymbol{A}\boldsymbol{x}=\boldsymbol{b}$ 可表示为

$$(\boldsymbol{B},\boldsymbol{N})\begin{pmatrix}\boldsymbol{x}_B\\ \boldsymbol{x}_N\end{pmatrix}=\boldsymbol{b},$$

即

$$\boldsymbol{B}\boldsymbol{x}_B+\boldsymbol{N}\boldsymbol{x}_N=\boldsymbol{b},$$

解得

$$\boldsymbol{x}_B=\boldsymbol{B}^{-1}\boldsymbol{b}-\boldsymbol{B}^{-1}\boldsymbol{N}\boldsymbol{x}_N,$$

把上式代入目标函数有

$$\boldsymbol{c}_B{}^{\mathrm{T}}\boldsymbol{x}_B+\boldsymbol{c}_N{}^{\mathrm{T}}\boldsymbol{x}_N=\boldsymbol{c}_B{}^{\mathrm{T}}(\boldsymbol{B}^{-1}\boldsymbol{b}-\boldsymbol{B}^{-1}\boldsymbol{N}\boldsymbol{x}_N)+\boldsymbol{c}_N{}^{\mathrm{T}}\boldsymbol{x}_N$$
$$=\boldsymbol{c}_B{}^{\mathrm{T}}\boldsymbol{B}^{-1}\boldsymbol{b}+(\boldsymbol{c}_N{}^{\mathrm{T}}-\boldsymbol{c}_B{}^{\mathrm{T}}\boldsymbol{B}^{-1}\boldsymbol{N})\boldsymbol{x}_N.$$

原线性规划问题可表示为

$$\min f(\boldsymbol{x})=\boldsymbol{c}_B^{\mathrm{T}}\boldsymbol{B}^{-1}\boldsymbol{b}+(\boldsymbol{c}_N{}^{\mathrm{T}}-\boldsymbol{c}_B{}^{\mathrm{T}}\boldsymbol{B}^{-1}\boldsymbol{N})\boldsymbol{x}_N, \tag{2.6}$$
$$\text{s.t.}\quad \boldsymbol{x}_B+\boldsymbol{B}^{-1}\boldsymbol{N}\boldsymbol{x}_N=\boldsymbol{B}^{-1}\boldsymbol{b}, \tag{2.7}$$
$$\boldsymbol{x}\geqslant\boldsymbol{0}. \tag{2.8}$$

令 $\boldsymbol{c}_B{}^{\mathrm{T}}\boldsymbol{B}^{-1}\boldsymbol{b}=f_0,\boldsymbol{B}^{-1}\boldsymbol{b}=\boldsymbol{b}'=(b'_1,\cdots,b'_m)^{\mathrm{T}}$,

$$\boldsymbol{\sigma}_N=(\boldsymbol{c}_N{}^{\mathrm{T}}-\boldsymbol{c}_B{}^{\mathrm{T}}\boldsymbol{B}^{-1}\boldsymbol{N})=(\sigma_{m+1},\cdots,\sigma_n),$$
$$\boldsymbol{B}^{-1}\boldsymbol{N}=\begin{pmatrix} a'_{1\,m+1} & a'_{1\,m+2} & \cdots & a'_{1n}\\ \vdots & \vdots & & \vdots\\ a'_{mm+1} & a'_{mm+2} & \cdots & a'_{mn}\end{pmatrix},$$

则有 $$x_i=b_i'-\sum_{j=m+1}^{n}a'_{ij}x_j,\ i=1,\cdots,m,$$
$$\sigma_j=c_j-\sum_{i=1}^{m}c_ia'_{ij},\ j=m+1,\cdots,n.$$

那么原规划问题又可表示为

$$\min f(\boldsymbol{x})=f_0+\sum_{j=m+1}^{n}\sigma_jx_j, \tag{2.9}$$
$$\text{s.t.}\quad x_i=b'_i-\sum_{j=m+1}^{n}a'_{ij}x_j,\quad i=1,\cdots,m, \tag{2.10}$$
$$x_j\geqslant 0,\quad j=1,\cdots,n. \tag{2.11}$$

线性规划的这种形式叫作与基变量 $x_1,\cdots,x_m$ 对应的规范式.如果基变量不是由前 m 个变量组成,上述过程同样可以进行.设基变量为 $x_{j_1},\cdots,x_{j_m}$,即基变量的下标集为 $S=\{j_1,\cdots,j_m\}$,与基变量 $x_{j_1},x_{j_2},\cdots,x_{j_m}$ 对应的规范式为

$$\min f(x)=f_0+\sum_{j\in T}\sigma_jx_j, \tag{2.12}$$
$$\text{s.t.}\quad x_i=b'_i-\sum_{j\in T}a'_{ij}x_j,\quad i\in S, \tag{2.13}$$

$$x_j \geqslant 0, \quad j = 1, \cdots, n, \tag{2.14}$$

其中,T 表示非基变量的下标集,即 $T = \{1, \cdots, n\} \setminus S$.

2.4.1　基可行解是最优解的判断准则

由线性规划的规范式,令非基变量 $x_j = 0, j \in T$,得到一个基解 $\boldsymbol{x}_0 = (x_1, \cdots, x_n)^{\mathrm{T}}$,其中

$$x_j = \begin{cases} b'_j, & j \in S, \\ 0, & j \in T. \end{cases}$$

当 $b'_j \geqslant 0$ 时,$\boldsymbol{x}_0$ 是基可行解.

在与基变量 $x_{j_1}, \cdots, x_{j_m}$ 对应的规范式中,因为 $\boldsymbol{p}_{j_1}, \cdots, \boldsymbol{p}_{j_m}$ 是单位向量,所以当 $j \in S$ 时 $c_j - \boldsymbol{c}_B{}^{\mathrm{T}} \boldsymbol{p}_j = 0$.

定义 2.4.1　令 $z_j = \boldsymbol{c}_B{}^{\mathrm{T}} \boldsymbol{p}'_j = \sum_{i \in S} c_i a'_{ij}$,则称 $\sigma_j = c_j - z_j = c_j - \sum_{i \in S} c_i a'_{ij}$ 为变量 x_j 的判别数或检验数.写成向量形式为

$$\boldsymbol{\sigma}_B = \boldsymbol{c}_B{}^{\mathrm{T}} - \boldsymbol{c}_B{}^{\mathrm{T}} \boldsymbol{B}^{-1} \boldsymbol{B},$$

$$\boldsymbol{\sigma}_N = \boldsymbol{c}_N{}^{\mathrm{T}} - \boldsymbol{c}_B{}^{\mathrm{T}} \boldsymbol{B}^{-1} \boldsymbol{N},$$

$$\boldsymbol{\sigma} = \boldsymbol{c}^{\mathrm{T}} - \boldsymbol{c}_B{}^{\mathrm{T}} \boldsymbol{B}^{-1} \boldsymbol{A}.$$

定理 2.4.1　设 $\boldsymbol{x}_0$ 是线性规划(LP)对应于基 $\boldsymbol{B} = (\boldsymbol{p}_{j_1}, \cdots, \boldsymbol{p}_{j_m})$ 的基可行解.与基变量 $x_{j_1}, \cdots, x_{j_m}$ 对应的规范式中,若 $\boldsymbol{x}_0$ 的全体判别数非负,即 $\sigma_j \geqslant 0, j = 1, 2, \cdots, n$,则 $\boldsymbol{x}_0$ 是(LP)的最优解.

此定理称为最优性条件.

证　设 $\boldsymbol{x}_0$ 对应的目标函数值为 f_0.对于任意的可行解 $\bar{\boldsymbol{x}} = (\bar{x}_1, \cdots, \bar{x}_n)^{\mathrm{T}}$,由式(2.12)有

$$f(\bar{\boldsymbol{x}}) = f_0 + \sum_{j \in T} \sigma_j \bar{x}_j,$$

因为 $\bar{x}_j \geqslant 0, \sigma_j \geqslant 0$,所以有

$$f(\bar{\boldsymbol{x}}) = \boldsymbol{c}^{\mathrm{T}} \bar{\boldsymbol{x}} \geqslant f_0, \text{即 } \boldsymbol{x}_0 \text{ 是最优解.}$$

□

例 2.4.1　求解线性规划问题

$$\min f(\boldsymbol{x}) = 2x_1 + x_2,$$

$$\text{s.t.} \quad x_1 + x_2 + x_3 = 5,$$

$$-x_1+x_2\qquad +x_4\quad =0,$$
$$6x_1+2x_2\qquad\quad +x_5=21,$$
$$x_1,\cdots,x_5\geqslant 0.$$

考虑基变量 x_3,x_4,x_5 对应的基可行解 $\boldsymbol{x}=(0,0,5,0,21)^{\mathrm{T}}$,非基变量 x_1,x_2 的判别数 $\sigma_1=2-0=2>0$, $\sigma_2=1-0=1>0$,所以 $\boldsymbol{x}$ 是最优解.

定理 2.4.2　设 $\boldsymbol{x}_0$ 是线性规划(LP)对应于基 $\boldsymbol{B}=(\boldsymbol{p}_1,\cdots,\boldsymbol{p}_m)$ 的基可行解.与基变量 $x_1,\cdots,x_m$ 对应的规范式中,若存在 $\sigma_k<0$,且对所有的 $i=1,2,\cdots,m$ 有 $a_{ik}'\leqslant 0$,则线性规划(LP)无最优解.

证　对于任意的 $\lambda>0$,令 $\overline{\boldsymbol{x}}=\boldsymbol{x}_0+\lambda\boldsymbol{d}$,其中

$$\boldsymbol{d}=(-a'_{1k},\cdots,-a'_{mk},0,\cdots,0,1,0,\cdots,0)^{\mathrm{T}},$$

1 是第 k 个分量.所以 $\overline{\boldsymbol{x}}$ 的分量为

$$\overline{x}_j=\begin{cases}b'_j-\lambda a'_{jk},j=1,2,\cdots,m,\\ \quad\lambda,\quad j=k,\\ \quad 0,\quad j=m+1,m+2,\cdots,n,j\neq k.\end{cases}$$

因为 $a'_{ik}\leqslant 0$, $b'_i\geqslant 0$, $i=1,2,\cdots,m$,所以对于任意的 $\lambda>0$, $\overline{\boldsymbol{x}}$ 是线性规划(LP)的可行解.$\overline{\boldsymbol{x}}$ 的目标函数值为 $f_0+\sigma_k\lambda$.当 $\lambda\to+\infty$ 时 $f\to-\infty$.在可行域上目标函数值无界,说明线性规划(LP)无最优解.□

由定理 2.4.1 和定理 2.4.2 可以知道,对于某个基可行解 $\boldsymbol{x}$,在它的规范式中,若所有判别数非负,则 $\boldsymbol{x}$ 是最优解.若 $\boldsymbol{x}$ 中某个分量 x_k 的判别数为负,且与 x_k 相对应的列向量 $\boldsymbol{p}_k$ 中所有分量都小于或等于零时,该线性规划无最优解.

2.4.2　基可行解的转换

设 $\boldsymbol{x}=\begin{pmatrix}\boldsymbol{b}'\\ \boldsymbol{0}\end{pmatrix}$ $(\boldsymbol{b}'>\boldsymbol{0})$ 是线性规划(LP)对应于基 $\boldsymbol{B}=(\boldsymbol{p}_1,\cdots,\boldsymbol{p}_m)$ 的基可行解.在其规范式中,若存在 $\sigma_j<0$, $j\in\{m+1,\cdots,n\}$,与 σ_j 对应的变量 x_j 的系数 $a'_{1j},\cdots,a'_{mj}$ 中至少有一个大于零时,就应迭代到另一个基可行解.而新基是在原有基的基础上修改而得到的.其具体办法是,在原来的非基变量中选一个变量,让它变为基变量,再从原来的基变量中选一个变量,让它变为非基变量,构成一个新的基可行解.那么,

应该选取哪个非基变量,使它变为基变量?又应该选取哪个基变量,使它变为非基变量?

1　确定进入基的变量

任意一个与负判别数相对应的变量都可以作为进入基的变量.一般令

$$\sigma_k = \min\{\sigma_j \mid \sigma_j < 0\},$$

则取 x_k 为进入基的变量,$\boldsymbol{p}_k$ 为进入基的向量.由式(2.12)知,当与 σ_k 对应的 x_k 变为基变量时,它的值将由零变为正数,目标函数值会有所下降.

2　确定离开基的变量

设已确定 x_k 为进基变量,由式(2.10)有

$$x_i = b'_i - \sum_{j=m+1}^{n} a'_{ij}x_j, \quad i = 1,2,\cdots,m.$$

令 $x_j = 0, j = m+1,\cdots,n, j \neq k$,则有

$$x_i = b'_i - a'_{ik}x_k, \quad i = 1,2,\cdots,m.$$

当 $a'_{ik} \leqslant 0$ 时,对于任意的 $x_k \geqslant 0$,总有 $b'_i - a'_{ik}x_k \geqslant 0$.当 $a'_{ik} > 0$ 时,取

$$x_k = \min\left\{\theta_i = \frac{b'_i}{a'_{ik}} \mid a'_{ik} > 0\right\} = \frac{b'_l}{a'_{lk}} = \theta_l,$$

此时 $x_l = 0, \quad l \in \{1,2,\cdots,m\}$,并且显然满足

$$x_i = b'_i - a'_{ik}x_k \geqslant 0, i = 1,2,\cdots,m,$$

$$x_k = \theta_l \geqslant 0,$$

也就是说,我们得到了一个新的可行解:

$$\overline{\boldsymbol{x}} = (x_1,\cdots,x_{l-1},0,x_{l+1},\cdots,x_m,0,\cdots,x_k,\cdots 0)^{\mathrm{T}}.$$

下面证明变量组 $\{x_1,\cdots,x_{l-1},x_k,x_{l+1},\cdots,x_m\}$ 是一组基变量,即证明新的可行解 $\overline{\boldsymbol{x}}$ 是基可行解.为此需要证明向量组 $\boldsymbol{p}_1,\cdots,\boldsymbol{p}_{l-1},\boldsymbol{p}_k,\boldsymbol{p}_{l+1}\cdots,\boldsymbol{p}_m$ 线性无关.用反证法.假设这一向量组线性相关,即存在不全为零的数 $y_1,\cdots,y_{l-1},y_k,y_{l+1}\cdots,y_m$,使得

$$y_1\boldsymbol{p}_1 + \cdots + y_{l-1}\boldsymbol{p}_{l-1} + y_k\boldsymbol{p}_k + y_{l+1}\boldsymbol{p}_{l+1} + \cdots + y_m\boldsymbol{p}_m = \boldsymbol{0}.$$

由于 $\boldsymbol{p}_1,\cdots,\boldsymbol{p}_{l-1},\boldsymbol{p}_{l+1},\cdots,\boldsymbol{p}_m$ 线性无关,所以 $y_k \neq 0$,可解出

$$\boldsymbol{p}_k = \mu_1 \boldsymbol{p}_1 + \cdots + \mu_{l-1} \boldsymbol{p}_{l-1} + \mu_{l+1} \boldsymbol{p}_{l+1} + \cdots + \mu_m \boldsymbol{p}_m,$$

其中 $\mu_i = -\dfrac{y_i}{y_k}, i = 1, \cdots, m, i \neq l.$

又由于 $\boldsymbol{p}_k = \boldsymbol{B}\boldsymbol{B}^{-1}\boldsymbol{p}_k = \boldsymbol{B}\boldsymbol{p}'_k = (\boldsymbol{p}_1, \cdots, \boldsymbol{p}_m)\begin{pmatrix} a'_{1k} \\ \vdots \\ a'_{mk} \end{pmatrix}$

$$= \sum_{i=1}^{m} a'_{ik} \boldsymbol{p}_i, \quad m+1 \leqslant k \leqslant n.$$

上面两式相减得

$$\sum_{\substack{i=1 \\ i \neq l}}^{m} (a'_{ik} - \mu_i) \boldsymbol{p}_i + a'_{lk} \boldsymbol{p}_l = \boldsymbol{0}.$$

因为 $a'_{lk} > 0$,所以 $\boldsymbol{p}_1, \cdots, \boldsymbol{p}_m$ 线性相关.这与 $\boldsymbol{p}_1, \boldsymbol{p}_2, \cdots, \boldsymbol{p}_m$ 是一组基向量矛盾.

因此,对线性规划(LP),按上述方法使变量 x_k 由非基变量化为基变量,变量 x_l 由基变量化为非基变量,即用 x_k 代替 x_l 后所得到的新变量组是一组新的基变量.

定理 2.4.3 设 $\boldsymbol{x}$ 是线性规划(LP)的一个基可行解.若 $\boldsymbol{x}$ 是非退化的,按上述方法得到新的基可行解 $\overline{\boldsymbol{x}}$,则

$$\boldsymbol{c}^{\mathrm{T}} \boldsymbol{x} > \boldsymbol{c}^{\mathrm{T}} \overline{\boldsymbol{x}}.$$

证 因为 $\boldsymbol{x}$ 是非退化的,所以在 $\overline{\boldsymbol{x}}$ 中,$x_k = \dfrac{b'_l}{a'_{lk}} = \theta_l > 0$,又因为 $\sigma_k < 0$,那么

$$\boldsymbol{c}^{\mathrm{T}} \overline{\boldsymbol{x}} = f_0 + \sigma_k \overline{x}_k < f_0 = \boldsymbol{c}^{\mathrm{T}} \boldsymbol{x}.$$

□

由此定理可知,若线性规划(LP)的所有基可行解都是非退化的,则每次迭代都使目标函数值有所下降.已经出现过的基可行解在迭代过程中不会再出现.而基可行解只有有限个.因此,经过有限次迭代,一定可以得到一个基可行解 $\boldsymbol{x}$,对于这个 $\boldsymbol{x}$,或者它的全部判别数非负,或者存在负判别数 $\sigma_k < 0$,但对应的列向量 $\boldsymbol{p}_k$ 中所有分量都小于或等于零.也就是说,对于非退化的线性规划经过有限步一定可以使迭代停止.上述求解线性规划的方法叫单纯形法.

2.4.3　单纯形法的迭代步骤

设已经确定了 $\boldsymbol{p}_k$ 为进入基的向量，$\boldsymbol{p}_l$ 为离开基的向量，得到一个新的基.对于这个新基，需要给出对应的规范式.下面给出如何由原规范式化为新基下的规范式.

设原规范式为式(2.12)、(2.13)、(2.14).

首先，约束方程组(2.13)中的第 l 个方程的两端同乘 $1/a'_{lk}$，得到

$$x_k = \frac{b'_l}{a'_{lk}} - \sum_{\substack{j\in T\\ j\neq k}} \frac{a'_{lj}}{a'_{lk}} x_j - \frac{1}{a'_{lk}} x_l,$$

将此式代入(2.13)中的其他方程，得到

$$x_i = \left(b'_i - \frac{b'_l}{a'_{lk}} a'_{ik}\right) - \sum_{\substack{j\in T\\ j\neq k}} \left(a'_{ij} - \frac{a'_{lj}}{a'_{lk}} a'_{ik}\right) x_j + \frac{a'_{ik}}{a'_{lk}} x_l, i\in S, i\neq l,$$

再将 x_k 代入目标函数式(2.12)，得到

$$f(\boldsymbol{x}) = \left(f_0 + \frac{b'_l}{a'_{lk}} \sigma_k\right) + \sum_{\substack{j\in T\\ j\neq k}} \left(\sigma_j - \frac{a'_{lj}}{a'_{lk}} \sigma_k\right) x_j - \frac{\sigma_k}{a'_{lk}} x_l.$$

设迭代前系数矩阵 $\boldsymbol{A}$ 与右端向量 $\boldsymbol{b}$ 中的元素分别记为 a'_{ij}, b'_i，迭代后分别记为 a''_{ij}, b''_i，则得到与新的基变量对应的规范式

$$\begin{aligned}
\min f(\boldsymbol{x}) &= f_0'' + \sum_{j\in T''} \sigma_j'' x_j, \\
\text{s.t.}\quad x_i &= b_i'' - \sum_{j\in T''} a''_{ij} x_j, \quad i\in S'', \\
x_j &\geqslant 0, \quad j = 1,2,\cdots,n,
\end{aligned}$$

其中 $S'' = S\cup\{k\}\setminus\{l\}, T'' = T\cup\{l\}\setminus\{k\}, f_0'' = f_0 + \dfrac{b'_l}{a'_{lk}}\sigma_k$.

可以看出，新规范式与原规范式中各系数以及判别数之间的关系为

$$a''_{ij} = \begin{cases} \dfrac{a'_{lj}}{a'_{lk}}, & i = k, j = 1,\cdots,n, \\[2ex] a'_{ij} - \dfrac{a'_{lj}}{a'_{lk}} \cdot a'_{ik}, & i\in S'',\quad i\neq k, j = 1,\cdots,n; \end{cases} \tag{2.15}$$

$$b_i'' = \begin{cases} \dfrac{b'_l}{a'_{lk}}, & i = k, \\ b'_i - \dfrac{b'_l}{a'_{lk}} a'_{ik}, & i \in S'', \quad i \neq k, \end{cases} \tag{2.16}$$

$$\sigma_j'' = \sigma_j - \frac{a'_{lj}}{a'_{lk}} \sigma_k, \quad j = 1, \cdots, n. \tag{2.17}$$

通常称元素 a'_{lk} 为主元. 由线性规划问题的一个规范式转换成另一个规范式,从计算数学的角度看,实际上是以 a'_{lk} 为主元的旋转变换.

总结一下前面的内容,得到单纯形法的计算步骤.

算法 2.4.1　单纯形法

Step 1　写出初始基可行解,并计算判别数 $\sigma_j, j = 1, \cdots, n$.

Step 2　若所有的判别数 $\sigma_j \geqslant 0$,则得到了最优解,停. 否则转 Step 3.

Step 3　令 $\sigma_k = \min \{\sigma_j \mid \sigma_j < 0\}$. 若 $a_{ik} \leqslant 0, i \in S$,则原线性规划(LP)无最优解,停. 否则转 Step 4.

Step 4　令 $\theta_l = \dfrac{b_l}{a_{lk}} = \min \left\{\theta_i = \dfrac{b_i}{a_{ik}} \mid a_{ik} > 0\right\}$,用 $\boldsymbol{p}_k$ 取代 $\boldsymbol{p}_l$ 得到新基.

Step 5　以 a_{lk} 为主元进行旋转变换,得到新的基可行解及判别数:对于 $j = 1, 2, \cdots, n$,

$$a_{lj} = \frac{a_{lj}}{a_{lk}},$$

$$a_{ij} = a_{ij} - \frac{a_{lj}}{a_{lk}} a_{ik}, \quad i \in S, \quad i \neq l,$$

$$b_l = \frac{b_l}{a_{lk}},$$

$$b_i = b_i - \frac{b_l}{a_{lk}} a_{ik}, \quad i \in S, \quad i \neq l,$$

$$\sigma_j = \sigma_j - \frac{a_{lj}}{a_{lk}} \sigma_k,$$

转 Step2.

单纯形法的计算步骤可用框图表示如下：

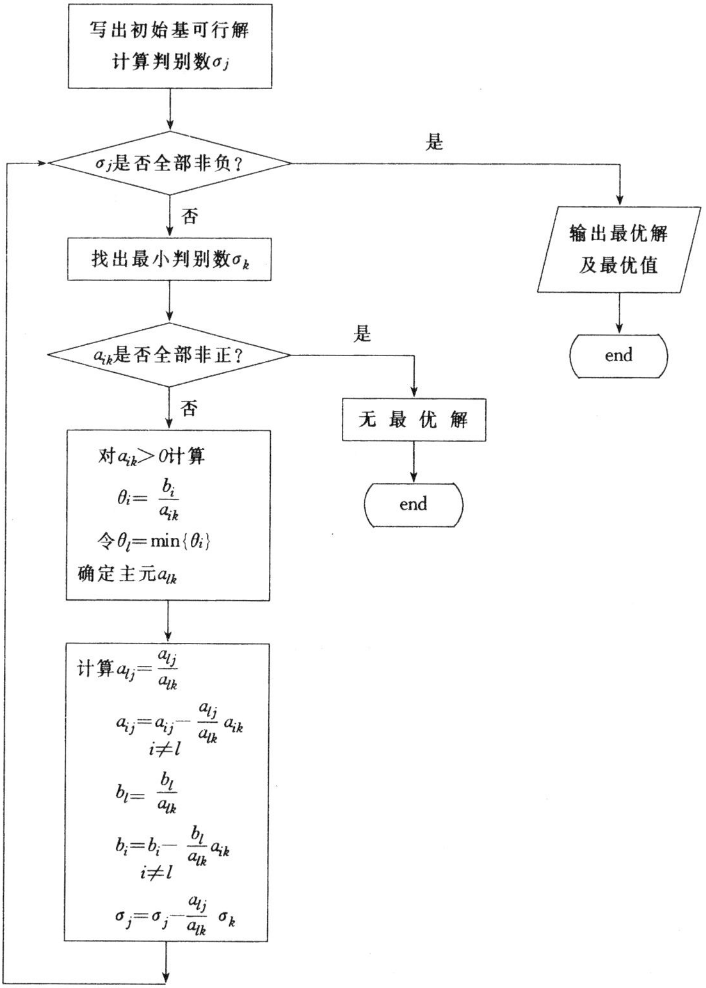

2.5 单纯形表

为了便于计算,将上述迭代过程列成表格.这种表格就是著名的单纯形表.

设线性规划问题(LP)的约束方程组的系数矩阵 $\boldsymbol{A}$ 中有一个 m 阶单位阵,不妨假设此单位阵由 $\boldsymbol{A}$ 的前 m 列组成,则令初始基矩阵为

$$\boldsymbol{B}=(\boldsymbol{p}_1,\boldsymbol{p}_2,\cdots,\boldsymbol{p}_m)=\begin{pmatrix}1&0&0&\cdots&0\\0&1&0&\cdots&0\\\vdots&\vdots&\vdots&&\vdots\\0&0&0&\cdots&1\end{pmatrix},$$

于是初始单纯形表为表 2-1.

表 2-1

c_j			c_1	$\cdots$	c_l	$\cdots$	c_m	c_{m+1}	$\cdots$	c_k	$\cdots$	c_n	θ_i
$\boldsymbol{c}_B$	$\boldsymbol{B}$	$\boldsymbol{b}$	$\boldsymbol{p}_1$	$\cdots$	$\boldsymbol{p}_l$	$\cdots$	$\boldsymbol{p}_m$	$\boldsymbol{p}_{m+1}$	$\cdots$	$\boldsymbol{p}_k$	$\cdots$	$\boldsymbol{p}_n$	
c_1	$\boldsymbol{p}_1$	b_1	1	$\cdots$	0	$\cdots$	0	$a_{1\,m+1}$	$\cdots$	a_{1k}	$\cdots$	a_{1n}	θ_1
$\vdots$	$\vdots$	$\vdots$	$\vdots$		$\vdots$		$\vdots$	$\vdots$		$\vdots$		$\vdots$	$\vdots$
c_l	$\boldsymbol{p}_l$	b_l	0	$\cdots$	1	$\cdots$	0	a_{lm+1}	$\cdots$	a_{lk}	$\cdots$	a_{ln}	θ_l
$\vdots$	$\vdots$	$\vdots$	$\vdots$		$\vdots$		$\vdots$	$\vdots$		$\vdots$		$\vdots$	$\vdots$
c_m	$\boldsymbol{p}_m$	b_m	0	$\cdots$	0	$\cdots$	1	a_{mm+1}	$\cdots$	a_{mk}	$\cdots$	a_{mn}	θ_m
σ_j			0	$\cdots$	0	$\cdots$	0	σ_{m+1}	$\cdots$	σ_k	$\cdots$	σ_n	

初始基可行解为 $\boldsymbol{x}_0=(b_1,b_2,\cdots,b_m,0,\cdots,0)^{\mathrm{T}}$.

单纯形表实际上是与基 $\boldsymbol{B}$ 对应的规范式的一种表格表示形式.由这张单纯形表立刻可以写出与基 $\boldsymbol{B}$ 对应的规范式

$$\min f=f_0+\sum_{j=m+1}^{n}\sigma_jx_j,$$

$$\text{s.t.}\quad x_i+\sum_{j=m+1}^{n}a_{ij}x_j=b_i,\quad i=1,2,\cdots,m,$$

$$x_j\geqslant 0,\quad j=1,2,\cdots,n.$$

以 a_{lk} 为主元进行旋转变换后的单纯形表如表 2-2.在实际运算时,只需实施矩阵运算的行初等变换.

表 2-2

c_j			c_1	$\cdots$	c_l	$\cdots$	c_m	c_{m+1}	$\cdots$	c_k	$\cdots$	c_n	θ_i
$\boldsymbol{c}_B$	$\boldsymbol{B}$	$\boldsymbol{b}$	$\boldsymbol{p}_1$	$\cdots$	$\boldsymbol{p}_l$	$\cdots$	$\boldsymbol{p}_m$	$\boldsymbol{p}_{m+1}$	$\cdots$	$\boldsymbol{p}_k$	$\cdots$	$\boldsymbol{p}_n$	
c_1	$\boldsymbol{p}_1$	b'_1	1	$\cdots$	a'_{1l}	$\cdots$	0	a'_{1m+1}	$\cdots$	0	$\cdots$	a'_{1n}	θ'_1
$\vdots$	$\vdots$	$\vdots$	$\vdots$		$\vdots$		$\vdots$	$\vdots$		$\vdots$		$\vdots$	$\vdots$
c_k	$\boldsymbol{p}_k$	b'_k	0	$\cdots$	a'_{ll}	$\cdots$	0	a'_{lm+1}	$\cdots$	1	$\cdots$	a'_{ln}	θ'_k
$\vdots$	$\vdots$	$\vdots$	$\vdots$		$\vdots$		$\vdots$	$\vdots$		$\vdots$		$\vdots$	$\vdots$
c_m	$\boldsymbol{p}_m$	b'_m	0	$\cdots$	a'_{ml}	$\cdots$	1	a'_{mm+1}	$\cdots$	0	$\cdots$	a'_{mn}	θ'_m
σ_j			0	$\cdots$	σ'_l	$\cdots$	0	σ'_{m+1}	$\cdots$	0	$\cdots$	σ'_n	

例 2.5.1　用单纯形法解线性规划：

$$\min f = -2x_1 - 3x_2,$$

$$\text{s.t.}\quad \begin{aligned} x_1 + x_2 &\leqslant 6,\\ x_1 + 2x_2 &\leqslant 8,\\ x_1 \quad &\leqslant 4,\\ x_2 &\leqslant 3,\\ x_1, x_2 &\geqslant 0. \end{aligned}$$

解　引入松弛变量化为标准型：

$$\min f = -2x_1 - 3x_2,$$

$$\text{s.t.}\quad \begin{aligned} x_1 + x_2 + x_3 \qquad\qquad &= 6,\\ x_1 + 2x_2 \quad + x_4 \qquad &= 8,\\ x_1 \qquad\quad + x_5 \quad &= 4,\\ x_2 \qquad\qquad + x_6 &= 3,\\ x_1, \cdots, x_6 &\geqslant 0. \end{aligned}$$

用单纯形表求最优解.计算过程如表 2-3.表中(·)元素为主元.

表 2-3

c_j			-2	-3	0	0	0	0	θ_i
$\boldsymbol{c}_B$	$\boldsymbol{B}$	$\boldsymbol{b}$	$\boldsymbol{p}_1$	$\boldsymbol{p}_2$	$\boldsymbol{p}_3$	$\boldsymbol{p}_4$	$\boldsymbol{p}_5$	$\boldsymbol{p}_6$	
0	$\boldsymbol{p}_3$	6	1	1	1	0	0	0	6
0	$\boldsymbol{p}_4$	8	1	2	0	1	0	0	4
0	$\boldsymbol{p}_5$	4	1	0	0	0	1	0	/
0	$\boldsymbol{p}_6$	3	0	(1)	0	0	0	1	3
σ_j			-2	-3	0	0	0	0	

续表

c_j			-2	-3	0	0	0	0	θ_i
$\boldsymbol{c}_B$	$\boldsymbol{B}$	$\boldsymbol{b}$	$\boldsymbol{p}_1$	$\boldsymbol{p}_2$	$\boldsymbol{p}_3$	$\boldsymbol{p}_4$	$\boldsymbol{p}_5$	$\boldsymbol{p}_6$	
0	$\boldsymbol{p}_3$	3	1	0	1	0	0	-1	3
0	$\boldsymbol{p}_4$	2	(1)	0	0	1	0	-2	2
0	$\boldsymbol{p}_5$	4	1	0	0	0	1	0	4
-3	$\boldsymbol{p}_2$	3	0	1	0	0	0	1	/
σ_j			-2	0	0	0	0	3	
0	$\boldsymbol{p}_3$	1	0	0	1	-1	0	1	1
-2	$\boldsymbol{p}_1$	2	1	0	0	1	0	-2	/
0	$\boldsymbol{p}_5$	2	0	0	0	-1	1	(2)	1
-3	$\boldsymbol{p}_2$	3	0	1	0	0	0	1	3
σ_j			0	0	0	2	0	-1	
0	$\boldsymbol{p}_3$	0	0	0	1	$-1/2$	$-1/2$	0	
-2	$\boldsymbol{p}_1$	4	1	0	0	0	1	0	
0	$\boldsymbol{p}_6$	1	0	0	0	$-1/2$	$1/2$	1	
-3	$\boldsymbol{p}_2$	2	0	1	0	$1/2$	$-1/2$	0	
σ_j			0	0	0	$3/2$	$1/2$	0	

所以最优解为 $\boldsymbol{x}^* = (4,2,0,0,0,1)^{\mathrm{T}}$.原问题的最优解为 $\boldsymbol{x}^* = (x_1^*, x_2^*)^{\mathrm{T}} = (4,2)^{\mathrm{T}}$,最优值为 $f^* = -14$.

2.6 初始基可行解的求法

前面已给出了解线性规划问题的单纯形法的迭代步骤,这个迭代过程是在已有一个初始基可行解的前提下进行的.有时,给出的线性规划有明显的初始基矩阵.例如对线性规划问题:

$$
\begin{aligned}
&\min\ \boldsymbol{c}^{\mathrm{T}}\boldsymbol{x},\\
&\text{s.t.}\quad \boldsymbol{A}\boldsymbol{x}\leqslant \boldsymbol{b}\quad (\boldsymbol{b}\geqslant \boldsymbol{0}),\\
&\qquad\ \ \boldsymbol{x}\geqslant \boldsymbol{0}.
\end{aligned}
$$

引入松弛变量化为标准型:

$$
\begin{aligned}
&\min\ \boldsymbol{c}^{\mathrm{T}}\boldsymbol{x},\\
&\text{s.t.}\quad \boldsymbol{A}\boldsymbol{x}+\boldsymbol{I}\boldsymbol{x}_S=\boldsymbol{b},\\
&\qquad\ \ \boldsymbol{x},\boldsymbol{x}_S\geqslant \boldsymbol{0},
\end{aligned}
$$

其中 I 是单位矩阵，$\boldsymbol{x}_S=(x_{n+1},\cdots,x_{n+m})^{\mathrm{T}}$，则把 $\boldsymbol{x}_S$ 作为基变量，以 $\begin{pmatrix}\boldsymbol{x}\\ \boldsymbol{x}_S\end{pmatrix}=\begin{pmatrix}\boldsymbol{0}\\ \boldsymbol{b}\end{pmatrix}$ 为初始基可行解进行单纯形迭代.但是，对于一般标准型的线性规划问题，约束方程组的系数矩阵中不包含单位矩阵.本节给出引进人工变量，构造一个单位矩阵，从而得到初始基可行解的方法.

对于一般标准型线性规划(LP)，引入 m 个人工变量 $x_{n+i}\geqslant 0(i=1,\cdots,m)$，将约束条件化为

$$\sum_{j=1}^{n}a_{ij}x_j+x_{n+i}=b_i,\quad i=1,2,\cdots,m, \tag{2.18}$$

$$x_1,\cdots,x_n,x_{n+1},\cdots,x_{n+m}\geqslant 0. \tag{2.19}$$

此时，(2.18)的系数矩阵中包含一个 m 阶单位矩阵，取这个 m 阶单位矩阵为初始基矩阵，即

$$\boldsymbol{B}=(\boldsymbol{p}_{n+1},\cdots,\boldsymbol{p}_{n+m}),$$

那么它的初始基可行解为

$$\boldsymbol{x}=(0,\cdots,0,b_1,\cdots,b_m)^{\mathrm{T}}.$$

因为增加了变量，扩大了原规划问题的维数，那么如何排除人工变量，求出原线性规划问题的最优解呢？一般常用两种方法.一是大 M 法，二是两阶段法.

2.6.1　大 M 单纯形法

由原线性规划问题(LP)构造出下面新的线性规划问题

$$\min\overline{f(\boldsymbol{x})}=\sum_{j=1}^{n}c_jx_j+M\sum_{j=n+1}^{n+m}x_j, \tag{2.20}$$

$$\text{s.t.}\quad \sum_{j=1}^{n}a_{ij}x_j+x_{n+i}=b_i,\quad i=1,\cdots,m, \tag{2.21}$$

$$x_j\geqslant 0,j=1,\cdots,n,n+1,\cdots,n+m, \tag{2.22}$$

其中 M 为充分大的正数，起“惩罚”作用，以便排除人工变量.

因为 M 足够大，原线性规划(LP)有可行解时，那么在极小化 $\overline{f(\boldsymbol{x})}$ 的过程中人工变量必逐步化为非基变量.由于新线性规划有初始基可行解 $\begin{pmatrix}\boldsymbol{0}\\ \boldsymbol{b}\end{pmatrix}$，所以可以用单纯形法求解.当求出的新线性规划的最优解

$\boldsymbol{x}^*$ 中所有人工变量都为非基变量,即 $\boldsymbol{x}^* = \begin{pmatrix} \overline{\boldsymbol{x}} \\ \boldsymbol{0} \end{pmatrix}$ 时,则原线性规划(LP)的最优解为 $\overline{\boldsymbol{x}}$.若在其最优解 $\boldsymbol{x}^*$ 中人工变量不全为非基变量,则原线性规划(LP)无可行解.如若不然,设原线性规划(LP)存在可行解 $\overline{\boldsymbol{x}} = (\overline{x}_1, \overline{x}_2, \cdots, \overline{x}_n)^{\mathrm{T}}$,则 $\boldsymbol{x}' = (\overline{x}_1, \cdots, \overline{x}_n, 0, \cdots, 0)^{\mathrm{T}}$ 是规划问题(2.20)、(2.21)、(2.22)的可行解.但因为 $M > 0$ 充分大,所以 $\overline{f(\boldsymbol{x}')} < \overline{f(\boldsymbol{x}^*)}$.这与 $\boldsymbol{x}^*$ 是最优解矛盾.若新线性规划的最优解不存在,则原线性规划(LP)的最优解也不存在.

例 2.6.1 用大 M 单纯形法求解线性规划:

$$\begin{aligned}
\min f(\boldsymbol{x}) &= -3x_1 + x_2 + x_3, \\
\text{s.t.}\quad & x_1 - 2x_2 + x_3 \leqslant 11, \\
& -4x_1 + x_2 + 2x_3 - x_4 = 3, \\
& -2x_1 + x_3 = 1, \\
& x_1, \cdots, x_4 \geqslant 0.
\end{aligned}$$

解 引入松弛变量 x_5,人工变量 x_6, x_7,并取 $M = 10$,将上述问题改写为新规划问题:

$$\begin{aligned}
\min \overline{f(\boldsymbol{x})} &= -3x_1 + x_2 + x_3 + 10x_6 + 10x_7, \\
\text{s.t.}\quad & x_1 - 2x_2 + x_3 + x_5 = 11, \\
& -4x_1 + x_2 + 2x_3 - x_4 + x_6 = 3, \\
& -2x_1 + x_3 + x_7 = 1, \\
& x_1, \cdots, x_7 \geqslant 0.
\end{aligned}$$

用单纯形表计算,计算过程见表 2-4.

表 2-4

c_j			-3	1	1	0	0	10	10	θ_i
$\boldsymbol{c}_B$	$\boldsymbol{B}$	$\boldsymbol{b}$	$\boldsymbol{p}_1$	$\boldsymbol{p}_2$	$\boldsymbol{p}_3$	$\boldsymbol{p}_4$	$\boldsymbol{p}_5$	$\boldsymbol{p}_6$	$\boldsymbol{p}_7$	
0	$\boldsymbol{p}_5$	11	1	-2	1	0	1	0	0	11
10	$\boldsymbol{p}_6$	3	-4	1	2	-1	0	1	0	3/2
10	$\boldsymbol{p}_7$	1	-2	0	(1)	0	0	0	1	1
σ_j			57	-9	-29	10	0	0	0	
0	$\boldsymbol{p}_5$	10	3	-2	0	0	1	0		/
10	$\boldsymbol{p}_6$	1	0	(1)	0	-1	0	1		1

续表

c_j			-3	1	1	0	0	10	10	θ_i
$\boldsymbol{c}_B$	$\boldsymbol{B}$	$\boldsymbol{b}$	$\boldsymbol{p}_1$	$\boldsymbol{p}_2$	$\boldsymbol{p}_3$	$\boldsymbol{p}_4$	$\boldsymbol{p}_5$	$\boldsymbol{p}_6$	$\boldsymbol{p}_7$	
1	$\boldsymbol{p}_3$	1	-2	0	1	0	0	0		/
σ_j			-1	-9	0	10	0	0		
0	$\boldsymbol{p}_5$	12	(3)	0	0	-2	1			4
1	$\boldsymbol{p}_2$	1	0	1	0	-1	0			/
1	$\boldsymbol{p}_3$	1	-2	0	1	0	0			/
σ_j			-1	0	0	1	0			
-3	$\boldsymbol{p}_1$	4	1	0	0	$-2/3$	$1/3$			
1	$\boldsymbol{p}_2$	1	0	1	0	-1	0			
1	$\boldsymbol{p}_3$	9	0	0	1	$-4/3$	$2/3$			
$\boldsymbol{\sigma}_j$			0	0	0	$1/3$	$1/3$			

新线性规划问题的最优解为$(4,1,9,0,0,0,0)^{\mathrm{T}}$,原线性规划的最优解 $\bar{\boldsymbol{x}}=(4,1,9,0)^{\mathrm{T}}$,最优值 $\bar{f}=-2$.

引入人工变量的目的是使系数矩阵中包含一个单位矩阵,以便能列出初始单纯形表.对例 2.6.1,当引入松弛变量 x_5 后已有一个单位列向量了,所以只需再引入两个人工变量就可以产生一个单位矩阵.另一方面,当某个人工变量一旦从基变量中排出后,它的任务就完成了,我们就可以把这一列从单纯形表中删去,不再予以考虑,更不能再把它转换到基里去.

2.6.2　两阶段单纯形法

对于原线性规划问题

$$
(\mathrm{LP})\quad \begin{aligned} &\min\ \boldsymbol{c}^{\mathrm{T}}\boldsymbol{x},\\ &\text{s.t.}\quad \boldsymbol{A}\boldsymbol{x}=\boldsymbol{b}\quad(\boldsymbol{b}\geqslant\boldsymbol{0}),\\ &\qquad\quad \boldsymbol{x}\geqslant\boldsymbol{0}.\end{aligned}
$$

引入人工变量 $x_{n+1},\cdots,x_{n+m}$,构造辅助线性规划问题:

$$
\begin{aligned} &\min\ w=\sum_{j=n+1}^{n+m}x_j,\\ &\text{s.t.}\quad \sum_{j=1}^{n}a_{ij}x_j+x_{n+i}=b_i,\quad i=1,2,\cdots,m,\\ &\qquad\quad x_j\geqslant 0,\quad j=1,\cdots,n,n+1,\cdots,n+m.\end{aligned}
$$

对于辅助线性规划，显然有初始基可行解$(0,\cdots,0,b_1,\cdots,b_m)^T$，可用单纯形法进行迭代.因为人工变量为非负约束，所以目标函数有下界，$w \geqslant 0$，此线性规划一定有最优解.设该线性规划是非退化的，求得的最优解有两种可能.一种可能是它的最优解中某些人工变量为基变量，此时目标函数的最优值$w^* > 0$.与大M法类似地讨论，可知原线性规划问题(LP)没有可行解.另一种可能是它的最优解中所有人工变量都是非基变量，此时自然有$w^* = 0$，则从中删去人工变量后得到原线性规划问题(LP)的一个基可行解.这样，第一阶段结束.第一阶段结束时，或者判断原线性规划没有可行解，或者求出原线性规划的一个基可行解.若是后一种情况，则由所得到的基可行解开始，求解原线性规划问题，进入第二阶段迭代.这就是所谓两阶段单纯形法.

例 2.6.2　用两阶段法求解线性规划：

$$
\begin{aligned}
\min\ & 4x_1 + x_2 + x_3, \\
\text{s.t.}\ & 2x_1 + x_2 + 2x_3 = 4, \\
& 3x_1 + 3x_2 + x_3 = 3, \\
& x_1, x_2, x_3 \geqslant 0.
\end{aligned}
$$

解　引入人工变量，构造辅助线性规划：

$$
\begin{aligned}
\min\ & w = x_4 + x_5, \\
\text{s.t.}\ & 2x_1 + x_2 + 2x_3 + x_4 \qquad = 4, \\
& 3x_1 + 3x_2 + x_3 \qquad + x_5 = 3, \\
& x_1, \cdots, x_5 \geqslant 0.
\end{aligned}
$$

用两阶段单纯形法解此线性规划，计算过程见表 2-5.

最优解为$(\frac{1}{2},0,\frac{3}{2},0,0)^T$，最优值$w^* = 0$.由此得到原线性规划的一个基可行解$\boldsymbol{x}_0 = (\frac{1}{2},0,\frac{3}{2})^T$.以$\boldsymbol{x}_0$为初始基可行解，转入求解原线性规划.但要得到原线性规划的初始单纯形表，应该重新计算判别数，因为原问题与第一阶段的辅助问题的目标函数是不同的.

由表 2-5 的最后部分列出原线性规划对应于基可行解$\boldsymbol{x}_0$的单纯形表，并计算出$\sigma_2 = -\frac{13}{4}$，而$\sigma_1 = \sigma_3 = 0$.见表 2-6.

表 2-5

c_j			0	0	0	1	1	θ_i
$\boldsymbol{c}_B$	$\boldsymbol{B}$	$\boldsymbol{b}$	$\boldsymbol{p}_1$	$\boldsymbol{p}_2$	$\boldsymbol{p}_3$	$\boldsymbol{p}_4$	$\boldsymbol{p}_5$	
1	$\boldsymbol{p}_4$	4	2	1	2	1	0	2
1	$\boldsymbol{p}_5$	3	(3)	3	1	0	1	1
σ_j			-5	-4	-3	0	0	
1	$\boldsymbol{p}_4$	2	0	-1	($4/3$)	1		$3/2$
0	$\boldsymbol{p}_1$	1	1	1	$1/3$	0		3
σ_j			0	1	$-4/3$	0		
0	$\boldsymbol{p}_3$	$3/2$	0	$-3/4$	1			
0	$\boldsymbol{p}_1$	$1/2$	1	$5/4$	0			
σ_j			0	0	0			

表 2-6

c_j			4	1	1	θ_i
$\boldsymbol{c}_B$	$\boldsymbol{B}$	$\boldsymbol{b}$	$\boldsymbol{p}_1$	$\boldsymbol{p}_2$	$\boldsymbol{p}_3$	
1	$\boldsymbol{p}_3$	$3/2$	0	$-3/4$	1	/
4	$\boldsymbol{p}_1$	$1/2$	1	($5/4$)	0	$2/5$
σ_j			0	$-13/4$	0	
1	$\boldsymbol{p}_3$	$9/5$	$3/5$	0	1	
1	$\boldsymbol{p}_2$	$2/5$	$4/5$	1	0	
σ_j			$13/5$	0	0	

所以原线性规划的最优解 $\boldsymbol{x}^* = (0, \frac{2}{5}, \frac{9}{5})^{\mathrm{T}}$，最优值 $f^* = 2.2$.

2.7　退化与循环

如果一个线性规划问题是非退化的，用单纯形法进行计算，经过有限步迭代，计算一定可以结束．对于退化的线性规划问题，不能保证在有限步之内结束计算．Hoffman 和 Beale 都给出过这样的例子．下面我们看一看 Beale 的例子．

$$\min\ s = -\frac{3}{4}x_1 + 150x_2 - \frac{1}{50}x_3 + 6x_4$$

$$\text{s.t.}\quad \frac{1}{4}x_1 - 60x_2 - \frac{1}{25}x_3 + 9x_4 + x_5 = 0,$$

$$\frac{1}{2}x_1 - 90x_2 - \frac{1}{50}x_3 + 3x_4 + x_6 = 0,$$

$$x_3 + x_7 = 1,$$

$$x_1, \cdots, x_7 \geqslant 0.$$

计算过程见表 2-7.

表 2-7

c_j			$-\frac{3}{4}$	150	$-\frac{1}{50}$	6	0	0	0	θ_i
$\boldsymbol{c}_B$	$\boldsymbol{B}$	$\boldsymbol{b}$	$\boldsymbol{p}_1$	$\boldsymbol{p}_2$	$\boldsymbol{p}_3$	$\boldsymbol{p}_4$	$\boldsymbol{p}_5$	$\boldsymbol{p}_6$	$\boldsymbol{p}_7$	
0	$\boldsymbol{p}_5$	0	(1/4)	-60	-1/25	9	1	0	0	0
0	$\boldsymbol{p}_6$	0	1/2	-90	-1/50	3	0	1	0	0
0	$\boldsymbol{p}_7$	1	0	0	1	0	0	0	1	
σ_j			-3/4	150	-1/50	6	0	0	0	
-3/4	$\boldsymbol{p}_1$	0	1	-240	-4/25	36	4	0	0	
0	$\boldsymbol{p}_6$	0	0	(30)	3/50	-15	-2	1	0	0
0	$\boldsymbol{p}_7$	1	0	0	1	0	0	0	1	
σ_j			0	-30	-7/50	33	3	0	0	
-3/4	$\boldsymbol{p}_1$	0	1	0	(8/25)	-84	-12	8	0	0
150	$\boldsymbol{p}_2$	0	0	1	1/500	-1/2	-1/15	1/30	0	0
0	$\boldsymbol{p}_7$	1	0	0	1	0	0	0	1	1
σ_j			0	0	-2/25	18	1	1	0	
-1/50	$\boldsymbol{p}_3$	0	25/8	0	1	-525/2	-75/2	2.5	0	
150	$\boldsymbol{p}_2$	0	-1/160	1	0	(1/40)	1/120	-1/60	0	0
0	$\boldsymbol{p}_7$	1	-25/8	0	0	-525/2	75/2	-25	1	
σ_j			1/4	0	0	-3	-2	3	0	
-1/50	$\boldsymbol{p}_3$	1	-125/2	10 500	1	0	(50)	-150	0	0
6	$\boldsymbol{p}_4$	0	-1/4	40	0	1	1/3	-2/3	0	0
0	$\boldsymbol{p}_7$	0	125/2	-10 500	0	0	-50	150	1	
σ_j			-1/2	120	0	0	-1	1	0	
0	$\boldsymbol{p}_5$	0	-5/4	210	1/50	0	1	-3	0	
6	$\boldsymbol{p}_4$	0	1/6	-30	-1/150	1	0	(1/3)	0	0
0	$\boldsymbol{p}_7$	1	0	0	1	0	0	0	1	
σ_j			7/4	330	1/50	0	0	-2	0	
0	$\boldsymbol{p}_5$	0	1/4	-60	-1/25	9	1	0	0	0
0	$\boldsymbol{p}_6$	0	1/2	-90	-1/50	3	0	1	0	0
0	$\boldsymbol{p}_7$	1	0	0	1	0	0	0	1	
σ_j			-3/4	150	-1/50	6	0	0	0	

经过了六次迭代后的单纯形表与初始单纯形表相同.显然,继续做下去又将重复前面的过程,得不到最优解.我们称这种情况为循环.

对于退化的基可行解,通过计算 $\min\left\{\theta_i = \frac{b'_i}{a'_{ik}} \mid a'_{ik} > 0\right\} = \theta_l$ 选择离开基的向量时,有可能得到 $\theta_l = 0$.这样选择出来的新的基可行解的目标函数值与前一步的目标函数值相等.从理论上说,就有可能选择可行基的一个循环序列,即一系列的基被重复地选出来,它们不满足最优性条件,因而永远达不到最优解.而循环的可能性只有在现行的基可行解中有不止一个基变量的值为0时才发生.如果至少有两个基变量的值为0,在选择离开基的向量时,就会出现多种选择的情况.所以避免循环的方法必然涉及如何确定唯一的 θ_l,即如何唯一地确定出离开基的向量 $\boldsymbol{p}_l$ 的下标 l.现在已经有了不少避免循环的方法.下面我们介绍其中的一种方法——摄动法.

设原问题为

$$\min\ y = \boldsymbol{c}^{\mathrm{T}}\boldsymbol{x},$$
$$\text{s.t.}\quad x_1\boldsymbol{p}_1 + x_2\boldsymbol{p}_1 + \cdots + x_n\boldsymbol{p}_n = \boldsymbol{b},$$
$$x_j \geqslant 0,\quad j = 1,\cdots,n.$$

把约束方程的右端改为

$$\boldsymbol{b}(\varepsilon) = \boldsymbol{b} + \varepsilon\boldsymbol{p}_1 + \varepsilon^2\boldsymbol{p}_2 + \cdots + \varepsilon^n\boldsymbol{p}_n,$$

将原问题化为

$$\min\ y = \boldsymbol{c}^{\mathrm{T}}\boldsymbol{x}, \tag{2.23}$$
$$\text{s.t.}\quad x_1\boldsymbol{p}_1 + x_2\boldsymbol{p}_2 + \cdots + x_n\boldsymbol{p}_n = \boldsymbol{b}(\varepsilon), \tag{2.24}$$
$$x_j \geqslant 0,\quad j = 1,\cdots,n, \tag{2.25}$$

其中 ε 为充分小的正数.

再设可行基矩阵 $\boldsymbol{B} = (\boldsymbol{p}_1,\boldsymbol{p}_2,\cdots,\boldsymbol{p}_m)$,于是 $\boldsymbol{x}_B = \boldsymbol{B}^{-1}\boldsymbol{b}$ 是原问题的基变量的值,$\boldsymbol{x}_B(\varepsilon) = \boldsymbol{B}^{-1}\boldsymbol{b} + \varepsilon\boldsymbol{B}^{-1}\boldsymbol{p}_1 + \cdots + \varepsilon^n\boldsymbol{B}^{-1}\boldsymbol{p}_n$ 是问题(2.23)、(2.24)、(2.25)的基变量的值.令 $\boldsymbol{p}'_j = \boldsymbol{B}^{-1}\boldsymbol{p}_j = (a'_{1j},a'_{2j},\cdots,a'_{mj})^{\mathrm{T}}$, $j = 1,\cdots,n$,于是 $\boldsymbol{x}_B(\varepsilon) = \boldsymbol{x}_B + \varepsilon\boldsymbol{p}'_1 + \cdots + \varepsilon^n\boldsymbol{p}'_n = \boldsymbol{x}_B + \sum_{j=1}^{n}\varepsilon^j\boldsymbol{p}'_j$.因为 $\boldsymbol{B}$

由$\boldsymbol{p}_1,\boldsymbol{p}_2,\cdots,\boldsymbol{p}_m$组成,所以,$\boldsymbol{p}'_j=\boldsymbol{B}^{-1}\boldsymbol{p}_j(j=1,\cdots,m)$是单位向量,它的单位元素位于第$j$个分量处,因此$\boldsymbol{x}_B(\varepsilon)$的分量为

$$(\boldsymbol{x}_B(\varepsilon))_i=(\boldsymbol{x}_B)_i+\varepsilon^i+\sum_{j=m+1}^{n}\varepsilon^j a'_{ij},\quad i=1,\cdots,m.$$

由此式可以看出,$\varepsilon>0$充分小时就可以使所有的$(\boldsymbol{x}_B(\varepsilon))_i>0,i=1,2,\cdots,m$.选取充分小的$\varepsilon>0$,可使线性规划问题(2.23),(2.24),(2.25)是非退化的.

一旦求出了线性规划(2.23),(2.24),(2.25)的一个基可行解,令$\varepsilon=0$,则得到了相应于原线性规划问题的一个基可行解.所以对于充分小的$\varepsilon>0$,解线性规划(2.23),(2.24),(2.25),得到一系列基可行解$\boldsymbol{x}_0(\varepsilon),\boldsymbol{x}_1(\varepsilon),\cdots,\boldsymbol{x}_p(\varepsilon)$.令$\varepsilon=0$得到原线性规划一系列基可行解$\boldsymbol{x}_0(0),\boldsymbol{x}_1(0),\cdots,\boldsymbol{x}_p(0)$.若$\boldsymbol{x}_p(\varepsilon)$是线性规划(2.23),(2.24),(2.25)的最优解,则$\boldsymbol{x}_p(0)$是原线性规划的最优解;若线性规划(2.23),(2.24),(2.25)无最优解,原线性规划也无最优解.

在实际计算时,并不需要选一个ε,而是根据上面的结果建立一种比较容易实行的规则,可以唯一地确定出离基向量$\boldsymbol{p}_l$的下标l.

在确定了进基向量$\boldsymbol{p}_k$后,按下面规则选主元a_{lk}.

$$\frac{(\boldsymbol{x}_B(\varepsilon))_l}{a'_{lk}}=\min\left\{\frac{(\boldsymbol{x}_B(\varepsilon))_i}{a'_{ik}}\,\middle|\,a'_{ik}>0\right\}$$

$$=\min\left\{\frac{(\boldsymbol{x}_B)_i+\sum\limits_{j=1}^{n}\varepsilon^j a'_{ij}}{a'_{ik}}\,\middle|\,a'_{ik}>0\right\}.$$

因为可取ε为充分小的正数,所以首先考虑集合

$$Q_0=\left\{i\,\middle|\,\min\left\{\frac{(\boldsymbol{x}_B)_i}{a'_{ik}}\,\middle|\,a'_{ik}>0\right\}\right\}.$$

若Q_0中只含有一个元素,则它就是离基向量在基中的序号l,这就找到了主元a_{lk}所在的行.若Q_0中的元素多于一个,在此集合中进一步挑选,考虑集合

$$Q_1=\left\{i\,\middle|\,\min\left\{\frac{a'_{i1}}{a'_{ik}}\,\middle|\,i\in Q_0\right\}\right\}.$$

若 Q_1 中只含有一个元素，则它就是主元的行序号．若 Q_1 中包含的元素仍多于一个，再从 Q_1 中挑选．继续做下去时其一般公式为

$$Q_j = \left\{ i \,\middle|\, \min \left\{ \frac{a'_{ij}}{a'_{ik}} \,\middle|\, i \in Q_{j-1} \right\} \right\}.$$

直到找到一个主元的行序号为止．

在实际计算中，退化是常有的事，但退化不一定产生循环．至今还没有发现任何一个实际问题是循环的．真正产生循环的例子是罕见的，所以一般的计算机程序中不安排克服循环的方法．但是，这些方法的重要性正如 Hoffman 指出的"使得人们可以把单纯形法当作一个很好的工具，用来完美无瑕地证明一些纯粹的定理"．

2.8　线性规划的对偶理论

线性规划的对偶理论是线性规划理论中的一个重要部分．基于对偶理论，还将给出线性规划的另一种解法——对偶单纯形法．

为了给出对偶问题的定义，我们看下面的例子．

假设某工厂有 m 种设备：$B_1, B_2, \cdots, B_m$；一年内各设备的生产能力(有效台时数)为 $b_1, b_2, \cdots, b_m$；利用这些设备可以加工 n 种产品：$A_1, A_2, \cdots, A_n$；单位产品的利润分别为 $c_1, c_2, \cdots, c_n$；第 j 种单位产品需要在第 i 种设备上加工的台时数为 a_{ij}．问在设备能力容许的条件下怎样安排生产计划，使全年总收入最多？

设 $x_1, x_2, \cdots, x_n$ 为各产品的计划年产量，s 为全年总收入，则问题归结为解下面的线性规划问题：

$$\begin{aligned} \max\ s &= \sum_{j=1}^{n} c_j x_j, \\ \text{s.t.}\quad & \sum_{j=1}^{n} a_{ij} x_j \leqslant b_i, \quad i = 1, \cdots, m, \\ & x_j \geqslant 0, \quad j = 1, 2, \cdots, n. \end{aligned}$$

假设该厂用这些设备承担对外加工任务，需要给各种设备制订价格(收费标准)．订价原则有两条：一是用这些设备仍加工原来的第 j 种

产品A_j(每件)时,工厂收入不少于c_j;二是工厂全年对外加工的收入尽量少,否则将得不到加工任务.

设第i种设备B_i的单位台时的单价为y_i,全年加工总收入为w,则问题归结为解下面的线性规划问题:

$$\begin{aligned}&\min\ w=\sum_{i=1}^{m}b_iy_i,\\ &\text{s.t.}\quad \sum_{i=1}^{m}a_{ij}y_i\geqslant c_j,\quad j=1,2,\cdots,n,\\ &\qquad\quad y_i\geqslant 0,\quad i=1,\cdots,m.\end{aligned}$$

第一个规划问题称为原始线性规划,变量$\boldsymbol{x}=(x_1,\cdots,x_n)^{\mathrm T}$中的$x_j$($\geqslant 0$)($j=1,\cdots,n$)称为原始变量.第二个规划问题称为第一个规划问题的对偶规划,$\boldsymbol{y}=(y_1,\cdots,y_m)^{\mathrm T}$中的$y_i$($\geqslant 0$)($i=1,\cdots,m$)称为对偶变量.这个例子是对同一事物从不同的两个角度提出的问题,二者之间有密切的联系.下面就来介绍对偶线性规划问题及其基本理论.

定义 2.8.1 设线性规划

$$(\mathrm{LP})\quad \begin{aligned}&\min\ \boldsymbol{c}^{\mathrm T}\boldsymbol{x}, &(2.26)\\ &\text{s.t.}\quad \boldsymbol{Ax}\geqslant\boldsymbol{b}, &(2.27)\\ &\qquad\quad \boldsymbol{x}\geqslant\boldsymbol{0}, &(2.28)\end{aligned}$$

及另一个线性规划

$$(\mathrm{DP})\quad \begin{aligned}&\max\ \boldsymbol{y}^{\mathrm T}\boldsymbol{b}, &(2.29)\\ &\text{s.t.}\quad \boldsymbol{y}^{\mathrm T}\boldsymbol{A}\leqslant\boldsymbol{c}^{\mathrm T}, &(2.30)\\ &\qquad\quad \boldsymbol{y}\geqslant\boldsymbol{0}, &(2.31)\end{aligned}$$

其中$\boldsymbol{A}$是$m\times n$矩阵,$\boldsymbol{x}=(x_1,\cdots,x_n)^{\mathrm T}$,$\boldsymbol{y}=(y_1,\cdots,y_m)^{\mathrm T}$,$\boldsymbol{c}=(c_1,\cdots,c_n)^{\mathrm T}$,$\boldsymbol{b}=(b_1,\cdots,b_m)^{\mathrm T}$.称线性规划问题(DP)是线性规划问题(LP)的对偶线性规划,称问题(LP)为原始线性规划.它们合起来称为一对对称的对偶线性规划问题.(DP为Dual Programming的缩写).

在一对对偶线性规划的两组约束不等式中,每一组中变量的个数等于另一组中不等式约束的个数;系数矩阵是互为转置矩阵;一组不等式约束右端向量中的分量是另一线性规划问题中目标函数的价格系数.另外,在不等式约束组的左端不小于右端的情况下,对目标函数极小化,而在相反情况下对目标函数极大化.

定理 2.8.1　(对合性)对偶线性规划问题的对偶问题是原始线性规划问题.

证　设原始线性规划问题为(LP),对偶问题为(DP).(DP)等价于

$$\begin{aligned}&\min\ (-\boldsymbol{b})^{\mathrm{T}}\boldsymbol{y},\\&\text{s.t.}\quad -\boldsymbol{A}^{\mathrm{T}}\boldsymbol{y}\geqslant-\boldsymbol{c},\\&\qquad\quad \boldsymbol{y}\geqslant\boldsymbol{0}.\end{aligned}$$

其对偶线性规划为

$$\begin{aligned}&\max\ \boldsymbol{x}^{\mathrm{T}}(-\boldsymbol{c}),\\&\text{s.t.}\quad \boldsymbol{x}^{\mathrm{T}}(-\boldsymbol{A}^{\mathrm{T}})\leqslant-\boldsymbol{b}^{\mathrm{T}},\\&\qquad\quad \boldsymbol{x}\geqslant\boldsymbol{0}.\end{aligned}$$

它又等价于(LP).　□

定理 2.8.2　若线性规划问题(LP)的第 $k(1\leqslant k\leqslant m)$个约束为等式约束,即

$$a_{k1}x_1+a_{k2}x_2+\cdots+a_{kn}x_n=b_k,$$

则其对偶线性规划(DP)中对应的第 k 个变量 y_k 为自由变量.

证　等式约束等价于

$$a_{k1}x_1+a_{k2}x_2+\cdots+a_{kn}x_n\geqslant b_k,$$

$$-a_{k1}x_1-a_{k2}x_2-\cdots-a_{kn}x_n\geqslant-b_k.$$

因此,线性规划问题(LP)等价于

$$(\text{LP})\quad\begin{aligned}&\min\ \sum_{j=1}^{n}c_jx_j,\\&\text{s.t.}\quad a_{11}x_1+\cdots+a_{1n}x_n\geqslant b_1,\\&\qquad\quad \cdots\\&\qquad\quad a_{k1}x_1+\cdots+a_{kn}x_n\geqslant b_k,\\&\qquad\quad -a_{k1}x_1-\cdots-a_{kn}x_n\geqslant-b_k,\\&\qquad\quad \cdots\\&\qquad\quad a_{m1}x_1+\cdots+a_{mn}x_n\geqslant b_m,\end{aligned}$$

$$x_1,\cdots,x_n\geqslant 0,$$

其对偶规划问题为

$$\text{(DP)}\quad \begin{aligned} &\max\ b_1y_1+\cdots+(y_k'-y_k'')b_k+\cdots+y_mb_m,\\ &\text{s.t.}\quad a_{11}y_1+\cdots+a_{k1}(y_k'-y_k'')+\cdots+a_{m1}y_m\leqslant c_1,\\ &\qquad\cdots\\ &\qquad a_{1n}y_1+\cdots+a_{kn}(y_k'-y_k'')+\cdots+a_{mn}y_m\leqslant c_n,\\ &\qquad y_1,\cdots,y_k',y_k'',\cdots,y_m\geqslant 0.\end{aligned}$$

令 $y_k=y_k'-y_k''$,则对 y_k 就没有非负限制了,即 y_k 是自由变量. □

由此定理及对合性定理还可得出如下定理.

定理 2.8.3 若规划问题(LP)的第 l 个变量 x_l 是自由变量,则其对偶规划(DP)中对应的第 l 个约束为等式约束.

应用定理 2.8.2 和定理 2.8.3 可得标准型线性规划

$$\begin{aligned}&\min\ \boldsymbol{c}^{\mathrm T}\boldsymbol{x},\\ &\text{s.t.}\quad \boldsymbol{Ax}=\boldsymbol{b},\\ &\qquad \boldsymbol{x}\geqslant\boldsymbol{0}\end{aligned}\tag{2.32}$$

的对偶规划为

$$\begin{aligned}&\max\ \boldsymbol{y}^{\mathrm T}\boldsymbol{b},\\ &\text{s.t.}\quad \boldsymbol{y}^{\mathrm T}\boldsymbol{A}\leqslant\boldsymbol{c}^{\mathrm T}.\end{aligned}\tag{2.33}$$

这对对偶线性规划又叫作非对称形式的对偶线性规划问题.

例 2.8.1 写出下列线性规划的对偶规划.

$$\begin{aligned}&\min\ z=9x_1+6x_2-3x_3,\\ &\text{s.t.}\quad 2x_1+x_2-4x_3\geqslant 4,\\ &\qquad -3x_1-x_2+x_3=-2,\\ &\qquad 2x_1+2x_2+x_3\geqslant 6,\\ &\qquad x_1,x_2,x_3\geqslant 0.\end{aligned}$$

解 设对偶变量为 y_1,y_2,y_3,其对偶线性规划为

$$\begin{aligned}&\max\ w=4y_1-2y_2+6y_3,\\ &\text{s.t.}\quad 2y_1-3y_2+2y_3\leqslant 9,\\ &\qquad y_1-y_2+2y_3\leqslant 6,\end{aligned}$$

$$-4y_1+y_2+y_3\leqslant -3,$$
$$y_1,y_3\geqslant 0,y_2\ 为自由变量.$$

互为对偶的一对线性规划具有下面的性质.因为非标准型的线性规划总可以化为标准型的线性规划.所以下面证明非对称形式的对偶线性规划问题的对偶定理.

定理 2.8.4(弱对偶性)　若 $\bar{\boldsymbol{x}}$ 是原始线性规划(2.32)的可行解,$\bar{\boldsymbol{y}}$ 是对偶线性规划(2.33)的可行解,则有

$$\boldsymbol{c}^{\mathrm{T}}\bar{\boldsymbol{x}}\geqslant \bar{\boldsymbol{y}}^{\mathrm{T}}\boldsymbol{b}.$$

证　因为 $\bar{\boldsymbol{x}},\bar{\boldsymbol{y}}$ 分别是(2.32)、(2.33)的可行解,所以有

$$A\bar{\boldsymbol{x}}=\boldsymbol{b},\bar{\boldsymbol{x}}\geqslant\boldsymbol{0}\quad 及\ \bar{\boldsymbol{y}}^{\mathrm{T}}A\leqslant\boldsymbol{c}^{\mathrm{T}},$$

从而　$\bar{\boldsymbol{y}}^{\mathrm{T}}\boldsymbol{b}=\bar{\boldsymbol{y}}^{\mathrm{T}}(A\bar{\boldsymbol{x}})=(\bar{\boldsymbol{y}}^{\mathrm{T}}A)\bar{\boldsymbol{x}}\leqslant\boldsymbol{c}^{\mathrm{T}}\bar{\boldsymbol{x}}.$ □

推论　若 $\bar{\boldsymbol{x}}$ 是原始线性规划问题的可行解,$\bar{\boldsymbol{y}}$ 是其对偶问题的可行解,且 $\boldsymbol{c}^{\mathrm{T}}\bar{\boldsymbol{x}}=\bar{\boldsymbol{y}}^{\mathrm{T}}\boldsymbol{b}$,则 $\bar{\boldsymbol{x}}$ 与 $\bar{\boldsymbol{y}}$ 分别是原始线性规划问题与其对偶问题的最优解.

证　设 $\boldsymbol{x}$ 是原始线性规划问题的任一可行解,则有

$$\boldsymbol{c}^{\mathrm{T}}\boldsymbol{x}\geqslant\bar{\boldsymbol{y}}^{\mathrm{T}}\boldsymbol{b}=\boldsymbol{c}^{\mathrm{T}}\bar{\boldsymbol{x}},$$

所以 $\bar{\boldsymbol{x}}$ 是原始线性规划问题的最优解.

类似地可以证明 $\bar{\boldsymbol{y}}$ 是对偶线性规划问题的最优解. □

定理 2.8.5(对偶性)　若原始线性规划问题与对偶线性规划问题之一有最优解,则另一个也有最优解,并且它们目标函数的最优值相等.

证　由于两个规划问题的对合性,我们只需对两个规划问题中的任一个证明就可以了.不妨设规划问题(2.32)存在最优解 $\bar{\boldsymbol{x}}$,而且 $\bar{\boldsymbol{x}}$ 是基可行解,再设其基矩阵为 $\boldsymbol{B}$,最优值 $\boldsymbol{c}^{\mathrm{T}}\bar{\boldsymbol{x}}=\boldsymbol{c}_B{}^{\mathrm{T}}\boldsymbol{B}^{-1}\boldsymbol{b}$.

因为 $\bar{\boldsymbol{x}}$ 为最优解,所以判别数非负,即

$$\boldsymbol{c}^{\mathrm{T}}-\boldsymbol{c}_B{}^{\mathrm{T}}\boldsymbol{B}^{-1}A\geqslant\boldsymbol{0}.$$

令 $\bar{\boldsymbol{y}}^{\mathrm{T}}=\boldsymbol{c}_B{}^{\mathrm{T}}\boldsymbol{B}^{-1}$,则有 $\bar{\boldsymbol{y}}^{\mathrm{T}}\boldsymbol{A}\leqslant\boldsymbol{c}^{\mathrm{T}}$,即 $\bar{\boldsymbol{y}}$ 是规划问题(2.33)的可行解.

又因为 $\bar{\boldsymbol{y}}^{\mathrm{T}}\boldsymbol{b}=\boldsymbol{c}_B{}^{\mathrm{T}}\boldsymbol{B}^{-1}\boldsymbol{b}=\boldsymbol{c}^{\mathrm{T}}\bar{\boldsymbol{x}}$,所以 $\bar{\boldsymbol{y}}$ 是对偶规划问题(2.33)的最优解. □

定理 2.8.6 若原始线性规划问题与对偶线性规划问题之一具有无界的目标函数值,则另一个无可行解.

由弱对偶定理即可得.

定理 2.8.7 设 $\boldsymbol{B}$ 是原始线性规划问题(2.32)的一个基矩阵,对应的基解满足最优性条件:

$$\boldsymbol{c}^{\mathrm{T}}-\boldsymbol{c}_B{}^{\mathrm{T}}\boldsymbol{B}^{-1}\boldsymbol{A}\geqslant\boldsymbol{0},$$

则对偶线性规划问题(2.33)有可行解 $\boldsymbol{y}=(\boldsymbol{c}_B{}^{\mathrm{T}}\boldsymbol{B}^{-1})^{\mathrm{T}}$,并且

$$\boldsymbol{c}_B{}^{\mathrm{T}}\boldsymbol{x}_B=\boldsymbol{y}^{\mathrm{T}}\boldsymbol{b}.$$

证 因为 $\boldsymbol{c}^{\mathrm{T}}-\boldsymbol{c}_B{}^{\mathrm{T}}\boldsymbol{B}^{-1}\boldsymbol{A}\geqslant\boldsymbol{0}$,即 $\boldsymbol{y}^{\mathrm{T}}\boldsymbol{A}\leqslant\boldsymbol{c}^{\mathrm{T}}$,所以 $\boldsymbol{y}$ 是规划问题(2.33)的可行解,且有

$$\boldsymbol{c}_B{}^{\mathrm{T}}\boldsymbol{x}_B=\boldsymbol{c}_B{}^{\mathrm{T}}\boldsymbol{B}^{-1}\boldsymbol{b}=\boldsymbol{y}^{\mathrm{T}}\boldsymbol{b}.$$

□

定理 2.8.8(互补松弛性) 设 $\boldsymbol{x},\boldsymbol{y}$ 分别是原始线性规划问题(2.32)与对偶规划问题(2.33)的可行解,则 $\boldsymbol{x},\boldsymbol{y}$ 分别是(2.32)和(2.33)的最优解的充分必要条件为

$$(\boldsymbol{y}^{\mathrm{T}}\boldsymbol{A}-\boldsymbol{c}^{\mathrm{T}})\boldsymbol{x}=\boldsymbol{0}.\tag{2.34}$$

证 设 $\boldsymbol{x},\boldsymbol{y}$ 分别是最优解,由对偶定理有

$$\boldsymbol{y}^{\mathrm{T}}\boldsymbol{b}=\boldsymbol{c}^{\mathrm{T}}\boldsymbol{x},$$

因为 $\boldsymbol{A}\boldsymbol{x}=\boldsymbol{b}$,代入上式得到式(2.34).

反之,由定理 2.8.4 的推论知 $\boldsymbol{x},\boldsymbol{y}$ 分别是相应规划问题的最优解.

□

此定理中的式(2.34)也经常写为

(1)若 $x_j>0$,则 $\boldsymbol{y}^{\mathrm{T}}\boldsymbol{p}_j=c_j,j=1,\cdots,n$;

(2)若 $\boldsymbol{y}^{\mathrm{T}}\boldsymbol{p}_j<c_j$,则有 $x_j=0,j=1,\cdots,n$.

故称(2.34)为互补松弛条件.

由上面的几个定理可知,两个互为对偶的线性规划问题的解之间有如下几种可能情况:

(1)两个问题都有最优解,且目标函数的最优值相等;

(2)两个问题都不存在最优解;

(3)一个问题存在可行解,但目标函数在可行域上无界,另一个规划问题不存在可行解.

2.9　对偶单纯形法

用单纯形法解线性规划，是从一个基可行解开始，检验它的判别数 $\sigma_j(j=1,2,\cdots,n)$ 是否全部非负．如果所有判别数非负，这时的基可行解就是最优解．如果存在负判别数，则迭代到另一个基可行解．当求出了线性规划的最优解时，相当于求出了一个基矩阵 $\boldsymbol{B}$，使得基变量 $\boldsymbol{x}_B=\boldsymbol{B}^{-1}\boldsymbol{b}\geqslant\boldsymbol{0}$，而且判别数向量 $\boldsymbol{c}^{\mathrm{T}}-\boldsymbol{c}_B{}^{\mathrm{T}}\boldsymbol{B}^{-1}\boldsymbol{A}\geqslant\boldsymbol{0}$．满足条件 $\boldsymbol{B}^{-1}\boldsymbol{b}\geqslant\boldsymbol{0}$，说明与基矩阵 $\boldsymbol{B}$ 对应的基解是线性规划的可行解；满足条件 $\boldsymbol{c}^{\mathrm{T}}-\boldsymbol{c}_B{}^{\mathrm{T}}\boldsymbol{B}^{-1}\boldsymbol{A}\geqslant\boldsymbol{0}$，说明 $\boldsymbol{y}^{\mathrm{T}}=\boldsymbol{c}_B{}^{\mathrm{T}}\boldsymbol{B}^{-1}$ 是其对偶线性规划的可行解．单纯形法可以解释为，从一个基解迭代到另一个基解，迭代过程中始终保持基解的可行性，但不保证 $\boldsymbol{c}_B{}^{\mathrm{T}}\boldsymbol{B}^{-1}$ 是其对偶规划的可行解，而是逐步满足其对偶规划解 $\boldsymbol{c}_B{}^{\mathrm{T}}\boldsymbol{B}^{-1}$ 的可行性．当 $\boldsymbol{c}_B{}^{\mathrm{T}}\boldsymbol{B}^{-1}$ 是其对偶规划的可行解时，相应的基可行解就是问题的最优解．基于对称的想法，求解线性规划的过程也可以从线性规划问题的一个基解出发，迭代过程中不要求基解满足可行性，即允许基解中存在负分量，但是要求始终保持基解的判别数是非负的，即始终保持 $\boldsymbol{c}_B{}^{\mathrm{T}}\boldsymbol{B}^{-1}$ 为其对偶线性规划的可行解，逐步减少基解中的负分量个数．当基解中没有负分量时就得到了问题的最优解．这种迭代方法就是对偶单纯形法．为了区别，我们也称 2.4 所给出的单纯形法为原始单纯形法．因此，对偶单纯形法并不是解对偶线性规划的单纯形法，而是根据对偶原理求解原线性规划问题的另一种单纯形法．对偶单纯形法不仅在求解线性规划中有时比较简便有效，而且在灵敏度分析中也有重要作用．

对偶单纯形法的迭代仍然是以 a_{lk} 为主元的旋转变换，但是它也有自己的特点．它是首先确定离开基的变量，即首先确定 x_l，然后确定进入基的变量，即确定 x_k．

1　最优性的判别

已知线性规划问题的一个基矩阵 $\boldsymbol{B}$ 及与它对应的基解为 $\begin{pmatrix}\boldsymbol{x}_B\\ \boldsymbol{0}\end{pmatrix}$，

并且此基解的所有判别数非负.若

$$\boldsymbol{x}_B=\boldsymbol{B}^{-1}\boldsymbol{b}\geqslant\boldsymbol{0},$$

则所得到的基解为最优解.

2　确定离开基的变量

令 $\min\{(\boldsymbol{B}^{-1}\boldsymbol{b})_i \mid (\boldsymbol{B}^{-1}\boldsymbol{b})_i<0\}=(\boldsymbol{B}^{-1}\boldsymbol{b})_l$,则 x_l 为离开基的变量,对应的向量 $\boldsymbol{p}_l$ 为离基向量.

若 x_l 所在行的所有系数 $a_{lj}\geqslant 0, j=1,2,\cdots,n$,则所给线性规划问题没有可行解.若不然,设 $\overline{\boldsymbol{x}}=(\overline{x}_1,\overline{x}_2,\cdots,\overline{x}_n)^{\mathrm{T}}$ 是问题的可行解,那么 $\overline{\boldsymbol{x}}$ 满足

$$\overline{x}_l=b_l-\sum_{j\in T}a_{lj}\overline{x}_j,$$

其中 T 为非基变量的下标集.由 $a_{lj}\geqslant 0,\overline{x}_j\geqslant 0$ 及 $b_l<0$,知 $\overline{x}_l<0$.这与 $\overline{\boldsymbol{x}}$ 是可行解矛盾.

3　确定进入基的变量

设进入基的变量为 x_k,我们分析一下 x_k 必须满足什么条件,才能使迭代后的基解仍保持所有的判别数非负.

用 x_k 替换 x_l 后,其规范式中的目标函数为

$$f=\left(f_0+\sigma_k\frac{b_l}{a_{lk}}\right)+\sum_{\substack{j\in T\\ j\neq k}}\left(\sigma_j-\sigma_k\frac{a_{lj}}{a_{lk}}\right)x_j-\frac{\sigma_k}{a_{lk}}x_l .$$

为了保持判别数非负,应该有

$$\begin{cases}-\dfrac{\sigma_k}{a_{lk}}\geqslant 0, & (2.35)\\ \sigma_j-\sigma_k\dfrac{a_{lj}}{a_{lk}}\geqslant 0, j\in T, j\neq k. & (2.36)\end{cases}$$

为了使式(2.35)成立,要求 $a_{lk}<0$.从而对于式(2.36),当 $a_{lj}\geqslant 0$ 时,此式恒成立.当 $a_{lj}<0$ 时,要求

$$\frac{\sigma_k}{a_{lk}}\geqslant\frac{\sigma_j}{a_{lj}}.$$

令
$$\frac{\sigma_k}{a_{lk}}=\max\left\{\frac{\sigma_j}{a_{lj}} \mid a_{lj}<0\right\},$$

则 x_k 为进基变量,$\boldsymbol{p}_k$ 为进基向量.

利用上述原则选取离基变量与进基变量,若每次迭代均有 $\sigma_k>0$,则迭代前的目标函数值 f_0 与迭代后的目标函数值 $f(\overline{\boldsymbol{x}})$满足

$$f(\overline{\boldsymbol{x}})=f_0+\sigma_k\frac{b_l}{a_{lk}}>f_0,$$

即每次迭代目标函数值严格上升,出现过的基解不会重复出现,因此在有限步之内可以结束迭代.

对偶单纯形法,在选定了主元 a_{lk}之后进行旋转变换的公式与式(2.15)、(2.16)、(2.17)相同.也就是说,对偶单纯形法在选定主元后的计算方法与原始单纯形法是相同的,所以,对偶单纯形法的迭代仍可以在单纯形表上进行.

算法 2.9.1　对偶单纯形法

已知线性规划的初始基矩阵为 $\boldsymbol{B}$,对应的基解为 $\boldsymbol{x}_B=\boldsymbol{B}^{-1}\boldsymbol{b}=\boldsymbol{b}'$,该基解的所有判别数非负.

Step 1　若 $\boldsymbol{b}'\geqslant\boldsymbol{0}$,则最优解 $\boldsymbol{x}^*=\begin{pmatrix}\boldsymbol{b}'\\\boldsymbol{0}\end{pmatrix}$,停.否则令 $b'_l=\min\{b'_i\mid b'_i<0\}$,转 Step 2.

Step 2　若所有 $a'_{lj}\geqslant 0, j=1,2,\cdots,n$,则线性规划无可行解,停.否则计算

$$\max\left\{\frac{\sigma_j}{a'_{lj}}\mid a'_{lj}<0\right\}=\frac{\sigma_k}{a'_{lk}}=\theta_k,\text{转 Step 3}.$$

Step 3　以 a'_{lk}为主元进行旋转变换,得到新的基解,转 Step 1.

例 2.9.1　用对偶单纯形法解线性规划:

$$\begin{aligned}
\min\ & z=12x_1+8x_2+16x_3+12x_4,\\
\text{s.t.}\ & 2x_1+x_2+4x_3\geqslant 2,\\
& 2x_1+2x_2+4x_4\geqslant 3,\\
& x_1,\cdots,x_4\geqslant 0.
\end{aligned}$$

解　引入松弛变量将原约束变形为

$$-2x_1-x_2-4x_3+x_5=-2,$$

$$-2x_1-2x_2\qquad -4x_4+x_6=-3,$$
$$x_1,\cdots,x_6\geqslant 0.$$

计算过程见表 2-8.

所以,最优解 $x^*=(0,\frac{3}{2},\frac{1}{8},0)^{\mathrm{T}}$,最优值 $z^*=14$.

表 2-8

c_j			12	8	16	12	0	0
c_B	B	b'	p_1	p_2	p_3	p_4	p_5	p_6
0	p_5	-2	-2	-1	-4	0	1	0
0	p_6	-3	-2	-2	0	(-4)	0	1
σ_j			12	8	16	12	0	0
σ_j/a_{lj} ($a_{lj}<0$)			-6	-4		-3		
0	p_5	-2	-2	(-1)	-4	0	1	0
12	p_4	3/4	1/2	1/2	0	1	0	-1/4
σ_j			6	2	16	0	0	3
σ_j/a_{lj}($a_{lj}<0$)			-3	-2	-4			
8	p_2	2	2	1	4	0	-1	0
12	p_4	-1/4	-1/2	0	(-2)	1	1/2	-1/4
σ_j			2	0	8	0	2	3
σ_j/a_{lj}($a_{lj}<0$)			-4		-4			
8	p_2	3/2	1	1	0	2	0	-1/2
16	p_3	1/8	1/4	0	1	-1/2	-1/4	1/8
σ_j			0	0	0	4	4	2

2.10　灵敏度分析

前面讨论的线性规划中,系数 c_j,b_i,a_{ij} 均为常数.现在的问题是,在求得最优解之后,若这些系数中某些值有变化,最优解是否有变化?如果有变化,怎样变化?研究和解决这些问题的内容,我们称之为灵敏度分析.

设已经用单纯形法求得线性规划

$$\text{(LP)}\quad \begin{aligned} &\min\ z=\boldsymbol{c}^{\mathrm{T}}\boldsymbol{x},\\ &\text{s.t.}\quad \boldsymbol{A}\boldsymbol{x}=\boldsymbol{b},\\ &\qquad\quad \boldsymbol{x}\geqslant \boldsymbol{0}\end{aligned}$$

的最优解 $\boldsymbol{x}_B=\boldsymbol{B}^{-1}\boldsymbol{b}$，对应的基矩阵 $\boldsymbol{B}=(\boldsymbol{p}_1,\boldsymbol{p}_2,\cdots,\boldsymbol{p}_m)$（我们称此时的基矩阵 $\boldsymbol{B}$ 为最优基矩阵或简称为最优基），最优值 $z^*=\boldsymbol{c}_B{}^{\mathrm{T}}\boldsymbol{x}_B=\boldsymbol{c}_B{}^{\mathrm{T}}\boldsymbol{B}^{-1}\boldsymbol{b}$.

2.10.1　当只有 c_r 有改变量 Δc_r，其他系数都不变时的情况

若与 c_r 对应的变量 x_r 为非基变量，c_r 的变化只影响 x_r 的判别数，不影响其他变量的判别数. 变化后 x_r 的判别数为

$$\sigma'_r=c_r+\Delta c_r-\boldsymbol{c}_B{}^{\mathrm{T}}\boldsymbol{B}^{-1}\boldsymbol{p}_r=\sigma_r+\Delta c_r.$$

由此可知，若 $\sigma_r+\Delta c_r\geqslant 0$，即

$$\Delta c_r\geqslant-\sigma_r \tag{2.37}$$

最优解、最优值都不变.

若 x_r 为基变量，则有 $\boldsymbol{c}'_B=\boldsymbol{c}_B+\Delta\boldsymbol{c}_B$，其中 $\Delta\boldsymbol{c}_B=(0,\cdots,\Delta c_r,0,\cdots,0)^{\mathrm{T}}$. 当 c_r 变为 $c_r+\Delta c_r$ 时，$\boldsymbol{c}_B$ 变为 $\boldsymbol{c}'_B$. 所以此时影响了所有非基变量的判别数. 设 $\tilde{\boldsymbol{p}}_j=\boldsymbol{B}^{-1}\boldsymbol{p}_j=(\tilde{a}_{1j},\tilde{a}_{2j},\cdots,\tilde{a}_{mj})^{\mathrm{T}}$，则非基变量 x_j 的判别数为

$$\begin{aligned}\sigma_j'&=c_j-\boldsymbol{c}'^{\mathrm{T}}_B\boldsymbol{B}^{-1}\boldsymbol{p}_j=c_j-\boldsymbol{c}_B{}^{\mathrm{T}}\boldsymbol{B}^{-1}\boldsymbol{p}_j-\Delta\boldsymbol{c}_B{}^{\mathrm{T}}\boldsymbol{B}^{-1}\boldsymbol{p}_j\\&=\sigma_j-\Delta c_r\tilde{a}_{rj},\end{aligned}$$

当 $\sigma_j'\geqslant 0$，即 $\sigma_j-\Delta c_r\tilde{a}_{rj}\geqslant 0$ 时，最优解不变. 由此可以得到，若 Δc_r 满足以下不等式

$$\max\left\{\frac{\sigma_j}{\tilde{a}_{rj}}\,\middle|\,\tilde{a}_{rj}<0\right\}\leqslant\Delta c_r\leqslant\min\left\{\frac{\sigma_j}{\tilde{a}_{rj}}\,\middle|\,\tilde{a}_{rj}>0\right\}, \tag{2.38}$$

则最优解仍然为 $\boldsymbol{x}_B=B^{-1}\boldsymbol{b}$，但是目标函数的最优值变为

$$z^{*\prime}=\boldsymbol{c}_B{}'^{\mathrm{T}}\boldsymbol{B}^{-1}\boldsymbol{b}=\boldsymbol{c}_B{}^{\mathrm{T}}\boldsymbol{B}^{-1}\boldsymbol{b}+\Delta\boldsymbol{c}_B{}^{\mathrm{T}}\boldsymbol{B}^{-1}\boldsymbol{b}.$$

例 2.10.1　设已知用单纯形法解线性规划

$$\begin{aligned}\min\ y=&-3x_1+x_2+x_3+10x_6+10x_7,\\ \text{s.t.}\quad &x_1-2x_2+x_3+x_5=11,\\ &-4x_1+x_2+2x_3-x_4+x_6=3,\\ &-2x_1+x_3+x_7=1,\\ &x_1,\cdots,x_7\geqslant 0,\end{aligned}$$

得最后的单纯形表为表2-9.

表 2-9

c_j			-3	1	1	0	0	10	10
$\boldsymbol{c}_B$	$\boldsymbol{B}$	$\boldsymbol{b}'$	$\boldsymbol{p}_1$	$\boldsymbol{p}_2$	$\boldsymbol{p}_3$	$\boldsymbol{p}_4$	$\boldsymbol{p}_5$	$\boldsymbol{p}_6$	$\boldsymbol{p}_7$
-3	$\boldsymbol{p}_1$	4	1	0	0	$-2/3$	$1/3$	$2/3$	$-5/3$
1	$\boldsymbol{p}_2$	1	0	1	0	-1	0	1	-2
1	$\boldsymbol{P}_3$	9	0	0	1	$-4/3$	$2/3$	$4/3$	$-7/3$
σ_j			0	0	0	$1/3$	$1/3$	29/3	28/3

试问:价格系数 c_3 在哪个范围内变化时,最优解不变?

解 $r=3$, x_3 是基变量.

$$\min\left\{\frac{1/3}{2/3},\frac{29/3}{4/3}\right\}=1/2,$$

$$\max\left\{\frac{1/3}{-4/3},\frac{28/3}{-7/3}\right\}=-1/4.$$

所以当 $-\dfrac{1}{4}\leqslant\Delta c_3\leqslant\dfrac{1}{2}$ 时,即 $\dfrac{3}{4}\leqslant c_3\leqslant\dfrac{3}{2}$ 时,最优解不变.

关于价格系数的分析,可供生产单位当遇到某项产品的成本或市场价格发生变化时,考虑原来的最优生产方案是否需要改变?如果 Δc_r 超出了式(2.37)或(2.38)的范围,则判别数 σ_j' 将不满足最优性条件.但是原线性规划问题的最优基 $\boldsymbol{B}$ 对应的基解仍是改变了目标函数后的线性规划的基可行解,可以由此基可行解出发继续进行单纯形法迭代.

2.10.2 当约束右端常数项 b_r 有改变量 Δb_r,其他系数不变时的情况

在这种情况下,判别数不变,只影响新的基解的可行性.

设 $\boldsymbol{B}^{-1}=(\tilde{b}_{ij})_{m\times m}$, $i,j=1,2,\cdots,m$,则新的基解 $\overline{\boldsymbol{x}}_B$ 为

$$\overline{\boldsymbol{x}}_B=\boldsymbol{x}_B+\Delta b_r(\tilde{b}_{1r},\tilde{b}_{2r},\cdots,\tilde{b}_{mr})^{\mathrm{T}},$$

用分量表示为

$$(\overline{\boldsymbol{x}}_B)_i=(\boldsymbol{x}_B)_i+\Delta b_r\tilde{b}_{ir},\quad i=1,\cdots,m.$$

当 $\overline{\boldsymbol{x}}_B\geqslant 0$,即 $(\boldsymbol{x}_B)_i+\Delta b_r\tilde{b}_{ir}\geqslant 0$, $i=1,\cdots,m$ 时,最优基 $\boldsymbol{B}$ 不变.由此可以得到,若 Δb_r 满足不等式

$$\max\left\{\frac{-(\boldsymbol{x}_B)_i}{\tilde{b}_{ir}}\middle|\tilde{b}_{ir}>0\right\}\leqslant\Delta b_r\leqslant\min\left\{\frac{-(\boldsymbol{x}_B)_i}{\tilde{b}_{ir}}\middle|\tilde{b}_{ir}<0\right\},\tag{2.39}$$

$\boldsymbol{B}$ 仍然是最优基.

如果 Δb_r 没有超出式(2.39)的范围,则原来的最优基 $\boldsymbol{B}$ 保持不变.由定理 2.8.5 知 $\boldsymbol{y}=(\boldsymbol{c}_B{}^{\mathrm{T}}\boldsymbol{B}^{-1})^{\mathrm{T}}$ 是其对偶线性规划的最优解,而且目标函数的最优值相等.

令对偶变量 $\boldsymbol{y}=(\boldsymbol{c}_B{}^{\mathrm{T}}\boldsymbol{B}^{-1})^{\mathrm{T}}=(y_1,y_2,\cdots,y_m)^{\mathrm{T}}$,则目标函数的增量可表示为

$$\Delta z=\boldsymbol{c}_B{}^{\mathrm{T}}(\tilde{b}_{1r},\tilde{b}_{2r},\cdots,\tilde{b}_{mr})^{\mathrm{T}}\Delta b_r=y_r\Delta b_r.$$

由此可以看出,y_r 表示由 b_r 的单位改变量所引起的最优值的改变量. 从经济问题的角度可以认为,第 r 种资源多消耗一个单位时,总成本的增量等于对偶变量 y_r.所以我们称 $\boldsymbol{y}=(\boldsymbol{c}_B{}^{\mathrm{T}}\boldsymbol{B}^{-1})^{\mathrm{T}}$ 为线性规划的影子价格向量,称它的第 r 个分量 y_r 为线性规划关于第 r 种资源的影子价格.

如果 Δb_r 超出了式(2.39)的范围,则 $\overline{\boldsymbol{x}}_B$ 的分量将不全为非负的数,即 $\overline{\boldsymbol{x}}_B$ 中将出现负分量.但是,$\boldsymbol{y}=(\boldsymbol{c}_B{}^{\mathrm{T}}\boldsymbol{B}^{-1})^{\mathrm{T}}$ 为其对偶规划的一个可行解,所以可以由此出发,用对偶单纯形法继续迭代.

2.10.3　当约束矩阵中仅有 a_{rk} 有改变量 Δa_{rk},其他系数不变时的情况

设 x_k 为非基变量,即 $\boldsymbol{p}_k\notin\boldsymbol{B}$ 时,a_{rk} 的变化只影响一个判别数 σ_k.变化后的判别数

$$\begin{aligned}\sigma'_k&=c_k-\boldsymbol{c}_B{}^{\mathrm{T}}\boldsymbol{B}^{-1}(a_{1k},\cdots,a_{rk}+\Delta a_{rk},\cdots,a_{mk})^{\mathrm{T}}\\&=c_k-\boldsymbol{c}_B{}^{\mathrm{T}}\boldsymbol{B}^{-1}\boldsymbol{p}_k-\boldsymbol{c}_B^{\mathrm{T}}\boldsymbol{B}^{-1}(0,\cdots,0,\Delta a_{rk},\cdots,0)^{\mathrm{T}}\\&=\sigma_k-y_r\Delta a_{rk},\end{aligned}$$

要保持最优基不变,只需

$$\sigma_k-y_r\Delta a_{rk}\geqslant 0.$$

由此可以得到

(1)若 $y_r=(\boldsymbol{c}_B{}^{\mathrm{T}}\boldsymbol{B}^{-1})_r>0$,则当 $\Delta a_{rk}\leqslant\dfrac{\sigma_k}{y_r}$ 时,最优基 $\boldsymbol{B}$ 不变,最优

解、最优值也不变.

(2)若 $y_r=(\boldsymbol{c}_B{}^{\mathrm{T}}\boldsymbol{B}^{-1})_r<0$,则当 $\Delta a_{rk}\geqslant\dfrac{\sigma_k}{y_r}$时,最优基 $\boldsymbol{B}$ 不变,最优解、最优值也不变.

(3)若 $y_r=0$,则 Δa_{rk}可取任意值.

例 2.10.2 考虑例 2.10.1 中的线性规划,问:

(i) b_2 在哪个范围内变化,最优基 $\boldsymbol{B}$ 不变?

(ii)系数 a_{24}在哪个范围内变化,最优基、最优解不变?

解 (i)由例 2.10.1 可知,原规划问题的最优基 $\boldsymbol{B}$ 及 $\boldsymbol{B}^{-1}$分别为

$$\boldsymbol{B}=(\boldsymbol{p}_1,\boldsymbol{p}_2,\boldsymbol{p}_3)=\begin{pmatrix}1&-2&1\\-4&1&2\\-2&0&1\end{pmatrix},$$

$$\boldsymbol{B}^{-1}=\begin{pmatrix}\frac{1}{3}&\frac{2}{3}&-\frac{5}{3}\\0&1&-2\\\frac{2}{3}&\frac{4}{3}&-\frac{7}{3}\end{pmatrix},$$

最优解 $\boldsymbol{x}^*=(\boldsymbol{x}_B^*,\boldsymbol{0})^{\mathrm{T}}=(4,1,9,0,0,0,0)^{\mathrm{T}}$. 当 b_2 有改变量 Δb_2 时,新的基解

$$\overline{\boldsymbol{x}}_B=\boldsymbol{x}_B{}^*+\boldsymbol{B}^{-1}\Delta\boldsymbol{b}=(4,1,9)^{\mathrm{T}}+\Delta b_2(\frac{2}{3},1,\frac{4}{3})^{\mathrm{T}}.$$

所以

$$\Delta b_2\geqslant\max\left\{\frac{-4}{2/3},\frac{-1}{1},\frac{-9}{4/3}\right\}=-1\text{ 时,即 }b_2\geqslant2\text{ 时,最优基 }\boldsymbol{B}\text{ 不变}.$$

(ii)由表 2-9 可算出对偶变量 $\boldsymbol{y}^{\mathrm{T}}=\boldsymbol{c}_B{}^{\mathrm{T}}\boldsymbol{B}^{-1}=(-\frac{1}{3},\frac{1}{3},\frac{2}{3})$. 当 a_{24} 有改变量 Δa_{24}时,新的判别数 $\sigma_4{}'=\sigma_4-\frac{1}{3}\Delta a_{24}$. 因为 $\sigma_4=\frac{1}{3}$,所以当 $\Delta a_{24}\leqslant1$ 时最优基、最优解不变.

2.10.4 增加变量个数或增加约束个数的情况

1 增加变量个数

若在原线性规划(LP)中增加一个新变量 x_{n+1}. 设它在目标函数中

的系数为 c_{n+1}，在约束矩阵中的系数列向量 $\boldsymbol{p}_{n+1}=(a_{1n+1},a_{2n+1},\cdots,a_{mn+1})^{\mathrm{T}}$，得到的新线性规划为

$$\begin{aligned}&\min\ \boldsymbol{c}^{\mathrm{T}}\boldsymbol{x}+c_{n+1}x_{n+1},\\&\text{s.t.}\quad \boldsymbol{A}\boldsymbol{x}+\boldsymbol{p}_{n+1}x_{n+1}=\boldsymbol{b},\\&\qquad\ \ \boldsymbol{x}\geqslant\boldsymbol{0},x_{n+1}\geqslant 0.\end{aligned}$$

此时在原问题最后的单纯形表中增加一列，这一列为 $\boldsymbol{B}^{-1}\boldsymbol{p}_{n+1}$. $\boldsymbol{B}$ 仍然是新线性规划的可行基. 变量 x_{n+1} 的判别数 $\sigma_{n+1}=c_{n+1}-\boldsymbol{c}_B{}^{\mathrm{T}}\boldsymbol{B}^{-1}\boldsymbol{p}_{n+1}$. 若 $\sigma_{n+1}\geqslant 0$，则 $\boldsymbol{x}=(\boldsymbol{x}^{*\mathrm{T}},0)^{\mathrm{T}}$ 是新线性规划的最优解. 说明增加变量 x_{n+1} 对改进目标函数值没有帮助. 若 $\sigma_{n+1}<0$，则 x_{n+1} 为进基变量，继续用单纯形法迭代.

2　增加约束个数

若在原问题中增加一个新的不等式约束

$$a_{m+1\,1}x_1+a_{m+1\,2}x_2+\cdots+a_{m+1\,n}x_n\leqslant b_{m+1}.$$

引入松弛变量 x_{n+1}，增加的约束为

$$a_{m+11}x_1+a_{m+12}x_2+\cdots+a_{m+1n}x_n+x_{n+1}=b_{m+1}.$$

原线性规划(LP)增加这个新约束条件后，基变量的个数由 m 个增加到 $m+1$ 个，可把松弛变量 x_{n+1} 作为增加的新基变量. 这样，在原规划问题最后的单纯形表中增加一行一列. 当在单纯形表上化为对应的规范式后，若基解满足非负条件，则已求得了新线性规划的最优解；否则，再用对偶单纯形法继续迭代.

2.11　整数线性规划

有些线性规划往往要求全部决策变量取整数值或者部分决策变量取整数值，这样的线性规划称为整数线性规划. 当对所有的变量都要求取整数值时，称为纯整数线性规划；当只对部分变量要求取整数值时，称为混合型整数线性规划.

如何求解整数线性规划？容易想到的一种办法是，暂时不考虑对变量的整数要求，按一般的线性规划求解. 当得到的最优解不满足整数

要求时,用“舍入凑整”的办法处理,把处理后的解作为整数线性规划最优解的近似解.这种处理方法,对于某些问题,如最优解的数值很大的问题,通过“舍入凑整”后得到的近似解与最优解的误差不会太大.可是有些问题,如求大型机器的生产台数,最优解的数值往往不大,舍入后可能带来较大误差,甚至舍入后的整数可能不是可行解.另外,对于某些变量表示某些代码的量,如从事某项活动就取 $x=1$,否则就取 $x=0$.在这种情况下,x 的非整数值是无意义的,而用“取整”来作为近似,在逻辑上是不能被接受的.因此,用“舍入凑整”的方法解整数线性规划是不可取的.

本节介绍整数规划的两种常用解法:割平面法和分枝定界法.

2.11.1 割平面法

设纯整数线性规划为

$$
\text{(ILP)}\quad
\begin{aligned}
&\min\ \boldsymbol{c}^{\mathrm{T}}\boldsymbol{x},\\
&\text{s.t.}\quad \boldsymbol{A}\boldsymbol{x}=\boldsymbol{b},\\
&\qquad\quad \boldsymbol{x}\geqslant\boldsymbol{0},\\
&\qquad\quad x_j\ \text{为整数},\ j=1,2,\cdots,n,
\end{aligned}
$$

其中 $\boldsymbol{A},\boldsymbol{c},\boldsymbol{b}$ 中的元素为整数.ILP 是 Integer Linear Programming 的缩写.

去掉其中 x_j 为整数的条件,得到的线性规划(LP)称为与整数线性规划(ILP)相对应的线性规划.

割平面法的基础是解线性规划.暂不考虑变量的整数要求,用单纯形法求解与其对应的线性规划(LP).如果得到的最优解不满足整数要求,则增加一个线性约束,称之为割平面方程,把(LP)的可行域切割掉一部分,但不割掉(LP)的整数可行解.然后在缩小了的可行域上再用单纯形法求解,并考察新的最优解是否满足整数要求.若不满足,再增加新的割平面方程.不断重复这个过程,使可行域不断缩小,直到取得整数最优解为止.

如何建立割平面方程?设对应的线性规划(LP)的最优解为 $\overline{\boldsymbol{x}}$,再设其中的 x_r 为非整数的基变量.由最终的单纯形表可写出约束方程

$$
x_r+\sum_{j\in T}\alpha_{rj}x_j=\overline{x}_r, \tag{2.40}
$$

其中 T 表示非基变量的下标集. 把 $\bar{x}_r$ 与 α_{rj} 分解为整数部分和非负真分数(纯小数), 即

$$\bar{x}_r = N_r + f_r,\quad 0 \leqslant f_r < 1, \tag{2.41}$$

$$\alpha_{rj} = N_{rj} + f_{rj},\quad 0 \leqslant f_{rj} < 1,\quad j \in T. \tag{2.42}$$

将式(2.41)与(2.42)代入式(2.40)得

$$x_r + \sum_{j \in T} N_{rj} x_j - N_r = f_r - \sum_{j \in T} f_{rj} x_j. \tag{2.43}$$

当所有的变量都取非负整数时, 式(2.43)的左端是整数, 所以此式的右端也是整数, 且满足关系式

$$f_r - \sum_{j \in T} f_{rj} x_j \leqslant 0. \tag{2.44}$$

式(2.44)是所有变量取非负整数时必须满足的一个条件. 为此, 称式(2.44)为割平面方程. 把此约束条件增添到纯整数规划问题(ILP)上, 得到规划问题

$$\begin{aligned} &\min\ \boldsymbol{c}^{\mathrm{T}} \boldsymbol{x}, \\ &\text{s.t.}\quad \boldsymbol{A}\boldsymbol{x} = \boldsymbol{b}, \\ &\qquad\ \ f_r - \sum_{j \in T} f_{rj} x_j \leqslant 0, \\ &\qquad\ \ \boldsymbol{x} \geqslant \boldsymbol{0},\ x_j \text{ 为整数}, j = 1, \cdots, n. \end{aligned}$$

将割平面方程的系数和常数项均化为整数, 并引入松弛变量 $x_{n+1} \geqslant 0$, 把不等式约束化为等式约束, 且 x_{n+1} 为整数.

仍然暂不考虑对变量的整数要求, 求解线性规划问题:

$$\begin{aligned} &\min\ \boldsymbol{c}^{\mathrm{T}} \boldsymbol{x}, \\ &\text{s.t.}\quad \boldsymbol{A}\boldsymbol{x} = \boldsymbol{b}, \\ &\qquad\ \ -\sum_{j \in T} f_{rj} x_j + x_{n+1} = -f_r, \\ &\qquad\ \ \boldsymbol{x} \geqslant \boldsymbol{0},\ x_{n+1} \geqslant 0. \end{aligned}$$

这时, 把约束条件 $-\sum\limits_{j \in T} f_{rj} x_j + x_{n+1} = -f_r$ 增添到前面得到的最终单纯形表中去, 增加一个约束条件, 也增加一个变量. 由灵敏度分析一节知道, 当线性规划增加新的约束条件时, 则在原最优单纯形表中增加相应的一行一列. 因为 $-f_r < 0$, 所以可用对偶单纯形法继续求解.

不断重复上述做法，直到求得纯整数规划(ILP)的最优解为止.

定理 2.11.1 设

(i) $D=\{\boldsymbol{x} \mid \boldsymbol{A}\boldsymbol{x}=\boldsymbol{b}, \boldsymbol{x} \geqslant \boldsymbol{0}\}$；

(ii) $\bar{\boldsymbol{x}}$ 是与(ILP)相对应的线性规划(LP)的最优解，且分量 $\bar{x}_r$ 不是整数；

(iii) $D'=\{\boldsymbol{x} \mid \boldsymbol{x} \in D, f_r-\sum\limits_{j \in T} f_{rj} x_j \leqslant 0\}$，其中 f_r, f_{rj} 由式(2.41)、(2.42)所确定.则

(i) D 中所有的整数点都包含在 D' 中；

(ii) $\bar{\boldsymbol{x}} \notin D'$.

证 (i)设 $D''=\{\boldsymbol{x} \mid \boldsymbol{x} \in D, f_r-\sum\limits_{j \in T} f_{rj} x_j>0\}$，再设 $\hat{\boldsymbol{x}}$ 是 D'' 中任一点，由式(2.43)，有

$$0<\hat{x}_r+\sum_{j \in T} N_{rj} \hat{x}_j-N_r=f_r-\sum_{j \in T} f_{rj} \hat{x}_j<f_r<1 .$$

由此可知 $\hat{\boldsymbol{x}}$ 不是整数点，另一方面因为 $D' \cup D''=D$，所以 D 中的所有整数点都包含在 D' 中.

(ii)对于 $\bar{\boldsymbol{x}}$ 有

$$f_r-\sum_{j \in T} f_{rj} \bar{x}_j=f_r>0,$$

所以 $\bar{\boldsymbol{x}} \notin D'$. □

由此定理可知，用割平面方程只切割掉了对应的线性规划(LP)的非整数最优解，而没有切割掉问题(ILP)的任何整数可行解.

例 2.11.1 求解整数规划

$$\begin{aligned}
\min\ & -x_1-x_2, \\
\text{s.t.}\ & 2x_1+x_2 \leqslant 6, \\
& 4x_1+5x_2 \leqslant 20, \\
& x_1, x_2 \geqslant 0 \text{ 且为整数}.
\end{aligned}$$

解 把此线性规划化为标准形式：

$$\begin{aligned}
\min\ & -x_1-x_2, \\
\text{s.t.}\ & 2x_1+x_2+x_3 \qquad =6,
\end{aligned}$$

$$4x_1 + 5x_2 \quad + x_4 = 20,$$

$$x_1, \cdots, x_4 \geqslant 0 \text{ 且为整数}.$$

解与它对应的线性规划,得最优解 $\boldsymbol{x}_1 = \left(\frac{5}{3}, \frac{8}{3}, 0, 0\right)^{\mathrm{T}}$. 相应的最终单纯形表为表 2-10.

表 2-10

c_j			-1	-1	0	0
$\boldsymbol{c}_B$	$\boldsymbol{B}$	$\boldsymbol{b}'$	$\boldsymbol{p}_1$	$\boldsymbol{p}_2$	$\boldsymbol{p}_3$	$\boldsymbol{p}_4$
-1	$\boldsymbol{p}_1$	$5/3$	1	0	$5/6$	$-1/6$
-1	$\boldsymbol{p}_2$	$8/3$	0	1	$-2/3$	$1/3$
σ_j			0	0	$1/6$	$1/6$

$\boldsymbol{x}_1^{(1)}$ 与 $\boldsymbol{x}_1^{(2)}$ 都不是整数解.不妨先考虑 $\boldsymbol{x}_1^{(2)}$,由表 2-10 可得

$$x_2 - \frac{2}{3}x_3 + \frac{1}{3}x_4 = \frac{8}{3},$$

而 $\frac{8}{3} = 2 + \frac{2}{3}, -\frac{2}{3} = -1 + \frac{1}{3}, \frac{1}{3} = 0 + \frac{1}{3}$ 所以割平面方程为

$$\frac{2}{3} - \frac{1}{3}x_3 - \frac{1}{3}x_4 \leqslant 0,$$

化为等式约束为

$$-x_3 - x_4 + x_5 = -2,$$

其中 $x_5 \geqslant 0$ 且为整数.将此约束增添到原问题上,再解对应的线性规划.把新增加的约束放在上面单纯形表的最后一行,得表 2-11.

表 2-11

c_j			-1	-1	0	0	0
$\boldsymbol{c}_B$	$\boldsymbol{B}$	$\boldsymbol{b}'$	$\boldsymbol{p}_1$	$\boldsymbol{p}_2$	$\boldsymbol{p}_3$	$\boldsymbol{p}_4$	$\boldsymbol{p}_5$
-1	$\boldsymbol{p}_1$	$5/3$	1	0	$5/6$	$-1/6$	0
-1	$\boldsymbol{p}_2$	$8/3$	0	1	$-2/3$	$1/3$	0
0	$\boldsymbol{p}_5$	-2	0	0	-1	-1	1
σ			0	0	$1/6$	$1/6$	0

用对偶单纯形法解此问题,得

$$\boldsymbol{x}_2 = (0, 4, 2, 0, 0)^{\mathrm{T}},$$

$\boldsymbol{x}_2$ 已是整数解了,所以原整数规划的最优解为

$x^{*}=(0,4)^{\mathrm{T}}$,目标函数的最优值为 -4.

为了说明割平面法的几何意义,下面再用图解法解此例题,以此说明割平面方程是怎样切割可行域的.

不考虑对变量的整数要求,原规划问题的可行域如图 2-5 所示.最优点是 $A\left(\frac{5}{3},\frac{8}{3}\right)$.

割平面方程为 $-x_3-x_4\leqslant -2$,由于 $x_3=6-2x_1-x_2$, $x_4=20-4x_1-5x_2$,所以割平面方程为 $x_1+x_2\leqslant 4$.把它加到原规划问题中后,把原可行域割掉一部分,点 A 也被割掉了.图 2-6 表示被割去的部分可行域.在新可行域中求出的最优点为 $B(0,4)$.

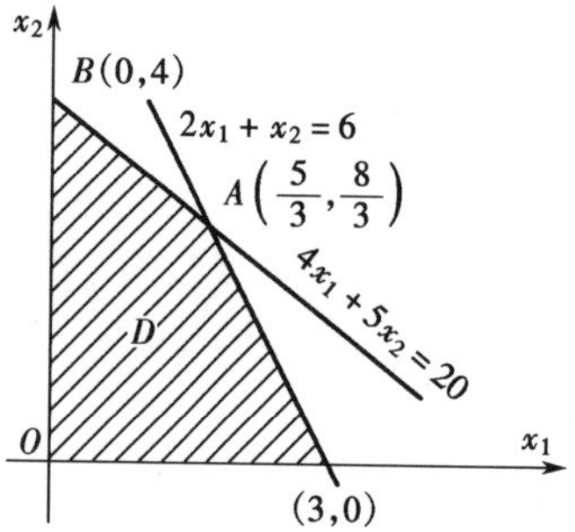

图 2-5

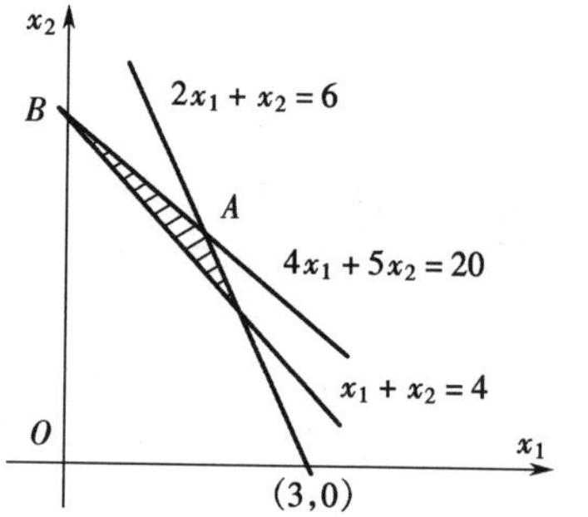

图 2-6

求解混合型整数线性规划的割平面法与求解纯整数线性规划的割平面法类似.对混合整数规划,暂不考虑对变量的整数要求,用单纯形法求出对应的线性规划的最优解.如果要求取值为整数的变量在最优解中均为整数,则已求出了混合整数规划的最优解.否则,求出割平面方程,添加到原混合整数规划中继续求解,直到求出满足要求的最优解为止.所不同的是,混合型整数规划的割平面方程为

$$\sum_{j\in T_I^{+}} f_{rj}x_j+\sum_{j\in T_I^{-}}\frac{f_r(1-f_{rj})}{1-f_r}x_j+\sum_{j\in T_N^{+}}\alpha_{rj}x_j-\sum_{j\in T_N^{-}}\frac{f_r\alpha_{rj}}{1-f_r}x_j\geqslant f_r,$$

其中 T_I 表示非基变量中要求取值为整数的变量下标的集合,T_N 表示非基变量中其余变量下标的集合.则

$$T = T_I \cup T_N,$$
$$T_N^{\ +} = \{j \mid j \in T_N, \alpha_{rj} > 0\},$$
$$T_N^{\ -} = \{j \mid j \in T_N, \alpha_{rj} < 0\},$$
$$T_I^{\ +} = \{j \mid j \in T_I, f_{rj} \leqslant f_r\},$$
$$T_I^{\ -} = \{j \mid j \in T_I, f_{rj} > f_r\}.$$

可以证明,割平面法是收敛的.但是,对于变量个数和约束条件较多的整数线性规划,割平面法收敛得很慢;尤其是当变量个数很多时,由于舍入误差的积累,很难得到最优整数解.为解决此问题,我们介绍分枝定界法.

2.11.2 分枝定界法

分枝定界法也是暂不考虑对变量的整数要求,首先解与整数线性规划(ILP)相对应的线性规划(LP),如果(LP)的最优解 $\overline{\boldsymbol{x}}$ 满足整数要求,则 $\overline{\boldsymbol{x}}$ 就是(ILP)的最优解.否则,如设 $\overline{\boldsymbol{x}}$ 的分量 $\overline{x}_r$ 不是整数,则

$$\overline{x}_r = N_r + f_r, \quad 0 < f_r < 1, \quad N_r \text{ 为整数}.$$

而在区域 $N_r < x_r < N_r + 1$ 上不可能有原问题(ILP)的任何整数解,因此,x_r 的可行整数解必须满足以下两条件之一:

$$x_r \leqslant N_r \text{ 或 } x_r \geqslant N_r + 1.$$

把这两个条件分别添加到原问题中而得到两个互斥的问题,把原规划问题分划为两个子问题.对这两个子问题,仍然不考虑整数要求,求出对应的线性规划的最优解.求解下面两个线性规划子问题:

$$\text{(P1)} \quad \begin{aligned} &\min\ z = \boldsymbol{c}^{\mathrm{T}}\boldsymbol{x}, \\ &\text{s.t.}\quad \boldsymbol{A}\boldsymbol{x} = \boldsymbol{b}, \\ &\qquad\ \ x_r \leqslant N_r, \\ &\qquad\ \ \boldsymbol{x} \geqslant \boldsymbol{0}; \end{aligned} \qquad \text{(P2)} \quad \begin{aligned} &\min\ z = \boldsymbol{c}^{\mathrm{T}}\boldsymbol{x}, \\ &\text{s.t.}\quad \boldsymbol{A}\boldsymbol{x} = \boldsymbol{b}, \\ &\qquad\ \ x_r \geqslant N_r + 1, \\ &\qquad\ \ \boldsymbol{x} \geqslant \boldsymbol{0}. \end{aligned}$$

设它们的最优解分别为 $\boldsymbol{x}_1, \boldsymbol{x}_2$,最优值为 z_1, z_2.如果 $z_1 \leqslant z_2$,且 $\boldsymbol{x}_1$ 为整数解,则 $\boldsymbol{x}_1$ 为(ILP)的最优解;当 $\boldsymbol{x}_1$ 不是整数解时,则将(P1)再分划为两个线性规划子问题,在解出这两个子问题的最优解后再考虑是否分划(P2).

同样,如果 $z_2 \leqslant z_1$ 且 $\boldsymbol{x}_2$ 为整数解,则 $\boldsymbol{x}_2$ 是(ILP)的最优解;当 $\boldsymbol{x}_2$

不是整数解时把(P2)分划为两个线性规划子问题,处理同上.

例 2.11.2 用分枝定界法求解整数线性规划:

$$
(\text{P0})\quad \begin{aligned} \min\ & z = 5x_1 + 3x_2, \\ \text{s.t.}\ & 3x_1 + 4x_2 \geqslant 12, \\ & 5x_1 + 2x_2 \geqslant 10, \\ & x_1, x_2 \geqslant 0, \text{且为整数}. \end{aligned}
$$

解 解与(P0)对应的线性规划得到的最优解、最优值为

$$
\bar{\boldsymbol{x}} = \left(\frac{8}{7}, \frac{15}{7}\right)^{\mathrm{T}}, \bar{z} = 12\frac{1}{7} = 12.14.
$$

因为 $x_1 = \frac{8}{7} = 1 + \frac{1}{7}$,构造两个后继子问题:

$$
(\text{P1})\quad \begin{aligned} \min\ & z = 5x_1 + 3x_2, \\ \text{s.t.}\ & 3x_1 + 4x_2 \geqslant 12, \\ & 5x_1 + 2x_2 \geqslant 10, \\ & x_1 \leqslant 1, \\ & x_1, x_2 \geqslant 0; \end{aligned}
$$

$$
(\text{P2})\quad \begin{aligned} \min\ & z = 5x_1 + 3x_2, \\ \text{s.t.}\ & 3x_1 + 4x_2 \geqslant 12, \\ & 5x_1 + 2x_2 \geqslant 10, \\ & x_1 \geqslant 2, \\ & x_1, x_2 \geqslant 0. \end{aligned}
$$

分别解这两个线性规划子问题,得(P1)的最优解、最优值为

$$
\bar{\boldsymbol{x}}_1 = (1, 2.5)^{\mathrm{T}}, z_1 = 12.5.
$$

(P2)的最优解、最优值为

$$
\bar{\boldsymbol{x}}_2 = (2, 1.5)^{\mathrm{T}}, z_2 = 14.5.
$$

因为 $z_1 < z_2$,且 $\bar{\boldsymbol{x}}_1$ 不是整数解,所以将(P1)分划为两个子问题:

$$
(\text{P3})\quad \begin{aligned} \min\ & z = 5x_1 + 3x_2, \\ \text{s.t.}\ & 3x_1 + 4x_2 \geqslant 12, \\ & 5x_1 + 2x_2 \geqslant 10, \end{aligned}
$$

$$
\begin{aligned}
& x_1 \leqslant 1, \\
& x_2 \leqslant 2, \\
& x_1, x_2 \geqslant 0;
\end{aligned}
$$

$$
(\mathrm{P4}) \quad
\begin{aligned}
\min\ & z = 5x_1 + 3x_2, \\
\text{s.t.}\ & 3x_1 + 4x_2 \geqslant 12, \\
& 5x_1 + 2x_2 \geqslant 10, \\
& x_1 \leqslant 1, \\
& x_2 \geqslant 3, \\
& x_1, x_2 \geqslant 0.
\end{aligned}
$$

(P3)无可行解;(P4)的最优解、最优值为

$$\bar{\boldsymbol{x}}_4 = (1,3)^{\mathrm{T}}, z_4 = 14.$$

因为 $z_2 = 14.5 > z_4 = 14$,所以(P2)不再分划了.原问题的最优解 $\boldsymbol{x}^* = (1,3)^{\mathrm{T}}$,最优值 $z^* = 14$.

求解过程可以用示意图 2-7 表示:

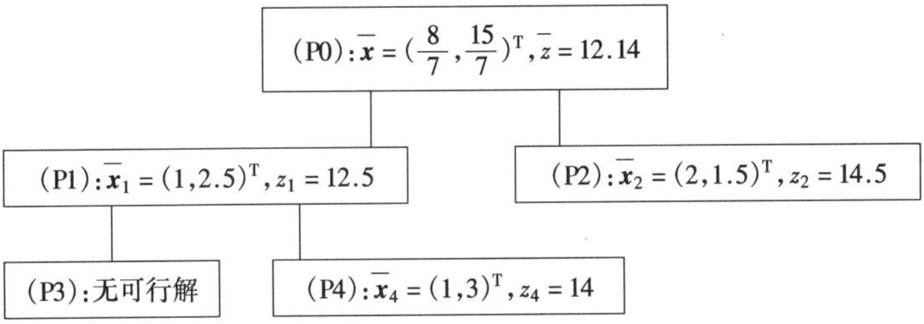

图 2-7

习　题

2.1　试证以 $\boldsymbol{x}_0$ 为中心,以 r 为半径的球面 $\|\boldsymbol{x} - \boldsymbol{x}_0\| = r$ 围成的域为凸集.

2.2　设 $\boldsymbol{x}_1, \boldsymbol{x}_2, \cdots, \boldsymbol{x}_k$ 是凸多面体 T 的全部极点,试证 T 中任一点 $\boldsymbol{x}$ 都可以表示为 $\boldsymbol{x}_1, \boldsymbol{x}_2, \cdots, \boldsymbol{x}_k$ 的凸组合,即存在 $\boldsymbol{\lambda} = (\lambda_1, \cdots, \lambda_k)^{\mathrm{T}} \geqslant \mathbf{0}$, $\sum_{i=1}^{k} \lambda_i = 1$ 使得 $\boldsymbol{x} = \sum_{i=1}^{k} \lambda_i \boldsymbol{x}_i$.

2.3　证明平面上正方形的四个顶点是极点.

2.4　证明半闭空间 $H^+ = \{\boldsymbol{x} \mid \boldsymbol{x} \in \mathbf{R}^n, a_1x_1 + \cdots + a_nx_n \geqslant b\}$ 是凸集.

2.5　判断下列函数为凸函数或凹函数或严格凸函数或严格凹函数:

(1) $f(x_1, x_2) = 2x_1^2 + 3x_2^2$;

(2) $g(x_1, x_2) = x_1^2 - x_2^3 \quad (x_2 < -\frac{1}{3})$;

(3) $h(x_1, x_2, x_3) = x_1^2 + 2x_2^2 + x_3^2 + x_1x_2 - 2x_3 - 7x_1 + 12$.

2.6　若对于任意的 n 维向量 $\boldsymbol{x}$, 及实数 $\lambda > 0$ 都有 $f(\lambda\boldsymbol{x}) = \lambda f(\boldsymbol{x})$. 试证 $f(\boldsymbol{x})$ 是 $\mathbf{R}^n$ 上的凸函数的充分必要条件为

$$f(\boldsymbol{x} + \boldsymbol{y}) \leqslant f(\boldsymbol{y}) + f(\boldsymbol{x}), \quad \boldsymbol{x}, \boldsymbol{y} \in \mathbf{R}^n.$$

2.7　设 $f(\boldsymbol{x})$ 是定义在凸集 D 上的凸函数, 试证 $f(\boldsymbol{x})$ 的任何局部极小点同时也必为整体极小点.

2.8　设在单纯形法的某次迭代时 x_j 是离基变量, 试证在下一次迭代时 x_j 必不是进基变量.

2.9　将下列线性规划化为标准型.

(1)
$$\begin{aligned} \min\ y &= 3x_1 + 2x_2 + x_3 - x_4, \\ \text{s.t.}\quad & x_1 - 2x_2 + 3x_3 - x_4 \leqslant 15, \\ & 2x_1 + x_2 - x_3 + 2x_4 \geqslant 6, \\ & x_1, \cdots, x_4 \geqslant 0; \end{aligned}$$

(2)
$$\begin{aligned} \max\quad & x_1 - 2x_2 + 3x_3, \\ \text{s.t.}\quad & x_1 + x_2 + x_3 \leqslant 6, \\ & x_1 + 2x_2 + 4x_3 \geqslant 12, \\ & x_1 - x_2 + x_3 \geqslant 2, \\ & x_2, x_3 \geqslant 0. \end{aligned}$$

2.10　对下面的线性规划, 以 $\boldsymbol{B} = (\boldsymbol{p}_2, \boldsymbol{p}_3, \boldsymbol{p}_6)$ 为基写出对应的规范式.

$$\min \quad x_1 - 2x_2 + x_3,$$

$$\begin{aligned}
\text{s.t.}\quad & 3x_1 - x_2 + 2x_3 + x_4 = 7,\\
& -2x_1 + 4x_2 + x_5 = 12,\\
& -4x_1 + 3x_2 + 8x_3 + x_6 = 10,\\
& x_1, \cdots, x_6 \geqslant 0.
\end{aligned}$$

2.11　用图解法解下列线性规划.

(1)　$\min\quad 3x_1 + 2x_2,$

$$\begin{aligned}
\text{s.t.}\quad & x_1 - x_2 \geqslant 0,\\
& x_1 - 5x_2 \geqslant -5,\\
& 2x_1 + 3x_2 \leqslant 12,\\
& x_1, x_2 \geqslant 0;
\end{aligned}$$

(2)　$\max\quad x_1 + x_2,$

$$\begin{aligned}
\text{s.t.}\quad & x_1 + 2x_2 \leqslant 10,\\
& x_1 + x_2 \geqslant 1,\\
& x_2 \leqslant 4,\\
& x_1, x_2 \geqslant 0;
\end{aligned}$$

(3)$\max\quad 4x_1 + 6x_2$

(约束与(1)同).

2.12　已知线性规划:

$$\begin{aligned}
\max\quad & z = 2x_1 + 3x_2 + 4x_3 + 7x_4,\\
\text{s.t.}\quad & 2x_1 + 3x_2 - x_3 - 4x_4 = 8,\\
& x_1 - 2x_2 + 6x_3 - 7x_4 = -3,\\
& x_1, \cdots, x_4 \geqslant 0.
\end{aligned}$$

试求出所有基解,并指出哪些是基可行解?是退化的还是非退化的?能否确定其中哪一个是最优解?

2.13　用单纯形法求解下列线性规划.

(1)　$\min\quad 3x_1 + 2x_2 + x_3 - x_4,$

$$\begin{aligned}
\text{s.t.}\quad & x_1 - 2x_2 + 3x_3 - x_4 \leqslant 15,\\
& 2x_1 + x_2 - x_3 + 2x_4 \leqslant 10,
\end{aligned}$$

$$x_1,\cdots,x_4\geqslant 0;$$

(2)
$$\begin{aligned}\min\quad & x_1+x_2+x_3,\\ \text{s.t.}\quad & x_1 - x_4 - 2x_6 = 5,\\ & x_2 + 2x_4 - 3x_5 + x_6 = 3,\\ & x_3 + 2x_4 - 5x_5 + 6x_6 = 5,\\ & x_j\geqslant 0,\ j=1,\cdots,6;\end{aligned}$$

(3)
$$\begin{aligned}\min\quad & -10x_1-5x_2-2x_3+6x_4,\\ \text{s.t.}\quad & 5x_1+3x_2+x_3\leqslant 9,\\ & -5x_1+6x_2+15x_3\leqslant 15,\\ & 2x_1+x_2+x_3-x_4=3,\\ & x_1,\cdots,x_4\geqslant 0;\end{aligned}$$

(4)
$$\begin{aligned}\min\quad & 3x_1+2x_2+x_3-x_4,\\ \text{s.t.}\quad & x_1-2x_2+x_3-x_4\leqslant 15,\\ & 2x_1+x_2-x_3+2x_4\geqslant 10,\\ & x_1,x_2,x_3\geqslant 0,\ |x_4|\leqslant 2;\end{aligned}$$

(5)
$$\begin{aligned}\max\quad & x_1+x_2+x_3,\\ \text{s.t.}\quad & 2x_1+x_2+2x_3\leqslant 2,\\ & 4x_1+2x_2+x_3\leqslant 2,\\ & x_1,x_2,x_3\geqslant 0;\end{aligned}$$

(6)
$$\begin{aligned}\min\quad & -3x_1-2x_2,\\ \text{s.t.}\quad & x_1-3x_2\leqslant 6,\\ & 2x_1+4x_2\geqslant 8,\\ & x_1-3x_2\geqslant -6,\\ & x_1,x_2\geqslant 0.\end{aligned}$$

2.14　某化工厂生产 A_1, A_2 两种产品.已知制造 1 万瓶 A_1 用原料 B_1:5 kg, B_2:100 kg, B_3:8 kg,可得利润 8 000 元.制造 1 万瓶 A_2 用原料 B_1:3 kg, B_2:160 kg, B_3:4 kg,可得利润 5 000 元.该厂现有原料 B_1, B_2, B_3 各为 500 kg,20 000 kg,900 kg.如何安排生产,工厂总收入最多?

2.15　某厂用 A_1, A_2 两台机床加工 B_1, B_2, B_3 三种零件.已知在一个生产周期内 A_1 只能工作 80 机时, A_2 只能工作 100 机时.一个生产周期内三种零件的计划产量各为 70 件, 50 件, 20 件.两台机床加工三种零件所需的时间和成本如表 2-12 和 2-13.怎样安排两台机床的生产任务,才能使总加工成本最低?

表 2-12　加工时间表(机时/件)

机床 \ 时间 \ 零件	B_1	B_2	B_3
A_1	1	1	1
A_2	1	2	3

表 2-13　加工零件的成本表(元/件)

机床 \ 成本 \ 零件	B_1	B_2	B_3
A_1	2	3	5
A_2	3	4	6

2.16　写出下列线性规划的对偶线性规划.

(1)
$$\begin{aligned} \min\quad & 3x_1 + x_2 - 4x_3 + 2x_4, \\ \text{s.t.}\quad & 4x_1 - x_2 + 3x_3 + x_4 \geqslant 9, \\ & x_1 + x_2 - 4x_3 - x_5 \geqslant 11, \\ & x_j \geqslant 0, \quad j = 1, \cdots, 5; \end{aligned}$$

(2)
$$\begin{aligned} \min\quad & 3x_1 + x_2 - 4x_3 + 2x_4, \\ \text{s.t.}\quad & 4x_1 - x_2 + 3x_3 + x_4 = 9, \\ & x_1 + x_2 - 4x_3 + x_5 \geqslant 11, \\ & x_j \geqslant 0, \quad j = 1, \cdots, 5; \end{aligned}$$

(3)
$$\begin{aligned} \min\quad & 3x_1 + 2x_2 + x_3 + 4x_4, \\ \text{s.t.}\quad & 2x_1 + 4x_2 + 3x_3 + x_4 = 6, \\ & -2x_1 + 3x_2 - x_3 \geqslant 3, \end{aligned}$$

$x_1, \cdots, x_4 \geqslant 0;$

(4) $\max \quad 3x_1 - 2x_2 + 8x_3,$

$\text{s.t.} \quad 4x_1 - 2x_2 + 3x_3 \geqslant -5,$

$3x_1 + x_2 - 4x_3 = 9,$

$x_1, x_2 \geqslant 0;$

(5) $\min \quad S = \sum_{i=1}^{m} \sum_{j=1}^{n} c_{ij} x_{ij},$

$$\text{s.t.} \quad \sum_{j=1}^{n} x_{ij} = a_i, \quad i = 1, 2, \cdots, m,$$

$$\sum_{i=1}^{m} x_{ij} = b_j, \quad j = 1, 2, \cdots, n,$$

$$x_{ij} \geqslant 0, \quad i = 1, 2, \cdots, m, \quad j = 1, 2, \cdots, n,$$

其中 a_i, b_j 满足条件 $\sum_{i=1}^{m} a_i = \sum_{j=1}^{m} b_j$.

2.17 试用单纯形法解线性规划：

$$\begin{aligned} \min \quad & 3x_1 + x_2 + 4x_3, \\ \text{s.t.} \quad & x_1 - 3x_2 + x_3 = 6, \\ & 4x_2 - 3x_3 - x_4 = 4, \\ & x_1, \cdots, x_4 \geqslant 0, \end{aligned}$$

并写出最优基和它的逆.根据最后的单纯形表写出对偶问题的最优解.

2.18 试用对偶单纯形法解线性规划：

(1) $\min \quad 3x_1 + 2x_2 + x_3 - 4x_4,$

$\text{s.t.} \quad 2x_1 + 4x_2 + 3x_3 + x_4 = 6,$

$-2x_1 + 3x_2 - x_3 \geqslant 3,$

$x_j \geqslant 0, \quad j = 1, \cdots, 4;$

(2) $\max \quad -5x_1 - x_2 - 3x_3,$

$\text{s.t.} \quad 2x_1 - 3x_2 + 2x_3 \leqslant 9,$

$x_1 - x_2 + 2x_3 \leqslant 6,$

$4x_1 + x_2 + x_3 \leqslant -3,$

$x_1, x_2, x_3 \geqslant 0.$

2.19　设 $\bar{\boldsymbol{x}}, \bar{\boldsymbol{y}}$ 分别为下列两个问题

$$(\text{I})\quad \begin{aligned} \min\quad & \boldsymbol{c}^{\mathrm{T}}\boldsymbol{x}, \\ \text{s.t.}\quad & \boldsymbol{A}\boldsymbol{x} \geqslant \boldsymbol{b}, \\ & \boldsymbol{x} \geqslant \boldsymbol{0}, \end{aligned} \qquad (\text{II})\quad \begin{aligned} \max\quad & \boldsymbol{y}^{\mathrm{T}}\boldsymbol{b}, \\ \text{s.t.}\quad & \boldsymbol{y}^{\mathrm{T}}\boldsymbol{A} \leqslant \boldsymbol{c}^{\mathrm{T}}, \\ & \boldsymbol{y} \geqslant \boldsymbol{0} \end{aligned}$$

的可行解.试证明:

$$\boldsymbol{c}^{\mathrm{T}}\bar{\boldsymbol{x}} \geqslant \bar{\boldsymbol{y}}^{\mathrm{T}}\boldsymbol{b}.$$

2.20　设 z^*, s^* 分别为下列两个问题

$$(\text{I})\quad \begin{aligned} \min\quad & \boldsymbol{c}^{\mathrm{T}}\boldsymbol{x}, \\ \text{s.t.}\quad & \boldsymbol{A}\boldsymbol{x} = \boldsymbol{b}, \\ & \boldsymbol{x} \geqslant \boldsymbol{0}, \end{aligned} \qquad (\text{II})\quad \begin{aligned} \min\quad & \boldsymbol{c}^{\mathrm{T}}\boldsymbol{x}, \\ \text{s.t.}\quad & \boldsymbol{A}\boldsymbol{x} = \boldsymbol{b} + \boldsymbol{d}, \\ & \boldsymbol{x} \geqslant \boldsymbol{0} \end{aligned}$$

的最优值,$\boldsymbol{y}^*$ 是(Ⅰ)的对偶问题的最优解.试证明

$$z^* + \boldsymbol{y}^{*\mathrm{T}}\boldsymbol{d} \leqslant s^*.$$

2.21　解下列整数线性规划.

(1)
$$\begin{aligned} \min\quad & z = -3x_1 + x_2, \\ \text{s.t.}\quad & 3x_1 - 2x_2 \leqslant 3, \\ & 5x_1 + 4x_2 \geqslant 10, \\ & 2x_1 + x_2 \leqslant 5, \\ & x_1, x_2 \geqslant 0, \text{且为整数}; \end{aligned}$$

(2)
$$\begin{aligned} \min\quad & z = -x_1 + x_2, \\ \text{s.t.}\quad & 14x_1 + 9x_2 \leqslant 51, \\ & -6x_1 + 3x_2 \leqslant 1, \\ & x_1, x_2 \geqslant 0, \text{且为整数}. \end{aligned}$$

第 3 章　无约束最优化方法

本章讨论无约束优化问题

$$\min f(\boldsymbol{x}), \boldsymbol{x} \in \mathbf{R}^n \tag{3.1}$$

的计算方法.所介绍的几个算法基本上都属于下降算法.前面已讲过了步长的求法,即一维搜索,所以现在构造算法的关键在于如何选取搜索方向.根据选取搜索方向时是否使用目标函数的导数,可将无约束优化算法分为两类:一类称为解析法,本章将介绍最速下降法、Newton 法、共轭梯度法和拟 Newton 法,它们都使用目标函数的导数;另一类称为直接法,不使用导数,本章将介绍 Powell 的方向加速法.在介绍具体的算法之前,我们先来讨论问题(3.1)的极小点所应具有的特征,即所谓的最优性条件.

3.1　无约束最优化问题的最优性条件

本节将给出问题(3.1)的局部极小点的一阶、二阶必要条件和二阶充分条件,这些条件与单元函数的最优性条件是密切相关的.对于单元函数 $\varphi(\alpha)$,在微积分学中有如下最优性条件:

(1)若 α^* 为 $\varphi(\alpha)$的局部极小点,则 $\varphi'(\alpha^*)=0$;

(2)若 $\varphi'(\alpha^*)=0, \varphi''(\alpha^*)>0$,则 α^* 为 $\varphi(\alpha)$的严格局部极小点;

(3)若 α^* 为 $\varphi(\alpha)$的局部极小点,则 $\varphi'(\alpha^*)=0, \varphi''(\alpha^*)\geqslant 0$.

对于问题(3.1),我们有类似的结论.

定理 3.1.1　(一阶必要条件)若 $\boldsymbol{x}^*$ 为 $f(\boldsymbol{x})$的局部极小点,且在 $\boldsymbol{x}^*$ 的某邻域内 $f(\boldsymbol{x})$具有一阶连续偏导数,则

$$\boldsymbol{g}^* = \nabla f(\boldsymbol{x}^*) = \boldsymbol{0}. \tag{3.2}$$

证　若 $\boldsymbol{g}^* \neq \boldsymbol{0}$,则存在方向 $\boldsymbol{p} \in \mathbf{R}^n$(例如 $\boldsymbol{p} = -\boldsymbol{g}^*$)使 $\boldsymbol{p}^{\mathrm{T}}\boldsymbol{g}^* < 0$.

由微分中值定理，存在 $\alpha_1 \in (0, \alpha)$ 使得

$$f(\boldsymbol{x}^* + \alpha\boldsymbol{p}) = f(\boldsymbol{x}^*) + \alpha\boldsymbol{p}^{\mathrm{T}}\boldsymbol{g}(\boldsymbol{x}^* + \alpha_1\boldsymbol{p})$$

成立．由于 $\boldsymbol{g}$ 在 $\boldsymbol{x}^*$ 的某邻域内连续，故存在 $\delta > 0$，使 $\forall \alpha \in [0, \delta]$，有 $\boldsymbol{p}^{\mathrm{T}}\boldsymbol{g}(\boldsymbol{x}^* + \alpha\boldsymbol{p}) < 0$，所以，对 $\forall \alpha \in (0, \delta)$ 有

$$f(\boldsymbol{x}^* + \alpha\boldsymbol{p}) < f(\boldsymbol{x}^*).$$

这与 $\boldsymbol{x}^*$ 是 f 的局部极小点矛盾．□

条件(3.2)仅是必要条件，而不是充分条件．我们把满足条件(3.2)的点称为驻点．驻点可分为三种类型：极小点、极大点和鞍点．所谓鞍点，就是沿着某些方向，它是极小点；沿着另一些方向，它是极大点．因为在该点附近函数图像形如马鞍($n = 3$ 情形)，故称为鞍点．从定理的证明中可以看出，$\boldsymbol{g}^* = \boldsymbol{0}$ 并不能区分出极小点、极大点或鞍点．要区分必须进一步考察 $f(\boldsymbol{x})$ 的二阶导数，即考察 $f(\boldsymbol{x})$ 的 Hesse 矩阵 $\boldsymbol{G}(\boldsymbol{x}) = \nabla^2 f(\boldsymbol{x})$．

定理 3.1.2　(二阶充分条件)若在 $\boldsymbol{x}^*$ 的某邻域内 $f(\boldsymbol{x})$ 有二阶连续偏导数，且

$$\boldsymbol{g}^* = \boldsymbol{0}, \boldsymbol{G}^* = \boldsymbol{G}(\boldsymbol{x}^*)\text{正定}, \tag{3.3}$$

则 $\boldsymbol{x}^*$ 为问题(3.1)的严格局部极小点．

证　因为 $\boldsymbol{G}^*$ 正定，故对 $\forall \boldsymbol{p} \in \mathbf{R}^n$ 有

$$\boldsymbol{p}^{\mathrm{T}}\boldsymbol{G}^*\boldsymbol{p} \geqslant \lambda \|\boldsymbol{p}\|^2,$$

其中 $\lambda > 0$ 为 $\boldsymbol{G}^*$ 的最小特征值．现将 $f(\boldsymbol{x})$ 在 $\boldsymbol{x}^*$ 点用 Taylor 公式展开，并注意到 $\boldsymbol{g}^* = \boldsymbol{0}$，有

$$f(\boldsymbol{x}) = f(\boldsymbol{x}^*) + \frac{1}{2}(\boldsymbol{x} - \boldsymbol{x}^*)^{\mathrm{T}} G^* (\boldsymbol{x} - \boldsymbol{x}^*) + o(\|\boldsymbol{x} - \boldsymbol{x}^*\|^2).$$

于是

$$f(\boldsymbol{x}) - f(\boldsymbol{x}^*) \geqslant \left[\frac{1}{2}\lambda + o(1)\right]\|\boldsymbol{x} - \boldsymbol{x}^*\|^2,$$

当 $\boldsymbol{x}$ 充分接近 $\boldsymbol{x}^*$（但 $\boldsymbol{x} \neq \boldsymbol{x}^*$）时，上式右端大于 0，故 $f(\boldsymbol{x}) > f(\boldsymbol{x}^*)$，即 $\boldsymbol{x}^*$ 为 $f(\boldsymbol{x})$ 的严格局部极小点．□

对于驻点 $\boldsymbol{x}^*$，如果又有 $\boldsymbol{G}^*$ 正定，则由上面定理知 $\boldsymbol{x}^*$ 为局部极小点；反之，如果 $\boldsymbol{G}^*$ 负定，则可证明 $\boldsymbol{x}^*$ 为局部极大点．其他情形需要进

一步讨论.为此,再给出二阶必要条件.

定理 3.1.3 (二阶必要条件)若 $\boldsymbol{x}^*$ 为 $f(\boldsymbol{x})$ 的局部极小点,且在 $\boldsymbol{x}^*$ 的某邻域内 $f(\boldsymbol{x})$ 有二阶连续偏导数,则

$$\boldsymbol{g}^* = \boldsymbol{0}, \boldsymbol{G}^* \text{半正定}. \tag{3.4}$$

证 任取非零向量 $\boldsymbol{p} \in \mathbf{R}^n$,对于 $\alpha \in \mathbf{R}^1$ 定义单元函数 $\varphi(\alpha) = f(\boldsymbol{x}^* + \alpha\boldsymbol{p})$,则

$$\varphi'(\alpha) = \boldsymbol{g}(\boldsymbol{x}^* + \alpha\boldsymbol{p})^{\mathrm{T}}\boldsymbol{p}, \quad \varphi''(\alpha) = \boldsymbol{p}^{\mathrm{T}}\boldsymbol{G}(\boldsymbol{x}^* + \alpha\boldsymbol{p})\boldsymbol{p},$$

因 $\boldsymbol{x}^*$ 为 $f(\boldsymbol{x})$ 的局部极小点,所以当 α 充分小时,$\varphi(\alpha) \geqslant \varphi(0)$,即 $\alpha = 0$为 $\varphi(\alpha)$ 的局部极小点,故由单元函数的最优性条件,有

$$\varphi'(0) = 0, \varphi''(0) \geqslant 0,$$

即

$$\boldsymbol{g}(\boldsymbol{x}^*)^{\mathrm{T}}\boldsymbol{p} = 0, \boldsymbol{p}^{\mathrm{T}}\boldsymbol{G}(\boldsymbol{x}^*)\boldsymbol{p} \geqslant 0$$

成立.由 $\boldsymbol{p}$ 的任意性知,$\boldsymbol{g}^* = \boldsymbol{0}, \boldsymbol{G}^*$ 半正定. □

对于凸函数,我们有更好的结果.

定理 3.1.4 设 $f(\boldsymbol{x})$ 在 $\mathbf{R}^n$ 上是凸函数且有一阶连续偏导数,则 $\boldsymbol{x}^*$ 为 $f(\boldsymbol{x})$ 的整体极小点的充分必要条件是 $\boldsymbol{g}^* = \boldsymbol{0}$.

证明从略.

3.2 最速下降法

对于无约束最优化问题,前面提到过,我们主要考虑下降算法.现在一个很自然的问题是,沿怎样的方向 $\boldsymbol{p}$,$f(\boldsymbol{x})$ 下降最快?

由 Taylor 公式有

$$f(\boldsymbol{x} + \alpha\boldsymbol{p}) = f(\boldsymbol{x}) + \alpha\boldsymbol{g}(\boldsymbol{x})^{\mathrm{T}}\boldsymbol{p} + o(\alpha\|\boldsymbol{p}\|) \ (\alpha > 0),$$

由于

$$\boldsymbol{g}(\boldsymbol{x})^{\mathrm{T}}\boldsymbol{p} = -\|\boldsymbol{g}(\boldsymbol{x})\|\|\boldsymbol{p}\|\cos\theta,$$

其中 θ 为 $\boldsymbol{p}$ 与 $-\boldsymbol{g}(\boldsymbol{x})$ 的夹角,当 α, $\|\boldsymbol{p}\|$ 固定时,$\cos\theta = 1$ 使 $\boldsymbol{g}(\boldsymbol{x})^{\mathrm{T}}\boldsymbol{p}$ 取最小值,从而 $f(\boldsymbol{x})$ 下降最多,即当 $\theta = 0$ 时,$f(\boldsymbol{x})$ 下降最快,此时 $\boldsymbol{p} = -\boldsymbol{g}(\boldsymbol{x})$.因此,负梯度方向使目标函数 $f(\boldsymbol{x})$ 下降最快,我们称之为最速下降方向.

3.2.1　最速下降法

下面给出一个基于最速下降方向的算法,它是由 Cauchy(1847)提出的,是求无约束极值的最早的数值方法.

算法 3.2.1　最速下降法

给定控制误差 $\varepsilon>0$.

Step 1,取初始点 $\boldsymbol{x}_0$,令 $k=0$.

Step 2,计算 $\boldsymbol{g}_k=\boldsymbol{g}(\boldsymbol{x}_k)$.

Step 3,若 $\|\boldsymbol{g}_k\|\leqslant\varepsilon$,则 $\boldsymbol{x}^*=\boldsymbol{x}_k$,停;否则,令 $\boldsymbol{p}_k=-\boldsymbol{g}_k$,由一维搜索求步长 α_k,使得

$$f(\boldsymbol{x}_k+\alpha_k\boldsymbol{p}_k)=\min_{\alpha\geqslant 0}f(\boldsymbol{x}_k+\alpha\boldsymbol{p}_k). \tag{3.5}$$

Step 4,令 $\boldsymbol{x}_{k+1}=\boldsymbol{x}_k+\alpha_k\boldsymbol{p}_k$,$k=k+1$,转 Step 2.

例 3.2.1　用最速下降法求解

$$\min f(\boldsymbol{x})=\frac{1}{2}x_1^2+\frac{9}{2}x_2^2,$$

设初始点为$(9,1)^{\mathrm{T}}$.

解　$\boldsymbol{g}(\boldsymbol{x})=\begin{pmatrix}x_1\\9x_2\end{pmatrix},\boldsymbol{G}(\boldsymbol{x})=\begin{bmatrix}1&0\\0&9\end{bmatrix}.$

显然,目标函数是正定二次函数,有唯一的极小点 $\boldsymbol{x}^*=(0,0)^{\mathrm{T}}$.

可以证明(留给读者),如果 $f(\boldsymbol{x})$是正定二次函数,则由精确一维搜索(3.5)确定的步长 α_k 满足

$$\alpha_k=\frac{-\boldsymbol{g}_k^{\mathrm{T}}\boldsymbol{p}_k}{\boldsymbol{p}_k^{\mathrm{T}}\boldsymbol{G}\boldsymbol{p}_k}, \tag{3.6}$$

故对正定二次目标函数,算法 3.2.1 的迭代公式如下:

$$\boldsymbol{x}_{k+1}=\boldsymbol{x}_k-\frac{\boldsymbol{g}_k^{\mathrm{T}}\boldsymbol{g}_k}{\boldsymbol{g}_k^{\mathrm{T}}\boldsymbol{G}\boldsymbol{g}_k}\boldsymbol{g}_k,$$

由于 $\boldsymbol{g}_0=\boldsymbol{g}(\boldsymbol{x}_0)=(9,9)^{\mathrm{T}}$,所以由上式可得

$$\boldsymbol{x}_1=\begin{pmatrix}9\\1\end{pmatrix}-\frac{(9\ 9)\begin{pmatrix}9\\9\end{pmatrix}}{(9\ 9)\begin{pmatrix}1&0\\0&9\end{pmatrix}\begin{pmatrix}9\\9\end{pmatrix}}\begin{pmatrix}9\\9\end{pmatrix}=\begin{pmatrix}7.2\\-0.8\end{pmatrix}.$$

类似地计算下去,并可用归纳法证明,算法 3.2.1 产生如下点列

$$\boldsymbol{x}_k=\begin{pmatrix}9\\(-1)^k\end{pmatrix}(0.8)^k,\quad k=1,2\cdots. \tag{3.7}$$

显然,$\boldsymbol{x}_k\to\boldsymbol{x}^*$,且 $\|\boldsymbol{x}_{k+1}-\boldsymbol{x}^*\|/\|\boldsymbol{x}_k-\boldsymbol{x}^*\|=0.8$,可见对所给目标函数,算法是收敛的,收敛速度是线性的.

由(3.7)所给点列描绘在图 3-1 中,从图上可以看出,两个相邻的搜索方向是正交的.

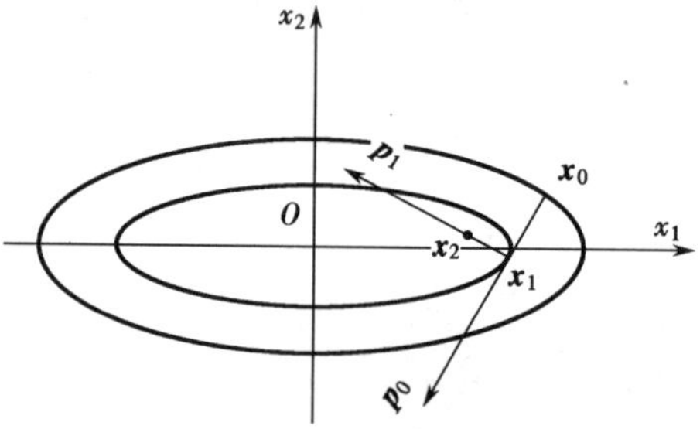

图 3-1

3.2.2 收敛性

1 整体收敛性

最速下降法有着很好的整体收敛性,即使对很一般的目标函数,它也是整体收敛的.下面给出一个定理.

定理 3.2.1 设 $f(\boldsymbol{x})$具有一阶连续偏导数,给定 $\boldsymbol{x}_0\in\mathbf{R}^n$,假定水平集 $L=\{\boldsymbol{x}\in\mathbf{R}^n\mid f(\boldsymbol{x})\leqslant f(\boldsymbol{x}_0)\}$有界,令$\{\boldsymbol{x}_k\}$为由算法 3.2.1 产生的点列,则或者

(i)对某个 k_0, $\boldsymbol{g}(\boldsymbol{x}_{k_0})=\boldsymbol{0}$;

或者

(ii)当 $k\to\infty$ 时, $\boldsymbol{g}_k\to\boldsymbol{0}$.

证 假设$\forall k,\boldsymbol{g}_k\neq\boldsymbol{0}$,则因$\{f(\boldsymbol{x}_k)\}$单调下降且水平集 L 有界,故$\lim\limits_{k\to\infty}f(\boldsymbol{x}_k)$存在,所以有

$$f_k-f_{k+1}\to 0. \tag{3.8}$$

反证法. 假设 $\boldsymbol{g}_k \to \boldsymbol{0}$ 不成立,则存在 $\varepsilon_0 > 0$ 及无穷多个 k,使 $\| \boldsymbol{g}_k \| \geqslant \varepsilon_0$. 对这样的 k,有

$$-\boldsymbol{g}_k^{\mathrm{T}}\boldsymbol{p}_k / \| \boldsymbol{p}_k \| \geqslant \varepsilon_0,$$

于是,由 Taylor 公式

$$\begin{aligned} f(\boldsymbol{x}_k + \alpha \boldsymbol{p}_k) &= f(\boldsymbol{x}_k) + \alpha \boldsymbol{g}(\boldsymbol{\xi}_k)^{\mathrm{T}} \boldsymbol{p}_k \\ &= f(\boldsymbol{x}_k) + \alpha \boldsymbol{g}_k^{\mathrm{T}} \boldsymbol{p}_k + \alpha [\boldsymbol{g}(\boldsymbol{\xi}_k) - \boldsymbol{g}_k]^{\mathrm{T}} \boldsymbol{p}_k \\ &\leqslant f(\boldsymbol{x}_k) + \alpha \| \boldsymbol{p}_k \| [\boldsymbol{g}_k^{\mathrm{T}} \boldsymbol{p}_k / \| \boldsymbol{p}_k \| + \| \boldsymbol{g}(\boldsymbol{\xi}_k) - \boldsymbol{g}_k \|], \end{aligned} \tag{3.9}$$

其中 $\boldsymbol{\xi}_k$ 在 $\boldsymbol{x}_k$ 与 $\boldsymbol{x}_k + \alpha \boldsymbol{p}_k$ 的连线线段上.

由于 $\boldsymbol{g}(\boldsymbol{x})$ 连续且 L 有界,所以 $\boldsymbol{g}(\boldsymbol{x})$ 在 L 上一致连续,故存在 $\bar{\alpha} > 0$,使当 $0 \leqslant \alpha \| \boldsymbol{p}_k \| \leqslant \bar{\alpha}$ 时,

$$\| \boldsymbol{g}(\boldsymbol{\xi}_k) - \boldsymbol{g}_k \| \leqslant \frac{1}{2} \varepsilon_0,$$

对所有 k 成立. 在式(3.9)中取 $\alpha = \bar{\alpha} / \| \boldsymbol{p}_k \|$,则有

$$\begin{aligned} f\left(\boldsymbol{x}_k + \frac{\bar{\alpha}}{\| \boldsymbol{p}_k \|} \boldsymbol{p}_k\right) &\leqslant f(\boldsymbol{x}_k) + \bar{\alpha} [\boldsymbol{g}_k^{\mathrm{T}} \boldsymbol{p}_k / \| \boldsymbol{p}_k \| + \| \boldsymbol{g}(\boldsymbol{\xi}_k) - \boldsymbol{g}_k \|] \\ &\leqslant f(\boldsymbol{x}_k) + \bar{\alpha} \left[-\varepsilon_0 + \frac{1}{2} \varepsilon_0 \right] \\ &= f(\boldsymbol{x}_k) - \frac{1}{2} \bar{\alpha} \varepsilon_0. \end{aligned}$$

从而有

$$\begin{aligned} f(\boldsymbol{x}_{k+1}) = \min_{\alpha > 0} f(\boldsymbol{x}_k + \alpha \boldsymbol{p}_k) &\leqslant f\left(\boldsymbol{x}_k + \frac{\bar{\alpha}}{\| \boldsymbol{p}_k \|} \boldsymbol{p}_k\right) \\ &\leqslant f(\boldsymbol{x}_k) - \frac{1}{2} \bar{\alpha} \varepsilon_0, \end{aligned}$$

对于无穷多个 k 成立,这与式(3.8)矛盾. 故 $\boldsymbol{g}_k \to \boldsymbol{0}$. □

2 用于二次函数时的收敛速度

最速下降法仅是线性收敛的,并且有时是很慢的线性收敛. 下面的定理说明了该算法用于二次函数时的收敛情况.

定理 3.2.2 设 $f(\boldsymbol{x}) = \frac{1}{2} \boldsymbol{x}^{\mathrm{T}} \boldsymbol{G} \boldsymbol{x}$,其中 $\boldsymbol{G}$ 为正定矩阵. 用 λ_1, λ_n 表示 $\boldsymbol{G}$ 的最小与最大特征值,则由算法 3.2.1 产生的点列 $\{\boldsymbol{x}_k\}$ 满足

$$f(\boldsymbol{x}_{k+1})\leqslant\left(\frac{\lambda_n-\lambda_1}{\lambda_n+\lambda_1}\right)^2 f(\boldsymbol{x}_k),\quad k=0,1,2\cdots,$$

$$\|\boldsymbol{x}_k\|\leqslant\sqrt{\frac{\lambda_n}{\lambda_1}}\left(\frac{\lambda_n-\lambda_1}{\lambda_n+\lambda_1}\right)^k\|\boldsymbol{x}_0\|,\quad k=0,1,2,\cdots.$$

(注意:$f(\boldsymbol{x})$的唯一极小点为 $\boldsymbol{x}^*=\mathbf{0}$).

证明从略.

由定理 3.2.2 知,对于二次目标函数,最速下降法至少是线性收敛的,其收敛比 $\beta\leqslant\frac{\lambda_n-\lambda_1}{\lambda_n+\lambda_1}$.而由例 3.2.1 可以看出,它恰好是线性收敛的.下面对其收敛比作进一步分析.因为

$$\frac{\lambda_n-\lambda_1}{\lambda_n+\lambda_1}=\frac{\lambda_n/\lambda_1-1}{\lambda_n/\lambda_1+1},$$

所以当 $\boldsymbol{G}$ 的特征值比较分散,即 $\lambda_n\gg\lambda_1$ 时,收敛比接近于 1,收敛速度很慢,接近于次线性收敛;当 $\boldsymbol{G}$ 的特征值比较集中,即 $\lambda_n\approx\lambda_1$ 时,收敛比接近于 0,从而收敛速度接近于超线性收敛.

综上所述,最速下降法的收敛速度是很慢的,这似乎与“最速”二字矛盾.其实不然,因为所谓最速下降方向 $\boldsymbol{p}_k=-\boldsymbol{g}_k$ 仅反映 $f(\boldsymbol{x})$ 在 $\boldsymbol{x}_k$ 点的局部性质,对局部来说是最速下降方向,对整体来说却不一定是最速下降方向.另一方面,由步长 α_k 的定义知

$$\boldsymbol{g}_{k+1}^{\mathrm{T}}\boldsymbol{p}_k=0,$$

故在相继两次迭代中,搜索方向是相互正交的.可见,最速下降法逼近极小点的路线是锯齿形的,并且越靠近极小点步长越小,即越走越慢.

因此,虽然最速下降法具有很好的整体收敛性,但由于其收敛速度慢,所以它不是好的实用算法.然而一些有效算法是通过对它进行改进或利用它与其他收敛快的算法相结合而得到的.因此,它是基本算法之一,但不是有效的实用算法.

3.3 Newton 法

考虑无约束问题(3.1),假设 $f(\boldsymbol{x})$是二阶连续可微函数.

上节讲过，最速下降法因迭代路线呈锯齿形，故收敛速度慢，仅是线性的．其实，最速下降法的本质是用线性函数去近似目标函数．因此，要想得到快速算法，需要考虑对目标函数的高阶逼近．下面介绍的 Newton 法就是通过用二次模型近似目标函数得到的．

3.3.1　Newton 法

设 $\boldsymbol{x}_k$ 为 $f(\boldsymbol{x})$ 的极小点 $\boldsymbol{x}^*$ 的一个近似，将 $f(\boldsymbol{x})$ 在 $\boldsymbol{x}_k$ 附近作 Taylor 展开，有

$$f(\boldsymbol{x}) \approx q_k(\boldsymbol{x}) = f_k + \boldsymbol{g}_k^{\mathrm{T}}(\boldsymbol{x} - \boldsymbol{x}_k) + \frac{1}{2}(\boldsymbol{x} - \boldsymbol{x}_k)^{\mathrm{T}}\boldsymbol{G}_k(\boldsymbol{x} - \boldsymbol{x}_k), \tag{3.10}$$

其中 $f_k = f(\boldsymbol{x}_k)$，$\boldsymbol{g}_k = \boldsymbol{g}(\boldsymbol{x}_k)$，$\boldsymbol{G}_k = \boldsymbol{G}(\boldsymbol{x}_k)$．若 $\boldsymbol{G}_k$ 正定，则 $q_k(\boldsymbol{x})$ 有唯一极小点，将它取为 $\boldsymbol{x}^*$ 的下一次近似 $\boldsymbol{x}_{k+1}$．由一阶必要条件知，$\boldsymbol{x}_{k+1}$ 应满足

$$\nabla q_k(\boldsymbol{x}_{k+1}) = \boldsymbol{0},$$

即

$$\boldsymbol{G}_k(\boldsymbol{x}_{k+1} - \boldsymbol{x}_k) + \boldsymbol{g}_k = \boldsymbol{0}.$$

令

$$\boldsymbol{x}_{k+1} = \boldsymbol{x}_k + \boldsymbol{p}_k, \tag{3.11}$$

其中 $\boldsymbol{p}_k$ 应满足

$$\boldsymbol{G}_k\boldsymbol{p}_k = -\boldsymbol{g}_k. \tag{3.12}$$

方程组(3.12)称为 Newton 方程，从中解出 $\boldsymbol{p}_k$ 并代入式(3.11)得

$$\boldsymbol{x}_{k+1} = \boldsymbol{x}_k - \boldsymbol{G}_k^{-1}\boldsymbol{g}_k \tag{3.13}$$

我们称式(3.11)，(3.12)为 Newton 迭代公式，有时也称式(3.13)为 Newton 迭代公式．

根据上面推导，我们得到如下算法．

算法 3.3.1　Newton 法

给定控制误差 $\varepsilon > 0$．

Step 1　取初始点 $\boldsymbol{x}_0$，令 $k = 0$．

Step 2　计算 $\boldsymbol{g}_k$．

Step 3　若 $\|\boldsymbol{g}_k\| \leqslant \varepsilon$，则 $\boldsymbol{x}^* = \boldsymbol{x}_k$，停；否则计算 $\boldsymbol{G}_k$，并由(3.12)解出 $\boldsymbol{p}_k$．

Step 4　令 $\boldsymbol{x}_{k+1} = \boldsymbol{x}_k + \boldsymbol{p}_k$，$k = k + 1$，转 Step 2．

例 3.3.1 用 Newton 法求解:

$$\min f(\boldsymbol{x}) = \frac{1}{2}x_1^2 + \frac{9}{2}x_2^2,$$

设初始点 $\boldsymbol{x}_0 = (9,1)^{\mathrm{T}}$.

解 由 $\boldsymbol{g}(\boldsymbol{x}) = (x_1, 9x_2)^{\mathrm{T}}, \boldsymbol{G}(\boldsymbol{x}) = \begin{pmatrix} 1 & 0 \\ 0 & 9 \end{pmatrix}$ 有

$$\boldsymbol{x}_1 = \boldsymbol{x}_0 - \boldsymbol{G}_0^{-1}\boldsymbol{g}_0 = \begin{pmatrix} 9 \\ 1 \end{pmatrix} - \begin{pmatrix} 1 & 0 \\ 0 & 9 \end{pmatrix}^{-1}\begin{pmatrix} 9 \\ 9 \end{pmatrix} = \begin{pmatrix} 0 \\ 0 \end{pmatrix} = \boldsymbol{x}^*.$$

例 3.3.2 问题

$$\min f(\boldsymbol{x}) = (x_1 - 2)^4 + (x_1 - 2)^2 x_2^2 + (x_2 + 1)^2$$

具有极小点$(2,-1)^{\mathrm{T}}$.若取初始点为$(1,1)^{\mathrm{T}}$,用 Newton 法求解此问题,则得到的迭代点如表 3-1 所示.

表 3-1

k	$\boldsymbol{x}_k$	$f(\boldsymbol{x}_k)$
0	$(1,1)^{\mathrm{T}}$	6.0
1	$(1,-0.5)^{\mathrm{T}}$	1.5
2	$(1.391\,304\,3, -0.695\,652\,17)^{\mathrm{T}}$	4.09×10^{-1}
3	$(1.745\,944\,1, -0.948\,798\,09)^{\mathrm{T}}$	6.49×10^{-2}
4	$(1.986\,278\,3, -1.048\,208\,1)^{\mathrm{T}}$	2.53×10^{-3}
5	$(1.998\,734\,2, -1.000\,170\,0)^{\mathrm{T}}$	1.63×10^{-6}
6	$(1.999\,999\,6, -1.000\,001\,6)^{\mathrm{T}}$	2.75×10^{-12}

3.3.2 收敛性

对于正定二次函数,由 Newton 法的推导过程可以看出,Newton 法只需要一次迭代就可得到极小点.对于一般函数,从例 3.3.2 可以看出,Newton 法只要收敛,就有较快的收敛速度.下面的定理表明,Newton 法具有二阶收敛速度,这是它最大的优点,就这点来说,其他方法一般都比不上它.

定理 3.3.1 设 $f(\boldsymbol{x})$是某一开域内的三阶连续可微函数,且它在该开域内有极小点 $\boldsymbol{x}^*$,设 $\boldsymbol{G}^* = \boldsymbol{G}(\boldsymbol{x}^*)$正定,则当 $\boldsymbol{x}_0$ 与 $\boldsymbol{x}^*$ 充分接近时,对一切 k,Newton 法有定义,且当$\{\boldsymbol{x}_k\}$为无穷点列时,$\{\boldsymbol{x}_k\}$二阶收敛于 $\boldsymbol{x}^*$,即 $\boldsymbol{h}_k \to \boldsymbol{0}$,且

$$\|\boldsymbol{h}_{k+1}\| = O(\|\boldsymbol{h}_k\|^2), \tag{3.14}$$

其中 $\boldsymbol{h}_k = \boldsymbol{x}_k - \boldsymbol{x}^*$.

证　因 $f(\boldsymbol{x})$是三阶连续可微的,故由 Taylor 公式有

$$\boldsymbol{g}(\boldsymbol{x}_k + \boldsymbol{h}) = \boldsymbol{g}_k + \boldsymbol{G}_k\boldsymbol{h} + O(\|\boldsymbol{h}\|^2),$$

取 $\boldsymbol{h} = -\boldsymbol{h}_k$,即 $\boldsymbol{x}_k + \boldsymbol{h} = \boldsymbol{x}^*$,得到

$$\boldsymbol{0} = \boldsymbol{g}^* = \boldsymbol{g}_k - \boldsymbol{G}_k\boldsymbol{h}_k + O(\|\boldsymbol{h}_k\|^2),$$

由于 $\boldsymbol{G}^*$ 正定且 $\boldsymbol{G}(\boldsymbol{x})$连续,所以存在 $\boldsymbol{x}^*$ 的一个 β 邻域 $N(\boldsymbol{x}^*) = \{\boldsymbol{x} \mid \|\boldsymbol{x} - \boldsymbol{x}^*\| \leqslant \beta\}$,使 $\forall \boldsymbol{x} \in N(\boldsymbol{x}^*)$, $\boldsymbol{G}(\boldsymbol{x})$正定,且 $\boldsymbol{G}(\boldsymbol{x})^{-1}$有上界.于是,若 $\boldsymbol{x}_k \in N(\boldsymbol{x}^*)$,对上式两边乘以 $\boldsymbol{G}_k^{-1}$,再由 $\boldsymbol{h}_{k+1}$的定义有

$$\boldsymbol{0} = -\boldsymbol{p}_k - \boldsymbol{h}_k + O(\|\boldsymbol{h}_k\|^2) = -\boldsymbol{h}_{k+1} + O(\|\boldsymbol{h}_k\|^2). \tag{3.15}$$

因此由 $O(\cdot)$的定义,存在常数 γ 使得

$$\|\boldsymbol{h}_{k+1}\| \leqslant \gamma \|\boldsymbol{h}_k\|^2$$

成立.若取 β 充分小使之满足$\beta\gamma < 1$,则有

$$\|\boldsymbol{h}_{k+1}\| \leqslant \gamma \|\boldsymbol{h}_k\|^2 \leqslant \beta\gamma \|\boldsymbol{h}_k\| < \|\boldsymbol{h}_k\|.$$

因此,$\boldsymbol{x}_{k+1} \in N(\boldsymbol{x}^*)$.

由归纳法,如果 $\boldsymbol{x}_0 \in N(\boldsymbol{x}^*)$,则对所有的 k,Newton 法有定义,且

$$\|\boldsymbol{h}_k\| \leqslant (\gamma\beta)^k \|\boldsymbol{h}_0\| \to 0 (k \to \infty)$$

而式(3.15)即式(3.14),于是定理得证.　□

3.3.3　Newton 法的优缺点

定理 3.3.1 表明,Newton 法有很快的收敛速度,但它只是局部收敛的,即只有当初始点 $\boldsymbol{x}_0$ 充分接近极小点 $\boldsymbol{x}^*$ 时,才能保证收敛.但若 $\boldsymbol{x}_0$ 离 $\boldsymbol{x}^*$ 较远,则不能保证迭代点列$\{\boldsymbol{x}_k\}$收敛,甚至不能保证$\{f(\boldsymbol{x}_k)\}$单调下降.另一个严重问题是有时 $\boldsymbol{G}_k$ 奇异,因而无法确定 $\boldsymbol{p}_k$.还有一个严重的问题是,即使 Newton 法收敛,也不一定收敛到极小点.因为从算法 3.3.1 迭代过程看,算法 3.3.1 收敛到鞍点或极大点的可能性并不亚于收敛到极小点.

对 Newton 法的优缺点的讨论是发展有效算法的关键,为此,我们把它们列于下.

优点:

(1)如果 $\boldsymbol{G}^*$ 正定且初始点合适,算法是二阶收敛的;

(2)对正定二次函数,迭代一次就可得到极小点.

缺点:

(1)对多数问题算法不是整体收敛的;

(2)在每次迭代中需要计算 $\boldsymbol{G}_k$;

(3)每次迭代需要求解线性方程组,$\boldsymbol{G}_k\boldsymbol{p} = -\boldsymbol{g}_k$,该方程组有可能是奇异或病态的(有时 $\boldsymbol{G}_k$ 非正定),$\boldsymbol{p}_k$ 可能不是下降方向;

(4)收敛于鞍点或极大点的可能性并不小.

3.3.4 Newton 法的改进

Newton 法的优点和缺点都很突出,它本身并不很实用,但是在保留优点的情况下对 Newton 法加以改进,克服部分缺点所得到的某些改进方法却是求解问题(3.1)的有效方法之一.

针对 Newton 法的缺点(1)和(4),在由 $\boldsymbol{x}_k$ 求 $\boldsymbol{x}_{k+1}$ 时,不直接利用公式(3.11)和(3.12)进行迭代,而是以 $\boldsymbol{p}_k$ 作为搜索方向进行一维搜索,求步长 α_k,例如,令 α_k 满足精确一维搜索,即

$$f(\boldsymbol{x}_k + \alpha_k\boldsymbol{p}_k) = \min_{\alpha\geqslant 0} f(\boldsymbol{x}_k + \alpha\boldsymbol{p}_k), \tag{3.16}$$

而令

$$\boldsymbol{x}_{k+1} = \boldsymbol{x}_k + \alpha_k\boldsymbol{p}_k, \tag{3.17}$$

这样往往可以克服缺点(1)和(4),这种方法通常称为阻尼 Newton 法.

在阻尼 Newton 法的基础上,我们再考虑克服缺点(3),可以证明,当 $\boldsymbol{G}_k$ 正定时,由 $\boldsymbol{p}_k = -\boldsymbol{G}_k^{-1}\boldsymbol{g}_k$ 确定的方向是下降方向.但当 $\boldsymbol{G}_k$ 奇异或非正定时,通常由式(3.12)得不到下降方向,为此,用正定矩阵 $\boldsymbol{M}_k$ 取代式(3.12)中的 $\boldsymbol{G}_k$,由

$$\boldsymbol{M}_k\boldsymbol{p} = -\boldsymbol{g}_k \tag{3.18}$$

确定搜索方向 $\boldsymbol{p}_k$,当 $\boldsymbol{G}_k$ 正定时,可取 $\boldsymbol{M}_k = \boldsymbol{G}_k$.这样就总能得到一个下降方向.不仅如此,在较弱条件下可以证明上述改进 Newton 法的收敛性.通常称这种策略为强迫矩阵正定策略.

Newton 法还有两个最重要而有效的改进是所谓的 Gill-Murray 稳定 Newton 法和信赖域算法,限于篇幅,本章不做详细介绍,可参看文献

[11]和[14].

3.4　共轭方向法和共轭梯度法

3.4.1　二次模型与共轭方向法

由 Taylor 公式,一个函数在一点附近的性态与二次函数是很接近的,因此,一个算法如果对于二次函数很有效,那么它对一般函数也会是好的.因而,为了建立有效算法,往往采用二次模型,即先针对正定二次函数建立有效的算法,然后再推广到一般函数上去.

什么样的算法被认为对二次函数是有效的呢?我们知道,Newton 法只需要迭代一次便可得到正定二次函数的极小点,而最速下降法一般需要迭代无穷多次.因此,可以认为 Newton 法对二次函数是有效的.但是 Newton 法每步迭代计算量大,故我们放松要求,认为经过有限次迭代就可得到正定二次函数极小点的算法是比较有效的,这种算法称为具有二次终止性.许多好的算法都具有此性质.

下面将要介绍的共轭方向法,就是建立在二次模型基础上,并且都具有二次终止性.这类算法的效果介于最速下降法和 Newton 法之间,既能克服最速下降法的慢收敛性,又避免了 Newton 法的计算量大和具有局部收敛性的缺点,因而是比较有效的算法.值得指出的是,共轭方向法中的共轭梯度法,由于其存储量小,可用来求解大规模(n 较大)无约束优化问题.

1　共轭方向及其性质

定义 3.4.1　设 $\boldsymbol{G}$ 为 n 阶正定矩阵,$\boldsymbol{p}_1,\boldsymbol{p}_2,\cdots,\boldsymbol{p}_k$ 为 n 维向量组,如果

$$\boldsymbol{p}_i^{\mathrm{T}}\boldsymbol{G}\boldsymbol{p}_j=0,\quad i,j=1,2,\cdots,k,\quad i\neq j,\tag{3.19}$$

则称向量组 $\boldsymbol{p}_1,\boldsymbol{p}_2,\cdots,\boldsymbol{p}_k$ 关于 $\boldsymbol{G}$ 共轭.

如果 $\boldsymbol{G}=\boldsymbol{I}$,则(3.19)化为 $\boldsymbol{p}_i^{\mathrm{T}}\boldsymbol{p}_j=0$ 即 $\boldsymbol{p}_1,\boldsymbol{p}_2,\cdots,\boldsymbol{p}_k$ 是正交的,所以共轭概念是正交概念的推广.下面几个定理及推论描述了共轭向量的性质.

定理 3.4.1　设 $\boldsymbol{G}$ 为 n 阶正定矩阵,非零向量组 $\boldsymbol{p}_1,\boldsymbol{p}_2,\cdots,\boldsymbol{p}_k$ 关

于 $\boldsymbol{G}$ 共轭,则此向量组线性无关.

证 设存在常数 $\alpha_1,\alpha_2,\cdots,\alpha_k$,使

$$\alpha_1\boldsymbol{p}_1+\alpha_2\boldsymbol{p}_2+\cdots+\alpha_k\boldsymbol{p}_k=\boldsymbol{0},$$

用 $\boldsymbol{p}_i^{\mathrm{T}}\boldsymbol{G}$ 左乘上式,根据假设得

$$\alpha_i\boldsymbol{p}_i^{\mathrm{T}}\boldsymbol{G}\boldsymbol{p}_i=0,\quad i=1,2,\cdots k,$$

由于 $\boldsymbol{G}$ 是正定的,$\boldsymbol{p}_i\neq\boldsymbol{0}$,所以 $\alpha_i=0\ (i=1,2,\cdots,k)$,故向量组 $\boldsymbol{p}_1$,$\boldsymbol{p}_2,\cdots,\boldsymbol{p}_k$ 线性无关.

□

推论 1 设 $\boldsymbol{G}$ 为 n 阶正定矩阵,非零向量组 $\boldsymbol{p}_1,\boldsymbol{p}_2,\cdots,\boldsymbol{p}_n$ 关于 $\boldsymbol{G}$ 共轭,则此向量组构成 n 维向量空间 $\mathbf{R}^n$ 的一组基.

推论 2 设 $\boldsymbol{G}$ 为 n 阶正定矩阵,非零向量组 $\boldsymbol{p}_1,\boldsymbol{p}_2,\cdots,\boldsymbol{p}_n$ 关于 $\boldsymbol{G}$ 共轭.若向量 $\boldsymbol{v}$ 与 $\boldsymbol{p}_1,\boldsymbol{p}_2,\cdots,\boldsymbol{p}_n$ 关于 $\boldsymbol{G}$ 共轭,则 $\boldsymbol{v}=\boldsymbol{0}$.

定义 3.4.2 设 n 维向量组 $\boldsymbol{p}_1,\boldsymbol{p}_2,\cdots,\boldsymbol{p}_k$ 线性无关,$\boldsymbol{x}_1\in\mathbf{R}^n$,称向量集合 $H_k=\{\boldsymbol{x}_1+\sum_{i=1}^{k}\alpha_i\boldsymbol{p}_i\mid\alpha_i\in\mathbf{R}^1,i=1,2,\cdots,k\}$ 为由点 $\boldsymbol{x}_1$ 与 $\boldsymbol{p}_1,\boldsymbol{p}_2,\cdots,\boldsymbol{p}_k$ 生成的 k 维超平面.

下面的定理 3.4.3 是共轭方向法的理论基础.为证明这个定理,先给出一个引理.

引理 3.4.2 设 $f(\boldsymbol{x})$ 为连续可微的严格凸函数,又 $\boldsymbol{p}_1,\boldsymbol{p}_2,\cdots,\boldsymbol{p}_k$ 为一组线性无关的 n 维向量,$\boldsymbol{x}_1\in\mathbf{R}^n$,则

$$\boldsymbol{x}_{k+1}=\boldsymbol{x}_1+\sum_{i=1}^{k}\bar{\alpha}_i\boldsymbol{p}_i$$

是 $f(\boldsymbol{x})$ 在 $\boldsymbol{x}_1$ 与 $\boldsymbol{p}_1,\boldsymbol{p}_2,\cdots,\boldsymbol{p}_k$ 所生成的 k 维超平面 H_k 上的唯一极小点的充分必要条件是

$$\boldsymbol{g}_{k+1}^{\mathrm{T}}\boldsymbol{p}_i=0,\quad i=1,2,\cdots,k. \tag{3.20}$$

证 定义函数

$$h(\alpha_1,\alpha_2,\cdots,\alpha_k)=f(\boldsymbol{x}_1+\sum_{i=1}^{k}\alpha_i\boldsymbol{p}_i),$$

则 h 是 k 维严格凸函数,且 $\boldsymbol{x}_{k+1}$ 是 $f(\boldsymbol{x})$ 在 H_k 上的极小点当且仅当 $(\bar{\alpha}_1,\bar{\alpha}_2,\cdots,\bar{\alpha}_k)^{\mathrm{T}}$ 是 $h(\alpha_1,\cdots,\alpha_k)$ 在 $\mathbf{R}^k$ 上的极小点.

若 $\boldsymbol{x}_{k+1}$ 是 $f(\boldsymbol{x})$ 在 H_k 上的极小点,则由定理 3.1.1,有

$$\nabla h(\bar{\alpha},\bar{\alpha}_2,\cdots,\bar{\alpha}_k)=\mathbf{0},$$

又因 $\nabla h(\bar{\alpha}_1,\cdots,\bar{\alpha}_k)=(\boldsymbol{g}_{k+1}{}^{\mathrm{T}}\boldsymbol{p}_1,\boldsymbol{g}_{k+1}{}^{\mathrm{T}}\boldsymbol{p}_2,\cdots\cdots,\boldsymbol{g}_{k+1}{}^{\mathrm{T}}\boldsymbol{p}_k)^{\mathrm{T}}$,所以式(3.20)成立.

反之,设式(3.20)成立,则由上面推导过程知

$$\nabla h(\bar{\alpha}_1,\bar{\alpha}_2,\cdots,\bar{\alpha}_k)=\mathbf{0},$$

又 h 是严格凸函数,所以由定理 3.1.4 知 $(\bar{\alpha}_1,\cdots,\bar{\alpha}_k)^{\mathrm{T}}$ 是 h 的唯一极小点,从而 $\boldsymbol{x}_{k+1}$ 是 $f(\boldsymbol{x})$ 在 H_k 上的唯一极小点. □

定理 3.4.3　设 $\boldsymbol{G}$ 为 n 阶正定矩阵,向量组 $\boldsymbol{p}_1,\boldsymbol{p}_2,\cdots,\boldsymbol{p}_k$ 关于 $\boldsymbol{G}$ 共轭,对正定二次函数

$$f(\boldsymbol{x})=\frac{1}{2}\boldsymbol{x}^{\mathrm{T}}\boldsymbol{G}\boldsymbol{x}+\boldsymbol{b}^{\mathrm{T}}\boldsymbol{x}+\boldsymbol{c},\tag{3.21}$$

由任意初始点 $\boldsymbol{x}_1$ 开始,依次进行 k 次精确一维搜索

$$\boldsymbol{x}_{i+1}=\boldsymbol{x}_i+\alpha_i\boldsymbol{p}_i,\quad i=1,2,\cdots,k,\tag{3.22}$$

则

(i) $\boldsymbol{g}_{k+1}{}^{\mathrm{T}}\boldsymbol{p}_i=0,\quad i=1,2,\cdots,k;$　　(3.23)

(ii) $\boldsymbol{x}_{k+1}$ 是二次函数(3.21)在 k 维超平面 H_k 上的极小点.

证　由引理 3.4.2,只须证明(i),因

$$\boldsymbol{g}_{k+1}{}^{\mathrm{T}}\boldsymbol{p}_i=\boldsymbol{g}_{i+1}{}^{\mathrm{T}}\boldsymbol{p}_i+\sum_{j=i+1}^{k}(\boldsymbol{g}_{j+1}-\boldsymbol{g}_j)^{\mathrm{T}}\boldsymbol{p}_i,$$

对于二次函数

$$\boldsymbol{g}_{j+1}-\boldsymbol{g}_j=\boldsymbol{G}(\boldsymbol{x}_{j+1}-\boldsymbol{x}_j)=\alpha_j\boldsymbol{G}\boldsymbol{p}_j,$$

所以

$$\boldsymbol{g}_{k+1}{}^{\mathrm{T}}\boldsymbol{p}_i=\boldsymbol{g}_{i+1}{}^{\mathrm{T}}\boldsymbol{p}_i+\sum_{j=i+1}^{k}\alpha_j\boldsymbol{p}_j{}^{\mathrm{T}}\boldsymbol{G}\boldsymbol{p}_i.$$

由于采用精确一维搜索,故 $\boldsymbol{g}_{i+1}{}^{\mathrm{T}}\boldsymbol{p}_i=0$,又由共轭性,$\boldsymbol{p}_j^{\mathrm{T}}\boldsymbol{G}\boldsymbol{p}_i=0$,$j=i+1,\cdots,k$,因此式(3.23)成立. □

推论　在定理 3.4.3 中,当 $k=n$ 时,$\boldsymbol{x}_{n+1}$ 为正定二次函数(3.21)在 $\mathbf{R}^n$ 上的极小点.

2　共轭方向法

由定理3.4.3及推论,如果第 k 次迭代所取的方向 $\boldsymbol{p}_k$ 与以前各次迭代所取的方向 $\boldsymbol{p}_1,\boldsymbol{p}_2,\cdots,\boldsymbol{p}_{k-1}$ 关于 $\boldsymbol{G}$ 共轭,则从任意初始点出发,对二次函数(3.21)进行精确一维搜索,至多经过 n 次迭代就可得到极小点.这就是共轭方向法的基本思想.

算法 3.4.1　二次函数的共轭方向法

设目标函数为(3.21),其中 $\boldsymbol{G}$ 是正定的,给定控制误差 ε.

Step 1　给定初始点 $\boldsymbol{x}_0$ 及初始下降方向 $\boldsymbol{p}_0$,令 $k=0$.

Step 2　进行精确一维搜索,求步长 α_k,

$$f(\boldsymbol{x}_k+\alpha_k\boldsymbol{p}_k)=\min_{\alpha\geqslant 0}f(\boldsymbol{x}_k+\alpha\boldsymbol{p}_k).$$

Step 3　令 $\boldsymbol{x}_{k+1}=\boldsymbol{x}_k+\alpha_k\boldsymbol{p}_k$.

Step 4　若 $\|\boldsymbol{g}_{k+1}\|\leqslant\varepsilon$,则 $\boldsymbol{x}^*=\boldsymbol{x}_{k+1}$,停;否则,转 Step 5.

Step 5　取共轭方向 $\boldsymbol{p}_{k+1}$ 使得

$$\boldsymbol{p}_{k+1}{}^{\mathrm{T}}\boldsymbol{G}\boldsymbol{p}_i=0,\ i=0,1,\cdots\cdots,k.$$

Step 6　令 $k=k+1$,转 Step 2.

根据前面的结果,上述算法具有二次终止性.但它仅是一个概念性算法,实现它的关键在于如何选取共轭方向 $\boldsymbol{p}_k$,不同的选法会产生不同的共轭方向法.下面介绍一个构造共轭方向的方法,因为它要用到目标函数的梯度,所以通常称之为共轭梯度法.

3.4.2　共轭梯度法

共轭梯度法的基本思想是在共轭方向法和最速下降法之间建立某种联系,以求得到一个既有效又有较好收敛性的算法.同时,为了节省存储单元和计算量,我们希望在迭代过程中逐步形成共轭方向.

1　共轭方向的形成

考虑二次目标函数(3.21),给定初始点 $\boldsymbol{x}_0$,初始下降方向取为

$$\boldsymbol{p}_0=-\boldsymbol{g}_0. \tag{3.24}$$

从 $\boldsymbol{x}_0$ 出发,沿 $\boldsymbol{p}_0$ 经精确一维搜索得 $\boldsymbol{x}_1$,从而完成第一次迭代.假设已依次沿 k 个共轭方向 $\boldsymbol{p}_0,\boldsymbol{p}_1,\cdots,\boldsymbol{p}_{k-1}$ 进行精确一维搜索得 $\boldsymbol{x}_k$.若 $\boldsymbol{g}_k=\boldsymbol{g}(\boldsymbol{x}_k)=\boldsymbol{0}$,则表明 $\boldsymbol{x}_k$ 已是函数(3.21)的极小点,不必再继续计算;当

$\boldsymbol{g}_k \neq \boldsymbol{0}$ 时,构造下一个共轭方向 $\boldsymbol{p}_k$,沿 $\boldsymbol{p}_k$ 进行精确一维搜索得 $\boldsymbol{x}_{k+1}$.现在讨论 $\boldsymbol{p}_k$ 的构造方法,由于 $\boldsymbol{p}_0,\boldsymbol{p}_1,\cdots,\boldsymbol{p}_{k-1}$ 线性无关,定义 k 维线性子空间

$$L_k = \{\sum_{i=0}^{k-1} \beta_i \boldsymbol{p}_i \mid \beta_i \in \mathbf{R}^1, i=0,1,\cdots,k-1\},$$

将负梯度向量分解成

$$-\boldsymbol{g}_k = \boldsymbol{q}_1 + \boldsymbol{q}_2,$$

其中 $\boldsymbol{q}_1 \in L_k$,$\boldsymbol{q}_2$ 与 L_k 的基 $\boldsymbol{p}_0,\boldsymbol{p}_1,\cdots,\boldsymbol{p}_{k-1}$ 都关于 $\boldsymbol{G}$ 共轭.由于共轭是正交的推广,故由线性代数知识知,这种分解是存在的.

令 $\boldsymbol{p}_k = \boldsymbol{q}_2$,则 $\boldsymbol{p}_k$ 与 $\boldsymbol{p}_0,\boldsymbol{p}_1,\cdots,\boldsymbol{p}_{k-1}$ 都共轭,并且 $\boldsymbol{p}_k = -\boldsymbol{g}_k - \boldsymbol{q}_1$.由于 $-\boldsymbol{q}_1 \in L_k$,所以存在 $\beta_i \in \mathbf{R}^1, i=0,1,\cdots,k-1$,使 $-\boldsymbol{q}_1 = \sum_{i=0}^{k-1} \beta_i \boldsymbol{p}_i$,于是有

$$\boldsymbol{p}_k = -\boldsymbol{g}_k + \sum_{i=0}^{k-1} \beta_i \boldsymbol{p}_i. \tag{3.25}$$

现在来确定 $\beta_j (j=0,1,\cdots,k-1)$.由定理 3.4.3 知,

$$\boldsymbol{g}_k{}^{\mathrm{T}} \boldsymbol{p}_j = 0, \quad j=0,1,\cdots,k-1. \tag{3.26}$$

又由 $\boldsymbol{p}_k$ 的构造方式,存在 $\beta_{ij}, i=0,1,\cdots,k-1$,使

$$\boldsymbol{p}_j = -\boldsymbol{g}_j + \sum_{i=0}^{j-1} \beta_{ij} \boldsymbol{p}_i. \tag{3.27}$$

由式(3.26)和(3.27),有

$$\boldsymbol{g}_k{}^{\mathrm{T}} \boldsymbol{g}_j = 0, j=0,1,\cdots,k-1. \tag{3.28}$$

在式(3.25)两边左乘 $\boldsymbol{p}_j{}^{\mathrm{T}} \boldsymbol{G}$,得

$$0 = \boldsymbol{p}_j{}^{\mathrm{T}} \boldsymbol{G} \boldsymbol{p}_k = -\boldsymbol{p}_j{}^{\mathrm{T}} \boldsymbol{G} \boldsymbol{g}_k + \beta_j \boldsymbol{p}_j{}^{\mathrm{T}} \boldsymbol{G} \boldsymbol{p}_j. \tag{3.29}$$

又因 $$\boldsymbol{G}\boldsymbol{p}_j = \frac{1}{\alpha_j} \boldsymbol{G}(\boldsymbol{x}_{j+1} - \boldsymbol{x}_j) = \frac{1}{\alpha_j}(\boldsymbol{g}_{j+1} - \boldsymbol{g}_j),$$

所以

$$\boldsymbol{p}_j{}^{\mathrm{T}} G \boldsymbol{g}_k = \frac{1}{\alpha_j} \boldsymbol{g}_k{}^{\mathrm{T}} (\boldsymbol{g}_{j+1} - \boldsymbol{g}_j), j=0,1,\cdots,k-2,$$

其中 α_j 为步长,因而由(3.28)和(3.29)有

$$\beta_j=0,\quad j=0,1,\cdots,k-2.$$

于是

$$\boldsymbol{p}_k=-\boldsymbol{g}_k+\beta_{k-1}\boldsymbol{p}_{k-1}, \tag{3.30}$$

其中 β_{k-1}由式(3.29)确定,即

$$\beta_{k-1}=\frac{\boldsymbol{g}_k{}^{\mathrm{T}}\boldsymbol{G}\boldsymbol{p}_{k-1}}{\boldsymbol{p}_{k-1}{}^{\mathrm{T}}\boldsymbol{G}\boldsymbol{p}_{k-1}}. \tag{3.31}$$

由式(3.24)、(3.30)及(3.31)确定了一组共轭方向,沿这组方向进行迭代就是我们所说的共轭梯度法.它是针对求解二次凸函数的一种方法.根据前面的推导以及定理 3.4.3,有如下定理.

定理 3.4.4 对正定二次函数(3.21),由(3.24)、(3.30)、(3.31)所确定共轭方向并采用精确一维搜索得到的共轭梯度法,在 $m(\leqslant n)$次迭代后可求得(3.21)的极小点,并且对所有 $i(1\leqslant i\leqslant m)$,有

$$\boldsymbol{p}_i{}^{\mathrm{T}}\boldsymbol{G}\boldsymbol{p}_j=0,\quad j=0,1,\cdots,i-1,$$
$$\boldsymbol{g}_i{}^{\mathrm{T}}\boldsymbol{g}_j=0,\quad j=0,1,\cdots,i-1,$$
$$\boldsymbol{g}_i{}^{\mathrm{T}}\boldsymbol{p}_j=0,\quad j=0,1,\cdots,i-1,$$
$$\boldsymbol{p}_i{}^{\mathrm{T}}\boldsymbol{g}_i=-\boldsymbol{g}_i{}^{\mathrm{T}}\boldsymbol{g}_i.$$

2 系数 β_{k-1}的其他形式

为了使算法便于推广到一般的目标函数,我们必须设法消去表达式(3.31)中的 $\boldsymbol{G}$.下面给出两个不显含 $\boldsymbol{G}$ 的β_{k-1}的表达式.

(1)Fletcher-Reeves 公式:因为

$$\boldsymbol{G}\boldsymbol{p}_{k-1}=\boldsymbol{G}\frac{1}{\alpha_{k-1}}(\boldsymbol{x}_k-\boldsymbol{x}_{k-1})=\frac{1}{\alpha_{k-1}}(\boldsymbol{g}_k-\boldsymbol{g}_{k-1}),$$

所以
$$\boldsymbol{g}_k{}^{\mathrm{T}}\boldsymbol{G}\boldsymbol{p}_{k-1}=\frac{1}{\alpha_{k-1}}\boldsymbol{g}_k{}^{\mathrm{T}}(\boldsymbol{g}_k-\boldsymbol{g}_{k-1})=\frac{1}{\alpha_{k-1}}\boldsymbol{g}_k{}^{\mathrm{T}}\boldsymbol{g}_k,$$

$$\boldsymbol{p}_{k-1}{}^{\mathrm{T}}\boldsymbol{G}\boldsymbol{p}_{k-1}=\frac{1}{\alpha_{k-1}}(-\boldsymbol{g}_{k-1}+\beta_{k-2}\boldsymbol{p}_{k-2})^{\mathrm{T}}(\boldsymbol{g}_k-\boldsymbol{g}_{k-1})=\frac{1}{\alpha_{k-1}}\boldsymbol{g}_{k-1}^{\mathrm{T}}\boldsymbol{g}_{k-1},$$

故有

$$\beta_{k-1}=\frac{\boldsymbol{g}_k{}^{\mathrm{T}}\boldsymbol{g}_k}{\boldsymbol{g}_{k-1}{}^{\mathrm{T}}\boldsymbol{g}_{k-1}}. \tag{3.32}$$

式(3.32)是 Fletcher 和 Reeves 在 1964 年得到的,故称 Fletcher-

Reeves 公式,简称 FR 公式.

(2)Polak-Ribiere-Polyak 公式:注意到 $\boldsymbol{g}_k^{\mathrm{T}}\boldsymbol{g}_{k-1}=0$,故

$$\beta_{k-1}=\frac{\boldsymbol{g}_k^{\mathrm{T}}(\boldsymbol{g}_k-\boldsymbol{g}_{k-1})}{\boldsymbol{g}_{k-1}^{\mathrm{T}}\boldsymbol{g}_{k-1}}. \tag{3.33}$$

此式是 Polak 和 Ribiere 以及 Polyak 分别于 1969 年提出的,故称 Polak-Ribiere-Polyak 公式,简称 PRP 公式.

3 对一般目标函数的共轭梯度法

对于一般函数,将 FR 公式与(3.24),(3.30)结合产生搜索方向,即得如下的 FR 共轭梯度法.

算法 3.4.2 FR 共轭梯度法

给定控制误差 ε.

Step 1 给定初始点 $\boldsymbol{x}_1$, $k=1$.

Step 2 计算 $\boldsymbol{g}_k=\boldsymbol{g}(\boldsymbol{x}_k)$.

Step 3 若 $\|\boldsymbol{g}_k\|\leqslant\varepsilon$,则 $\boldsymbol{x}^*=\boldsymbol{x}_k$ 停;否则令

$$\boldsymbol{p}_k=-\boldsymbol{g}_k+\beta_{k-1}\boldsymbol{p}_{k-1},$$

$$\beta_{k-1}=\begin{cases}\dfrac{\boldsymbol{g}_k^{\mathrm{T}}\boldsymbol{g}_k}{\boldsymbol{g}_{k-1}^{\mathrm{T}}\boldsymbol{g}_{k-1}}, & \text{当 } k>1 \text{ 时},\\ 0, & \text{当 } k=1 \text{ 时}.\end{cases}$$

Step 4 由精确一维搜索确定步长 α_k,满足

$$f(\boldsymbol{x}_k+\alpha_k\boldsymbol{p}_k)=\min_{\alpha\geqslant0}f(\boldsymbol{x}_k+\alpha\boldsymbol{p}_k).$$

Step 5 令 $\boldsymbol{x}_{k+1}=\boldsymbol{x}_k+\alpha_k\boldsymbol{p}_k$, $k=k+1$,转 Step 2.

例 3.4.1 用 FR 共轭梯度法求解

$$\min f(\boldsymbol{x})=\frac{3}{2}x_1^2+\frac{1}{2}x_2^2-x_1x_2-2x_1,$$

取初始点 $\boldsymbol{x}_0=(0,0)^{\mathrm{T}}$.

解 $\boldsymbol{g}(\boldsymbol{x})=(3x_1-x_2-2,x_2-x_1)^{\mathrm{T}}$, $\boldsymbol{G}(\boldsymbol{x})=\begin{pmatrix}3 & -1\\ -1 & 1\end{pmatrix}$.

因 $\boldsymbol{g}_0=(-2,0)^{\mathrm{T}}\neq\boldsymbol{0}$,故取 $\boldsymbol{p}_0=(2,0)^{\mathrm{T}}$,从 $\boldsymbol{x}_0$ 出发,沿 $\boldsymbol{p}_0$ 进行一维搜索,即求

$$\min f(\boldsymbol{x}_0+\alpha\boldsymbol{p}_0)=6\alpha^2-4\alpha$$

的极小点,得步长 $\alpha_0=\frac{1}{3}$. 于是得到 $\boldsymbol{x}_1=\boldsymbol{x}_0+\alpha_0\boldsymbol{p}_0=\left(\frac{2}{3},0\right)^{\mathrm{T}}$, $\boldsymbol{g}_1=\left(0,-\frac{2}{3}\right)^{\mathrm{T}}$. 由 FR 公式得

$$\beta_0=\boldsymbol{g}_1{}^{\mathrm{T}}\boldsymbol{g}_1/\boldsymbol{g}_0{}^{\mathrm{T}}\boldsymbol{g}_0=\frac{1}{9}.$$

故 $\boldsymbol{p}_1=-\boldsymbol{g}_1+\beta_0\boldsymbol{p}_0=\left(\frac{2}{9},\frac{2}{3}\right)^{\mathrm{T}}$.

从 $\boldsymbol{x}_1$ 出发,沿 $\boldsymbol{p}_1$ 进行一维搜索,求

$$\min f(\boldsymbol{x}_1+\alpha\boldsymbol{p}_1)=\frac{4}{27}\alpha^2-\frac{4}{9}\alpha+\frac{2}{3}$$

的极小点,解之得 $\alpha_1=\frac{3}{2}$,于是 $\boldsymbol{x}_2=\boldsymbol{x}_1+\alpha_1\boldsymbol{p}_1=(1,1)^{\mathrm{T}}$. 此时 $\boldsymbol{g}_2=(0,0)^{\mathrm{T}}$,故 $\boldsymbol{x}^*=\boldsymbol{x}_2=(1,1)^{\mathrm{T}}$, $f^*=-1$.

类似地,当把 PRP 公式与式(3.24)、(3.30)结合产生搜索方向时,则得到 PRP 共轭梯度法.

算法 3.4.3　PRP 共轭梯度法

在算法 3.4.2 的 Step 3 中,用 PRP 公式

$$\beta_{k-1}=\begin{cases}0, & \text{当 } k=1 \text{ 时},\\ \dfrac{\boldsymbol{g}_k{}^{\mathrm{T}}(\boldsymbol{g}_k-\boldsymbol{g}_{k-1})}{\boldsymbol{g}_{k-1}^{\mathrm{T}}\boldsymbol{g}_{k-1}}, & \text{当 } k>1 \text{ 时}\end{cases}$$

代替 FR 公式,就得 PRP 共轭梯度法.

对于正定二次函数,FR 共轭梯度法与 PRP 共轭梯度法等价. 但是对于一般函数,二者是不相同的,并且由于目标函数的 Hesse 阵不是常数矩阵,因而迭代过程中所产生的方向不再是共轭方向了. 不过两个算法所产生的搜索方向都满足

$$\boldsymbol{p}_k{}^{\mathrm{T}}\boldsymbol{g}_k=(-\boldsymbol{g}_k+\beta_{k-1}\boldsymbol{p}_{k-1})^{\mathrm{T}}\boldsymbol{g}_k=-\boldsymbol{g}_k{}^{\mathrm{T}}\boldsymbol{g}_k<0,$$

故二者都是下降算法.

PRP 算法与 FR 算法都是常用的共轭梯度法. 从一些实际计算的结果发现,PRP 算法一般优于 FR 算法.

3.4.3 重新开始的共轭梯度法

现在考虑对共轭梯度法进行改进.我们知道,在最优解附近,目标函数与一个正定二次函数很接近.因此,当迭代点进入目标函数逼近正定二次函数的区域后,如果我们能及时产生接近于共轭方向的搜索方向,就能较迅速地收敛到最优解.然而,对于 PRP 和 FR 算法来说,如果初始方向不取负梯度方向,则即使应用于二次函数,也往往不能产生 n 个共轭方向(参看习题 3.11).因此,我们设想,当在现行迭代点目标函数与正定二次函数很接近时,重新取负梯度方向为搜索方向,那么后面几次迭代,将产生近似的共轭方向,从而提高了算法的效率.

基于上述想法,对共轭梯度法进行如下修改:每迭代 n 或 $n+1$ 次,就重新取负梯度方向为搜索方向,这样得到的算法,称为 n 步重新开始的共轭梯度法.

算法 3.4.4　n 步重新开始的 PRP 共轭梯度法

给定控制误差 ε.

Step 1　给定初始点 $\boldsymbol{x}_1$, $k=1$.

Step 2　计算 $\boldsymbol{g}_k=\boldsymbol{g}(\boldsymbol{x}_k)$,若 $\|\boldsymbol{g}_k\|\leqslant\varepsilon$,则 $\boldsymbol{x}^*=\boldsymbol{x}_k$,停;否则,转 Step 3.

Step 3　若 k 是 $n+1$ 的倍数,则

$$\boldsymbol{p}_k=-\boldsymbol{g}_k.$$

否则,令

$$\boldsymbol{p}_k=-\boldsymbol{g}_k+\frac{\boldsymbol{g}_k^{\mathrm{T}}(\boldsymbol{g}_k-\boldsymbol{g}_{k-1})}{\boldsymbol{g}_{k-1}^{\mathrm{T}}\boldsymbol{g}_{k-1}}\boldsymbol{p}_{k-1}.$$

Step 4　由精确一维搜索确定步长 α_k,

$$f(\boldsymbol{x}_k+\alpha_k\boldsymbol{p}_k)=\min_{\alpha\geqslant 0}f(\boldsymbol{x}_k+\alpha\boldsymbol{p}_k).$$

Step 5　令 $\boldsymbol{x}_{k+1}=\boldsymbol{x}_k+\alpha_k\boldsymbol{p}_k$, $k=k+1$,转 Step 2.

如果在 Step 3 中,用 FR 公式代替 PRP 公式,则得到 n 步重新开始的 FR 共轭梯度法.

3.5 拟 Newton 法

我们已经知道,Newton 法具有收敛速度快的优点,但又有明显的缺点.虽然经过改进,可以克服缺点(1)、(2)、(3),但是 Newton 法还有一个主要缺点就是必须计算 Hesse 矩阵,这常常是使用它的主要障碍.一个自然的想法是采用梯度的差商近似 Hesse 阵来克服这个困难.然而,这又会导致其他的问题,诸如难以保证近似矩阵的正定性等,而且仍难以克服计算量大的困难.

为了减少 Newton 法在每一步的计算量,Davidon 于 1959 年提出了一个设想,其核心是仅用在每次迭代中得到的梯度信息来近似 Hesse 矩阵.这个设想导致了一类非常成功的算法,现在称之为拟 Newton 算法.本节将介绍 Broyden 族拟 Newton 算法,这类算法中包括两个最著名的算法:DFP 算法和 BFGS 算法.这两个算法(特别是后者),到目前为止是不用 Hesse 矩阵的算法中最有效者之一.

3.5.1 拟 Newton 法的基本思想

最速下降法和阻尼 Newton 法的迭代公式可以统一表示为

$$\boldsymbol{x}_{k+1} = \boldsymbol{x}_k - \alpha_k \boldsymbol{H}_k \boldsymbol{g}_k, \tag{3.34}$$

其中 α_k 为步长,$\boldsymbol{g}_k = \nabla f(\boldsymbol{x}_k)$,$\boldsymbol{H}_k$ 为 n 阶对称矩阵.

在式(3.34)中,若令 $\boldsymbol{H}_k = \boldsymbol{I}$,则是最速下降法;若令 $\boldsymbol{H}_k = \boldsymbol{G}_k^{-1}$,就是阻尼 Newton 法.前者具有较好的整体收敛性,但收敛速度太慢;后者虽收敛很快,但整体收敛性差,且需要计算二阶导数,计算量大.因此,如果能做到 $\boldsymbol{H}_k$ 的选取既能逐步逼近 $\boldsymbol{G}_k^{-1}$,又不需要计算二阶导数,那么由式(3.34)确定的算法就有可能比最速下降法快,又比 Newton 法计算简单,且整体收敛性好.为了使 $\boldsymbol{H}_k$ 确实能有上述特点,必须对 $\boldsymbol{H}_k$ 附加一些条件.

(1) $\boldsymbol{H}_k$ 是对称正定矩阵.

为使算法具有下降性质.显然,当 $\boldsymbol{H}_k$ 正定时,$\boldsymbol{g}_k^{\mathrm{T}}(-\boldsymbol{H}_k\boldsymbol{g}_k) = -\boldsymbol{g}_k^{\mathrm{T}}\boldsymbol{H}_k\boldsymbol{g}_k < 0$,从而 $\boldsymbol{p}_k = -\boldsymbol{H}_k\boldsymbol{g}_k$ 为下降方向.

(2) $\boldsymbol{H}_{k+1}$ 由 $\boldsymbol{H}_k$ 经简单形式修正而得,

$$\boldsymbol{H}_{k+1}=\boldsymbol{H}_k+\boldsymbol{E}_k, \tag{3.35}$$

其中 $\boldsymbol{E}_k$ 称为修正矩阵,式(3.35)称为修正公式.

(3) $\boldsymbol{H}_k$ 满足所谓的拟 Newton 方程(下面将推导此方程).

我们希望经过对任意初始矩阵 $\boldsymbol{H}_0$ 的逐步修正能得到 $\boldsymbol{G}_k{}^{-1}$ 的一个好的逼近.能做到这点的一个方法如下.

令

$$\boldsymbol{s}_k=\alpha_k\boldsymbol{p}_k=\boldsymbol{x}_{k+1}-\boldsymbol{x}_k, \tag{3.36}$$

$$\boldsymbol{y}_k=\boldsymbol{g}_{k+1}-\boldsymbol{g}_k, \tag{3.37}$$

由 Taylor 公式有

$$\boldsymbol{g}_k\approx\boldsymbol{g}_{k+1}+\boldsymbol{G}_{k+1}(\boldsymbol{x}_k-\boldsymbol{x}_{k+1}).$$

当 $\boldsymbol{G}_{k+1}$ 非奇异时,有

$$\boldsymbol{G}_{k+1}{}^{-1}\boldsymbol{y}_k\approx\boldsymbol{s}_k,$$

对于二次函数,上式为等式.

因为目标函数在极小点附近的性态与二次函数近似,所以一个合理的想法就是,如果使得 $\boldsymbol{H}_{k+1}$ 满足

$$\boldsymbol{H}_{k+1}\boldsymbol{y}_k=\boldsymbol{s}_k, \tag{3.38}$$

那么 $\boldsymbol{H}_{k+1}$ 就可以较好地近似 $\boldsymbol{G}_{k+1}{}^{-1}$.关系式(3.38)称为拟 Newton 方程.

显然,由于式(3.38)有 $\dfrac{n^2+n}{2}$ 个未知数,n 个方程,所以一般有无穷多个解,故由拟 Newton 方程确定的是一族算法,称之为拟 Newton 法.事实上有些拟 Newton 法不具备条件(1),通常称具备条件(1)的拟 Newton 法为变尺度法.

3.5.2 DFP 算法

DFP 算法是 Davidon(1959)提出的,后来 Fletcher 和 Powell(1963)作了改进,形成了 Davidon-Fletcher-Powell 算法,简称 DFP 算法.它是第一个被提出的拟 Newton 法,也是无约束最优化问题的最有效的算法之一,已被广泛地采用.

1 DFP 修正公式

如前所述,拟 Newton 法首先要解决的问题是如何构造矩阵列

$\{\boldsymbol{H}_k\}$,使其满足条件(1)~(3).我们希望式(3.35)中的 $\boldsymbol{E}_k$ 有简单的形式.考虑如下形式的修正矩阵

$$\boldsymbol{E}_k=\alpha\boldsymbol{u}\boldsymbol{u}^{\mathrm{T}}+\beta\boldsymbol{v}\boldsymbol{v}^{\mathrm{T}}.$$

其中 $\boldsymbol{u},\boldsymbol{v}$ 为 n 维待定向量.

由拟 Newton 方程有

$$\boldsymbol{s}_k=\boldsymbol{H}_k\boldsymbol{y}_k+\alpha\boldsymbol{u}\boldsymbol{u}^{\mathrm{T}}\boldsymbol{y}_k+\beta\boldsymbol{v}\boldsymbol{v}^{\mathrm{T}}\boldsymbol{y}_k,$$

满足这个方程的待定向量 $\boldsymbol{u}$ 和 $\boldsymbol{v}$ 有无穷多种取法.一个明显的取法是令 $\boldsymbol{u}=\boldsymbol{s}_k$ 和 $\boldsymbol{v}=H_k\boldsymbol{y}_k$,而 α 和 β 的值由 $\alpha\boldsymbol{u}^{\mathrm{T}}\boldsymbol{y}_k=1$ 及 $\beta\boldsymbol{v}^{\mathrm{T}}\boldsymbol{y}_k=-1$ 确定,利用 H_k 的对称性可导出公式(推导过程从略)

$$\boldsymbol{H}_{k+1}=\boldsymbol{H}_k-\frac{\boldsymbol{H}_k\boldsymbol{y}_k\boldsymbol{y}_k^{\mathrm{T}}\boldsymbol{H}_k}{\boldsymbol{y}_k^{\mathrm{T}}\boldsymbol{H}_k\boldsymbol{y}_k}+\frac{\boldsymbol{s}_k\boldsymbol{s}_k^{\mathrm{T}}}{\boldsymbol{y}_k^{\mathrm{T}}\boldsymbol{s}_k},\tag{3.39}$$

称此公式为 DFP 修正公式.

2　DFP 算法

算法 3.5.1　DFP 算法

给定控制误差 ε.

Step 1　给定初始点 $\boldsymbol{x}_0$,初始矩阵 $\boldsymbol{H}_0$(通常取单位阵),计算 $\boldsymbol{g}_0$,令 $k=0$.

Step 2　令 $\boldsymbol{p}_k=-\boldsymbol{H}_k\boldsymbol{g}_k$.

Step 3　由精确一维搜索确定步长 α_k,

$$f(\boldsymbol{x}_k+\alpha_k\boldsymbol{p}_k)=\min_{\alpha\geqslant 0}f(\boldsymbol{x}_k+\alpha\boldsymbol{p}_k).$$

Step 4　令 $\boldsymbol{x}_{k+1}=\boldsymbol{x}_k+\alpha_k\boldsymbol{p}_k$.

Step 5　若 $\|\boldsymbol{g}_{k+1}\|\leqslant\varepsilon$,则 $\boldsymbol{x}^*=\boldsymbol{x}_{k+1}$停;否则令

$$\boldsymbol{s}_k=\boldsymbol{x}_{k+1}-\boldsymbol{x}_k,\quad \boldsymbol{y}_k=\boldsymbol{g}_{k+1}-\boldsymbol{g}_k.$$

Step 6,由 DFP 修正公式(3.39)得 $\boldsymbol{H}_{k+1}$.令 $k=k+1$,转 Step 2.

例 3.5.1　用 DFP 算法求解

$$\min f(\boldsymbol{x})=x_1^2+2x_2^2-2x_1x_2-4x_1,$$

取 $\boldsymbol{x}_0=(1,1)^{\mathrm{T}}$,　$\boldsymbol{H}_0=\begin{pmatrix}1&0\\0&1\end{pmatrix}$.

解　$\boldsymbol{g}(\boldsymbol{x})=(2x_1-2x_2-4,-2x_1+4x_2)^{\mathrm{T}}$,$\boldsymbol{g}_0=(-4,2)^{\mathrm{T}}$,

$$\boldsymbol{p}_0 = -\boldsymbol{H}_0\boldsymbol{g}_0 = (4, -2)^{\mathrm{T}},$$

(i)求迭代点 $\boldsymbol{x}_1$,令

$$\varphi_0(\alpha) = f(\boldsymbol{x}_0 + \alpha\boldsymbol{p}_0) = 40\alpha^2 - 20\alpha - 3,$$

得 $\varphi_0(\alpha)$的极小点为 $\alpha_0 = \dfrac{1}{4}$,所以,

$$\boldsymbol{x}_1 = \boldsymbol{x}_0 + \alpha_0\boldsymbol{p}_0 = (2, 0.5)^{\mathrm{T}}, \boldsymbol{g}_1 = (-1, -2)^{\mathrm{T}},$$

$$\boldsymbol{s}_0 = \boldsymbol{x}_1 - \boldsymbol{x}_0 = (1, -0.5)^{\mathrm{T}}, \boldsymbol{y}_0 = \boldsymbol{g}_1 - \boldsymbol{g}_0 = (3, -4)^{\mathrm{T}}.$$

于是,由 DFP 修正公式有

$$\boldsymbol{H}_1 = \boldsymbol{H}_0 - \frac{\boldsymbol{H}_0\boldsymbol{y}_0\boldsymbol{y}_0^{\mathrm{T}}\boldsymbol{H}_0}{\boldsymbol{y}_0^{\mathrm{T}}\boldsymbol{H}_0\boldsymbol{y}_0} + \frac{\boldsymbol{s}_0\boldsymbol{s}_0^{\mathrm{T}}}{\boldsymbol{y}_0^{\mathrm{T}}\boldsymbol{s}_0} = \frac{1}{100}\begin{pmatrix} 84 & 38 \\ 38 & 41 \end{pmatrix}.$$

下一个搜索方向为

$$\boldsymbol{p}_1 = -\boldsymbol{H}_1\boldsymbol{g}_1 = \frac{1}{5}(8, 6)^{\mathrm{T}}.$$

(ii)求迭代点 $\boldsymbol{x}_2$,令

$$\varphi_1(\alpha) = f(\boldsymbol{x}_1 + \alpha\boldsymbol{p}_1) = \frac{8}{5}\alpha^2 - 4\alpha - 5.5,$$

其极小点为 $\alpha_1 = 5/4$,于是

$$\boldsymbol{x}_2 = \boldsymbol{x}_1 + \alpha_1\boldsymbol{p}_1 = (4, 2)^{\mathrm{T}}, \boldsymbol{g}_2 = (0, 0)^{\mathrm{T}}.$$

所以,$\boldsymbol{x}^* = \boldsymbol{x}_2 = (4, 2)^{\mathrm{T}}$,此时 $f^* = -8$,因 Hesse 阵 $\boldsymbol{G}(\boldsymbol{x}) = \boldsymbol{G} = \begin{pmatrix} 2 & -2 \\ -2 & 4 \end{pmatrix}$为正定阵,$f(\boldsymbol{x})$为严格凸函数,所以 $\boldsymbol{x}^*$ 为整体极小点.

还可以验证,再用一次 DFP 修正公式则得

$$\boldsymbol{H}_2 = \boldsymbol{G}^{-1} = \begin{pmatrix} 2 & -2 \\ -2 & 4 \end{pmatrix}^{-1}.$$

由上述计算过程知,对所给的二维正定二次函数,DFP 算法只需迭代两次,就可得到极小点,因此,是非常有效的.事实上,对一般的 n 维正定二次函数,DFP 算法具有二次终止性.

对于一般函数,DFP 算法的效果也很好,它比最速下降法以及共轭梯度法要有效得多.DFP 算法具有下列一些重要的性质.

(1)对于正定二次函数:

(i)至多经过 n 次迭代即终止,且 $\boldsymbol{H}_n=\boldsymbol{G}^{-1}$;

(ii)保持满足前面的拟 Newton 方程

$$\boldsymbol{H}_i\boldsymbol{y}_j=\boldsymbol{s}_j,\quad j=0,1,\cdots,i-1;$$

(iii)产生的搜索方向是共轭方向;

(2)对于一般函数:

(iv)保持矩阵 $\boldsymbol{H}_k$ 的正定性,从而确保了算法的下降性;

(v)算法为超线性收敛速度;

(vi)对于凸函数是整体收敛的;

(vii)每次迭代需要 $3n^2+o(n)$ 次乘法运算(注意 Newton 法需要 $\frac{1}{6}n^3+o(n^2)$ 次).

以下两段将证明上述部分性质.

3　DFP 修正公式的正定继承性

在介绍拟 Newton 法的基本思想时,我们曾希望矩阵列 $\{\boldsymbol{H}_k\}$ 是正定的,这样才能保证算法的下降性.本段将证明由 DFP 算法产生的矩阵列 $\{\boldsymbol{H}_k\}$ 是正定的.为此,先给出一个引理.

引理 3.5.1　设 $\boldsymbol{H}_+=\boldsymbol{H}-\dfrac{\boldsymbol{Hyy}^{\mathrm T}\boldsymbol{H}}{\boldsymbol{y}^{\mathrm T}\boldsymbol{Hy}}+\dfrac{\boldsymbol{ss}^{\mathrm T}}{\boldsymbol{y}^{\mathrm T}\boldsymbol{s}}$,$\boldsymbol{H}$ 为正定矩阵,$\boldsymbol{y},\boldsymbol{s}\in\mathbf{R}^n$ 且 $\boldsymbol{y}\neq\mathbf{0},\boldsymbol{s}\neq\mathbf{0}$,则 $\boldsymbol{H}_+$ 为正定矩阵的充分必要条件是

$$\boldsymbol{y}^{\mathrm T}\boldsymbol{s}>0.$$

证　必要性.

由 $\boldsymbol{H}_+$ 正定,$\boldsymbol{y}\neq\mathbf{0}$ 知 $\boldsymbol{y}^{\mathrm T}\boldsymbol{H}_+\boldsymbol{y}>0$,又

$$\boldsymbol{y}^{\mathrm T}\boldsymbol{H}_+\boldsymbol{y}=\boldsymbol{y}^{\mathrm T}\left[\boldsymbol{H}-\frac{\boldsymbol{Hyy}^{\mathrm T}\boldsymbol{H}}{\boldsymbol{y}^{\mathrm T}\boldsymbol{Hy}}+\frac{\boldsymbol{ss}^{\mathrm T}}{\boldsymbol{y}^{\mathrm T}\boldsymbol{s}}\right]\boldsymbol{y}=\boldsymbol{y}^{\mathrm T}\boldsymbol{s},$$

故 $\boldsymbol{y}^{\mathrm T}\boldsymbol{s}>0$.

充分性.

任取 $\boldsymbol{x}\in\mathbf{R}^n,\boldsymbol{x}\neq\mathbf{0}$,则

$$\begin{aligned}\boldsymbol{x}^{\mathrm T}\boldsymbol{H}_+\boldsymbol{x}&=\boldsymbol{x}^{\mathrm T}\boldsymbol{Hx}-\frac{\boldsymbol{x}^{\mathrm T}\boldsymbol{Hyy}^{\mathrm T}\boldsymbol{Hx}}{\boldsymbol{y}^{\mathrm T}\boldsymbol{Hy}}+\frac{(\boldsymbol{s}^{\mathrm T}\boldsymbol{x})^2}{\boldsymbol{y}^{\mathrm T}\boldsymbol{s}}\\&=\frac{\boldsymbol{x}^{\mathrm T}\boldsymbol{Hxy}^{\mathrm T}\boldsymbol{Hy}-\boldsymbol{x}^{\mathrm T}\boldsymbol{Hyy}^{\mathrm T}\boldsymbol{Hx}}{\boldsymbol{y}^{\mathrm T}\boldsymbol{Hy}}+\frac{(\boldsymbol{s}^{\mathrm T}\boldsymbol{x})^2}{\boldsymbol{y}^{\mathrm T}\boldsymbol{s}}.\end{aligned}$$

因为 $\boldsymbol{H}$ 正定，所以存在正定矩阵 $\boldsymbol{D}$，使 $\boldsymbol{H}=\boldsymbol{D}^2$，令 $\boldsymbol{u}=\boldsymbol{Dx}$，$\boldsymbol{v}=\boldsymbol{Dy}$，则有

$$\boldsymbol{x}^{\mathrm{T}}\boldsymbol{H}_{+}\boldsymbol{x}=\frac{\boldsymbol{u}^{\mathrm{T}}\boldsymbol{u}\boldsymbol{v}^{\mathrm{T}}\boldsymbol{v}-(\boldsymbol{u}^{\mathrm{T}}\boldsymbol{v})^2}{\boldsymbol{y}^{\mathrm{T}}\boldsymbol{H}\boldsymbol{y}}+\frac{(\boldsymbol{s}^{\mathrm{T}}\boldsymbol{x})^2}{\boldsymbol{y}^{\mathrm{T}}\boldsymbol{s}}. \tag{3.40}$$

由 Cauchy-Schwartz 不等式

$$(\boldsymbol{u}^{\mathrm{T}}\boldsymbol{v})^2\leqslant\boldsymbol{u}^{\mathrm{T}}\boldsymbol{u}\boldsymbol{v}^{\mathrm{T}}\boldsymbol{v},\quad\forall\,\boldsymbol{u},\boldsymbol{v}\in\mathbf{R}^n,$$

上式等号当且仅当 $\boldsymbol{u}=\beta\boldsymbol{v}(\beta\neq0)$ 时成立. 因此式(3.40)右端第一项大于等于零，且仅当 $\boldsymbol{u}=\beta\boldsymbol{v}(\beta\neq0)$ 时等于零；而此时式(3.40)右端第二项

$$\frac{(\boldsymbol{s}^{\mathrm{T}}\boldsymbol{x})^2}{\boldsymbol{y}^{\mathrm{T}}\boldsymbol{s}}=\frac{(\beta\boldsymbol{s}^{\mathrm{T}}\boldsymbol{y})^2}{\boldsymbol{y}^{\mathrm{T}}\boldsymbol{s}}=\beta^2\boldsymbol{s}^{\mathrm{T}}\boldsymbol{y}>0.$$

故总有　$\boldsymbol{x}^{\mathrm{T}}H_{+}\boldsymbol{x}>0$.

由 $\boldsymbol{x}$ 的任意性知，$\boldsymbol{H}_{+}$ 正定. □

定理 3.5.2　(DFP 修正公式的正定继承性)在 DFP 算法中，如果初始矩阵 $\boldsymbol{H}_0$ 正定，则整个矩阵列 $\{\boldsymbol{H}_k\}$ 都是正定的.

证　用归纳法.

当 $k=0$ 时，$\boldsymbol{H}_0$ 正定.

假设 $k=i$ 时，$\boldsymbol{H}_i$ 是正定的，且 $\boldsymbol{g}_i\neq\mathbf{0}$(否则迭代终止)，要证 $\boldsymbol{H}_{i+1}$ 也是正定的. 由引理 3.5.1 知，这只须证明 $\boldsymbol{y}_i{}^{\mathrm{T}}\boldsymbol{s}_i>0$，由 $\boldsymbol{y}_i$，$\boldsymbol{s}_i$ 的定义，

$$\boldsymbol{y}_i{}^{\mathrm{T}}\boldsymbol{s}_i=(\boldsymbol{g}_{i+1}-\boldsymbol{g}_i)^{\mathrm{T}}(-\alpha_i\boldsymbol{H}_i\boldsymbol{g}_i)=-\alpha_i\boldsymbol{g}_{i+1}{}^{\mathrm{T}}\boldsymbol{H}_i\boldsymbol{g}_i+\alpha_i\boldsymbol{g}_i{}^{\mathrm{T}}\boldsymbol{H}_i\boldsymbol{g}_i.$$

再由精确步长 α_i 的性质知，$\boldsymbol{g}_{i+1}{}^{\mathrm{T}}H_i\boldsymbol{g}_i=0$. 又因 $\boldsymbol{H}_i$ 正定，$-\boldsymbol{H}_i\boldsymbol{g}_i$ 为下降方向，故 $\alpha_i>0$，于是

$$\boldsymbol{y}_i{}^{\mathrm{T}}\boldsymbol{s}_i=\alpha_i\boldsymbol{g}_i{}^{\mathrm{T}}\boldsymbol{H}_i\boldsymbol{g}_i>0.$$

从而 $\boldsymbol{H}_{i+1}$ 正定. □

4　DFP 算法的二次终止性

下面证明 DFP 算法具有二次终止性，即把算法应用于正定二次函数

$$f(\boldsymbol{x})=\frac{1}{2}\boldsymbol{x}^{\mathrm{T}}\boldsymbol{G}\boldsymbol{x}+\boldsymbol{b}^{\mathrm{T}}\boldsymbol{x}+c \tag{3.41}$$

时，至多迭代 n 次即可得到极小点. 这里 $\boldsymbol{G}$ 为 n 阶对称正定矩阵，$\boldsymbol{b}\in\mathbf{R}^n$，$c\in\mathbf{R}^1$.

定理 3.5.3 将 DFP 算法(算法 3.5.1)用于目标函数(3.41).设初始矩阵 $\boldsymbol{H}_0$ 是正定的,产生的迭代点是互异的,并设产生的搜索方向为 $\boldsymbol{p}_0,\boldsymbol{p}_1,\cdots,\boldsymbol{p}_k$,则

(i) $\boldsymbol{p}_i^{\mathrm{T}}\boldsymbol{G}\boldsymbol{p}_j=0,\quad 0\leqslant i<j\leqslant k$;

(ii) $\boldsymbol{H}_k\boldsymbol{y}_i=\boldsymbol{s}_i,\quad 0\leqslant i\leqslant k-1$.

证 对 k 用归纳法,注意 $\boldsymbol{s}_i=\boldsymbol{x}_{i+1}-\boldsymbol{x}_i=\alpha_i\boldsymbol{p}_i$, $\boldsymbol{y}_i=\boldsymbol{g}_{i+1}-\boldsymbol{g}_i=\boldsymbol{G}(\boldsymbol{x}_{i+1}-\boldsymbol{x}_i)=\boldsymbol{G}\boldsymbol{s}_i$.

当 $k=1$ 时,由拟 Newton 方程,显然有

$$\boldsymbol{H}_1\boldsymbol{y}_0=\boldsymbol{s}_0$$

成立,而

$$\begin{aligned}\boldsymbol{p}_0^{\mathrm{T}}\boldsymbol{G}\boldsymbol{p}_1&=(\boldsymbol{G}\boldsymbol{p}_0)^{\mathrm{T}}\boldsymbol{p}_1=-\frac{1}{\alpha_0}(\boldsymbol{G}\boldsymbol{s}_0)^{\mathrm{T}}\boldsymbol{H}_1\boldsymbol{g}_1\\&=-\frac{1}{\alpha_0}\boldsymbol{y}_0^{\mathrm{T}}\boldsymbol{H}_1\boldsymbol{g}_1=-\frac{1}{\alpha_0}\boldsymbol{g}_1^{\mathrm{T}}\boldsymbol{s}_0=-\boldsymbol{g}_1^{\mathrm{T}}\boldsymbol{p}_0=0,\end{aligned}$$

故 $k=1$ 时结论成立.

设 $k=l$ 时结论成立,要证 $k=l+1$ 时亦成立,由归纳假设知

$$\boldsymbol{p}_i^{\mathrm{T}}\boldsymbol{G}\boldsymbol{p}_j=0,\quad 0\leqslant i<j\leqslant l,\tag{3.42}$$

$$\boldsymbol{H}_l\boldsymbol{y}_i=\boldsymbol{s}_i,\quad 0\leqslant i\leqslant l-1,\tag{3.43}$$

当 $k=l+1$ 时,对于 $0\leqslant i\leqslant l-1$,有

$$\begin{aligned}\boldsymbol{H}_{l+1}\boldsymbol{y}_i&=\left[\boldsymbol{H}_l-\frac{\boldsymbol{H}_l\boldsymbol{y}_l\boldsymbol{y}_l^{\mathrm{T}}\boldsymbol{H}_l}{\boldsymbol{y}_l^{\mathrm{T}}\boldsymbol{H}_l\boldsymbol{y}_l}+\frac{\boldsymbol{s}_l\boldsymbol{s}_l^{\mathrm{T}}}{\boldsymbol{y}_l^{\mathrm{T}}\boldsymbol{s}_l}\right]\boldsymbol{y}_i\\&=\boldsymbol{H}_l\boldsymbol{y}_i-\frac{\boldsymbol{H}_l\boldsymbol{y}_l\boldsymbol{y}_l^{\mathrm{T}}\boldsymbol{H}_l\boldsymbol{y}_i}{\boldsymbol{y}_l^{\mathrm{T}}\boldsymbol{H}_l\boldsymbol{y}_l}+\frac{\boldsymbol{s}_l\boldsymbol{s}_l^{\mathrm{T}}\boldsymbol{y}_i}{\boldsymbol{y}_l^{\mathrm{T}}\boldsymbol{s}_l}\\&=\boldsymbol{s}_i-\frac{\boldsymbol{H}_l\boldsymbol{y}_l(\boldsymbol{y}_l^{\mathrm{T}}\boldsymbol{s}_i)}{\boldsymbol{y}_l^{\mathrm{T}}\boldsymbol{H}_l\boldsymbol{y}_l}+\frac{\boldsymbol{s}_l\boldsymbol{s}_l^{\mathrm{T}}\boldsymbol{G}\boldsymbol{s}_i}{\boldsymbol{y}_l^{\mathrm{T}}\boldsymbol{s}_l}\\&=\boldsymbol{s}_i-\frac{\boldsymbol{H}_l\boldsymbol{y}_l(\boldsymbol{s}_l^{\mathrm{T}}\boldsymbol{G}\boldsymbol{s}_i)}{\boldsymbol{y}_l^{\mathrm{T}}\boldsymbol{H}_l\boldsymbol{y}_l}+\frac{\boldsymbol{s}_l(\boldsymbol{s}_l^{\mathrm{T}}\boldsymbol{G}\boldsymbol{s}_i)}{\boldsymbol{y}_l^{\mathrm{T}}\boldsymbol{s}_l}.\end{aligned}$$

由式(3.42)及 $\boldsymbol{s}_i=\alpha_i\boldsymbol{p}_i$ 知,上式右端后二项为 $\mathbf{0}$,故

$$\boldsymbol{H}_{l+1}\boldsymbol{y}_i=\boldsymbol{s}_i\tag{3.44}$$

对 $0\leqslant i\leqslant l-1$ 成立,又由拟 Newton 方程, $\boldsymbol{H}_{l+1}\boldsymbol{y}_l=\boldsymbol{s}_l$,所以式(3.44)对

于$0\leqslant i\leqslant l$成立.

下面再证

$$\boldsymbol{p}_i^{\mathrm{T}}\boldsymbol{G}\boldsymbol{p}_j=0,\quad 0\leqslant i<j\leqslant l+1. \tag{3.45}$$

由式(3.42)知,只需证明

$$\boldsymbol{p}_i^{\mathrm{T}}\boldsymbol{G}\boldsymbol{p}_{l+1}=0$$

对于$0\leqslant i\leqslant l$成立.事实上,

$$\begin{aligned}\boldsymbol{p}_i^{\mathrm{T}}\boldsymbol{G}\boldsymbol{p}_{l+1}&=(\boldsymbol{G}\boldsymbol{p}_i)^{\mathrm{T}}\boldsymbol{p}_{l+1}=\frac{1}{\alpha_i}\boldsymbol{y}_i^{\mathrm{T}}(-\boldsymbol{H}_{l+1}\boldsymbol{g}_{l+1})\\&=-\frac{1}{\alpha_i}\boldsymbol{s}_i^{\mathrm{T}}\boldsymbol{g}_{l+1}=-\boldsymbol{g}_{l+1}^{\mathrm{T}}\boldsymbol{p}_i\\&=-[\boldsymbol{g}_{i+1}+\sum_{j=i+1}^{l}\boldsymbol{y}_j]^{\mathrm{T}}\boldsymbol{p}_i\\&=-\boldsymbol{g}_{i+1}^{\mathrm{T}}\boldsymbol{p}_i-\sum_{j=i+1}^{l}(\boldsymbol{s}_j^{\mathrm{T}}\boldsymbol{G}\boldsymbol{p}_i)\\&=0.\end{aligned}$$

因此,对于$k=l+1$,结论仍成立. □

推论　(DFP算法的二次终止性)在定理3.5.3的条件下,我们有

(i)DFP算法至多迭代n次就可得到极小点,即存在$k_0(0\leqslant k_0\leqslant n)$,使$\boldsymbol{x}_{k_0}=\boldsymbol{x}^*$.

(ii)若$\boldsymbol{x}_k\neq\boldsymbol{x}^*$,$0\leqslant k\leqslant n-1$,则$\boldsymbol{H}_n=\boldsymbol{G}^{-1}$.

证　由定理3.5.3知,DFP算法是一种共轭方向法,因而结论(i)成立.

若$\forall k,0\leqslant k\leqslant n-1,\boldsymbol{x}_k\neq\boldsymbol{x}^*$,则DFP算法产生$n$个共轭方向$\boldsymbol{p}_0,\boldsymbol{p}_1,\cdots,\boldsymbol{p}_{n-1}$,因而$\boldsymbol{p}_0,\boldsymbol{p}_1,\cdots,\boldsymbol{p}_{n-1}$线性无关,故$\boldsymbol{s}_0,\boldsymbol{s}_1,\cdots,\boldsymbol{s}_{n-1}$线性无关,又由定理3.5.3,有

$$\boldsymbol{H}_n\boldsymbol{y}_i=\boldsymbol{H}_n\boldsymbol{G}\boldsymbol{s}_i=\boldsymbol{s}_i,\quad i=0,1,\cdots,n-1,$$

即

$$\boldsymbol{H}_n\boldsymbol{G}(\boldsymbol{s}_0,\boldsymbol{s}_1,\cdots,\boldsymbol{s}_{n-1})=(\boldsymbol{s}_0,\boldsymbol{s}_1,\cdots,\boldsymbol{s}_{n-1}),$$

其中$(\boldsymbol{s}_0,\boldsymbol{s}_1,\cdots,\boldsymbol{s}_{n-1})$表示以$\boldsymbol{s}_0,\boldsymbol{s}_1,\cdots,\boldsymbol{s}_{n-1}$为列的矩阵.由$\boldsymbol{s}_0,\boldsymbol{s}_1,\cdots,\boldsymbol{s}_{n-1}$线性无关知,$(\boldsymbol{s}_0,\boldsymbol{s}_1,\cdots,\boldsymbol{s}_{n-1})$是非奇异矩阵,所以$\boldsymbol{H}_n\boldsymbol{G}=\boldsymbol{I}$,即$\boldsymbol{H}_n$

$= \boldsymbol{G}^{-1}$成立. □

3.5.3 Broyden 族拟 Newton 法,BFGS 算法

DFP 算法并非唯一的拟 Newton 法,也不是最好的拟 Newton 法,下面介绍一族拟 Newton 算法,是 Broyden(1967)提出的.这族算法包括无穷多个算法,其中最著名的,除了 DFP 算法外,还有 BFGS 算法和对称秩 1 算法.

1 Broyden 族拟 Newton 算法

Broyden 于 1967 年提出了一族修正公式

$$\boldsymbol{H}_{k+1}{}^{\varphi} = \boldsymbol{H}_k - \frac{\boldsymbol{H}_k\boldsymbol{y}_k\boldsymbol{y}_k{}^{\mathrm{T}}\boldsymbol{H}_k}{\boldsymbol{y}_k{}^{\mathrm{T}}\boldsymbol{H}_k\boldsymbol{y}_k} + \frac{\boldsymbol{s}_k\boldsymbol{s}_k{}^{\mathrm{T}}}{\boldsymbol{y}_k{}^{\mathrm{T}}\boldsymbol{s}_k} + \varphi\boldsymbol{w}_k\boldsymbol{w}_k{}^{\mathrm{T}}, \tag{3.46}$$

其中 φ 为参数,可取任何实数,而

$$\bar{\boldsymbol{w}}_k = (\boldsymbol{y}_k{}^{\mathrm{T}}\boldsymbol{H}_k\boldsymbol{y}_k)^{\frac{1}{2}}\left(\frac{\boldsymbol{s}_k}{\boldsymbol{y}_k{}^{\mathrm{T}}\boldsymbol{s}_k} - \frac{\boldsymbol{H}_k\boldsymbol{y}_k}{\boldsymbol{y}_k{}^{\mathrm{T}}\boldsymbol{H}_k\boldsymbol{y}_k}\right). \tag{3.47}$$

这族公式被称为 Broyden 族修正公式.容易证明,对任意 φ,由式(3.46)得到的 $\boldsymbol{H}_{k+1}$满足拟 Newton 方程.

把算法 3.5.1 中涉及 DFP 修正公式的部分换成式(3.46),就得到了一族拟 Newton 算法,称之为 Broyden 族拟 Newton 算法.

显然,当取 $\varphi = 0$ 时,Broyden 族给出的修正公式就是 DFP 修正公式.在式(3.46)中取

$$\varphi = \boldsymbol{y}_k{}^{\mathrm{T}}\boldsymbol{s}_k/(\boldsymbol{s}_k - \boldsymbol{H}_k\boldsymbol{y}_k)^{\mathrm{T}}\boldsymbol{y}_k, \tag{3.48}$$

得到如下修正公式

$$\boldsymbol{H}_{k+1} = \boldsymbol{H}_k - \frac{(\boldsymbol{s}_k - \boldsymbol{H}_k\boldsymbol{y}_k)(\boldsymbol{s}_k - \boldsymbol{H}_k\boldsymbol{y}_k)^{\mathrm{T}}}{\boldsymbol{y}_k{}^{\mathrm{T}}(\boldsymbol{s}_k - \boldsymbol{H}_k\boldsymbol{y}_k)}, \tag{3.49}$$

这个公式被称为对称秩 1 公式.通常它不能保证$\{\boldsymbol{H}_k\}$的正定性.另外,公式(3.49)中的分母可能取零值,于是修正公式不再有意义,因此,它不适合用于算法 3.5.1 的框架中.然而,它有一个突出的优点,就是往往比别的修正公式逼近 $\boldsymbol{G}_k{}^{-1}$的程度高.利用这个特点,近来把它用于其他类型的算法框架中,如用于信赖域算法,取得了很好的效果.

如果采用精确一维搜索,则 Broyden 族算法中的算法具有和 DFP 算法类似的性质.这一点为 Dixon(1972)所证明.Dixon 证明了下面的定

理(为节省篇幅,我们略去证明,有兴趣的读者可参看参考文献[14]).

定理 3.5.4　设 $f(\boldsymbol{x})$ 为 $\mathbf{R}^n$ 上连续可微函数,给定 $\boldsymbol{x}_0,\boldsymbol{H}_0$,则由 Broyden 族算法产生的点列 $\{\boldsymbol{x}_k\}$ 与参数 φ 无关,即 Broyden 族算法产生相同的点列.

利用 Dixon 定理,我们可以把 DFP 算法的性质推广到覆盖整个 Broyden 族算法.比如具有二次终止性、整体收敛性和超线性收敛性等性质.

2　BFGS 算法

在式(3.46)中令 $\varphi=1$,得一个新修正公式

$$\boldsymbol{H}_{k+1}=\boldsymbol{H}_k-\frac{\boldsymbol{H}_k\boldsymbol{y}_k\boldsymbol{y}_k^{\mathrm{T}}\boldsymbol{H}_k}{\boldsymbol{y}_k^{\mathrm{T}}\boldsymbol{H}_k\boldsymbol{y}_k}+\frac{\boldsymbol{s}_k\boldsymbol{s}_k^{\mathrm{T}}}{\boldsymbol{y}_k^{\mathrm{T}}\boldsymbol{s}_k}+\boldsymbol{w}_k\boldsymbol{w}_k^{\mathrm{T}}, \tag{3.50}$$

其中 $\boldsymbol{w}_k$ 由式(3.47)给出.这个公式是由 Broyden、Fletcher、Goldfarb 和 Shanno 于 1970 年各自独立地从不同角度出发得到的.它替换算法 3.5.1 中的 DFP 修正公式(3.39),就得到著名的 BFGS(Broyden-Fletcher-Goldfarb-Shanno)算法.

在实际计算中,由于舍入误差的存在以及一维搜索的不精确,DFP 算法的效率会受到很大影响,但 BFGS 算法所受影响要小得多.特别是采用非精确一维搜索时,DFP 算法效率很低,然而 BFGS 算法却仍然十分有效.目前 BFGS 算法被公认为最好的拟 Newton 算法.

3.6　Powell 方向加速法

前面几节所介绍的算法都要用到目标函数 $f(\boldsymbol{x})$ 的一阶或二阶导数,但实际问题中所遇到的目标函数有时很复杂,其一、二阶导数或是很复杂或是难以求得,甚至有时连目标函数的解析表达式也不知道,只能通过直接测量得到某些点上的函数值.这时,前面所介绍的解析法就不适用了,而应采用不使用导数的直接法.

直接法一般对目标函数的解析性质不作苛刻要求,因而就目标函数的类型而言,适用面较广.但是,正因为直接法一般不利用函数的解析性质,所以收敛速度较慢,同时计算量也往往随问题维数的增加而迅

速增大.

本节将介绍直接法中最有效者之一:Powell 方向加速法.

3.6.1 Powell 原始算法

考虑正定二次函数

$$f(\boldsymbol{x})=\frac{1}{2}\boldsymbol{x}^{\mathrm{T}}\boldsymbol{G}\boldsymbol{x}+\boldsymbol{b}^{\mathrm{T}}\boldsymbol{x}+c,\quad \boldsymbol{x}\in\mathbf{R}^{n}.$$

当 $n=2$ 时,其等值线是一族椭圆(见图 3-2).这族椭圆的共同中心 $\boldsymbol{x}^*$ 就是函数的极小点.

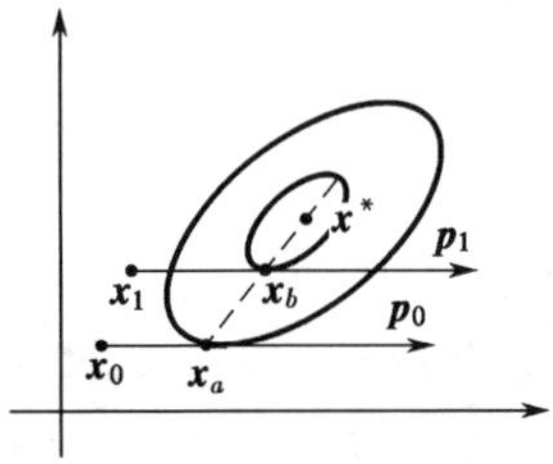

图 3-2

如果我们从不同的初始点 $\boldsymbol{x}_0,\boldsymbol{x}_1$ 出发,沿同一方向 $\boldsymbol{p}_0$ 进行一维搜索求出极小点 $\boldsymbol{x}_a,\boldsymbol{x}_b$,那么连接这两个点的直线必通过 $\boldsymbol{x}^*$.因此,沿该直线方向(记为 $\boldsymbol{p}_1$,显然 $\boldsymbol{p}_1/\!/(\boldsymbol{x}_b-\boldsymbol{x}_a)$)求极小点就得 $\boldsymbol{x}^*$.这就是说,从 $\boldsymbol{x}_0$ 出发,依次沿方向 $\boldsymbol{p}_0$ 和 $\boldsymbol{p}_1$ 进行一维搜索,就可得到极小点.由前面所讲的共轭方向是具有这种性质的.因此,我们推测 $\boldsymbol{p}_0,\boldsymbol{p}_1$ 是共轭的,事实确是如此.现在我们来考虑 n 维情形.有如下定理.

定理 3.6.1 对于 n 维正定二次函数

$$f(\boldsymbol{x})=\frac{1}{2}\boldsymbol{x}^{\mathrm{T}}\boldsymbol{G}\boldsymbol{x}+\boldsymbol{b}^{\mathrm{T}}\boldsymbol{x}+c,$$

设 $\boldsymbol{p}_0,\boldsymbol{p}_1,\cdots,\boldsymbol{p}_{k-1}(k<n)$关于 $\boldsymbol{G}$ 共轭,$\boldsymbol{x}_0$ 与 $\boldsymbol{x}_1$ 为不同的任意两点,分别从 $\boldsymbol{x}_0$ 与 $\boldsymbol{x}_1$ 出发,依次沿 $\boldsymbol{p}_0,\boldsymbol{p}_1,\cdots,\boldsymbol{p}_{k-1}$进行一维搜索,并设最后一次搜索得到的极小点为 $\boldsymbol{x}_a$ 和 $\boldsymbol{x}_b$.如果 $\boldsymbol{x}_a\neq\boldsymbol{x}_b$,则 $\boldsymbol{x}_b-\boldsymbol{x}_a$ 与 $\boldsymbol{p}_0,\boldsymbol{p}_1,\cdots,\boldsymbol{p}_{k-1}$关于 $\boldsymbol{G}$ 共轭,即

$$(x_b-\boldsymbol{x}_a)^{\mathrm{T}}\boldsymbol{G}\boldsymbol{p}_i=0,\quad i=0,1,\cdots,k-1.$$

证 由定理条件,根据式(3.23)有

$$\boldsymbol{p}_i^{\mathrm{T}}\boldsymbol{g}(\boldsymbol{x}_a)=0,\quad i=0,1,\cdots,k-1,$$

$$\boldsymbol{p}_i^{\mathrm{T}}\boldsymbol{g}(\boldsymbol{x}_b)=0,\quad i=0,1,\cdots,k-1,$$

两式相减得

$$\boldsymbol{p}_i^{\mathrm{T}}[\boldsymbol{g}(\boldsymbol{x}_a)-\boldsymbol{g}(\boldsymbol{x}_b)]=0,\quad i=0,1,\cdots,k-1,$$

而 $\boldsymbol{g}(\boldsymbol{x}_a)-\boldsymbol{g}(\boldsymbol{x}_b)=\boldsymbol{G}(\boldsymbol{x}_a-\boldsymbol{x}_b)$,故

$$\boldsymbol{p}_i^{\mathrm{T}}\boldsymbol{G}(\boldsymbol{x}_b-\boldsymbol{x}_a)=0,\quad i=0,1,\cdots,k-1$$

成立.

□

这个定理告诉我们,通过在不同起点沿同一方向求极小的方法可以产生共轭方向.Powell 正是基于这一思想,于 1964 年提出了所谓的方向加速法.其核心思想是:在迭代过程 的每个阶段都进行 $n+1$ 次一维搜索.首先依次沿给定的 n 个线性无关的方向 $\boldsymbol{p}_0,\boldsymbol{p}_1,\cdots,\boldsymbol{p}_{n-1}$ 进行一维搜索;再沿由这一阶段的起点到第 n 次搜索所得到的点的连线方向 $\boldsymbol{p}$ 进行一次一维搜索,并把这次所得点作为下一阶段的起点,下一阶段的 n 个搜索方向为 $\boldsymbol{p}_1,\boldsymbol{p}_2,\cdots,\boldsymbol{p}_{n-1},\boldsymbol{p}$.

下面给出 Powell 算法的原始算法.

算法 3.6.1 Powell 原始算法

给定控制误差 $\varepsilon>0$,初始点 $\boldsymbol{x}_0$,设 $\boldsymbol{e}_1,\boldsymbol{e}_2,\cdots,\boldsymbol{e}_n$ 分别为 n 个坐标轴上的单位向量.

Step 1 令 $\boldsymbol{p}_i=\boldsymbol{e}_{i+1},\quad i=0,1,\cdots,n-1$.

Step 2 依次沿 $\boldsymbol{p}_i,\quad i=0,1,\cdots,n-1$ 进行一维搜索,得步长 α_i

$$f(\boldsymbol{x}_i+\alpha_i\boldsymbol{p}_i)=\min_{\alpha\geqslant 0}f(\boldsymbol{x}_i+\alpha\boldsymbol{p}_i),$$

令 $$\boldsymbol{x}_{i+1}=\boldsymbol{x}_i+\alpha_i\boldsymbol{p}_i.$$

Step 3 令 $\boldsymbol{p}_n=(\boldsymbol{x}_n-\boldsymbol{x}_0)/\|\boldsymbol{x}_n-\boldsymbol{x}_0\|$,再令 $\boldsymbol{p}_i=\boldsymbol{p}_{i+1},i=0,1,2,\cdots,n-1$.

Step 4 进行一维搜索

$$f(\boldsymbol{x}_n+\alpha_n\boldsymbol{p}_{n-1})=\min_{\alpha\geqslant 0}f(\boldsymbol{x}_n+\alpha\boldsymbol{p}_{n-1}),$$

令 $$\boldsymbol{x}_{n+1}=\boldsymbol{x}_n+\alpha_n\boldsymbol{p}_{n-1}.$$

Step 5 若 $\|\boldsymbol{x}_{n+1}-\boldsymbol{x}_0\|\leqslant\varepsilon$,则 $\boldsymbol{x}^*=\boldsymbol{x}_{n+1}$,停;否则转 Step 6.

Step 6 令 $\boldsymbol{x}_0=\boldsymbol{x}_{n+1}$,转 Step 2.

根据定理 3.6.1,对于正定二次函数 $f(\boldsymbol{x})=\frac{1}{2}\boldsymbol{x}^{\mathrm{T}}\boldsymbol{G}\boldsymbol{x}+\boldsymbol{b}^{\mathrm{T}}\boldsymbol{x}+c$,上述算法各阶段的出发点和终止点所确定的向量必是关于 $\boldsymbol{G}$ 共轭的,故

至多经过 n 个阶段的迭代就可以求得极小点.因为此算法是在迭代中逐次生成共轭方向,而共轭方向又是较好的搜索方向,所以称之为方向加速法.

但是后来发现,有时用此算法产生的 n 个向量可能线性相关或近似线性相关,这时张不成 n 维空间,所以可能得不到真正的极小点.因此,Powell 原始算法并不很实用.

为了克服上述缺点,Powell 对其原始算法进行了改进.改进后的算法虽不再具有二次终止性,但确实克服了搜索方向的线性相关的不利情形.Pwoell 改进算法是较有效的直接法之一.

3.6.2　Powell 改进算法

Powell 原始算法之所以可能产生线性相关的向量组,是因为该算法的每一阶段都固定地用新产生的搜索方向 $\boldsymbol{x}_n-\boldsymbol{x}_0$ 替换原向量组中的第一个向量 $\boldsymbol{p}_0$,而不管这种替换的效果.因此,在改进的算法中,Powell 放弃逐个替换搜索方向的原则,而是设法使替换后所得的 n 个方向越来越接近共轭方向.就是说,新的原则是要在 $\boldsymbol{x}_n-\boldsymbol{x}_0,\boldsymbol{p}_0,\boldsymbol{p}_1,\cdots,\boldsymbol{p}_{n-1}$这 $n+1$ 个方向中选出 n 个最接近共轭的方向.经过较冗长的推导,Powell 找到了满足上述新原则的较简单替换方法.为节省篇幅,本节略去推导过程,有兴趣的读者可参看参考文献[13].

下面给出 Powell 改进算法.

算法 3.6.2　Powell 改进算法

给定控制误差 $\varepsilon>0$,初始点 $\boldsymbol{x}_0$,设 $\boldsymbol{e}_1,\boldsymbol{e}_2,\cdots,\boldsymbol{e}_n$ 为 n 个坐标轴上的单位向量.令 $k=1$.

Step 1　计算 $f_0=f(\boldsymbol{x}_0)$,令 $\boldsymbol{p}_i=\boldsymbol{e}_i,\quad i=1,2,\cdots,n$.

Step 2　进行一维搜索

$$f(\boldsymbol{x}_{k-1}+\alpha_{k-1}\boldsymbol{p}_k)=\min_{\alpha\geqslant 0} f(\boldsymbol{x}_{k-1}+\alpha\boldsymbol{p}_k).$$

令

$$\boldsymbol{x}_k=\boldsymbol{x}_{k-1}+\alpha_{k-1}\boldsymbol{p}_k,\quad f_k=f(\boldsymbol{x}_k).$$

Step 3　若 $k=n$,转 Step 4;若 $k<n$,令 $k=k+1$,转 Step 2.

Step 4　若 $\|\boldsymbol{x}_n-\boldsymbol{x}_0\|\leqslant\varepsilon$,则 $\boldsymbol{x}^*=\boldsymbol{x}_n$,停;否则转 Step 5.

Step 5　令 $\Delta=\max\limits_{0\leqslant k\leqslant n-1}(f_k-f_{k+1})=f_m-f_{m+1}$,

$$f^* = f(2\boldsymbol{x}_n - \boldsymbol{x}_0).$$

Step 6　若 $f^* \geqslant f_0$，或

$$(f_0 - 2f_n + f^*)(f_0 - f_n - \Delta)^2 > \frac{1}{2}(f_0 - f^*)^2 \Delta,$$

则搜索方向 $\boldsymbol{p}_1, \boldsymbol{p}_2, \cdots, \boldsymbol{p}_n$ 不变，令 $f_0 = f(\boldsymbol{x}_n)$，$\boldsymbol{x}_0 = \boldsymbol{x}_n$，$k = 1$，转 Step 2；否则转 Step 7.

Step 7　令 $\boldsymbol{p}_k = \boldsymbol{p}_k$，$k = 1, 2, \cdots, m$；$\boldsymbol{p}_k = \boldsymbol{p}_{k+1}$，$k = m+1, \cdots, n-1$，而令 $\boldsymbol{p}_n = (\boldsymbol{x}_n - \boldsymbol{x}_0) / \| \boldsymbol{x}_n - \boldsymbol{x}_0 \|$.

Step 8　进行一维搜索

$$f(\boldsymbol{x}_n + \bar{\alpha}\boldsymbol{p}_n) = \min_{\alpha \geqslant 0} f(\boldsymbol{x}_n + \alpha \boldsymbol{p}_n),$$

令 $\boldsymbol{x}_0 = \boldsymbol{x}_n + \bar{\alpha}\boldsymbol{p}_n$，　$f_0 = f(\boldsymbol{x}_0)$，　$k = 1$，转 Step 2.

例 3.6.1　用 Powell 改进算法求解

$$\min f(\boldsymbol{x}) = x_1^2 + 2x_2^2 - 2x_1 x_2 - 4x_1,$$

取 $\boldsymbol{x}_0 = (1, 1)^{\mathrm{T}}$.

解

(i)第一阶段

$f_0 = f(\boldsymbol{x}_0) = -3$，$\boldsymbol{p}_1 = (1, 0)^{\mathrm{T}}$，$\boldsymbol{p}_2 = (0, 1)^{\mathrm{T}}$，从 $\boldsymbol{x}_0$ 出发，沿 $\boldsymbol{p}_1$ 进行一维搜索：

$$\min f(\boldsymbol{x}_0 + \alpha \boldsymbol{p}_1) = \alpha^2 - 4\alpha - 3，得\ \alpha_0 = 2,$$

所以 $\boldsymbol{x}_1 = \boldsymbol{x}_0 + \alpha_0 \boldsymbol{p}_1 = (3, 1)^{\mathrm{T}}$，$f_1 = f(x_1) = -7$，再从 $\boldsymbol{x}_1$ 出发，沿 $\boldsymbol{p}_2$ 进行一搜索：$\min f(\boldsymbol{x}_1 + \alpha \boldsymbol{p}_2) = 2\alpha^2 - 2\alpha - 7$，得 $\alpha_1 = \dfrac{1}{2}$，所以 $\boldsymbol{x}_2 = \boldsymbol{x}_1 + \alpha_1 \boldsymbol{p}_2 = (3, 1.5)^{\mathrm{T}}$，$f_2 = f(\boldsymbol{x}_2) = -7.5$.

由于 $f_0 - f_1 = 4$，$f_1 - f_2 = 0.5$，所以 $\Delta = \max\{4, 0.5\} = 4$，$m = 0$，又 $2\boldsymbol{x}_2 - \boldsymbol{x}_0 = (5, 2)^{\mathrm{T}}$，所以 $f^* = f(2\boldsymbol{x}_2 - \boldsymbol{x}_0) = -7$.显然 $f^* < f_0$.而

$$(f_0 - 2f_2 + f^*)(f_0 - f_2 - \Delta)^2 = 5 \times 0.5^2 = 1.25,$$

$$\frac{1}{2}(f_0 - f^*)^2 \Delta = 32,$$

所以，

$$(f_0-2f_2+f^*)(f_0-f_2-\Delta)^2<\frac{1}{2}(f_0-f^*)^2\Delta,$$

故搜索方向改变,即令 $\boldsymbol{p}_2=\boldsymbol{x}_2-\boldsymbol{x}_0=(2,0.5)^{\mathrm{T}}$,从 $\boldsymbol{x}_2$ 出发,沿 $\boldsymbol{p}_2$ 进行一维搜索:$\min f(\boldsymbol{x}_2+\alpha\boldsymbol{p}_2)=2.5\alpha^2-2\alpha-7.5$,得 $\overline{\alpha}=0.4$,于是有

$$\overline{\boldsymbol{x}}=\boldsymbol{x}_2+\overline{\alpha}\boldsymbol{p}_2=(3.8,1.7)^{\mathrm{T}},f(\overline{\boldsymbol{x}})=-7.9.$$

令 $\boldsymbol{x}_0=(3.8,1.7)^{\mathrm{T}},f_0=-7.9,\boldsymbol{p}_1=(0,1)^{\mathrm{T}},\boldsymbol{p}_2=(2,0.5)^{\mathrm{T}}$(为方便起见,未用 $\|\boldsymbol{p}_2\|$ 去除 $\boldsymbol{p}_2$),进入第二阶段.

(ii)第二阶段

从 $\boldsymbol{x}_0=(3.8,1.7)^{\mathrm{T}}$ 出发,沿 $\boldsymbol{p}_1=(0,1)^{\mathrm{T}}$ 进行一维搜索:

$$\min f(\boldsymbol{x}_0+\alpha\boldsymbol{p}_1),\text{得 }\alpha_0=0.2,$$

于是 $\boldsymbol{x}_1=\boldsymbol{x}_0+\alpha_0\boldsymbol{p}_1=(3.8,1.9)^{\mathrm{T}},f_1=f(\boldsymbol{x}_1)=-7.98.$

再从 $\boldsymbol{x}_1$ 出发,沿 $\boldsymbol{p}_2=(2,0.5)^{\mathrm{T}}$ 进行一维搜索:

$$\min f(\boldsymbol{x}_1+\alpha\boldsymbol{p}_2),\text{得 }\alpha_1=0.08,$$

于是 $\boldsymbol{x}_2=\boldsymbol{x}_1+\alpha_1\boldsymbol{p}_2=(3.96,1.94)^{\mathrm{T}},f_2=f(\boldsymbol{x}_2)=-7.996.$

由于 $f_0-f_1=0.08,f_1-f_2=0.016$,所以,$\Delta=\max\{0.08,0.016\},m=0$.又 $2\boldsymbol{x}_2-\boldsymbol{x}_0=(4.12,2.18)^{\mathrm{T}}$,所以,$f^*=f(2\boldsymbol{x}_2-\boldsymbol{x}_0)=-7.964$,显然 $f^*<f_0$.而

$$(f_0-2f_2+f^*)(f_0-f_2-\Delta)^2=0.000\,032\,8,$$

$$\frac{1}{2}(f_0-f^*)^2\Delta=0.000\,163\,8,$$

所以,$(f_0-2f_2+f^*)(f_0-f_2-\Delta)^2<\frac{1}{2}(f_0-f^*)^2\Delta$,故搜索方向改变.令 $\boldsymbol{p}_2=\boldsymbol{x}_2-\boldsymbol{x}_0=(0.16,0.24)^{\mathrm{T}}$,从 $\boldsymbol{x}_2$ 出发,沿 $\boldsymbol{p}_2$ 进行一维搜索,得 $\overline{\alpha}=0.25$,于是 $\overline{\boldsymbol{x}}=\boldsymbol{x}_2+\overline{\alpha}\boldsymbol{p}_2=(4,2)^{\mathrm{T}},f(\overline{\boldsymbol{x}})=-8.$

令 $\boldsymbol{x}_0=(4,2)^{\mathrm{T}},\boldsymbol{p}_1=(2,0.5)^{\mathrm{T}},\boldsymbol{p}_2=(0.16,0.24)^{\mathrm{T}}$.第二阶段结束.

此时,已得到极小点 $\boldsymbol{x}^*=(4,2)^{\mathrm{T}}$,所以不必继续迭代.

习　题

3.1　求出函数 $f(\boldsymbol{x})=2x_1^2+x_2^2-2x_1x_2+2x_1^3+x_1^4$ 的所有驻点.哪

些是极小点？是否是整体极小点？

3.2　证明凸函数的任意局部极小点必为整体极小点；证明严格凸函数的极小点是唯一的．

3.3　证明定理 3.1.4．

3.4　设 $f(\boldsymbol{x})=\frac{1}{2}\boldsymbol{x}^{\mathrm{T}}\boldsymbol{G}\boldsymbol{x}+\boldsymbol{b}^{\mathrm{T}}\boldsymbol{x}+c$，其中 $\boldsymbol{G}$ 为 $n\times n$ 对称正定矩阵，$\boldsymbol{b}\in\mathbf{R}^n$，$c\in\mathbf{R}^1$，沿射线 $\boldsymbol{x}_k+\alpha\boldsymbol{p}_k$ 进行一维搜索：

$$\min_{\alpha\geqslant 0} f(\boldsymbol{x}_k+\alpha\boldsymbol{p}_k).$$

试证明步长

$$\alpha_k=\frac{-\boldsymbol{g}_k{}^{\mathrm{T}}\boldsymbol{p}_k}{\boldsymbol{p}_k{}^{\mathrm{T}}\boldsymbol{G}\boldsymbol{p}_k},$$

其中 $\boldsymbol{g}_k=\nabla f(\boldsymbol{x}_k)$．

3.5　试用最速下降法求解

$$\min\ x_1^2+2x_2^2,$$

设初始点为 $\boldsymbol{x}_0=(4,4)^{\mathrm{T}}$，迭代三次，并验证相邻两次迭代的搜索方向是正交的．

3.6　试用最速下降法求解

$$\min\ 4x_1^2+x_2^2-x_1^2x_2,$$

设初始点取为 $\boldsymbol{x}_0=(1,1)^{\mathrm{T}}$，迭代二次．

3.7　试用 Newton 法求下列函数的极小点：

(1) $x_1^2+4x_2^2+9x_3^2-2x_1+18x_2$；

(2) $x_1^2-2x_1x_2+\frac{3}{2}x_2^2+x_1-2x_2$；

(3) $(x_1-1)^4+2x_2^2$．

以上(1)和(2)小题的初始点可任选，而(3)小题的初始点取为 $(0,1)^{\mathrm{T}}$，迭代到 $\|\nabla f(\boldsymbol{x}_k)\|<0.5$．

3.8　考虑函数

$$f(\boldsymbol{x})=2x_1^2+x_2^2-2x_1x_2+2x_1^3+x_1^4,$$

找出 $\boldsymbol{x}^*=\mathbf{0}$ 的最大开球使 $\boldsymbol{G}(\boldsymbol{x})$ 在其中正定，对此球中怎样的点 $\boldsymbol{x}_0$

(其中 $x_1^0 = x_2^0$),Newton 法收敛?

3.9　用 FR 共轭梯度法求解:

(1)$\min\ x_1^2 - x_1x_2 + x_2^2 + 2x_1 - 4x_2$,

初始点取为 $\boldsymbol{x}_0 = (2,2)^{\mathrm{T}}$;

(2)$\min\ (1-x_1)^2 + 2(x_2 - x_1^2)^2$,

初始点取为 $\boldsymbol{x}_0 = (0,0)^{\mathrm{T}}$,迭代三次.

3.10　设 $\boldsymbol{G}$ 为 n 阶正定矩阵. $\boldsymbol{u}_1, \boldsymbol{u}_2, \cdots, \boldsymbol{u}_n \in \mathbf{R}^n$ 线性无关. $\boldsymbol{p}_k$ 按以下方式生成:

$$\boldsymbol{p}_1 = \boldsymbol{u}_1,$$

$$\boldsymbol{p}_{k+1} = \boldsymbol{u}_{k+1} - \sum_{i=1}^{k} \frac{\boldsymbol{u}_{k+1}{}^{\mathrm{T}}\boldsymbol{G}\boldsymbol{p}_i}{\boldsymbol{p}_i{}^{\mathrm{T}}\boldsymbol{G}\boldsymbol{p}_i}\boldsymbol{p}_i.$$

试证明 $\boldsymbol{p}_1, \boldsymbol{p}_2, \cdots, \boldsymbol{p}_n$ 关于 $\boldsymbol{G}$ 共轭.

3.11　考虑函数

$$f(\boldsymbol{x}) = \frac{1}{2}x_1^2 + \frac{1}{2}x_2^2,$$

设初始点为 $\boldsymbol{x}_0 = (1,1)^{\mathrm{T}}$. 取 $\boldsymbol{p}_0 = (-1,0)^{\mathrm{T}}(\neq \boldsymbol{g}_0)$,沿方向 $\boldsymbol{p}_0$ 进行精确一维搜索得 α_0,令 $\boldsymbol{x}_1 = \boldsymbol{x}_0 + \alpha_0\boldsymbol{p}_0$,用 FR 公式求 $\boldsymbol{p}_1$. 试证明 $\boldsymbol{p}_0$ 与 $\boldsymbol{p}_1$ 不是关于 $G = \begin{pmatrix} 1 & 0 \\ 0 & 1 \end{pmatrix}$ 共轭的.

3.12　用 DFP 算法求解

$$\min\ x_1^2 - x_1x_2 + x_2^2 + 2x_1 - 4x_2$$

初始点取为 $\boldsymbol{x}_0 = (2,2)^{\mathrm{T}}$,初始阵取为 $\boldsymbol{H}_0 = \boldsymbol{I}$(单位阵),并验证算法所生成的两个搜索方向是关于 $\boldsymbol{G} = \begin{pmatrix} 2 & -1 \\ -1 & 2 \end{pmatrix}$ 共轭的.

3.13　利用 DFP 算法求解

$$\min\ (1-x_1)^2 + 2(x_2 - x_1^2)^2,$$

初始点取为 $\boldsymbol{x}_0 = (0,0)^{\mathrm{T}}$,初始阵取为 $\boldsymbol{H}_0 = \boldsymbol{I}$,迭代三次.

3.14　已知下列数据:

$$\boldsymbol{H}_k = \begin{pmatrix} 3 & 1 \\ 1 & 1 \end{pmatrix}, \quad \boldsymbol{y}_k = \begin{pmatrix} 1 \\ 1 \end{pmatrix}, \quad \boldsymbol{s}_k = \begin{pmatrix} 1 \\ 2 \end{pmatrix}$$

用 BFGS 修正公式求 $\boldsymbol{H}_{k+1}$.

3.15　应用 DFP 算法得到下列数据:

$$\boldsymbol{H}_4=\begin{pmatrix}4 & 2\\ 2 & 3\end{pmatrix},\quad \boldsymbol{y}_4=\begin{pmatrix}-1\\ 6\end{pmatrix},\quad \boldsymbol{s}_4=\begin{pmatrix}19\\ 3\end{pmatrix}$$

为什么这些数据是不正确的?

3.16　设 $\boldsymbol{H}_k$ 为正半定但奇异的矩阵,从而存在某个 $\boldsymbol{u}\neq\boldsymbol{0}$ 使 $\boldsymbol{H}_k\boldsymbol{u}=0$.证明 DFP 修正公式得到的 $\boldsymbol{H}_{k+1}$ 也是奇异的.

3.17　用 Powell 改进算法求解:

$$\min\ (x_1-2)^2+(x_2-3)^2$$

设初始点取为 $\boldsymbol{x}_0=(0,0)^{\mathrm{T}}$.

3.18　试用 Powell 原始算法求解:

$$\min\ (x_1-x_2+x_3)^2+(x_2+x_3-x_1)^2+(x_1+x_2-x_3)^2,$$

取初始点 $\boldsymbol{x}_0=(\frac{1}{2},1,\frac{1}{2})^{\mathrm{T}}$.验证第二阶段的搜索方向变为线性相关,因此得不到真正的极小点 $\boldsymbol{x}^*=(0,0,0)^{\mathrm{T}}$.

第 4 章　约束最优化方法

本章研究约束最优化问题：

$$\begin{aligned} &\min f(\boldsymbol{x}), \boldsymbol{x}\in \mathbf{R}^n, \\ &\text{s.t.}\quad c_i(\boldsymbol{x})=0, \quad i\in E=\{1,2,\cdots,l\}, \\ &\qquad\quad c_i(\boldsymbol{x})\geqslant 0, \quad i\in I=\{l+1,\cdots,m\} \end{aligned} \tag{4.1}$$

的计算方法.主要内容有

(1)讨论约束最优化问题的最优性条件；

(2)惩罚函数法(包括乘子法)；

(3)可行方向法；

(4)约束变尺度法.

这些都是非线性规划的基本内容，是最优化理论和方法的重要组成部分，在理论上和应用上有着十分重要的意义.

4.1　约束最优化问题的最优性条件

约束最优化问题的最优性条件指出最优化问题的目标函数与约束函数在最优解处应满足的必要条件、充分条件和充要条件，它们是最优化理论的重要组成部分，对最优化算法的构造及算法的理论分析都是至关重要的.本节对问题(4.1)分等式约束、不等式约束及一般约束三种情形，分别讨论它们的最优性条件.读者除应掌握这些定理的内容和实质外，还应尽可能地了解它们的几何意义，这有助于今后能较快地和较深入地理解各种方法的实质.个别定理的证明由于篇幅冗长或已超出课程的范围，我们就不作证明，而只阐述定理的内容及其作用.

4.1.1　等式约束最优化问题的最优性条件

考虑等式约束最优化问题

$$\min f(\boldsymbol{x}), \quad \boldsymbol{x}\in \mathbf{R}^n, \tag{4.2}$$

$$\text{s.t.}\quad c_i(\boldsymbol{x})=0,\quad i\in E=\{1,\cdots,l\}$$

的最优性条件.

在多元函数微分学中已有约束问题(4.2)的一阶必要条件,即 Lagrange 定理.

定理 4.1.1 (一阶必要条件)若

(i) $\boldsymbol{x}^*$ 是问题(4.2)的局部最优解;

(ii) $f(\boldsymbol{x})$与 $c_i(\boldsymbol{x})(i=1,\cdots,l)$在 $\boldsymbol{x}^*$ 的某邻域内连续可微;

(iii) $\nabla c_i(\boldsymbol{x}^*)(i=1,\cdots,l)$线性无关.

则存在一组不全为零的实数 $\lambda_1^*,\cdots,\lambda_l^*$ 使得

$$\nabla f(\boldsymbol{x}^*)-\sum_{i=1}^{l}\lambda_i^*\nabla c_i(\boldsymbol{x}^*)=\boldsymbol{0}. \tag{4.3}$$

非线性方程组(4.3)即为等式约束问题(4.2)的最优解所应满足的一阶必要条件,但不是充分条件.定理的证明在微积分中已有,故从略.此定理的意义还在于,它将求解等式约束问题(4.2)通过以下的 Lagrange函数转化为求解无约束最优化问题.

定义 $n+l$ 元函数: $L(\boldsymbol{x},\boldsymbol{\lambda})=f(\boldsymbol{x})-\boldsymbol{\lambda}^{\mathrm{T}}\boldsymbol{c}(\boldsymbol{x})=f(\boldsymbol{x})-\sum_{i=1}^{l}\lambda_i c_i(\boldsymbol{x})$ 为 Lagrange 函数,其中 $\boldsymbol{c}(\boldsymbol{x})=(c_1(\boldsymbol{x}),\cdots,c_l(\boldsymbol{x}))^{\mathrm{T}},\boldsymbol{\lambda}=(\lambda_1,\cdots,\lambda_l)^{\mathrm{T}}$,并称 $\boldsymbol{\lambda}$ 为 Lagrange 乘子向量,则 Lagrange 函数的梯度为

$$\nabla L(\boldsymbol{x},\boldsymbol{\lambda})=\begin{pmatrix}\nabla_x L\\ \nabla_\lambda L\end{pmatrix},$$

其中
$$\nabla_x L(\boldsymbol{x},\boldsymbol{\lambda})=\nabla f(\boldsymbol{x})-\sum_{i=1}^{l}\lambda_i\nabla c_i(\boldsymbol{x}),$$
$$\nabla_\lambda L(\boldsymbol{x},\boldsymbol{\lambda})=-(c_1(\boldsymbol{x}),\cdots,c_l(\boldsymbol{x}))^{\mathrm{T}}.$$

因此,关于 Lagrange 函数的无约束最优问题

$$\min L(\boldsymbol{x},\boldsymbol{\lambda})$$

的最优性条件

$$\nabla L(\boldsymbol{x}^*,\boldsymbol{\lambda}^*)=\boldsymbol{0}, \tag{4.4}$$

恰好给出约束问题(4.2)的一阶必要条件(4.3)及

$$c_i(\boldsymbol{x}^*)=0,\quad i=1,\cdots,l.$$

因此求含$(n+l)$个未知数 $x_1,\cdots,x_n,\lambda_1,\cdots,\lambda_l$ 的非线性方程组(4.4)的解$(\boldsymbol{x}^*,\boldsymbol{\lambda}^*)$,其中 $\boldsymbol{x}^*=(x_1^*,\cdots,x_n^*)^{\mathrm{T}}$ 在一定条件下就是(4.2)的最优解.点$(\boldsymbol{x}^*,\boldsymbol{\lambda}^*)$称为 Lagrange 函数 $L(\boldsymbol{x},\boldsymbol{\lambda})$的驻点.

熟悉一阶必要条件(4.3)的几何意义有助于理解这个最优性条件的内涵,以及后面要讲的其他有关内容.考虑(4.2)中当 $n=3,l=2$时的情形,即

$$\begin{aligned}&\min f(x_1,x_2,x_3),\\ &\text{s.t.}\quad c_1(x_1,x_2,x_3)=0\qquad(\text{曲面 } S_1),\\ &\qquad\quad c_2(x_1,x_2,x_3)=0\qquad(\text{曲面 } S_2).\end{aligned}$$

图 4-1 给出了(4.3)的几何直观表示.若 $\boldsymbol{x}^*$ 为(4.2)的局部最优解,则 $\boldsymbol{x}^*$ 必在二曲面 S_1 和 S_2 的交线 D(即可行域)上,并且目标函数和约束函数的梯度$\nabla f(\boldsymbol{x}^*)$,$\nabla c_1(\boldsymbol{x}^*)$,$\nabla c_2(\boldsymbol{x}^*)$共面,即$\nabla f(\boldsymbol{x}^*)$位于过点 $\boldsymbol{x}^*$ 与曲线 D 正交的平面(即$\nabla c_1(\boldsymbol{x}^*)$和$\nabla c_2(\boldsymbol{x}^*)$所决定平面)上.若$\nabla f(\boldsymbol{x}^*)$不在此平面上,则负梯度$-\nabla f(\boldsymbol{x}^*)$向曲线 D 在点$\boldsymbol{x}^*$处的切线上投影将不为零,于是沿这个投影方向在可行域 D 上移动,将使目标函数值下降,$\boldsymbol{x}^*$ 就不是最优解了.这种几何解释可推广到一般情况,此时(4.2)的可行域:

$$D=\{\boldsymbol{x}\in\mathbf{R}^n\mid c_i(\boldsymbol{x})=0,i=1,\cdots,l\}$$

为 $\mathbf{R}^n$ 空间中 l 个超曲面的交集.

当$\nabla c_1(\boldsymbol{x}^*),\cdots\nabla c_l(\boldsymbol{x}^*)(\boldsymbol{x}^*\in D)$线性无关时,它们及点 $\boldsymbol{x}^*$ 生成的子空间记为 N,则 D 在点$\boldsymbol{x}^*$ 的所有切线方向皆与 N 正交,构成正交补空间,记为 $N^{\perp}$,则最优性条件(4.3)

$$\nabla f(\boldsymbol{x}^*)=\sum_{i=1}^{l}\lambda_i^*\nabla c_i(\boldsymbol{x}^*),$$

即为

$$\nabla f(\boldsymbol{x}^*)\in N=L(\nabla c_1(\boldsymbol{x}^*),\cdots,\nabla c_l(\boldsymbol{x}^*)).$$

这意味着负梯度$-\nabla f(\boldsymbol{x}^*)$在 N 的正交补空间 $N^{\perp}$ 上的投影为零.

定理 4.1.2 (二阶充分条件)在等式约束问题(4.2)中,若

(i)$f(\boldsymbol{x})$与 $c_i(\boldsymbol{x})(1\leqslant i\leqslant l)$是二阶连续可微函数;

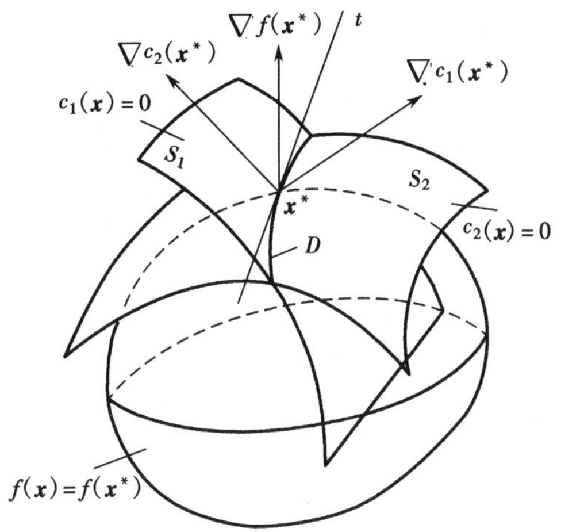

图 4-1

(ii)存在 $\boldsymbol{x}^* \in \mathbf{R}^n$ 与 $\boldsymbol{\lambda}^* \in \mathbf{R}^l$ 使 Lagrange 函数的梯度为零,即

$$\nabla L(\boldsymbol{x}^*,\boldsymbol{\lambda}^*)=\mathbf{0};$$

(iii)对于任意非零向量 $\boldsymbol{s}\in\mathbf{R}^n$ 且

$$\boldsymbol{s}^{\mathrm{T}}\nabla c_i(\boldsymbol{x}^*)=0,\ i=1,\cdots,l,$$

均有
$$\boldsymbol{s}^{\mathrm{T}}\nabla_x^2 L(\boldsymbol{x}^*,\boldsymbol{\lambda}^*)\boldsymbol{s}>0,$$

则 $\boldsymbol{x}^*$ 是问题(4.2)的严格局部极小点.

本定理的证明已超出课程的范围,因此证明从略.这个定理的几何意义是,在 Lagrange 函数 $L(\boldsymbol{x},\boldsymbol{\lambda})$ 的驻点 $\begin{pmatrix}\boldsymbol{x}^*\\ \boldsymbol{\lambda}^*\end{pmatrix}$ 处,若 $L(\boldsymbol{x},\boldsymbol{\lambda})$ 函数关于 $\boldsymbol{x}$ 的 Hesse 矩阵在约束超曲面的切平面上正定(注意并不要求在整个空间中正定),则 $\boldsymbol{x}^*$ 就是严格局部极小点.

4.1.2　不等式约束最优化问题的最优性条件

考虑不等式约束问题:

$$\min f(\boldsymbol{x}),\quad \boldsymbol{x}\in\mathbf{R}^n \tag{4.5}$$
$$\text{s.t.}\quad c_i(\boldsymbol{x})\geqslant 0,\quad i\in\{1,\cdots,m\}.$$

记可行域为

$$D=\{\boldsymbol{x}\in\mathbf{R}^n\mid c_i(\boldsymbol{x})\geqslant 0,\quad i=1,\cdots,m\}.$$

在讨论(4.5)的最优性条件之前,先给出以下几个概念作为讨论问题的基础.

定义 4.1.1 若问题(4.5)的一个可行点 $\tilde{\boldsymbol{x}}$ 使某个不等式约束 $c_j(\boldsymbol{x})\geqslant 0$ 变成等式,即 $c_j(\tilde{\boldsymbol{x}})=0$,则该不等式约束 $c_j(\boldsymbol{x})\geqslant 0$,称为关于 $\tilde{\boldsymbol{x}}$ 的有效约束.否则,若对某个 k 使得 $c_k(\tilde{\boldsymbol{x}})>0$,则该不等式约束 $c_k(\tilde{\boldsymbol{x}})\geqslant 0$ 称为关于 $\tilde{\boldsymbol{x}}$ 的非有效约束.称所有在 $\tilde{\boldsymbol{x}}$ 处的有效约束的指标组成的集合

$$\tilde{I}=I(\tilde{\boldsymbol{x}})=\{i\mid c_i(\tilde{\boldsymbol{x}})=0\}$$

为 $\tilde{\boldsymbol{x}}$ 处的有效约束指标集,简称为 $\tilde{\boldsymbol{x}}$ 处的有效集.

显然,对于任意可行点,所有等式约束都可以看作是有效约束.只有不等式约束才可能是非有效约束.对于可行域的任何内点,所有不等式约束都是非有效的.

定义 4.1.2 设集合 $C\subset\mathbf{R}^n$ 且 $C\neq\varnothing$.若 $\boldsymbol{x}\in C$,对任意 $\boldsymbol{d}\in\mathbf{R}^n$ 当 $\boldsymbol{x}+\boldsymbol{d}\in C$ 时必有 $\boldsymbol{x}+t\boldsymbol{d}\in C(t\geqslant 0)$,则称 C 为以 $\boldsymbol{x}$ 为顶点的锥.当 C 为凸集时,称 C 为凸锥.

引理 4.1.3 (Farkas 引理)设 $\boldsymbol{a}_1,\cdots,\boldsymbol{a}_r$ 和 $\boldsymbol{b}$ 为 n 维向量,则所有满足

$$\boldsymbol{a}_i^{\mathrm{T}}\boldsymbol{d}\geqslant 0,\quad i=1,\cdots,r$$

的向量 $\boldsymbol{d}\in\mathbf{R}^n$ 同时也满足不等式 $\boldsymbol{b}^{\mathrm{T}}\boldsymbol{d}\geqslant 0$ 的充要条件是,存在非负实数 $\lambda_1,\cdots,\lambda_r$,使得

$$\boldsymbol{b}=\sum_{i=1}^{r}\lambda_i\boldsymbol{a}_i.$$

由于引理的证明,需要用凸分析知识,超出课程范围,故在此不证,可参看文献[14].但是引理的内容具有明显的几何意义,因而是容易被理解的.图 4-2 给出 Farkas 引理在二维情形下的几何解释:$\boldsymbol{a}_1$ 和 $\boldsymbol{a}_2$ 张成凸多面锥 A,分别与 $\boldsymbol{a}_1$ 和 $\boldsymbol{a}_2$ 交成锐角或直角的向量集合是两个半空间(在二维情形下是两个半平面),这两个半空间的交集是图 4-2 中由 $\boldsymbol{d}_1$ 和 $\boldsymbol{d}_2$ 张成的凸多面锥 B,其中 $\boldsymbol{d}_1\perp\boldsymbol{a}_2,\boldsymbol{d}_2\perp\boldsymbol{a}_1$.显然 B 中任意向量 $\boldsymbol{d}$ 同时与 $\boldsymbol{a}_1$ 和 $\boldsymbol{a}_2$ 交成锐角或直角.

引理指出,某一向量与凸多面锥 B 中任意向量都交成锐角或直角的充要条件是,该向量处在凸多面锥 A 之中.图 4-2 中的 $\boldsymbol{b}_1$ 处在 A 中,它就与 B 中任何向量交成锐角,而 $\boldsymbol{b}_2$ 不在 A 中,它就不与 B 中所有向量交成锐角或直角,如与 d_1 交成钝角.

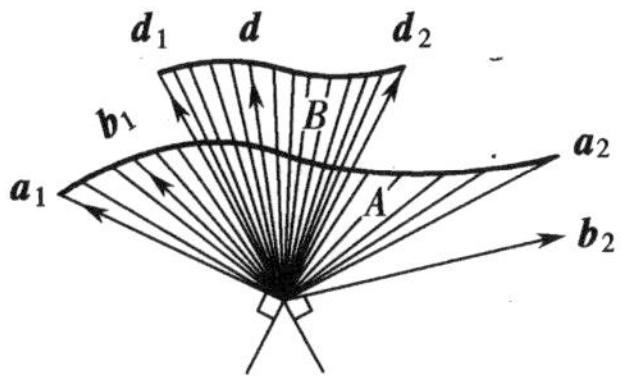

图 4-2

引理 4.1.4　(Gordan 引理)设 $\boldsymbol{a}_1,\cdots,\boldsymbol{a}_r$ 是 n 维向量,则不存在向量 $\boldsymbol{d}\in\mathbf{R}^n$ 使得

$$\boldsymbol{a}_i^{\mathrm{T}}\boldsymbol{d}<0,\quad i=1,\cdots,r$$

成立的充要条件是,存在不全为零的非负实数组 $\lambda_i(i=1,\cdots,r)$ 使

$$\sum_{i=1}^{r}\lambda_i\boldsymbol{a}_i=\boldsymbol{0}.$$

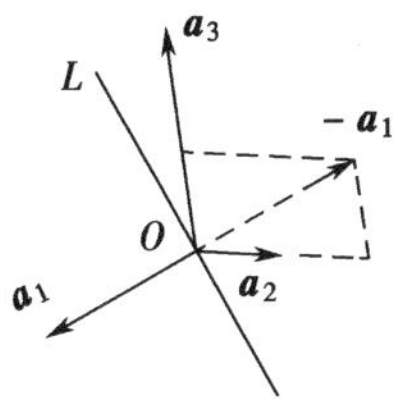

图 4-3

本引理也不证明,只作几何解释."不存在向量 $\boldsymbol{d}$ 使 $\boldsymbol{a}_i^{\mathrm{T}}\boldsymbol{d}<0(i=1,\cdots,r)$",在几何上表示,向量 $\boldsymbol{a}_1,\cdots,\boldsymbol{a}_r$ 不同时处在过原点的任何超平面的同一侧.这样我们总可以适当放大或缩小各向量的长度,使变化后各向量的合成为零向量.图 4-3 画出了二维的情形.$\boldsymbol{a}_1,\boldsymbol{a}_2,\boldsymbol{a}_3$ 不在直线 L 的同一侧,存在 $\lambda_1=1,\lambda_2=2,\lambda_3=\dfrac{1}{2}$,使

$$\lambda_1\boldsymbol{a}_1+\lambda_2\boldsymbol{a}_2+\lambda_3\boldsymbol{a}_3=\boldsymbol{0}.$$

引理 4.1.5　在问题(4.5)中,假设

(i) $\boldsymbol{x}^*$ 为问题(4.5)的局部最优解且 $I^*=\{i\mid c_i(\boldsymbol{x}^*)=0,1\leqslant i\leqslant m\}$;

(ii) $f(\boldsymbol{x})$和 $c_i(\boldsymbol{x})(i\in I^*)$在点 $\boldsymbol{x}^*$ 可微;

(iii) $c_i(\boldsymbol{x})(i\in I\setminus I^*)$在点 $\boldsymbol{x}^*$ 连续,

则

$$S=\{\boldsymbol{p}\in\mathbf{R}^n\mid\nabla f(\boldsymbol{x}^*)^{\mathrm{T}}\boldsymbol{p}<0\}$$

与 $$G=\{p\in\mathbf{R}^n \mid \nabla c_i(x^*)^{\mathrm{T}}p>0, i\in I^*\}$$
的交是空集,即 $G\cap S=\varnothing$.

本引理表示在最优解处不存在下降的可行方向.当 $n=m=2$ 时,图 4-4 给出了它的几何解释.

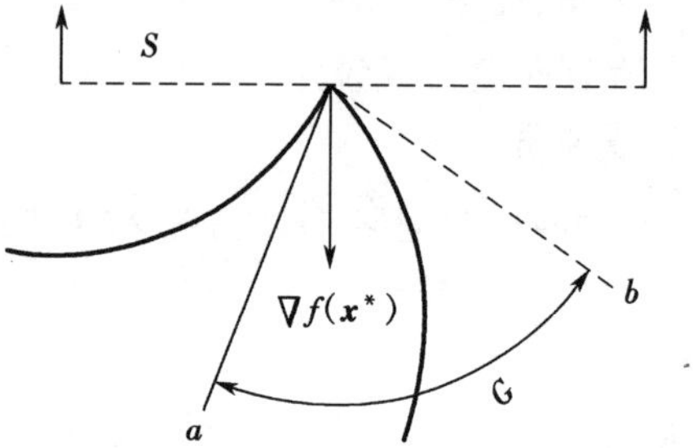

图 4-4

定理 4.1.6 (Fritz-John 一阶必要条件)设 x^* 为问题(4.5)的局部最优解,且 $f(x)$,$c_i(x)(1\leqslant i\leqslant m)$在点 x^* 可微,则存在非零向量 $\lambda^*=(\lambda_0^*,\lambda_1^*,\cdots,\lambda_m^*)$使得

$$\begin{aligned}&\lambda_0^*\nabla f(x^*)-\sum_{i=1}^{m}\lambda_i^*\nabla c_i(x^*)=\mathbf{0},\\&\lambda_i^*c_i(x^*)=0,\quad i=1,\cdots,m,\\&\lambda_i^*\geqslant 0,\quad i=0,1,\cdots,m.\end{aligned}\tag{4.6}$$

证 设 x^* 处的有效集为 $I^*=I(x^*)=\{i\mid c_i(x^*)=0, i=1,2,\cdots,m\}$.因 x^* 为(4.5)的局部最优解,由引理 4.1.5 不存在 $d\in\mathbf{R}^n$ 使得

$$\begin{aligned}&\nabla f(x^*)^{\mathrm{T}}d<0,\\&d^{\mathrm{T}}\nabla c_i(x^*)>0,\quad i\in I^*,\end{aligned}$$

即

$$\begin{aligned}&\nabla f(x^*)^{\mathrm{T}}d<0,\\&-\nabla c_i(x^*)^{\mathrm{T}}d<0,\quad i\in I^*.\end{aligned}$$

把$\nabla f(x^*)$和所有 $-\nabla c_i(x^*)(i\in I^*)$依次视为引理 4.1.4 中的 a_1,a_2,$\cdots$,则存在不全为零的数

$$\lambda_0^*\geqslant 0,\quad \lambda_i^*\geqslant 0,\quad i\in I^*,$$

使
$$\lambda_0^* \nabla f(\boldsymbol{x}^*) - \sum_{i\in I^*} \lambda_i^* \nabla c_i(\boldsymbol{x}^*) = \boldsymbol{0}.$$

如果对于任意 $i\in I \setminus I^*$,规定 $\lambda_i^* = 0$,则上面二式可写成

$$\lambda_0^* \nabla f(\boldsymbol{x}^*) - \sum_{i\in I} \lambda_i \nabla c_i(\boldsymbol{x}^*) = \boldsymbol{0},$$

$$\lambda_i^* \geqslant 0, \quad i\in I\cup\{0\}.$$

但上述规定等价于

$$\lambda_i^* c_i(\boldsymbol{x}^*) = 0, \quad i = 1,\cdots,m.$$

因为对 $i \notin I^*$, $c_i(\boldsymbol{x}^*) > 0$,上式就蕴涵着 $\lambda_i^* = 0$,把以上二式合并起来即为(4.6). □

称(4.6)为Fritz-John条件,满足(4.6)的点 $\boldsymbol{x}^*$ 称为Fritz-John点. Fritz-John条件仅是判别可行点是否为最优解的必要条件,而不是充分条件.

例 4.1.1 $\min f(\boldsymbol{x}) = (x_1 - 1)^2 + (x_2 - 1)^2$,

$$\begin{aligned} \text{s.t.}\quad & c_1(x_1, x_2) = (1 - x_1 - x_2)^3 \geqslant 0, \\ & c_2(\boldsymbol{x}) = x_1 \geqslant 0, \\ & c_3(\boldsymbol{x}) = x_2 \geqslant 0. \end{aligned}$$

解 显然存在唯一最优解 $\boldsymbol{x}^* = \left(\frac{1}{2}, \frac{1}{2}\right)^{\mathrm{T}}$.因在直线 $x_1 + x_2 = 1$ 上所有可行点 $\tilde{\boldsymbol{x}}$ 使 $c_1(\tilde{\boldsymbol{x}}) = 0$,所以取 $\lambda_0^* = 0, \lambda_1^* = \alpha > 0$ 和 $\lambda_2^* = \lambda_3^* = 0$,总有

$$\lambda_0^* \nabla f(\tilde{\boldsymbol{x}}) - \lambda_1^* \nabla c_1(\tilde{\boldsymbol{x}}) - \lambda_2^* \nabla c_2(\tilde{\boldsymbol{x}}) - \lambda_3^* \nabla c_3(\tilde{\boldsymbol{x}}) = \boldsymbol{0}.$$

上式说明在直线 $x_1 + x_2 = 1$ 上每个可行点 $\tilde{\boldsymbol{x}}$ 都是 Fritz-John 点,但除点 $\boldsymbol{x}^* = \left(\frac{1}{2}, \frac{1}{2}\right)^{\mathrm{T}}$ 外,它们全不是最优解.

例 4.1.2 $\min f(x_1, x_2) = x_1$,

$$\begin{aligned} \text{s.t.}\quad & c_1(x_1, x_2) = x_1^3 - x_2 \geqslant 0, \\ & c_2(x_1, x_2) = x_2 \geqslant 0. \end{aligned}$$

解 因 $x_1^3 \geqslant x_2 \geqslant 0$,故最优解 $\boldsymbol{x}^* = (0,0)^{\mathrm{T}}$.当然在 $\boldsymbol{x}^*$ 处Fritz-John条件成立.事实上:$I^* = \{1,2\}$,$\nabla f(\boldsymbol{x}^*) = (1,0)^{\mathrm{T}}$,$\nabla c_1(\boldsymbol{x}^*) = (0,$

$-1)^{\mathrm{T}}$,$\nabla c_2(\boldsymbol{x}^*)=(0,1)^{\mathrm{T}}$,取 $\lambda_0^*=0,\lambda_1^*=\lambda_2^*=\alpha>0$,总有

$$\lambda_0^*\nabla f(\boldsymbol{x}^*)-\lambda_1^*\nabla c_1(\boldsymbol{x}^*)-\lambda_2^*\nabla c_2(\boldsymbol{x}^*)=\boldsymbol{0},$$

即 Fritz-John 条件成立.

注意到例4.1.1和例4.1.2中都出现 $\lambda_0^*=0$ 使目标函数的梯度$\nabla f(\boldsymbol{x}^*)$从 Fritz-John 条件中消失,造成最优性条件仅表明“在最优解处有效约束函数的梯度是线性相关的”,这样,目标函数的性态对判断可行解是否为最优解就不起作用了.因为只要约束函数不变而改变目标函数,Fritz-John 条件都保持成立.这是 Fritz-John 最优性条件的主要缺点.因此为了保证 $\lambda_0^*>0$,我们必须对有效约束函数的梯度附加上一些条件,如“有效约束函数的梯度线性无关”或“约束函数为线性的”等等,这样一些条件在最优化理论中称为约束规范(Constraint Qualification).下面我们就来讨论最有用的 Kuhn-Tucker 最优性条件.

定理4.1.7 (Kuhn-Tucker 一阶必要条件)在不等式约束问题(4.5)中,若

(i) $\boldsymbol{x}^*$ 为局部最优解,有效集 $I^*=\{i\mid c_i(\boldsymbol{x}^*)=0,i=1,\cdots,m\}$;

(ii) $f(\boldsymbol{x})$及 $c_i(\boldsymbol{x})(i=1,\cdots,m)$在点 $\boldsymbol{x}^*$ 处可微;

(iii)对于 $i\in I^*$ 的$\nabla c_i(\boldsymbol{x}^*)$线性无关(此条件叫 Kuhn-Tucker 约束规范),则存在向量 $\boldsymbol{\lambda}^*=(\lambda_1^*,\cdots,\lambda_m^*)^{\mathrm{T}}$ 使

$$\begin{aligned}&\nabla f(\boldsymbol{x}^*)-\sum_{i=1}^{m}\lambda_i^*\nabla c_i(\boldsymbol{x}^*)=\boldsymbol{0},\\&\lambda_i^*c_i(\boldsymbol{x}^*)=0,\quad i=1,\cdots,m,\\&\lambda_i^*\geqslant 0,\quad i=1,\cdots,m.\end{aligned}\tag{4.7}$$

证 因 $\boldsymbol{x}^*$ 为局部最优解及条件(iii),故在 $\boldsymbol{x}^*$ 处不存在下降的可行方向,即对任何满足

$$\boldsymbol{d}^{\mathrm{T}}\nabla c_i(\boldsymbol{x}^*)\geqslant 0\ (i\in I^*)$$

的 $\boldsymbol{d}\neq\boldsymbol{0}$ 都有

$$\boldsymbol{d}^{\mathrm{T}}\nabla f(\boldsymbol{x}^*)\geqslant 0,$$

由 Farkas 引理,存在 $\lambda_i^*\geqslant 0,(i\in I^*)$使

$$\nabla f(\boldsymbol{x}^*)=\sum_{i\in I^*}\lambda_i^*\nabla c_i(\boldsymbol{x}^*),$$

令 $\lambda_j^* = 0, j \in \{1,2,\cdots,m\} \setminus I^*$，于是有

$$\nabla f(\boldsymbol{x}^*) = \sum_{i=1}^{m} \lambda_i^* \nabla c_i(\boldsymbol{x}^*).$$

即(4.7)的第一式成立．又当 $i \in I^*$ 时 $\lambda_i^* \geqslant 0$ 而当 $j \in \{1,\cdots,m\} \setminus I^*$ 时 $\lambda_j^* = 0$，故(4.7)式的第二、三式也成立．□

称(4.7)为 Kuhn-Tucker 条件，满足(4.7)的点 $\boldsymbol{x}^*$ 称为 Kuhn-Tucker 点(简称为 KT 条件与 KT 点)，并称 $n+m$ 维向量$\begin{pmatrix}\boldsymbol{x}^* \\ \boldsymbol{\lambda}^*\end{pmatrix}$为 KT 对，其中向量 $\boldsymbol{\lambda}^*$ 叫 Lagrange 乘子向量．

条件 $\lambda_i^* c_i(\boldsymbol{x}^*) = 0$ 称为互补松弛条件．它表明，λ_i^* 与 $c_i(\boldsymbol{x}^*)$ 不能同时不等于零，即非有效约束的 Lagrange 乘子必为零．但 λ_i^* 与 $c_i(\boldsymbol{x}^*)$ 也可能同时为零．当所有有效约束的乘子都不为零，即 $\lambda_i^* > 0 (\forall i \in I^*)$ 时，称 $\lambda_i^* c_i(\boldsymbol{x}^*) = 0$ 为严格互补松弛条件成立．后者在一些算法的理论分析中常要用到．Kuhn-Tucker 条件是 Fritz-John 条件的特殊情况，只有在满足 Kuhn-Tucker 约束规范条件下两者是完全相同的．此时，当然使用 Kuhn-Tucker 条件更为方便．

KT 条件有着明显的几何意义．在(4.7)中删去非有效约束函数的梯度(因 $i \notin I^*, \lambda_i^* = 0$)，则(4.7)化为

$$\nabla f(\boldsymbol{x}^*) = \sum_{i \in I^*} \lambda_i^* \nabla c_i(\boldsymbol{x}^*), \quad \lambda_i^* \geqslant 0, \quad i \in I^*.$$

其几何解释：若 $\boldsymbol{x}^*$ 为(4.5)的最优解，则在 $\boldsymbol{x}^*$ 处目标函数的梯度必位于有效约束函数的梯度所张成的凸锥中．在图 4-5 中，$\boldsymbol{x}^*$ 为最优解，在 $\boldsymbol{x}^*$ 处 $\nabla f(\boldsymbol{x}^*)$ 位于 $\nabla c_1(\boldsymbol{x}^*)$ 和 $\nabla c_2(\boldsymbol{x}^*)$ 所张成的凸锥中，即满足 KT 条件．而在 $\tilde{\boldsymbol{x}}$ 处 $\nabla f(\tilde{\boldsymbol{x}})$ 不在由 $\nabla c_1(\tilde{\boldsymbol{x}})$ 和 $\nabla c_2(\tilde{\boldsymbol{x}})$ 张成的凸锥中，即 $\tilde{\boldsymbol{x}}$ 不满足 *KT* 条件，因此 $\tilde{\boldsymbol{x}}$ 肯定不会是最优解．

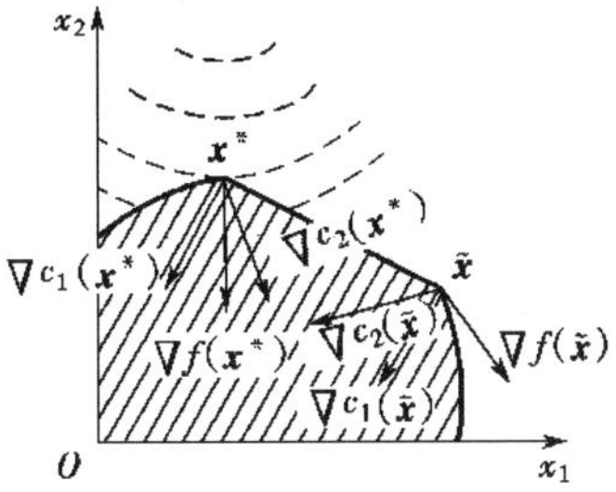

图 4-5

需要注意的是，只有在满足 Kuhn-Tucker 约束规范条件下，最优点 $\boldsymbol{x}$ 是 KT 点.否则，最优点不一定是 KT 点.如例 4.1.2 中最优点 $\boldsymbol{x}^*=(0,0)^{\mathrm{T}}$，因对任何 $\boldsymbol{\lambda}=(\lambda_1,\lambda_2)^{\mathrm{T}}$ 有

$$\nabla f(\boldsymbol{x}^*)-\lambda_1\nabla c_1(\boldsymbol{x}^*)-\lambda_2\nabla c_2(\boldsymbol{x}^*)=\begin{pmatrix}1\\ \lambda_1-\lambda_2\end{pmatrix}\neq\boldsymbol{0},$$

故 $\boldsymbol{x}^*=(0,0)^{\mathrm{T}}$ 不是 KT 点.

4.1.3　一般约束最优化问题的最优性条件

现在讨论一般约束最优化问题(4.1)：

$$\begin{aligned}&\min f(\boldsymbol{x}),\ \boldsymbol{x}\in\mathbf{R}^n,\\ &\text{s.t.}\quad c_i(\boldsymbol{x})=0,\quad i\in E=\{1,\cdots,l\},\\ &\qquad\ \ c_i(\boldsymbol{x})\geqslant 0,\quad i\in I=\{l+1,\cdots,m\}\end{aligned}$$

的最优性条件.由于它们的证明比较复杂，因此都不加证明.下面我们给出 Kuhn-Tucker 必要性定理和两个充分性定理的内容.

定理 4.1.8　(Kuhn-Tucker 必要条件)在问题(4.1)中，若

(i) $\boldsymbol{x}^*$ 为局部最优解，其有效集 $I^*=\{i\mid c_i(\boldsymbol{x}^*)=0,\quad i\in I\}$；

(ii) $f(\boldsymbol{x}),c_i(\boldsymbol{x})(i=1,\cdots,m)$ 在点 $\boldsymbol{x}^*$ 可微；

(iii) 对所有 $i\in E\cup I^*$，$\nabla c_i(\boldsymbol{x}^*)$ 线性无关，

则存在向量 $\boldsymbol{\lambda}^*=(\lambda_1^*,\cdots,\lambda_m^*)^{\mathrm{T}}$ 使得

$$\begin{aligned}&\nabla f(\boldsymbol{x}^*)-\sum_{i=1}^{m}\lambda_i^*\nabla c_i(\boldsymbol{x}^*)=\boldsymbol{0},\\ &\left.\begin{aligned}&\lambda_i^*c_i(\boldsymbol{x}^*)=0,\\ &\lambda_i^*\geqslant 0,\end{aligned}\right\}\quad i\in I.\end{aligned}\tag{4.8}$$

这个定理的形式与定理 4.1.7 类似，只是因为有了等式约束(如前所述，应视为有效约束)，故在(iii)中包含它们的梯度应满足约束规范.因此它的证明也与定理 4.1.7 完全类似，并不困难.

$m+n$ 维函数

$$L(\boldsymbol{x},\boldsymbol{\lambda})=f(\boldsymbol{x})-\sum_{i=1}^{m}\lambda_i c_i(\boldsymbol{x})$$

称为问题(4.1)的 Lagrange 函数，于是 KT 条件(4.8)中的第一式即为

$$\nabla_x L(\boldsymbol{x}^*, \boldsymbol{\lambda}^*) = \boldsymbol{0},$$

其中 $\boldsymbol{\lambda}^*$ 称为 Lagrange 乘子向量,矩阵

$$\nabla_x^2 L(\boldsymbol{x}^*, \boldsymbol{\lambda}^*) = \nabla^2 f(\boldsymbol{x}^*) - \sum_{i=1}^{m} \lambda_i^* \nabla^2 c_i(\boldsymbol{x}^*)$$

称为 Lagrange 函数在 $\begin{pmatrix} \boldsymbol{x}^* \\ \boldsymbol{\lambda}^* \end{pmatrix}$ 处的 Hesse 矩阵,记为 $\boldsymbol{w}^*$,即

$$\boldsymbol{w}^* = \nabla_x^2 L(\boldsymbol{x}^*, \boldsymbol{\lambda}^*).$$

定理 4.1.9　(二阶充分条件)设 $f(\boldsymbol{x})$ 和 $c_i(\boldsymbol{x})(i \in E \cup I)$ 是二阶连续可微函数,若存在 $\boldsymbol{x}^* \in \mathbf{R}^n$, $\boldsymbol{x}^*$ 为(4.1)的可行点且满足

(i) $\begin{pmatrix} \boldsymbol{x}^* \\ \boldsymbol{\lambda}^* \end{pmatrix}$ 为 KT 对,且严格互补松弛条件成立;

(ii)对子空间 $M = \left\{ \boldsymbol{d} \in \mathbf{R}^n \left| \begin{array}{l} \nabla c_i(\boldsymbol{x}^*)^{\mathrm{T}} \boldsymbol{d} = 0, i \in I^* \text{ 且 } \boldsymbol{\lambda}_i^* > 0; \\ \nabla c_i(\boldsymbol{x}^*)^{\mathrm{T}} \boldsymbol{d} \geqslant 0, i \in I^* \text{ 且 } \boldsymbol{\lambda}_i^* = 0; \\ \nabla c_i(\boldsymbol{x}^*)^{\mathrm{T}} \boldsymbol{d} = 0, i \in E \end{array} \right. \right\}$ 中

的任意 $\boldsymbol{d} \neq \boldsymbol{0}$ 有

$$\boldsymbol{d}^{\mathrm{T}} w^* \boldsymbol{d} > 0.$$

则 $\boldsymbol{x}^*$ 为问题(4.1)的严格局部最优解.

最后我们给出凸规划问题的最优性充分条件.设凸规划问题

$$\begin{aligned} &\min f(\boldsymbol{x}), \\ &\text{s.t.} \quad c_i(\boldsymbol{x}) = \boldsymbol{a}_i^{\mathrm{T}} \boldsymbol{x} + b_i = 0, i \in E = \{1, \cdots, l\}, \\ &\qquad\ \ c_i(\boldsymbol{x}) \geqslant 0, i \in I = \{l+1, \cdots, m\}, \end{aligned} \tag{4.9}$$

其中 $f(\boldsymbol{x})$ 为凸函数, $c_i(\boldsymbol{x})(i \in I)$ 为凹函数.

定理 4.1.10　(凸规划问题的充分条件)设凸规划问题(4.9)中 $f(\boldsymbol{x})$ 和 $c_i(\boldsymbol{x}), i \in I$ 为可微函数,若可行点 $\boldsymbol{x}^*$ 为问题(4.9)的 KT 点,则 $\boldsymbol{x}^*$ 是问题(4.9)的整体最优解.

由此可见,对于凸规划问题,KT 条件就成为最优解的充要条件.

例 4.1.3　已知约束问题

$$\begin{aligned} &\min f(\boldsymbol{x}) = -3x_1^2 - x_2^2 - 2x_3^2, \\ &\text{s.t.} \quad c_1(\boldsymbol{x}) = x_1^2 + x_2^2 + x_3^2 - 3 = 0, \\ &\qquad\ \ c_2(\boldsymbol{x}) = -x_1 + x_2 \geqslant 0, \end{aligned}$$

$$
\begin{aligned}
c_3(\boldsymbol{x}) &= x_1 \geqslant 0,\\
c_4(\boldsymbol{x}) &= x_2 \geqslant 0,\\
c_5(\boldsymbol{x}) &= x_3 \geqslant 0.
\end{aligned}
$$

试验证最优解 $\boldsymbol{x}^* = (1,1,1)^{\mathrm{T}}$ 为 KT 点.

解 $I^* \cup E = \{1,2\}$,

$$
\begin{aligned}
&\nabla f(\boldsymbol{x}^*) = (-6,-2,-4)^{\mathrm{T}},\\
&\nabla c_1(\boldsymbol{x}^*) = (2,2,2)^{\mathrm{T}},\\
&\nabla c_2(\boldsymbol{x}^*) = (-1,1,0)^{\mathrm{T}}.
\end{aligned}
$$

令

$$
\begin{pmatrix}-6\\-2\\-4\end{pmatrix} - \lambda_1\begin{pmatrix}2\\2\\2\end{pmatrix} - \lambda_2\begin{pmatrix}-1\\1\\0\end{pmatrix} = \begin{pmatrix}0\\0\\0\end{pmatrix},
$$

得

$$
\lambda_1 = -2,\quad \lambda_2 = 2,
$$

即

$$
\begin{aligned}
&\nabla f(\boldsymbol{x}^*) = -2\nabla c_1(\boldsymbol{x}^*) + 2\nabla c_2(\boldsymbol{x}^*),\\
&\lambda_2 c_2(\boldsymbol{x}^*) = 0,\\
&\lambda_2 > 0,
\end{aligned}
$$

故 $\boldsymbol{x}^* = (1,1,1)^{\mathrm{T}}$ 为 KT 点.

4.2 罚函数法与乘子法

罚函数法是求解一般约束最优化问题(4.1):

$$
\begin{aligned}
&\min f(\boldsymbol{x}),\quad \boldsymbol{x}\in\mathbf{R}^n,\\
&\text{s.t.}\quad c_i(\boldsymbol{x}) = 0,\quad i\in E = \{1,\cdots,l\},\\
&\qquad\quad c_i(\boldsymbol{x}) \geqslant 0,\quad i\in I = \{l+1,\cdots,m\}
\end{aligned}
$$

的重要方法.由于无约束优化问题的求解目前已有许多很有效的算法,因此一种很自然的想法就是设法将约束问题的求解转化为无约束问题的求解.具体说就是,根据约束的特点,构造某种“惩罚”函数,然后把它加到目标函数中去,将约束问题的求解转化为一系列无约束问题的求解.这种“惩罚”策略,对于在无约束问题求解过程中那些企图“违反”约束的迭代点给予很大的目标函数值(对于极小化而言是一种“惩罚”),迫使一系列无约束问题的极小点或者无限地靠近可行域,或者一直保持在可行域内移动，直至迭代点列收敛到原约束问题的极小点．

本节讲述三种这类算法：

(1)外罚函数法；

(2)内罚函数法；

(3)乘子法——外罚函数法的一种推广和发展．

4.2.1　外罚函数法

1　外罚函数概念

例 4.2.1　求解约束问题

$$\min f(x_1,x_2)=(x_1^2+x_2^2),$$
$$\text{s.t.}\quad x_1+x_2-2=0.$$

解　用图解法不难求出最优解 $\boldsymbol{x}^*=(1,1)^{\mathrm{T}}$，如图 4-6 所示．我们试着将约束问题化为无约束问题．根据设想的“惩罚”策略，令

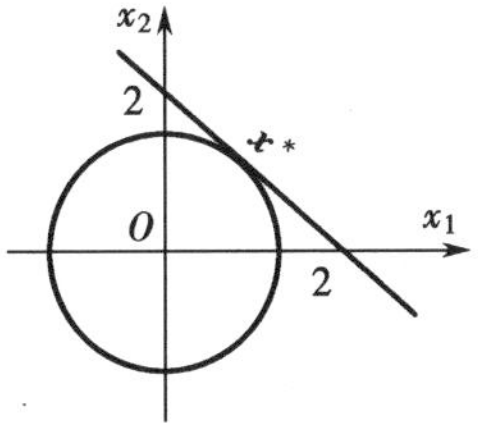

图 4-6

$$F(x_1,x_2)=\begin{cases}x_1^2+x_2^2, & x_1+x_2=2,\\ +\infty, & x_1+x_2\neq 2,\end{cases}$$

则以 $F(x_1,x_2)$ 为目标函数的无约束问题的极小点必在直线 $x_1+x_2=2$ 上．否则，目标函数值将是正无穷大．但函数 $F(x_1,x_2)$ 的性态极坏，以致无法用有效的无约束优化算法求解．

现在考虑如下函数：

$$P(x_1,x_2,\sigma)=x_1^2+x_2^2+\sigma(x_1+x_2-2)^2,$$

其中 σ 是很大的正数．求解此无约束问题，很容易得到最优解的解析式：

$$x_1^{(\sigma)}=x_2^{(\sigma)}=\frac{2\sigma}{2\sigma+1}.$$

当 $\sigma\to+\infty$ 时，有 $(x_1^{(\sigma)},x_2^{(\sigma)})^{\mathrm{T}}\to(x_1^*,x_2^*)^{\mathrm{T}}=(1,1)^{\mathrm{T}}$，即无约束问题的最优解的极限为原问题的最优解．

首先考虑仅含等式约束的优化问题(4.2)：

$$\min f(\boldsymbol{x}),\quad \boldsymbol{x}\in\mathbf{R}^n$$

$$\text{s.t.}\quad c_i(\boldsymbol{x})=0,\quad i\in E=\{1,\cdots l\}.$$

构造形如

$$P(\boldsymbol{x},\sigma)=f(\boldsymbol{x})+\sigma\sum_{i=1}^{l}|c_i(\boldsymbol{x})|^{\beta},\quad \beta\geqslant 1$$

的函数,其中 $\sigma>0$ 为参数,称为罚因子.

容易看出,“惩罚项”

$$\tilde{P}(\boldsymbol{x})=\sum_{i=1}^{l}|c_i(\boldsymbol{x})|^{\beta},\quad \beta\geqslant 1$$

符合我们的“惩罚”策略,即当 $\boldsymbol{x}$ 为可行解时,$c_i(\boldsymbol{x})=0,\tilde{P}(\boldsymbol{x})=0$,$P(\boldsymbol{x},\sigma)=f(\boldsymbol{x})$,不受惩罚;当 $\boldsymbol{x}$ 不是可行解时,$c_i(\boldsymbol{x})\neq 0,\tilde{P}(\boldsymbol{x})>0$,$P(\boldsymbol{x},\sigma)=f(\boldsymbol{x})+\sigma\tilde{P}(\boldsymbol{x})$,$\sigma$ 越大,惩罚越重.因此当 σ 充分大时,要使 $P(\boldsymbol{x},\sigma)$取极小值,$\tilde{P}(\boldsymbol{x})$应充分小,即 $P(\boldsymbol{x},\sigma)$的极小点应充分逼近可行域,当然还希望它能逼近(4.2)的最优解.

其次考虑含不等式约束的最优化问题(4.5):

$$\min f(\boldsymbol{x}),\quad \boldsymbol{x}\in\mathbf{R}^n,$$

$$\text{s.t.}\quad c_i(\boldsymbol{x})\geqslant 0,\quad i\in I=\{1,\cdots,m\}.$$

类似地构造形如下面的函数:

$$P(\boldsymbol{x},\sigma)=f(\boldsymbol{x})+\sigma\tilde{P}(\boldsymbol{x}),\quad \sigma>0,$$

其中
$$\tilde{P}(\boldsymbol{x})=\begin{cases}0, & c_i(\boldsymbol{x})\geqslant 0,\\ \displaystyle\sum_{i=1}^{m}|c_i(\boldsymbol{x})|^{\alpha},\quad \alpha\geqslant 1, & c_i(\boldsymbol{x})<0,\end{cases}$$

或
$$\tilde{P}(\boldsymbol{x})=\sum_{i=1}^{m}|\min(0,c_i(\boldsymbol{x}))|^{\alpha}=\sum_{i=1}^{m}\left(\frac{|c_i(\boldsymbol{x})|-c_i(\boldsymbol{x})}{2}\right)^{\alpha},\quad \alpha\geqslant 1.$$

显然,“惩罚项”$\tilde{P}(\boldsymbol{x})$符合上述“惩罚”策略,即当 $\boldsymbol{x}$ 为可行解时,$c_i(\boldsymbol{x})\geqslant 0,\tilde{P}(\boldsymbol{x})=0,P(\boldsymbol{x},\sigma)=f(\boldsymbol{x})$,不受惩罚;当 $\boldsymbol{x}$ 不是可行解时,$c_i(\boldsymbol{x})<0,\tilde{P}(\boldsymbol{x})>0,P(\boldsymbol{x},\sigma)=f(\boldsymbol{x})+\sigma\tilde{P}(\boldsymbol{x})$,$\sigma$ 越大,惩罚越重.因此当 σ 充分大时,要使 $P(\boldsymbol{x},\sigma)$极小,$\tilde{P}(\boldsymbol{x})$应充分小,从而 $P(\boldsymbol{x},\sigma)$的极小点充分逼近可行域,$P(\boldsymbol{x},\sigma)$的最优值逼近 $f(\boldsymbol{x})$的最优值.

最后考虑一般约束最优化问题(4.1):

$$\begin{aligned}&\min f(\boldsymbol{x}),\\&\text{s.t.}\quad c_i(\boldsymbol{x})=0,\quad i\in E=\{1,\cdots,l\},\\&\qquad\ c_i(\boldsymbol{x})\geqslant 0,\quad i\in I=\{l+1,\cdots,m\},\end{aligned}$$

可行域为

$$D=\{\boldsymbol{x}\in\mathbf{R}^n \mid c_i(\boldsymbol{x})=0,\quad i\in E;\quad c_i(\boldsymbol{x})\geqslant 0,\quad i\in I\},$$

则构造如下函数

$$P(\boldsymbol{x},\sigma)=f(\boldsymbol{x})+\sigma\tilde{P}(\boldsymbol{x}),\quad \sigma>0, \tag{4.10}$$

其中

$$\tilde{P}(\boldsymbol{x})=\sum_{i=1}^{l}|c_i(\boldsymbol{x})|^{\beta}+\sum_{j=l+1}^{m}|\min(0,c_j(\boldsymbol{x}))|^{\alpha},\quad \alpha\geqslant 1,\beta\geqslant 1 \tag{4.11}$$

显然有当 $\boldsymbol{x}\in D$ 时,$\tilde{P}(\boldsymbol{x})=0$;当 $\boldsymbol{x}\notin D$ 时,$\tilde{P}(\boldsymbol{x})>0$. 函数(4.10)称为约束问题(4.1)的增广目标函数,(4.11)称为约束问题(4.1)的罚函数(Penalty function),参数 $\sigma>0$ 称为罚因子.在(4.11)中通常取 $\alpha=\beta=2$.

于是求解约束问题(4.1)转化为求增广目标函数(4.10)的系列无约束极小,即求解

$$\min P(\boldsymbol{x},\sigma_k),$$

其中$\{\sigma_k\}$为正的数列且 $\sigma_k\to+\infty$.

例 4.2.2　求解约束问题

$$\begin{aligned}&\min f(\boldsymbol{x})=x_1^2+x_2^2,\\&\text{s.t.}\quad x_1+1\leqslant 0.\end{aligned}$$

解　显然最优解 $\boldsymbol{x}^*=(-1,0)^{\mathrm{T}}$,最优值 $f(\boldsymbol{x}^*)=1$,此时

$$\begin{aligned}P(\boldsymbol{x},\sigma)&=x_1^2+x_2^2+\sigma[\min(0,-x_1-1)]^2\\&=\begin{cases}x_1^2+x_2^2, & x_1+1\leqslant 0,\\ x_1^2+x_2^2+\sigma(x_1+1)^2, & x_1+1>0,\end{cases}\end{aligned}$$

故

$$\frac{\partial P}{\partial x_1}=\begin{cases}2x_1, & x_1<-1,\\ 2x_1+2\sigma(x_1+1), & x_1>-1,\end{cases}$$

$$\frac{\partial P}{\partial x_2}=2x_2$$

令 $\dfrac{\partial P}{\partial x_1}=\dfrac{\partial P}{\partial x_2}=0,$

得
$$x_1(\sigma)=-\frac{\sigma}{\sigma+1},\quad x_2(\sigma)=0.$$

它是 $\min P(\boldsymbol{x},\sigma)$的最优解，最优值

$$P(\boldsymbol{x},\sigma)=\left(-\frac{\sigma}{\sigma+1}\right)^2+\sigma\left(\frac{1}{\sigma+1}\right)^2=\frac{\sigma}{(\sigma+1)}.$$

当 $\sigma\to+\infty$ 时，$x_1(\sigma)\to-1$，$x_2(\sigma)\to0$，故 $\boldsymbol{x}(\sigma)\to\boldsymbol{x}^*$ 和 $P(\boldsymbol{x},\sigma)\to f(\boldsymbol{x}^*)=1$.

由例 4.2.1 和例 4.2.2 可以看出：当 $\sigma\to+\infty$ 时 $P(\boldsymbol{x},\sigma)$的最优解 $\boldsymbol{x}(\sigma)$趋向于极限 $\boldsymbol{x}^*$，而 $\boldsymbol{x}^*$ 即为原约束问题的最优解. 但是，$\boldsymbol{x}(\sigma)$往往不满足约束条件，在例 4.2.1 中 $x_1(\sigma)+x_2(\sigma)=\dfrac{4\sigma}{2\sigma+1}\neq1$，在例 4.2.2 中，$x_1(\sigma)=-\dfrac{\sigma}{\sigma+1}>-1$，并且 $\boldsymbol{x}(\sigma)$都是从可行域外部趋向于最优解 $\boldsymbol{x}^*$ 的. 因此称罚函数(4.11)为外罚函数，而称这种解法为外罚函数法.

通过求解一系列无约束最优化问题来求解约束最优化问题的方法又称其为序列无约束极小化技术 SUMT (Sequential Unconstrained Minimization Technique)，故外罚函数法又称为 SUMT 外点法.

2　算法 4.2.1　外罚函数法

已知约束问题(4.1)，取控制误差 $\varepsilon>0$ 和罚因子的放大系数 $c>1$ (可取 $\varepsilon=10^{-4}$，$c=10$).

Step 1　给定初始点 $\boldsymbol{x}_0$ (可以不是可行点)和初始罚因子 σ_1 (可取 $\sigma_1=1$)，令 $k=1$.

Step 2　以 $\boldsymbol{x}_{k-1}$为初始点求无约束问题：

$$\min P(\boldsymbol{x},\sigma_k)=f(\boldsymbol{x})+\sigma_k\tilde{P}(\boldsymbol{x}),$$

其中 $\tilde{P}(\boldsymbol{x})$如(4.11)所定义，得最优解 $\boldsymbol{x}_k=\boldsymbol{x}(\sigma_k)$.

Step 3　若 $\sigma_k\tilde{P}(\boldsymbol{x}_k)<\varepsilon$，则以 $\boldsymbol{x}_k$ 为(4.1)的近似最优解，停止. 否

则令 $\sigma_{k+1}=c\sigma_k$, $k=k+1$,转 Step 2.

3　收敛性

为了证明外罚函数法的收敛性定理,先给出如下引理.

引理 4.2.1　对于由 SUMT 外点法产生的点列 $\{\boldsymbol{x}_k\}$, $k\geqslant 1$,总有

$$P(\boldsymbol{x}_{k+1},\sigma_{k+1})\geqslant P(\boldsymbol{x}_k,\sigma_k),$$

$$\tilde{P}(\boldsymbol{x}_k)\geqslant \tilde{P}(\boldsymbol{x}_{k+1}),$$

$$f(\boldsymbol{x}_{k+1})\geqslant f(\boldsymbol{x}_k).$$

证　由于 $\sigma_{k+1}\geqslant\sigma_k>0$, $\boldsymbol{x}_k$ 是 $P(\boldsymbol{x},\sigma_k)$的最优解,故

$$\begin{aligned}P(\boldsymbol{x}_{k+1},\sigma_{k+1})&=f(\boldsymbol{x}_{k+1})+\sigma_{k+1}\tilde{P}(\boldsymbol{x}_{k+1})\\&\geqslant f(\boldsymbol{x}_{k+1})+\sigma_k\tilde{P}(\boldsymbol{x}_{k+1})=P(\boldsymbol{x}_{k+1},\sigma_k)\\&\geqslant P(\boldsymbol{x}_k,\sigma_k),\end{aligned}$$

即引理结论中第一式成立.

因为 $\boldsymbol{x}_k$ 和 $\boldsymbol{x}_{k+1}$ 分别为 $P(\boldsymbol{x},\sigma_k)$和 $P(\boldsymbol{x},\sigma_{k+1})$的最优解,所以有

$$f(\boldsymbol{x}_{k+1})+\sigma_k\tilde{P}(\boldsymbol{x}_{k+1})\geqslant f(\boldsymbol{x}_k)+\sigma_k\tilde{P}(\boldsymbol{x}_k),$$

$$f(\boldsymbol{x}_k)+\sigma_{k+1}\tilde{P}(\boldsymbol{x}_k)\geqslant f(\boldsymbol{x}_{k+1})+\sigma_{k+1}\tilde{P}(\boldsymbol{x}_{k+1}),$$

即

$$f(\boldsymbol{x}_{k+1})-f(\boldsymbol{x}_k)\geqslant\sigma_k[\tilde{P}(\boldsymbol{x}_k)-\tilde{P}(\boldsymbol{x}_{k+1})],\tag{4.12}$$

$$\sigma_{k+1}[\tilde{P}(\boldsymbol{x}_k)-\tilde{P}(\boldsymbol{x}_{k+1})]\geqslant f(\boldsymbol{x}_{k+1})-f(\boldsymbol{x}_k),$$

故

$$\sigma_{k+1}[\tilde{P}(\boldsymbol{x}_k)-\tilde{P}(\boldsymbol{x}_{k+1})]\geqslant\sigma_k[\tilde{P}(\boldsymbol{x}_k)-\tilde{P}(\boldsymbol{x}_{k+1})],$$

即

$$(\sigma_{k+1}-\sigma_k)[\tilde{P}(\boldsymbol{x}_k)-\tilde{P}(\boldsymbol{x}_{k+1})]\geqslant 0.$$

但 $\sigma_{k+1}\geqslant\sigma_k>0$,故结论中第二式成立.由第二式和(4.12)知第三式成立.　□

定理 4.2.2　设约束问题(4.1)和无约束问题(4.10)的整体最优解为 $\boldsymbol{x}^*$ 和 $\boldsymbol{x}_k$($\forall k\geqslant 1$),对正数序列$\{\sigma_k\}$, $\sigma_{k+1}\geqslant\sigma_k$ 且 $\sigma_k\to+\infty$,则由 SUMT 外点法产生的点列$\{\boldsymbol{x}_k\}$的任何聚点 $\tilde{\boldsymbol{x}}$ 必是(4.1)的整体最优解.

证　不妨设 $\boldsymbol{x}_k\to\tilde{\boldsymbol{x}}$.因 $\boldsymbol{x}^*$ 和 $\boldsymbol{x}_k$ 分别为(4.1)和(4.10)的整体最优解, $\tilde{P}(\boldsymbol{x}^*)=0$,从而有

$$f(\boldsymbol{x}^*)=f(\boldsymbol{x}^*)+\sigma_k\tilde{P}(\boldsymbol{x}^*)\geqslant f(\boldsymbol{x}_k)+\sigma_k\tilde{P}(\boldsymbol{x}_k)=P(\boldsymbol{x}_k,\sigma_k).$$

由引理 4.2.1 及上式和$\{P(\boldsymbol{x}_k,\sigma_k)\}$为单调有界序列,设其极限为 p°.

由引理知$\{f(\boldsymbol{x}_k)\}$为单调增,并且

$$f(\boldsymbol{x}_k) \leqslant P(\boldsymbol{x}_k, \sigma_k) \leqslant f(\boldsymbol{x}^*), \tag{4.13}$$

故$\{f(\boldsymbol{x}_k)\}$也收敛,设其极限为f°.于是

$$\lim_{k\to\infty} \sigma_k \tilde{P}(\boldsymbol{x}_k) = \lim_{k\to\infty}[P(\boldsymbol{x}_k, \sigma_k) - f(\boldsymbol{x}_k)] = p^\circ - f^\circ. \tag{4.14}$$

但$\sigma_k \to +\infty$,故由上式得

$$\lim_{k\to\infty} \tilde{P}(\boldsymbol{x}_k) = 0, \tag{4.15}$$

由于$\boldsymbol{x}_k \to \tilde{\boldsymbol{x}}$且$\tilde{P}(\boldsymbol{x})$连续,由上式有

$$\tilde{P}(\tilde{\boldsymbol{x}}) = 0,$$

即$\tilde{\boldsymbol{x}}$为可行解,由$\boldsymbol{x}^*$的最优性知

$$f(\boldsymbol{x}^*) \leqslant f(\tilde{\boldsymbol{x}}). \tag{4.16}$$

由式(4.13)和$\boldsymbol{x}_k \to \tilde{\boldsymbol{x}}$,$f(\boldsymbol{x})$连续,知

$$f(\tilde{\boldsymbol{x}}) = \lim_{k\to\infty} f(\boldsymbol{x}_k) \leqslant f(\boldsymbol{x}^*), \tag{4.17}$$

由式(4.16)和式(4.17)知

$$f(\tilde{\boldsymbol{x}}) = f(\boldsymbol{x}^*),$$

即$\tilde{\boldsymbol{x}}$为(4.1)的整体最优解.

□

由定理的证明过程知,式(4.15)成立并不要求$\{\boldsymbol{x}_k\}$有聚点,因此由式(4.13)两端取极限有$f^\circ \leqslant p^\circ$,但因$p^\circ \leqslant f(\boldsymbol{x}^*) = f(\tilde{\boldsymbol{x}}) = f^\circ$,故$p^\circ = f^\circ$.

又由式(4.14)有

$$\lim_{k\to\infty} \sigma_k \tilde{P}(\boldsymbol{x}_k) = 0.$$

这就是为什么我们在算法4.2.1中以$\sigma_k \tilde{P}(\boldsymbol{x}_k) < \varepsilon$作为终止准则的原因.同时可由$P(\boldsymbol{x}_k, \sigma_k)$的极限直接得出$f(\boldsymbol{x})$的约束极小值,即

$$f(\boldsymbol{x}^*) = \lim_{k\to\infty} P(\boldsymbol{x}_k, \sigma_k).$$

例4.2.3 求解约束问题:

$$\min f(\boldsymbol{x}) = (x_1 - 2)^4 + (x_2 - 2x_1)^2,$$

$$\text{s.t.} \quad x_1^2 - x_2 = 0.$$

解 取$\boldsymbol{x}_0 = (2,1)^{\mathrm{T}}$,$\sigma_1 = 0.1$,$c = 10$,$\varepsilon = 0.05$,在(4.11)中令$\beta = 2$,则序列无约束问题:

$$\min\ (x_1-2)^4+(x_2-2x_1)^2+\sigma_k(x_1{}^2-x_2)^2$$

经过 4 次迭代有 $\sigma_4\tilde{P}(\boldsymbol{x}_4)=0.0267<\varepsilon$,停止.现将迭代过程列在表 4-1 中.

表 4-1

k	σ_k	$\boldsymbol{x}_{k+1}^{\mathrm{T}}$	f_{k+1}	$\sigma_k\tilde{p}(\boldsymbol{x}_{k+1})$
1	0.1	(1.453 9,0.760 8)	0.093 5	0.183 1
2	1.0	(1.168 7,0.740 7)	0.575 3	0.390 8
3	10	(0.990 6,0.842 5)	0.520 3	0.192 6
4	100	(0.950 7,0.887 5)	1.940 5	0.026 7

可以验证 $\boldsymbol{x}_4=(0.9507,0.8875)^{\mathrm{T}}$ 为近似 KT 点.

由以上论述可知,如果有了求无约束最优化问题的好算法与程序,则用外罚函数法(算法 4.2.1)求解约束问题是很方便的.这也是工程技术人员乐于采用的原因.但是,算法 4.2.1 有两个主要缺点:其一是每个近似最优解 $\boldsymbol{x}(\sigma_k)$往往不是可行解,这是某些实际问题所不能接受的,这是下面将介绍的内罚函数法可以解决的问题;其二是由收敛性定理知,σ_k 取越大越好,而 σ_k 越大将造成增广目标函数$P(\boldsymbol{x},\sigma)$的 Hesse 矩阵的条件数越大,趋向于病态,给无约束问题求解增加很大困难,甚至无法求解.这点正是乘子法所要解决的问题.

4.2.2　内罚函数法

为使迭代点总是可行点,或者说使迭代点始终保持在可行域内移动,可以使用这样的“惩罚策略”:在可行域的边界上筑起一道很高的“围墙”,当迭代点靠近边界时,目标函数值陡然增大,以示惩罚,阻止迭代点穿越边界,这样就可以把最优解“挡”在可行域内了.这种“惩罚”策略只能适用于不等式约束问题,并要求可行域的内点集非空.否则,每个可行点都是边界点,都要被加上无穷大的惩罚,从而惩罚也就失去了意义,使方法失效.

1　不等式约束问题

考虑不等式约束问题(4.5):

$$\min f(\boldsymbol{x}),\quad \boldsymbol{x}\in\mathbf{R}^n$$
$$\text{s.t.}\quad c_i(\boldsymbol{x})\geqslant 0,\quad i=1,\cdots,m$$

当 $\boldsymbol{x}$ 从可行域

$$D=\{\boldsymbol{x}\in\mathbf{R}^{*}\mid c_i(\boldsymbol{x})\geqslant 0, i=1,\cdots,m\}$$

的内部趋近于边界时，则至少有一个 $c_i(\boldsymbol{x})$ 趋于零，因此，不难想到可构造如下的增广目标函数：

$$B(\boldsymbol{x},r)=f(\boldsymbol{x})+r\widetilde{B}(\boldsymbol{x}),$$

其中令

$$\widetilde{B}(\boldsymbol{x})=\sum_{i=1}^{m}\frac{1}{c_i(\boldsymbol{x})}\text{或 }\widetilde{B}(\boldsymbol{x})=-\sum_{i=1}^{m}\ln(c_i(\boldsymbol{x})),\tag{4.18}$$

称为内罚函数或障碍函数(Barrier function)，参数 $r>0$ 仍称为罚因子. 通过障碍函数 $\widetilde{B}(\boldsymbol{x})$ 可以实现上述惩罚策略，即当 $\boldsymbol{x}$ 为可行域 D 的内点时，$\widetilde{B}(\boldsymbol{x})$ 的值是有限的正数，而 $r>0$ 很小，几乎不受惩罚；当 $\boldsymbol{x}$ 接近 D 的边界时，$\widetilde{B}(\boldsymbol{x})$ 的值趋向于无穷大，施以很重的惩罚，迫使极小点落在 D 内部，最终逼近 $f(\boldsymbol{x})$ 的约束极小点. 我们取正的数列 $\{r_k\}$，且 $r_k\to 0$，则求解约束问题(4.5)转化为求解系列无约束问题，即

$$\min\ B(\boldsymbol{x},r_k)=f(\boldsymbol{x})+r_k\widetilde{B}(\boldsymbol{x}),\tag{4.19}$$

其中 $\widetilde{B}(\boldsymbol{x})$ 如(4.18)定义的内罚函数. 以后将证明，由系列无约束问题(4.19)得到的极小点列 $\{\boldsymbol{x}_k\}$ 在一定条件下收敛于约束问题(4.5)的最优解 $\boldsymbol{x}^*$. 因这种方法从可行域内部逼近最优解，所以称为内罚函数法或 SUMT 内点法.

算法 4.2.2 内罚函数法

已知约束问题(4.5)，且其可行域的内点集 $D_0\neq\varnothing$，取控制误差 $\varepsilon>0$ 和罚因子的缩小系数 $0<c<1$（可取 $\varepsilon=10^{-4}, c=0.1$）.

Step 1 选定初始点 $\boldsymbol{x}_0\in D_0$，给定 $r_1>0$（取 $r_1=10$），令 $k=1$.

Step 2 以 $\boldsymbol{x}_{k-1}$ 为初始点，求解无约束问题

$$\min\ B(\boldsymbol{x},r_k)=f(\boldsymbol{x})+r_k\widetilde{B}(\boldsymbol{x}),$$

其中 $\widetilde{B}(\boldsymbol{x})$ 如(4.18)所定义，得最优解 $\boldsymbol{x}_k=\boldsymbol{x}(r_k)$.

Step 3 若 $r_k\widetilde{B}(\boldsymbol{x}_k)<\varepsilon$，则 $\boldsymbol{x}_k$ 为(4.5)的近似最优解，停. 否则，令 $r_{k+1}=cr_k$, $k=k+1$ 转 Step 2.

例 4.2.4 用内点法求解

$$\min f(x_1,x_2)=\frac{1}{3}(x_1+1)^3+x_2$$
$$\text{s.t.}\quad 1-x_1\leqslant 0,$$
$$x_2\geqslant 0.$$

解　增广目标函数为

$$B(x_1,x_2,r)=\frac{1}{3}(x_1+1)^3+x_2+r\left(\frac{1}{x_1-1}+\frac{1}{x_2}\right).$$

令
$$\frac{\partial B}{\partial x_1}=(x_1+1)^2-\frac{r}{(x_1-1)^2}=0,$$
$$\frac{\partial B}{\partial x_2}=1-\frac{r}{{x_2}^2}=0,$$

所以 $\boldsymbol{x}(r)=(\sqrt{1+\sqrt{r}},\sqrt{r})^{\mathrm{T}}$，当 $r\to 0$ 时，得 $\boldsymbol{x}^*=(1,0)^{\mathrm{T}}$，$f^*=8/3$.

一般 $B(\boldsymbol{x},r)$的最优解很难用解析法求出，在实际计算时应该采用系列无约束最优化方法，如用 SUMT 内点法.取 $\boldsymbol{x}_0=(3,4)^{\mathrm{T}}$，$r_1=10$，$c=0.1$，$\varepsilon=0.1$，迭代结果如表 4-2

表 4-2

k	γ_k	$\boldsymbol{x}_{k+1}^{\mathrm{T}}$	f_{k+1}	$r_k\tilde{B}(\boldsymbol{x}_{k+1})$
1	10	(2.040 2,3.162 3)	12.529 0	12.775 5
2	10^{-1}	(1.147 3,0.316 2)	3.616 5	0.995 1
3	10^{-2}	(1.048 8,0.100 0)	2.966 7	0.304 9
4	10^{-3}	(1.015 7,0.031 6)	2.761 6	0.095 3
5	10^{-4}	(1.001 6,0.031 6)	2.704 6	0.094 1

所以最优解 $\boldsymbol{x}^*\approx\boldsymbol{x}_5=(1.001\,6,0.031\,6)^{\mathrm{T}}$，最优值 $f^*\approx f_5=2.704\,6$.

2　收敛性

引理 4.2.3　对于由 SUMT 内点法产生的点列$\{\boldsymbol{x}_k\}(k\geqslant 1)$，总有

$$B(\boldsymbol{x}_{k+1},r_{k+1})\leqslant B(\boldsymbol{x}_k,r_k),$$

即增广目标函数 $B(\boldsymbol{x}_k,r_k)$关于 k 是单调减小的.

证　因 $\boldsymbol{x}_{k+1}$是 $B(\boldsymbol{x},r_{k+1})$的极小点，且 $r_{k+1}\leqslant r_k$，故

$$B(\boldsymbol{x}_{k+1},r_{k+1})=f(\boldsymbol{x}_{k+1})+r_{k+1}\tilde{B}(\boldsymbol{x}_{k+1})\leqslant f(\boldsymbol{x}_k)+r_{k+1}\tilde{B}(\boldsymbol{x}_k)$$
$$\leqslant f(\boldsymbol{x}_k)+r_k\tilde{B}(\boldsymbol{x}_k)=B(\boldsymbol{x}_k,r_k).$$

□

定理 4.2.4 设可行域 D 的内点集 $D_0=\{\boldsymbol{x}\in\mathbf{R}^n \mid c_i(\boldsymbol{x})>0, i\in I\}$ 非空，$f(\boldsymbol{x})$ 在 D 上存在极小点 $\boldsymbol{x}^*$，对严格单减的正数列 $\{r_k\}: r_{k+1}<r_k$ 且 $r_k\to 0$，则由 SUMT 内点法产生的点列 $\{\boldsymbol{x}_k\}$ 的任何聚点 $\tilde{\boldsymbol{x}}$ 是约束问题(4.5)的最优解.

证 由于 $\boldsymbol{x}_k\in D_0\subset D$，$f(\boldsymbol{x}^*)\leqslant f(\boldsymbol{x}_k)$，因此

$$B(\boldsymbol{x}_k, r_k)\geqslant f(\boldsymbol{x}_k)\geqslant f(\boldsymbol{x}^*). \tag{4.20}$$

由引理 4.2.3 知 $\{B(\boldsymbol{x}_k, r_k)\}$ 单调减小且下有界，于是它有极限 $\tilde{B}$，即

$$\lim_{k\to\infty} B(\boldsymbol{x}_k, r_k)=\tilde{B}\geqslant f(\boldsymbol{x}^*). \tag{4.21}$$

假如能证明：$\tilde{B}=f(\boldsymbol{x}^*)$，则由式(4.21)和式(4.20)可得

$$\lim_{k\to\infty} f(\boldsymbol{x}_k)=f(\boldsymbol{x}^*),$$

再由 f 的连续性可得

$$f(\tilde{\boldsymbol{x}})=\lim_{k\to\infty} f(\boldsymbol{x}_k)=f(\boldsymbol{x}^*),$$

即 $\tilde{\boldsymbol{x}}$ 为(4.5)的最优解.

因此我们只需证明，对于充分大的 k，差 $B(\boldsymbol{x}_k, r_k)-f(\boldsymbol{x}^*)$ 可以任意小，即 $\lim\limits_{k\to\infty} B(\boldsymbol{x}_k, r_k)=f(\boldsymbol{x}^*)$.

由 $f(\boldsymbol{x})$ 的连续性知，对于任意小的正数 ε，存在 $\delta>0$，取满足 $\|\bar{\boldsymbol{x}}-\boldsymbol{x}^*\|<\delta$ 的 $\bar{\boldsymbol{x}}\in D_0$，使得

$$f(\bar{\boldsymbol{x}})-f(\boldsymbol{x}^*)<\varepsilon/2. \tag{4.22}$$

由 $\lim\limits_{k\to\infty} r_k=0$ 知，对于同一个 ε，存在 K 当 $k\geqslant K$ 时有

$$r_k\tilde{B}(\bar{\boldsymbol{x}})<\varepsilon/2. \tag{4.23}$$

再由 $\boldsymbol{x}_k$ 为 $B(\boldsymbol{x}, r_k)$ 的最优解得

$$B(\boldsymbol{x}_k, r_k)\leqslant B(\bar{\boldsymbol{x}}, r_k)=f(\bar{\boldsymbol{x}})+r_k\tilde{B}(\bar{\boldsymbol{x}}),$$

在上式两端同减 $f(\boldsymbol{x}^*)$，并注意到式(4.22)和式(4.23)得

$$\begin{aligned} B(\boldsymbol{x}_k, r_k)-f(\boldsymbol{x}^*) &\leqslant f(\bar{\boldsymbol{x}})-f(\boldsymbol{x}^*)+r_k\tilde{B}(\bar{\boldsymbol{x}}) \\ &\leqslant \varepsilon/2+\varepsilon/2=\varepsilon. \end{aligned}$$

□

与外点法的收敛定理一样，本定理中的最优解均指整体最优解.对于局部最优解，也有类似的定理.

4.2.3 几点说明

(1)由于无约束优化问题的解法目前已有许多很有效的算法,如DFP 法、BFGS 法等,所以在求解复杂得多的约束优化问题时,工程技术人员一般乐于采用罚函数法——SUMT 外点法和内点法.此方法简单、易懂.

(2)内点法适于解仅含不等式约束问题,并且每次迭代的点都是可行点,这是设计人员所希望的.但要求初始点为可行域的内点,需费相当的工作量,同时它不能处理等式约束.外点法适于解既含等式约束又含不等式约束的优化问题,初始点可以是可行域外部的点,但却不能保证近似最优解是可行的,这往往是不能被接受的.鉴于上述情况,人们往往将内点法与外点法结合起来使用,得到所谓的混合罚函数法.当初始点 $\boldsymbol{x}_0$ 给定后,对等式约束和不被 $\boldsymbol{x}_0$ 满足的那些不等式约束采用外罚函数,而对被 $\boldsymbol{x}_0$ 满足的那些不等式约束采用内罚函数,即对一般约束问题(4.1),引进增广目标函数

$$p(\boldsymbol{x},r)=f(\boldsymbol{x})-r\sum_{i\in I_1}\ln(c_i(\boldsymbol{x}))$$

$$+\frac{1}{r}\Big[\sum_{i\in I_2}(\min(0,c_i(\boldsymbol{x})))^2+\sum_{i=1}^{l}(c_i(\boldsymbol{x}))^2\Big],$$

其中,

$$I_1=\{i\mid c_i(\boldsymbol{x}_0)>0,i\in I\},$$

$$I_2=\{i\mid c_i(\boldsymbol{x}_0)\leqslant 0,i\in \mathbf{E}\cup I\},$$

其迭代步骤与内点法相同.

(3)罚函数法由于增广目标函数的 Hesse 矩阵$\nabla^2 P(\boldsymbol{x},\sigma)$和$\nabla^2 B(\boldsymbol{x},r)$的条件数随 σ 的增大和 r 的减少而变大,造成在求解系列无约束问题的困难,使得选择罚因子 σ 和 r 时往往处于进退维谷的境地.具体说,如外罚函数法,欲使无约束问题的解接近于原约束问题的解,应选取很大的 σ,但为减轻求解无约束问题的困难,又应选取较小的 σ,否则增广目标函数趋于病态.这是罚函数法所固有的弱点,也正是其使用受到限制的原因之所在.这也正是乘子法所要解决的问题.

4.2.4 乘子法

如前所述,罚函数法的主要缺点之一是增广目标函数的病态性质,

其原因是由罚因子 $\sigma_k \to \infty$（或 $r_k \to 0$）引起的.现在我们以外罚函数法为例,分析一下为什么外罚函数的罚因子必须无限增大.

考虑等式约束问题(4.2):

$$\min f(\boldsymbol{x}), \quad \boldsymbol{x} \in \mathbf{R}^n,$$
$$\text{s.t.} \quad c_i(\boldsymbol{x}) = 0, \quad i = 1, \cdots, l.$$

设 $\boldsymbol{x}^*$ 为(4.2)的最优解,则在一定条件下存在 $\boldsymbol{\lambda}^*$ 使($\boldsymbol{x}^*, \boldsymbol{\lambda}^*$)为 Lagrange 函数

$$L(\boldsymbol{x}, \boldsymbol{\lambda}) = f(\boldsymbol{x}) - \sum_{j=1}^{l} \lambda_j c_j(\boldsymbol{x})$$

的稳定点,即

$$\nabla L(\boldsymbol{x}^*, \boldsymbol{\lambda}^*) = \begin{pmatrix} \nabla_x L \\ \nabla_\lambda L \end{pmatrix} = \mathbf{0}.$$

因此,现在的问题是,能不能找到 $\boldsymbol{\lambda}^*$,使($\boldsymbol{x}^*, \boldsymbol{\lambda}^*$)就是 $L(\boldsymbol{x}, \boldsymbol{\lambda})$ 的极小点？若能找到,那么求解约束问题(4.2)就转化为求解 Lagrange 函数的无约束问题了.但是 Lagrange 函数的极小点往往是不存在的,请看下例.

例 4.2.5 求解约束问题

$$\min f(\boldsymbol{x}) = x_1^2 - 3x_2 - x_2^2,$$
$$\text{s.t.} \quad x_2 = 0,$$

采用外罚函数法求得最优解 $\boldsymbol{x}^* = (0,0)^{\mathrm{T}}$.现在看它的 Lagrange 函数

$$L(\boldsymbol{x}, \boldsymbol{\lambda}) = x_1^2 - 3x_2 - x_2^2 - \lambda x_2 = x_1^2 - (\lambda + 3)x_2 - x_2^2,$$

对于任何 λ,$L(\boldsymbol{x}, \boldsymbol{\lambda})$关于 $\boldsymbol{x}$ 的极小点是不存在的.正是由于 Lagrange 函数关于 $\boldsymbol{x}$ 的极小点往往不存在,我们才引进了外罚函数(4.11),并且通过不断增大 σ 使(4.10)的极小点无限逼近 $\boldsymbol{x}^*$.那么我们能否找到某个 σ^*,使 $\boldsymbol{x}^*$ 恰好是 $P(\boldsymbol{x}, \sigma^*)$的无约束极小呢？回答是否定的.

如果 $\boldsymbol{x}^*$ 是 $P(\boldsymbol{x}, \sigma^*)$的极小点,则由(4.10)和(4.11)中取 $\beta = 2$,有

$$\nabla_x P(\boldsymbol{x}^*, \boldsymbol{\sigma}^*) = \nabla f(\boldsymbol{x}^*) + 2\sigma \sum_{i=1}^{l} c_i(\boldsymbol{x}^*) \nabla c_i(\boldsymbol{x}^*) = \mathbf{0}.$$

由于 $\boldsymbol{x}^* \in D$,即 $c_i(\boldsymbol{x}^*) = 0$,因此有$\nabla f(\boldsymbol{x}^*) = \mathbf{0}$,而这只有当 $\boldsymbol{x}^*$ 恰好是 $f(\boldsymbol{x})$的无约束稳定点时才行.但是在一般情况下$\nabla f(\boldsymbol{x}^*) \neq \mathbf{0}$.因而

一般找不到有限的 σ^* 使 $\nabla_x P(\boldsymbol{x}^*,\boldsymbol{\sigma}^*)=\boldsymbol{0}$. 上述讨论启发我们把 Lagrange 函数与罚函数结合起来.

考虑函数

$$L(\boldsymbol{x},\boldsymbol{\lambda})+\sigma\tilde{P}(\boldsymbol{x}),$$

称其为增广 Lagrange 函数. 通过求解增广 Lagrange 函数的序列无约束问题的解来获得原约束问题的解,这就是下面要介绍的乘子法.

1 等式约束问题的乘子法

为简便起见,将等式约束问题(4.2)写成向量形式

$$\min f(\boldsymbol{x}),\ \boldsymbol{x}\in\mathbf{R}^n,$$
$$\text{s.t.}\quad \boldsymbol{c}(\boldsymbol{x})=\boldsymbol{0},$$

其中 $\boldsymbol{c}(\boldsymbol{x})=(c_1(\boldsymbol{x}),\cdots,c_l(\boldsymbol{x}))^{\mathrm{T}}$, $f(\boldsymbol{x})$ 和 $c_i(\boldsymbol{x})(i=1,\cdots,l)$ 是二次连续可微函数,可行域 $D=\{\boldsymbol{x}\in\mathbf{R}^n \mid \boldsymbol{c}(\boldsymbol{x})=\boldsymbol{0}\}$.

设 $\boldsymbol{\lambda}\in\mathbf{R}^l$ 为 Lagrange 乘子向量,则(4.2)的 Lagrange 函数为

$$L(\boldsymbol{x},\boldsymbol{\lambda})=f(\boldsymbol{x})-\boldsymbol{\lambda}^{\mathrm{T}}\boldsymbol{c}(\boldsymbol{x}).$$

又设 $\boldsymbol{x}^*$ 是 $L(\boldsymbol{x},\boldsymbol{\lambda})$ 的极小点, $\boldsymbol{\lambda}^*$ 是相应的 Lagrange 乘子向量,则由最优性定理 4.1.1 有

$$\nabla_x L(\boldsymbol{x}^*,\boldsymbol{\lambda}^*)=\nabla f(\boldsymbol{x}^*)-\sum_{i=1}^{l}\lambda_i^*\nabla c_i(\boldsymbol{x}^*)=\boldsymbol{0},$$
$$\nabla_\lambda L(\boldsymbol{x}^*,\boldsymbol{\lambda}^*)=-\boldsymbol{c}(\boldsymbol{x}^*)=\boldsymbol{0}.$$

注意到,对任意的 $\boldsymbol{x}\in D$ 有

$$L(\boldsymbol{x}^*,\boldsymbol{\lambda}^*)=f(\boldsymbol{x}^*)\leqslant f(\boldsymbol{x})=f(\boldsymbol{x})-\boldsymbol{\lambda}^{*\mathrm{T}}\boldsymbol{c}(\boldsymbol{x})=L(\boldsymbol{x},\boldsymbol{\lambda}^*).$$

容易证明,约束问题(4.2)与如下约束问题等价:

$$\min L(\boldsymbol{x},\boldsymbol{\lambda}^*), \tag{4.24}$$
$$\text{s.t.}\quad \boldsymbol{c}(\boldsymbol{x})=\boldsymbol{0}$$

这就启发我们对(4.24)采用外罚函数法. 问题(4.24)的增广目标函数(也称为增广 Lagrange 函数)为

$$M(\boldsymbol{x},\boldsymbol{\lambda},\sigma)=L(\boldsymbol{x},\boldsymbol{\lambda})+\frac{\sigma}{2}\boldsymbol{c}(\boldsymbol{x})^{\mathrm{T}}\boldsymbol{c}(\boldsymbol{x}), \tag{4.25}$$

其无约束优化问题为

$$\min M(\boldsymbol{x},\boldsymbol{\lambda},\sigma).$$

由最优性条件可得

$$\nabla_x M(\boldsymbol{x}^*,\boldsymbol{\lambda}^*,\sigma)=\nabla_x L(\boldsymbol{x}^*,\boldsymbol{\lambda}^*)+\sigma\sum_{i=1}^{l}c_i(\boldsymbol{x}^*)\nabla c_i(\boldsymbol{x}^*)=\mathbf{0},$$

其中 $\boldsymbol{x}^*$ 是 $M(\boldsymbol{x},\boldsymbol{\lambda}^*,\sigma)$ 的稳定点.我们将证明,当 σ 适当大时,$\boldsymbol{x}^*$ 是 $M(\boldsymbol{x},\boldsymbol{\lambda}^*,\sigma)$ 的极小点,但 $\boldsymbol{\lambda}^*$ 是未知向量.下面可以看到,在求 $\boldsymbol{x}^*$ 的同时,采用迭代方法求出 $\boldsymbol{\lambda}^*$,这也就是乘子法的基本思想.

引理 4.2.5 已知矩阵 $\boldsymbol{A}_{n\times n}$ 和 $\boldsymbol{B}_{n\times m}$,则对满足 $\boldsymbol{B}^{\mathrm{T}}\boldsymbol{x}=\mathbf{0}$ 的任意 $\boldsymbol{x}\neq\mathbf{0}$ 都有 $\boldsymbol{x}^{\mathrm{T}}\boldsymbol{A}\boldsymbol{x}>0$ 的充分必要条件是:存在一个数 $\sigma^*>0$,使得当 $\sigma\geqslant\sigma^*$,$\boldsymbol{x}\in\mathbf{R}^n$,$\boldsymbol{x}\neq\mathbf{0}$ 时,有

$$\boldsymbol{x}^{\mathrm{T}}(\boldsymbol{A}+\sigma\boldsymbol{B}\boldsymbol{B}^{\mathrm{T}})\boldsymbol{x}>0. \tag{4.26}$$

证 充分性.因 $\boldsymbol{B}^{\mathrm{T}}\boldsymbol{x}=\mathbf{0}$,故 $\boldsymbol{x}^{\mathrm{T}}\boldsymbol{B}\boldsymbol{B}^{\mathrm{T}}\boldsymbol{x}=0$,由式(4.26)有 $\boldsymbol{x}^{\mathrm{T}}\boldsymbol{A}\boldsymbol{x}>0$.

必要性.先证明存在一个数 $\sigma^*>0$,对任意的 $\boldsymbol{x}\in\mathbf{R}^n$ 有

$$\boldsymbol{x}^{\mathrm{T}}(\boldsymbol{A}+\sigma^*\boldsymbol{B}\boldsymbol{B}^{\mathrm{T}})\boldsymbol{x}>0(\boldsymbol{x}\neq\mathbf{0}). \tag{4.27}$$

用反证法.假设式(4.27)不成立,即对任意正整数 k 必存在向量 $\boldsymbol{x}_k$ 且 $\|\boldsymbol{x}_k\|=1$ 使得

$$\boldsymbol{x}_k^{\mathrm{T}}(\boldsymbol{A}+k\boldsymbol{B}\boldsymbol{B}^{\mathrm{T}})\boldsymbol{x}_k\leqslant 0, \tag{4.28}$$

由于 $\{\boldsymbol{x}_k\}$ 为有界序列,必有收敛子列 $\{\boldsymbol{x}_{k_i}\}$,其极限为 $\bar{\boldsymbol{x}}$,$\|\bar{\boldsymbol{x}}\|=1$.对于 $\{\boldsymbol{x}_{k_i}\}$ 由式(4.28)得

$$\boldsymbol{x}_{k_i}^{\mathrm{T}}(\boldsymbol{A}+k_i\boldsymbol{B}\boldsymbol{B}^{\mathrm{T}})\boldsymbol{x}_{k_i}\leqslant 0.$$

上式两端取极限,$k_i\to\infty$,得

$$\bar{\boldsymbol{x}}^{\mathrm{T}}\boldsymbol{A}\bar{\boldsymbol{x}}+\lim_{k_i\to\infty}k_i\|\boldsymbol{B}^{\mathrm{T}}\boldsymbol{x}_{k_i}\|^2\leqslant 0,$$

上式中第二项有

$$\lim_{k_i\to\infty}\boldsymbol{B}^{\mathrm{T}}\boldsymbol{x}_{k_i}=\boldsymbol{B}^{\mathrm{T}}\bar{\boldsymbol{x}}=\mathbf{0}\quad(\bar{\boldsymbol{x}}\neq\mathbf{0}),$$

故有

$$\bar{\boldsymbol{x}}^{\mathrm{T}}\boldsymbol{A}\bar{\boldsymbol{x}}\leqslant 0\quad(\bar{\boldsymbol{x}}\neq\mathbf{0}).$$

此与引理中的条件 $\bar{\boldsymbol{x}}^{\mathrm{T}}\boldsymbol{A}\bar{\boldsymbol{x}}>0$ 相矛盾,故式(4.27)成立.其次,设 $\sigma\geqslant\sigma^*$,则对任意的 $\boldsymbol{x}\in\mathbf{R}^n$ 有

$$\boldsymbol{x}^{\mathrm{T}}(\boldsymbol{A}+\sigma\boldsymbol{B}\boldsymbol{B}^{\mathrm{T}})\boldsymbol{x}\geqslant\boldsymbol{x}^{\mathrm{T}}(\boldsymbol{A}+\sigma^*\boldsymbol{B}\boldsymbol{B}^{\mathrm{T}})\boldsymbol{x}>0,$$

于是必要性得证. □

定理 4.2.6 设在约束问题(4.2)中 $\boldsymbol{x}^* \in \mathbf{R}^n$ 和 $\boldsymbol{\lambda}^* \in \mathbf{R}^l$ 满足定理 4.1.2 的二阶充分条件,则存在一个数 $\sigma^* > 0$,对所有 $\sigma \geqslant \sigma^*$,$\boldsymbol{x}^*$ 是无约束问题(4.25)的严格局部极小点;反之,若 $\boldsymbol{c}(\boldsymbol{x}_0) = \mathbf{0}$,且 $\boldsymbol{x}_0$ 对某个 λ_0 是无约束问题(4.25)的局部极小点,则 $\boldsymbol{x}_0$ 是约束问题(4.2)的局部极小点.

证 由 $M(\boldsymbol{x},\boldsymbol{\lambda},\sigma)$ 的定义有

$$\nabla_x M(\boldsymbol{x},\boldsymbol{\lambda},\sigma) = \nabla_x L(\boldsymbol{x},\boldsymbol{\lambda}) + \sigma \boldsymbol{A}(\boldsymbol{x})\boldsymbol{c}(\boldsymbol{x}), \tag{4.29}$$

其中 $A(\boldsymbol{x})$ 为以 $\nabla c_i(\boldsymbol{x})$ 为列的矩阵.从而

$$\nabla_x^2 M(\boldsymbol{x}^*,\boldsymbol{\lambda}^*,\sigma) = \nabla_x^2 L(\boldsymbol{x}^*,\boldsymbol{\lambda}^*) + \sigma \boldsymbol{A}(\boldsymbol{x}^*)\boldsymbol{A}(\boldsymbol{x}^*)^{\mathrm{T}}.$$

由二阶充分条件,对每个满足

$$\boldsymbol{A}(\boldsymbol{x}^*)^{\mathrm{T}}\boldsymbol{Z} = \mathbf{0}$$

的向量 $\boldsymbol{Z} \neq \mathbf{0}$ 有

$$\boldsymbol{Z}^{\mathrm{T}} \nabla_x^2 L(\boldsymbol{x}^*,\boldsymbol{\lambda}^*)\boldsymbol{Z} > 0,$$

由引理 4.2.5,存在 $\sigma^* > 0$,使得当 $\sigma \geqslant \sigma^*$ 且 $\boldsymbol{Z} \neq \mathbf{0}$ 时有

$$\boldsymbol{Z}^{\mathrm{T}} \nabla_x^2 M(\boldsymbol{x}^*,\boldsymbol{\lambda}^*,\sigma)\boldsymbol{Z} > 0.$$

又由式(4.29)和 $\boldsymbol{c}(\boldsymbol{x}^*) = \mathbf{0}$ 知

$$\nabla_x M(\boldsymbol{x}^*,\boldsymbol{\lambda}^*,\sigma) = \nabla_x L(\boldsymbol{x},\boldsymbol{\lambda}^*) = \mathbf{0},$$

由定理 4.1.2,知 $\boldsymbol{x}^*$ 为 $M(\boldsymbol{x},\boldsymbol{\lambda}^*,\sigma)$ 的严格局部极小点.

反之,因 $\boldsymbol{x}_0$ 是 $M(\boldsymbol{x},\boldsymbol{\lambda}_0,\sigma)$ 的局部极小点,且 $\boldsymbol{c}(\boldsymbol{x}_0) = \mathbf{0}$,则对任意与 $\boldsymbol{x}_0$ 充分靠近的可行解 $\bar{\boldsymbol{x}}$,有

$$M(\boldsymbol{x}_0,\lambda_0,\sigma) \leqslant M(\bar{\boldsymbol{x}},\boldsymbol{\lambda}_0,\sigma). \tag{4.30}$$

但 $\quad \boldsymbol{c}(\boldsymbol{x}_0) = \mathbf{0}, \boldsymbol{c}(\bar{\boldsymbol{x}}) = \mathbf{0},$

故 $\quad M(\boldsymbol{x}_0,\boldsymbol{\lambda}_0,\sigma) = f(\boldsymbol{x}_0), M(\bar{\boldsymbol{x}},\boldsymbol{\lambda}_0,\sigma) = f(\bar{\boldsymbol{x}}),$

由式(4.30)有

$$f(\boldsymbol{x}_0) \leqslant f(\bar{\boldsymbol{x}}),$$

即 $\boldsymbol{x}_0$ 为约束问题(4.2)的局部极小点. □

例 4.2.6 仍考虑例 4.2.5,其增广 Lagrange 函数为

$$M(\boldsymbol{x},\boldsymbol{\lambda},\sigma) = x_1{}^2 - (\lambda + 3)x_2 + \frac{\sigma - 2}{2}x_2{}^2,$$

当 $\boldsymbol{\lambda}^* = -3, \sigma \geqslant \sigma^* = 2$ 时，原问题的最优解为 $\boldsymbol{x}^* = (0,0)^{\mathrm{T}}$，是 $M(\boldsymbol{x},\boldsymbol{\lambda}^*,\sigma) = x_1^2 + \left(\frac{\sigma-2}{2}\right) x_2^2$ 的最优解.

反之，求解无约束问题

$$\min M(\boldsymbol{x},\boldsymbol{\lambda},\sigma) = x_1^2 + \frac{\sigma-2}{2}x_2^2 - (\lambda+3)x_2,$$

令

$$\frac{\partial M}{\partial x_1} = 2x_1 = 0,$$

$$\frac{\partial M}{\partial x_2} = (\sigma-2)x_2 - (\lambda+3) = 0,$$

得

$$\boldsymbol{x}_0 = (0, \frac{\lambda+3}{\sigma-2})^{\mathrm{T}}.$$

要求 $\boldsymbol{x}_0$ 满足的约束条件 $x_2 = 0$，必须取 $\lambda = -3$，从而 $\boldsymbol{x}_0 = (0,0)^{\mathrm{T}} = \boldsymbol{x}^*$，即为原约束问题的最优解.

由上述定理看到，乘子法并不要求罚因子 σ 趋于无穷大，只要求 σ 大于某个正数 σ^*，就能保证无约束问题 $\min M(\boldsymbol{x},\boldsymbol{\lambda}^*,\sigma)$ 的最优解为原约束问题(4.2)的最优解. 现在需要解决的问题是如何求得 $\boldsymbol{\lambda}^*$？实际上它是 Lagrange 函数在最优解 $\boldsymbol{x}^*$ 处的最优 Lagrange 乘子向量，在未求出 $\boldsymbol{x}^*$ 之前往往无法知道. 因此，我们采用迭代法求得点列 $\{\boldsymbol{\lambda}_k\}$，使 $\boldsymbol{\lambda}_k \to \boldsymbol{\lambda}^*$.

对每个 $\boldsymbol{\lambda}_k$，求解无约束问题

$$\min M(\boldsymbol{x},\boldsymbol{\lambda}_k,\sigma),$$

设其最优解为 $\boldsymbol{x}_k$，然后修正 $\boldsymbol{\lambda}_k$ 为 $\boldsymbol{\lambda}_{k+1}$，再求解 $M(\boldsymbol{x},\boldsymbol{\lambda}_{k+1},\sigma)$ 的极小点. 如此得到两个点列 $\{\boldsymbol{x}_k\}$ 与 $\{\boldsymbol{\lambda}_k\}$，我们希望 $\boldsymbol{x}_k \to \boldsymbol{x}^*$，$\boldsymbol{\lambda}_k \to \boldsymbol{\lambda}^*$.

如何修正 $\boldsymbol{\lambda}_k$ 才能做到这点呢？设已有 $\boldsymbol{\lambda}_k$ 和 $\boldsymbol{x}_k$，则由 $M(\boldsymbol{x},\boldsymbol{\lambda},\sigma)$ 的定义有

$$\nabla_x M(\boldsymbol{x}_k,\boldsymbol{\lambda}_k,\sigma) = \nabla f(\boldsymbol{x}_k) - \nabla \boldsymbol{c}(\boldsymbol{x}_k)(\boldsymbol{\lambda}_k - \sigma\boldsymbol{c}(\boldsymbol{x}_k)) = \boldsymbol{0}. \tag{4.31}$$

因为要求 $\boldsymbol{x}_k \to \boldsymbol{x}^*$ 和 $\boldsymbol{\lambda}_k \to \boldsymbol{\lambda}^*$，且

$$\nabla f(\boldsymbol{x}^*) - \nabla \boldsymbol{c}(\boldsymbol{x}^*)\boldsymbol{\lambda}^* = \boldsymbol{0}, \tag{4.32}$$

所以采用公式

$$\boldsymbol{\lambda}_{k+1}=\boldsymbol{\lambda}_{\kappa}-\sigma\boldsymbol{c}(\boldsymbol{x}_k),\tag{4.33}$$

或

$$(\boldsymbol{\lambda}_{k+1})_j=(\boldsymbol{\lambda}_k)_j-\sigma c_j(\boldsymbol{x}_k),\ j=1,2,\cdots,l$$

来修正 $\boldsymbol{\lambda}_k$.从式(4.33)看出,若$\{\boldsymbol{\lambda}_k\}$收敛,则

$$\boldsymbol{c}(\boldsymbol{x}_k)\to\boldsymbol{0}.$$

当 $\boldsymbol{x}_k\to\boldsymbol{x}^*$ 时,$\boldsymbol{c}(\boldsymbol{x}^*)=\boldsymbol{0}$,即 $\boldsymbol{x}^*$ 为可行解.在(4.31)中令 $k\to+\infty$便得(4.32),即 $\boldsymbol{x}^*$ 为(4.2)的 KT 点.

定理 4.2.7　设 $\boldsymbol{x}_k$ 是(4.25)的最优解,则 $\boldsymbol{x}_k$ 为(4.2)的最优解,且 $\boldsymbol{\lambda}_k$ 为相应的 Lagrange 乘子向量的充要条件是 $\boldsymbol{c}(\boldsymbol{x}_k)=\boldsymbol{0}$.

证　必要性是显然的.下面证充分性.

设 $\boldsymbol{x}_k$ 是(4.25)的最优解,且 $\boldsymbol{c}(\boldsymbol{x}_k)=\boldsymbol{0}$,则对任意的 $\boldsymbol{x}\in D=\{\boldsymbol{x}\in\mathbf{R}^n\mid\boldsymbol{c}(\boldsymbol{x})=\boldsymbol{0}\}$,有

$$f(\boldsymbol{x})=M(\boldsymbol{x},\boldsymbol{\lambda}_k,\sigma)\geqslant M(\boldsymbol{x}_k,\boldsymbol{\lambda}_k,\sigma)=f(\boldsymbol{x}_k),$$

即 $\boldsymbol{x}_k$ 为(4.2)的最优解.又因 $\boldsymbol{c}(\boldsymbol{x}_k)=\boldsymbol{0}$ 和式(4.33),故

$$\nabla f(\boldsymbol{x}_k)-\nabla\boldsymbol{c}(\boldsymbol{x}_k)\boldsymbol{\lambda}_k=\boldsymbol{0},$$

即 $\boldsymbol{\lambda}_k$ 为与最优解 $\boldsymbol{x}_k$ 相应的最优 Lagrange 乘子向量.　□

此定理实际上给出了乘子法的终止准则,当 $\|\boldsymbol{c}(\boldsymbol{x}_k)\|\leqslant\varepsilon$ 时,迭代停止.在迭代过程中如果发现$\{\boldsymbol{\lambda}_k\}$不收敛或收敛太慢,则增大 σ 的值后再迭代.收敛快慢可用比值 $\|\boldsymbol{c}(\boldsymbol{x}_k)\|/\|\boldsymbol{c}(\boldsymbol{x}_{k-1})\|$ 来度量.

算法 4.2.3　等式约束问题的乘子法——PH 算法

Step 1　选定初始点 $\boldsymbol{x}_0$、初始乘子向量 $\boldsymbol{\lambda}_1$、初始罚因子 σ_1 及其放大系数 $c>1$、控制误差 $\varepsilon>0$ 与常数 $\theta\in(0,1)$,令 $k=1$.

Step 2　以 $\boldsymbol{x}_{k-1}$为初始点求解无约束问题

$$\min M(\boldsymbol{x},\boldsymbol{\lambda}_k,\sigma_k)=f(\boldsymbol{x})-\boldsymbol{\lambda}_k^{\mathrm{T}}\boldsymbol{c}(\boldsymbol{x})+\frac{\sigma_k}{2}\boldsymbol{c}(\boldsymbol{x})^{\mathrm{T}}\boldsymbol{c}(\boldsymbol{x})$$

得最优解 $\boldsymbol{x}_k$.

Step 3　当 $\|\boldsymbol{c}(\boldsymbol{x}_k)\|<\varepsilon$ 时,$\boldsymbol{x}_k$ 为所求最优解,停.否则转Step 4.

Step 4　当 $\|\boldsymbol{c}(\boldsymbol{x}_k)\|/\|\boldsymbol{c}(\boldsymbol{x}_{k-1})\|\leqslant\theta$ 时,转 Step 5,否则令 $\sigma_{k+1}=c\sigma_k$,转 Step 5.

Step 5 令 $\boldsymbol{\lambda}_{k+1}=\boldsymbol{\lambda}_k-\sigma_k\boldsymbol{c}(x_k)$，$k=k+1$，转 Step 2.

算法 4.2.3 最初是 Powell 和 Hestenes 几乎同时各自独立地提出，故简称为 PH 算法.

例 4.2.7 用 PH 算法求解例 4.2.1.

解 增广 Lagrange 函数为

$$M(x_1,x_2,\lambda,\sigma)=x_1{}^2+x_2{}^2-\lambda(x_1+x_2-2)+\frac{\sigma}{2}(x_1+x_2-2)^2.$$

令
$$\frac{\partial M}{\partial x_1}=2x_1-\lambda+\sigma(x_1+x_2-2)=0,$$
$$\frac{\partial M}{\partial x_2}=2x_2-\lambda+\sigma(x_1+x_2-2)=0,$$

得
$$x_1=x_2=\frac{2\sigma+\lambda}{2\sigma+2}.$$

将上式中的 λ 换为 λ_k，再把 x_1，x_2 的值代入乘子迭代公式(4.33)：

$$\lambda_{k+1}=\lambda_k-\sigma(x_1+x_2-2),$$

即
$$\lambda_{k+1}=\frac{1}{\sigma+1}\lambda_k+\frac{2\sigma}{\sigma+1}.$$

显然，当 $\sigma>0$ 时 $\{\lambda_k\}$ 收敛，且 σ 越大收敛越快.如取 $\sigma=10$，则

$$\lambda_{k+1}=\frac{1}{11}\lambda_k+\frac{20}{11},$$

设 $\lambda_k\to\lambda^*$，对上式取极限得

$$\lambda^*=\frac{1}{11}\lambda^*+\frac{20}{11}.$$

$\lambda^*=2$，在 $x_1=x_2=\dfrac{2\sigma+\lambda}{2\sigma+2}$ 中取 $\sigma=10$，$\lambda=\lambda^*=2$ 得原问题的最优解

$$\boldsymbol{x}^*=(x_1^*,x_2^*)^{\mathrm{T}}=(1,1)^{\mathrm{T}}.$$

2 不等式约束问题的乘子法

现在考虑不等式约束的优化问题(4.5)：

$\min f(\boldsymbol{x})$，　$\boldsymbol{x}\in\mathbf{R}^n$，

s.t.　$c_i(\boldsymbol{x})\geqslant 0$，　$i=1,\cdots,m$.

引进辅助变量 $z_i(i=1,\cdots,m)$，使(4.5)化为与其等价的等式约束

优化问题

$$\min f(\boldsymbol{x}),\quad \boldsymbol{x}\in\mathbf{R}^n,$$
$$\text{s.t.}\quad c_i(\boldsymbol{x})-z_i^2=0,\quad i=1,\cdots,m,\tag{4.34}$$

则可使用前段等式约束问题的乘子法.此时(4.34)的增广 Lagrange 函数为

$$\widetilde{M}(\boldsymbol{x},\boldsymbol{z},\boldsymbol{\lambda},\sigma)=f(\boldsymbol{x})-\sum_{i=1}^{m}\lambda_i(c_i(\boldsymbol{x})-z_i^2)+\frac{\sigma}{2}\sum_{i=1}^{m}(c_i(\boldsymbol{x})-z_i^2)^2.\tag{4.35}$$

先考虑 $\widetilde{M}$ 关于 z 的极小化问题:$\min\limits_{z}\widetilde{M}(\boldsymbol{x},\boldsymbol{z},\boldsymbol{\lambda},\sigma)$.

令 $\nabla_z\widetilde{M}(\boldsymbol{x},\boldsymbol{z},\boldsymbol{\lambda},\sigma)=\mathbf{0}$,

得 $$z_i(\lambda_i-\sigma(c_i(\boldsymbol{x})-z_i^2))=0,\quad i=1,\cdots,m.$$

当 $\sigma c_i(\boldsymbol{x})-\lambda_i\geqslant 0$ 时,$z_i^2=-\dfrac{\lambda_i}{\sigma}+c_i(\boldsymbol{x})$;否则 $z_i=0$.

故 $$z_i^2=\frac{1}{\sigma}\max\,(0,\sigma c_i(\boldsymbol{x})-\lambda_i),\quad i=1,\cdots,m.$$

代回式(4.35),得(4.5)的增广目标函数为

$$\widetilde{M}(\boldsymbol{x},\boldsymbol{\lambda},\sigma)=f(\boldsymbol{x})+\frac{1}{2\sigma}\sum_{i=1}^{m}\{[\max\,(0,\lambda_i-\sigma c_i(\boldsymbol{x}))]^2-\lambda_i^2\}.$$

乘子迭代公式为

$$(\boldsymbol{\lambda}_{k+1})_i=(\boldsymbol{\lambda}_k)_i-\sigma[c_i(\boldsymbol{x})-z_i^2],\quad i=1,\cdots,m.$$

将 z_i 的值代入上式得

$$(\boldsymbol{\lambda}_{k+1})_i=\max\,[0,(\boldsymbol{\lambda}_k)_i-\sigma c_i(\boldsymbol{x}_k)],\quad i=1,\cdots,m,$$

终止准则为

$$\Big(\sum_{i=1}^{m}[c_i(\boldsymbol{x}_k)-{z_i}^2]^2\Big)^{\frac{1}{2}}<\varepsilon,$$

将 z_i 的值代入得

$$\Big(\sum_{i=1}^{m}\Big[\min\,\Big(c_i(\boldsymbol{x}_k),\frac{(\boldsymbol{\lambda}_k)_i}{\sigma}\Big)\Big]^2\Big)^{\frac{1}{2}}<\varepsilon.$$

3　一般约束问题的乘子法

我们来构造一般约束优化问题(4.1):

$$\min f(\boldsymbol{x}), \quad \boldsymbol{x} \in \mathbf{R}^n,$$
$$\text{s.t.} \quad c_i(\boldsymbol{x}) = 0, \quad i = 1, \cdots, l,$$
$$c_i(\boldsymbol{x}) \geqslant 0, \quad i = l+1, \cdots, m$$

的乘子法.

此时有增广 Lagrange 函数为

$$M(\boldsymbol{x}, \boldsymbol{\lambda}, \sigma) = f(\boldsymbol{x}) + \frac{1}{2\sigma}\sum_{i=l+1}^{m}\{[\max(0, \lambda_i - \sigma c_i(\boldsymbol{x}))]^2 - \lambda_i^2\}$$
$$- \sum_{i=1}^{l}\lambda_i c_i(\boldsymbol{x}) + \frac{\sigma}{2}\sum_{i=1}^{l} c_i^{\,2}(\boldsymbol{x}). \tag{4.36}$$

乘子的修正公式为

$$\begin{aligned} (\boldsymbol{\lambda}_{k+1})_i &= (\boldsymbol{\lambda}_k)_i - \sigma c_i(\boldsymbol{x}_k), & i &= 1, \cdots, l, \\ (\boldsymbol{\lambda}_{k+1})_i &= \max[0, (\boldsymbol{\lambda}_k)_i - \sigma c_i(\boldsymbol{x}_k)], & i &= l+1, \cdots, m. \end{aligned} \tag{4.37}$$

令
$$\varphi_k = \{\sum_{i=1}^{l} c_i^2(\boldsymbol{x}_k) + \sum_{j=l+1}^{m}[\min(c_j(\boldsymbol{x}_k), \frac{(\boldsymbol{\lambda}_k)_j}{\sigma})]^2\}^{\frac{1}{2}}, \tag{4.38}$$

则终止准则为

$$\varphi_k \leqslant \varepsilon.$$

算法 4.2.4 一般约束问题的乘子法——PHR 算法

Step 1 给定初始点 $\boldsymbol{x}_0$、初始乘子向量 $\boldsymbol{\lambda}_1$、初始罚因子 σ_1 及其放大系数 $c>1$、控制误差 $\varepsilon>0$、常数 $\theta \in (0,1)$,令 $k=1$.

Step 2 以 $\boldsymbol{x}_{k-1}$ 为初始点,求解无约束问题(4.36):

$$\min M(\boldsymbol{x}, \boldsymbol{\lambda}, \sigma)$$

得最优解 $\boldsymbol{x}_k$.

Step 3 按式(4.38)计算 φ_k,若 $\varphi_k < \varepsilon$,则 $\boldsymbol{x}_k$ 为(4.1)的最优解,停;否则,转 Step 4.

Step 4 当 $\varphi_k/\varphi_{k-1} \leqslant \theta$ 时,转 Step 5;否则令 $\sigma_{k+1} = c\sigma_k$,转 Step 5.

Step 5 修正乘子向量 $\boldsymbol{\lambda}_k$,

$$(\boldsymbol{\lambda}_{k+1})_i = (\boldsymbol{\lambda}_k)_i - \sigma c_i(\boldsymbol{x}_k), \quad i = 1, \cdots, l,$$
$$(\boldsymbol{\lambda}_{k+1})_i = \max[0, (\boldsymbol{\lambda}_k)_i - \sigma c_i(\boldsymbol{x}_k)], \quad i = l+1, \cdots, m.$$

令 $k = k+1$,转 Step 2.

以上算法是 Rockafellar 在 PH 算法的基础上提出的，简称为 PHR 算法.

例 4.2.8　用 PHR 算法求解

$$\min\ (x_1^2+x_2^2),$$

$$\text{s.t.}\quad x_1+x_2\geqslant 2.$$

解　增广目标函数为

$$M(x_1,x_2,\lambda,\sigma)=x_1^2+x_2^2+\frac{1}{2\sigma}\{[\max\ (0,\lambda-\sigma(x_1+x_2-2)]^2-\lambda^2\}$$

$$=\begin{cases}x_1^2+x_2^2-\dfrac{\lambda^2}{2\sigma}, & x_1+x_2-2>\dfrac{\lambda}{\sigma},\\ x_1^2+x_2^2+\dfrac{1}{2\sigma}\{[\lambda-\sigma(x_1+x_2-2)]^2-\lambda^2\}, & x_1+x_2-2\leqslant\dfrac{\lambda}{\sigma}.\end{cases}$$

当 $x_1+x_2-2>\dfrac{\lambda}{\sigma}$时，令

$$\frac{\partial M}{\partial x_1}=2x_1=0,\frac{\partial M}{\partial x_2}=2x_2=0,$$

得 $\tilde{\boldsymbol{x}}=(0,0)^{\mathrm{T}}$. 当 σ 充分大时，此点不满足不等式 $x_1+x_2-2>\dfrac{\lambda}{\sigma}$，即 $\tilde{\boldsymbol{x}}$ 不是 M 的极小点.

当 $x_1+x_2-2\leqslant\dfrac{\lambda}{\sigma}$时，令

$$\frac{\partial M}{\partial x_1}=2x_1-[\lambda-\sigma(x_1+x_2-2)]=0,$$

$$\frac{\partial M}{\partial x_2}=2x_2-[\lambda-\sigma(x_1-x_2-2)]=0,$$

得　$x_1=x_2=\dfrac{2\sigma+\lambda}{2\sigma+2}$，且 $\tilde{\boldsymbol{x}}=(x_1,x_2)^{\mathrm{T}}$ 满足 $x_1+x_2\leqslant\dfrac{\lambda}{\sigma}$.

将 λ 换为 λ_k 代入式(4.37)修正 λ_k，有

$$\lambda_{k+1}=\max\ (0,\lambda_k\text{-}\sigma(x_1+\lambda_2-2))=\max\ (0,\frac{2\sigma+\lambda_k}{\sigma+1}),$$

若给定 $\lambda_1>0$，且 $\sigma>0$，则

$$\lambda_{k+1}=\frac{1}{\sigma+1}\lambda_k+\frac{2\sigma}{\sigma+1}>0.$$

以下与例 4.2.7 同,从略.

由于 σ 可取某个有限值,而且 $\{\boldsymbol{\lambda}_k\}$ 收敛于有限极限值,因此乘子法克服了罚函数法的病态性质.数值试验表明,它比罚函数法优越,收敛速度要快得多,至今仍是求解约束最优化问题的最好算法之一,受到人们的重视.希望进一步学习乘子法的读者,可参考文献[18].

4.3 投影梯度法与简约梯度法

现在我们介绍一类直接处理约束优化问题的算法.1960 年 Rosen 针对线性约束问题提出了投影梯度法,随后他又将这个方法推广到非线性约束问题上.这个算法的收敛速度较慢.1963 年 Wolfe 将线性规划的单纯形法推广到带线性约束的非线性规划问题,提出了简约梯度法(Reduced Gradient Method),简称 RG 法.此算法在 1969 年由 Abadie 等人发展成著名的广义简约梯度法(Generalized Reduced Gradient Method),简称 GRG 法.GRG 算法已成为目前求解一般非线性规划问题的最有效的算法之一.

本节主要讲述上述三种算法.由于它们是属于更广的一类所谓可行方向法的范畴,因此,下面首先介绍与该算法有关的一些概念及性质,然后再讲述上述三种算法.

4.3.1 可行方向及其性质

在本章多数情况仅考虑带不等式的约束问题(4.5)

$$\min f(\boldsymbol{x}), \quad \boldsymbol{x}\in \mathbf{R}^n,$$
$$\text{s.t.} \quad \boldsymbol{x}\in D,$$

其中可行域为

$$D=\{\boldsymbol{x}\in \mathbf{R}^n \mid c_i(\boldsymbol{x})\geqslant 0, \quad i=1,\cdots,m\}.$$

为叙述上的方便,我们将第 1 章中的下降可行方向重述如下.

设可行点 $\bar{\boldsymbol{x}}\in D$,我们称非零向量 $\bar{\boldsymbol{p}}$ 为 $\bar{\boldsymbol{x}}$ 处的一个可行方向,如果存在一个实数 $\bar{\alpha}>0$,使对所有 $0\leqslant\alpha\leqslant\bar{\alpha}$,有

$$\bar{\boldsymbol{x}}+\alpha\bar{\boldsymbol{p}}\in D.$$

由 D 的定义知,$\bar{\boldsymbol{p}}$ 为(4.5)的可行方向当且仅当 α 充分小时,有

$$c_i(\bar{\boldsymbol{x}}+\alpha\bar{\boldsymbol{p}})\geqslant 0,\quad i=1,\cdots,m. \tag{4.39}$$

由 Taylor 公式有

$$c_i(\bar{\boldsymbol{x}}+\alpha\bar{\boldsymbol{p}})=c_i(\bar{\boldsymbol{x}})+\alpha\bar{\boldsymbol{p}}^{\mathrm{T}}\nabla c_i(\bar{\boldsymbol{x}})+o(\alpha),$$

若 $c_i(\bar{\boldsymbol{x}})>0$,则当 α 充分小时,式(4.39)总能成立;若 $c_i(\bar{\boldsymbol{x}})=0$,即当 $i\in I(\bar{\boldsymbol{x}})=\{i\mid c_i(\bar{\boldsymbol{x}})=0,\quad i=1,2,\cdots,m\}$时,只要 $\boldsymbol{p}^{\mathrm{T}}\nabla c_i(\bar{\boldsymbol{x}})>0,i\in I(\bar{\boldsymbol{x}})$,则当 α 充分小时,式(4.39)也成立.因此,如果 $\boldsymbol{p}$ 满足

$$\bar{\boldsymbol{p}}^{\mathrm{T}}\nabla c_i(\bar{\boldsymbol{x}})>0,\quad i\in I(\bar{\boldsymbol{x}}), \tag{4.40}$$

则 $\bar{\boldsymbol{p}}$ 为 $\bar{\boldsymbol{x}}$ 处的可行方向.

从上述讨论容易看出,若 $c_i(\boldsymbol{x})$ 为线性函数,则在 Taylor 公式中 $o(\alpha)=0$,因此,当且仅当

$$\bar{\boldsymbol{p}}^{\mathrm{T}}\nabla c_i(\bar{\boldsymbol{x}})\geqslant 0,\quad i\in I(\bar{\boldsymbol{x}}) \tag{4.41}$$

时,$\bar{\boldsymbol{p}}$ 为可行方向.

为了使可行方向 $\bar{\boldsymbol{p}}$ 还是下降方向,与无约束情形一样,要求 $\bar{\boldsymbol{p}}$ 满足

$$\bar{\boldsymbol{p}}^{\mathrm{T}}\nabla f(\bar{\boldsymbol{x}})<0. \tag{4.42}$$

综上所述,我们称满足式(4.41)和式(4.42)的向量 $\bar{\boldsymbol{p}}$ 为下降可行方向.

例 4.3.1　考察如下约束问题的下降可行方向

$$\begin{aligned}
\min\ & f(\boldsymbol{x})=(x_1-6)^2+(x_2-2)^2,\\
\text{s.t.}\ & x_1-2x_2+4\geqslant 0,\\
& -3x_1-2x_2+12\geqslant 0,\\
& x_1,x_2\geqslant 0.
\end{aligned}$$

解　令 $\bar{\boldsymbol{x}}=(2,3)^{\mathrm{T}}$,则有效约束指标集 $I=\{1,2\}$.

$$\boldsymbol{A}(\boldsymbol{x})=(\nabla c_1(\boldsymbol{x}),\Delta c_2(\boldsymbol{x}))=\begin{pmatrix}1 & -3\\ -2 & -2\end{pmatrix},$$

$$\nabla f(\boldsymbol{x})=\begin{pmatrix}2x_1-12\\ 2x_2\ \ -4\end{pmatrix}.$$

对于 $\boldsymbol{d}=(d_1,d_2)^{\mathrm{T}}\neq\boldsymbol{0}$,在 $\bar{\boldsymbol{x}}$ 处满足式(4.41)的可行方向集 $\mathscr{F}$为

$$\begin{cases} d_1 - 2d_2 \geqslant 0, \\ -3d_1 - 2d_2 \geqslant 0 \end{cases}$$(因为约束都是线性的)

即 $\mathscr{F} = \{\boldsymbol{d} \in \mathbf{R}^2 \mid \boldsymbol{d}^{\mathrm{T}} \boldsymbol{A} \geqslant \mathbf{0}\}$,而满足式(4.42)的下降方向集 $\mathscr{D}$ 为

$$\boldsymbol{d}^{\mathrm{T}} \nabla f(\bar{\boldsymbol{x}}) = (-8,2)\begin{pmatrix} d_1 \\ d_2 \end{pmatrix} = -8d_1 + 2d_2 < 0,$$

即 $\mathscr{D} = \{\boldsymbol{d} \in R^2 \mid \boldsymbol{d}^{\mathrm{T}} \nabla f(\bar{\boldsymbol{x}}) < 0\}$,二者的交集 $\mathscr{F} \cap \mathscr{D}$ 就是下降可行方向锥(集),如图 4-7 所示的阴影部分.

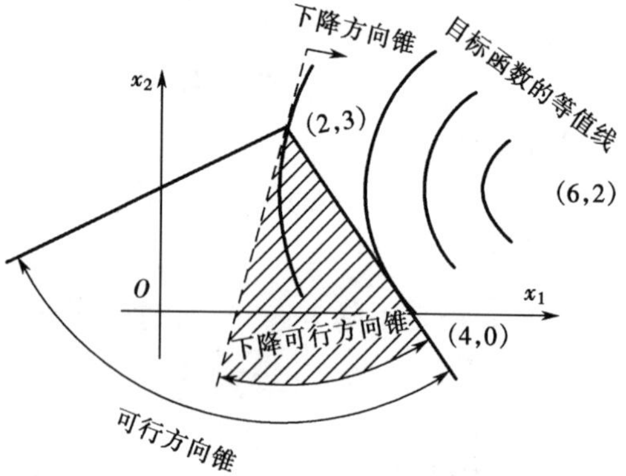

图 4-7

4.3.2 投影矩阵及其性质

定义 4.3.1 设方阵 $\boldsymbol{P}_{n \times n}$ 满足

$$\boldsymbol{P} = \boldsymbol{P}^{\mathrm{T}}, \text{且 } \boldsymbol{P}\boldsymbol{P} = \boldsymbol{P},$$

则称方阵 $\boldsymbol{P}$ 为投影矩阵.

投影矩阵有如下性质.

引理 4.3.1 设矩阵 $\boldsymbol{P}$ 为投影矩阵,则

(i) $\boldsymbol{P}$ 为正半定;

(ii) $\boldsymbol{Q} = \boldsymbol{I} - \boldsymbol{P}$ 亦为投影矩阵,其中 $\boldsymbol{I}$ 为 n 阶单位矩阵;

(iii)令

$$L = \{\boldsymbol{P}\boldsymbol{x} \mid \boldsymbol{x} \in \mathbf{R}^n\} \text{ 与 } L^{\perp} = \{\boldsymbol{Q}\boldsymbol{x} \mid \boldsymbol{x} \in \mathbf{R}^n\},$$

则 L 与 $L^{\perp}$ 为正交的线性子空间,并且对任何 $\boldsymbol{x} \in \mathbf{R}^n$,$\boldsymbol{x}$ 可唯一地被分解为

$$\boldsymbol{x}=\boldsymbol{p}+\boldsymbol{q},\quad \boldsymbol{p}\in L,\boldsymbol{q}\in L^{\perp}.$$

证　(i)、(ii)容易由定义直接证明，这里只证(iii).

对任意 $\boldsymbol{x},\boldsymbol{y}\in\mathbf{R}^n$，有 $\alpha\boldsymbol{x}+\beta\boldsymbol{y}\in\mathbf{R}^n$ 且 $\alpha\boldsymbol{P}\boldsymbol{x}+\beta\boldsymbol{P}\boldsymbol{y}=\boldsymbol{P}(\alpha\boldsymbol{x}+\beta\boldsymbol{y})\in L$，其中 α,β 为任意实数，所以 L 为线性子空间.同理可证 $L^{\perp}$ 亦为线性子空间.又因 $\boldsymbol{P}^{\mathrm{T}}\boldsymbol{Q}=\boldsymbol{P}(\boldsymbol{I}-\boldsymbol{P})=\boldsymbol{P}-\boldsymbol{P}=\boldsymbol{0}$，所以 $(\boldsymbol{P}\boldsymbol{x})^{\mathrm{T}}(\boldsymbol{Q}\boldsymbol{y})=\boldsymbol{x}^{\mathrm{T}}\boldsymbol{P}^{\mathrm{T}}\boldsymbol{Q}\boldsymbol{y}=0$，故 L 与 $L^{\perp}$ 正交.任取 $\boldsymbol{x}\in\mathbf{R}^n$，有 $\boldsymbol{x}=\boldsymbol{I}\boldsymbol{x}=(\boldsymbol{P}+\boldsymbol{Q})\boldsymbol{x}=\boldsymbol{P}\boldsymbol{x}+\boldsymbol{Q}\boldsymbol{x}=\boldsymbol{p}+\boldsymbol{q}$，其中 $\boldsymbol{p}=\boldsymbol{P}\boldsymbol{x}\in L,\boldsymbol{q}=\boldsymbol{Q}\boldsymbol{x}\in L^{\perp}$，再证 $\boldsymbol{p}$、$\boldsymbol{q}$ 是唯一的.设 $\boldsymbol{x}$ 还可表示为 $\boldsymbol{x}=\boldsymbol{p}'+\boldsymbol{q}'$，$\boldsymbol{p}'\in L,\boldsymbol{q}'\in L^{\perp}$，则 $\boldsymbol{p}+\boldsymbol{q}=\boldsymbol{p}'+\boldsymbol{q}'$，$\boldsymbol{p}-\boldsymbol{p}'=\boldsymbol{q}'-\boldsymbol{q}$，$\boldsymbol{p}-\boldsymbol{p}'\in L,\boldsymbol{q}'-\boldsymbol{q}\in L^{\perp}$，但 $L\cap L^{\perp}=\{\boldsymbol{0}\}$，故 $\boldsymbol{p}-\boldsymbol{p}'=\boldsymbol{q}-\boldsymbol{q}'=\boldsymbol{0}$，即 $\boldsymbol{p}=\boldsymbol{p}'$，$\boldsymbol{q}=\boldsymbol{q}'$. □

4.3.3　投影梯度法

为简单计，我们考虑仅含线性不等式约束的最优化问题

$$\begin{aligned}&\min f(\boldsymbol{x}),\ \boldsymbol{x}\in\mathbf{R}^n,\\&\text{s.t.}\quad \boldsymbol{A}^{\mathrm{T}}\boldsymbol{x}\geqslant\boldsymbol{b},\end{aligned}\tag{4.43}$$

其中 $f(\boldsymbol{x})$ 为可微函数，$\boldsymbol{A}$ 为 $n\times m$ 矩阵，$\boldsymbol{b}$ 为 m 维向量($m\leqslant n$).

若同时含有等式约束，比如有 p 个等式约束

$$\sum_{j=1}^{n}e_{ij}x_j=f_i,\quad i=1,2,\cdots,p,$$

则我们可以用 $p+1$ 个不等式约束

$$\sum_{j=1}^{n}e_{ij}x_j\geqslant f_i,\quad i=1,2,\cdots,p,$$

$$-\sum_{j=1}^{n}\Big(\sum_{i=1}^{p}e_{ij}\Big)x_j\geqslant-\sum_{i=1}^{p}f_i$$

来代替它们.因此任何线性约束优化问题都可以化为(4.43)的形式.

定理 4.3.2　设 $\bar{\boldsymbol{x}}$ 为(4.43)的一个可行点，设在 $\bar{\boldsymbol{x}}$ 处有 q 个有效约束，不妨设前 q 个为有效约束，则 $\boldsymbol{A}_q^{\mathrm{T}}\bar{\boldsymbol{x}}=\boldsymbol{b}_q$，其中 $\boldsymbol{A}_q$ 为 $\boldsymbol{A}$ 的前 q 列组成，$\boldsymbol{b}_q$ 为 $\boldsymbol{b}$ 的前 q 个分量.设 $\boldsymbol{A}_q$ 列满秩，则矩阵

$$\boldsymbol{P}_q=\boldsymbol{I}-\boldsymbol{A}_q(\boldsymbol{A}_q^{\mathrm{T}}\boldsymbol{A}_q)^{-1}\boldsymbol{A}_q^{\mathrm{T}}\tag{4.44}$$

为投影矩阵，当 $\boldsymbol{P}_q\nabla f(\bar{\boldsymbol{x}})\neq\boldsymbol{0}$ 时，$\bar{\boldsymbol{p}}=-P_q\nabla f(\bar{\boldsymbol{x}})$ 为 $\bar{\boldsymbol{x}}$ 处的一下降可行方向.

证　设 $\boldsymbol{Q}=\boldsymbol{A}_q(\boldsymbol{A}_q^{\mathrm{T}}\boldsymbol{A}_q)^{-1}\boldsymbol{A}_q^{\mathrm{T}}$,因 $\mathrm{Rank}(\boldsymbol{A}_q)=q$,所以 $\boldsymbol{A}_q^{\mathrm{T}}\boldsymbol{A}_q$ 为 q 阶非奇方阵,因而 $\boldsymbol{Q}$ 有意义.又因

$$\boldsymbol{Q}^{\mathrm{T}}=\boldsymbol{A}_q(\boldsymbol{A}_q^{\mathrm{T}}\boldsymbol{A}_q)^{-1}\boldsymbol{A}_q^{\mathrm{T}},$$

$$\boldsymbol{QQ}=\boldsymbol{A}_q(\boldsymbol{A}_q^{\mathrm{T}}\boldsymbol{A}_q)^{-1}\boldsymbol{A}_q^{\mathrm{T}}\boldsymbol{A}_q(\boldsymbol{A}_q^{\mathrm{T}}\boldsymbol{A}_q)^{-1}\boldsymbol{A}_q^{\mathrm{T}}=\boldsymbol{A}_q(\boldsymbol{A}_q^{\mathrm{T}}\boldsymbol{A}_q)^{-1}\boldsymbol{A}_q^{\mathrm{T}}=\boldsymbol{Q},$$

故 $\boldsymbol{Q}$ 为投影矩阵,由引理 4.3.1,知 $\boldsymbol{P}_q=\boldsymbol{I}-\boldsymbol{Q}$ 亦为投影矩阵.

因为

$$\bar{\boldsymbol{p}}^{\mathrm{T}}\nabla f(\bar{\boldsymbol{x}})=-\nabla f(\bar{\boldsymbol{x}})^{\mathrm{T}}\boldsymbol{P}_q\nabla f(\bar{\boldsymbol{x}})=-\|\boldsymbol{P}_q\nabla f(\bar{\boldsymbol{x}})\|^2<0,$$

$$\begin{aligned}\boldsymbol{A}_q^{\mathrm{T}}\bar{\boldsymbol{p}}&=-\boldsymbol{A}_q^{\mathrm{T}}\boldsymbol{P}_q\nabla f(\bar{\boldsymbol{x}})\\&=-[\boldsymbol{A}_q^{\mathrm{T}}-\boldsymbol{A}_q^{\mathrm{T}}\boldsymbol{A}_q(\boldsymbol{A}_q^{\mathrm{T}}\boldsymbol{A}_q)^{-1}\boldsymbol{A}_q^{\mathrm{T}}]\nabla f(\bar{\boldsymbol{x}})=\boldsymbol{0}.\end{aligned}$$

所以由式(4.42)和式(4.41)知 $\bar{\boldsymbol{p}}$ 为下降可行方向.

□

当 $P_q\nabla f(\bar{\boldsymbol{x}})=\boldsymbol{0}$ 时,我们并不能断言,$\bar{\boldsymbol{x}}$ 为 KT 点,为此我们给出下面的定理.

定理 4.3.3　设 $\bar{\boldsymbol{x}}$ 为(4.43)的一个可行点,且 $\boldsymbol{P}_q\nabla f(\bar{\boldsymbol{x}})=\boldsymbol{0}$,令

$$\boldsymbol{\lambda}=(\boldsymbol{A}_q^{\mathrm{T}}\boldsymbol{A}_q)^{-1}\boldsymbol{A}_q^{\mathrm{T}}\nabla f(\bar{\boldsymbol{x}}),$$

则我们有

(i)若 $\boldsymbol{\lambda}\geqslant\boldsymbol{0}$,则 $\bar{\boldsymbol{x}}$ 为 KT 点;

(ii)若 $\boldsymbol{\lambda}\ngeqslant\boldsymbol{0}$,设某个分量 $\lambda_i<0$,则从 $\boldsymbol{A}_q$ 中去掉对应于 λ_i 的一列 q_i 后得 $\boldsymbol{A}_{q-1}$,令

$$\boldsymbol{P}_{q-1}=\boldsymbol{I}-\boldsymbol{A}_{q-1}(A_{q-1}^{\mathrm{T}}\boldsymbol{A}_{q-1})^{-1}\boldsymbol{A}_{q-1}^{\mathrm{T}},$$

则 $\boldsymbol{P}_{q-1}$ 为投影矩阵,且

$$\bar{\boldsymbol{p}}=-\boldsymbol{P}_{q-1}\nabla f(\bar{\boldsymbol{x}})$$

为 $\bar{\boldsymbol{x}}$ 的下降可行方向.

证　(i)因

$$\boldsymbol{P}_q\nabla f(\bar{\boldsymbol{x}})=[\boldsymbol{I}-\boldsymbol{A}_q(\boldsymbol{A}_q^{\mathrm{T}}\boldsymbol{A}_q)^{-1}A_q^{\mathrm{T}}]\nabla f(\bar{\boldsymbol{x}})=\nabla f(\bar{\boldsymbol{x}})-\boldsymbol{A}_q\boldsymbol{\lambda}=\boldsymbol{0},\tag{4.45}$$

$\boldsymbol{\lambda}\geqslant\boldsymbol{0}$,则由 KT 条件知 $\bar{\boldsymbol{x}}$ 为 KT 点.

(ii)首先证明　$\boldsymbol{P}_{q-1}\nabla f(\bar{\boldsymbol{x}})\neq\boldsymbol{0}$.

用反证法.设 $\boldsymbol{P}_{q-1}\nabla f(\bar{\boldsymbol{x}})=\boldsymbol{0}$,则

$$\nabla f(\bar{\boldsymbol{x}}) - \boldsymbol{A}_{q-1}(\boldsymbol{A}_{q-1}^{\mathrm{T}}\boldsymbol{A}_{q-1})^{-1}\boldsymbol{A}_{q-1}^{\mathrm{T}}\nabla f(\bar{\boldsymbol{x}}) = \boldsymbol{0}.$$

令 $\hat{\boldsymbol{\lambda}} = (\boldsymbol{A}_{q-1}^{\mathrm{T}}\boldsymbol{A}_{q-1})^{-1}\boldsymbol{A}_{q-1}^{\mathrm{T}}\nabla f(\bar{\boldsymbol{x}})$，则 $\nabla f(\bar{\boldsymbol{x}}) = \boldsymbol{A}_{q-1}\hat{\boldsymbol{\lambda}}$，但由式(4.45)有

$$\nabla f(\bar{\boldsymbol{x}}) = \boldsymbol{A}_q\boldsymbol{\lambda} = (\boldsymbol{A}_{q-1}, \boldsymbol{a}_i)\begin{pmatrix}\bar{\boldsymbol{\lambda}} \\ \lambda_i\end{pmatrix} = \boldsymbol{A}_{q-1}\bar{\boldsymbol{\lambda}} + \lambda_i\boldsymbol{a}_i,\ \ \lambda_i < 0, \quad (4.46)$$

故有　$\boldsymbol{A}_{q-1}\hat{\boldsymbol{\lambda}} = \boldsymbol{A}_{q-1}\bar{\boldsymbol{\lambda}} + \lambda_i\boldsymbol{a}_i$，

即　$\boldsymbol{A}_{q-1}(\hat{\boldsymbol{\lambda}} - \bar{\boldsymbol{\lambda}}) - \lambda_i\boldsymbol{a}_i = \boldsymbol{0}, \quad \lambda_i < 0.$

上式表明，$\boldsymbol{A}_q$ 中诸列线性相关，与 $\boldsymbol{A}_q$ 为列满秩相矛盾，故

$$\boldsymbol{P}_{q-1}\nabla f(\bar{\boldsymbol{x}}) \neq \boldsymbol{0}.$$

其次容易证明 $\boldsymbol{P}_{q-1}$ 为投影矩阵，且 $\bar{\boldsymbol{p}} = -\boldsymbol{P}_{q-1}\nabla f(\bar{\boldsymbol{x}})$ 为下降方向. 最后证明 $\bar{\boldsymbol{p}}$ 为可行方向.

因　$\boldsymbol{A}_q^{\mathrm{T}}\bar{\boldsymbol{p}} = (\boldsymbol{A}_{q-1}, \boldsymbol{a}_i)^{\mathrm{T}}\bar{\boldsymbol{p}} = \begin{pmatrix}\boldsymbol{A}_{q-1}^{\mathrm{T}}\bar{\boldsymbol{p}} \\ \boldsymbol{a}_i^{\mathrm{T}}\bar{\boldsymbol{p}}\end{pmatrix}$，

故由定理 4.3.2 的证明过程知 $A_{q-1}^{\mathrm{T}}\bar{\boldsymbol{p}} = \boldsymbol{0}$. 又因为 $\boldsymbol{P}_{q-1}$ 正半定，$\lambda_i < 0$ 及式(4.46)

$$\begin{aligned}\boldsymbol{a}_i^{\mathrm{T}}\bar{\boldsymbol{p}} &= -\boldsymbol{a}_i^{\mathrm{T}}\boldsymbol{P}_{q-1}\nabla f(\bar{\boldsymbol{x}}) = -\boldsymbol{a}_i^{\mathrm{T}}\boldsymbol{P}_{q-1}(\boldsymbol{A}_{q-1}\bar{\boldsymbol{\lambda}} + \lambda_i\boldsymbol{a}_i) \\ &= -\lambda_i\boldsymbol{a}_i^{\mathrm{T}}\boldsymbol{P}_{q-1}\boldsymbol{a}_i \geqslant 0,\end{aligned}$$

所以由式(4.41)知，$\bar{\boldsymbol{p}}$ 为可行方向. □

由定理 4.3.2 和定理 4.3.3 知，若可行点 $\boldsymbol{x}_k$ 不是 KT 点，则总可以由投影矩阵确定一个下降可行方向 $\boldsymbol{p}_k$，再沿 $\boldsymbol{p}_k$ 进行线性搜索，使

$$f(\boldsymbol{x}_k + \alpha_k\boldsymbol{p}_k) = \min_{0 \leqslant \alpha \leqslant \alpha_{\max}} f(\boldsymbol{x}_k + \alpha\boldsymbol{p}_k),$$

其中 $\alpha_{\max}$ 在所有约束为线性的情形下，容易求出. 事实上，$\boldsymbol{x}_k + \alpha\boldsymbol{p}_k \in D$ 等价于

$$\boldsymbol{a}_i^{\mathrm{T}}(\boldsymbol{x}_k + \alpha\boldsymbol{p}_k) - b_i \geqslant 0, \quad i = 1, 2, \cdots, m,$$

即　$(\boldsymbol{a}_i^{\mathrm{T}}\boldsymbol{x}_k - b_i) + \alpha\boldsymbol{a}_i^{\mathrm{T}}\boldsymbol{p}_k \geqslant 0.$

由于 $\boldsymbol{a}_i^{\mathrm{T}}\boldsymbol{x}_k \geqslant b_i$，故当 $\boldsymbol{a}_i^{\mathrm{T}}\boldsymbol{p}_k \geqslant 0$，上式对任何 $\alpha \geqslant 0$ 成立；当 $\boldsymbol{a}_i^{\mathrm{T}}\boldsymbol{p}_k < 0$ 时，$\alpha \in [0, \alpha_i]$ 时上式成立，其中

$$\alpha_i = \frac{\boldsymbol{a}_i^{\mathrm{T}}\boldsymbol{x}_k - b_i}{-\boldsymbol{a}_i^{\mathrm{T}}\boldsymbol{p}_k} > 0.$$

令

$$\alpha_{\max} = \min_i \left\{ \frac{\boldsymbol{a}_i^{\mathrm{T}}\boldsymbol{x}_k - b_i}{-\boldsymbol{a}_i^{\mathrm{T}}\boldsymbol{p}_k} \middle| \boldsymbol{a}_i^{\mathrm{T}}\boldsymbol{p}_k < 0 \right\}, \tag{4.47}$$

则当且仅当 $\alpha \in [0, \alpha_{\max}]$时，$\boldsymbol{x}_k + \alpha\boldsymbol{p}_k \in D$.

算法 4.3.1 投影梯度法

Step 1 给定初始可行点 $\boldsymbol{x}_1$，控制误差 $\varepsilon > 0$，令 $k = 1$.

Step 2 设 $I_k = \{i \mid \boldsymbol{a}_i^{\mathrm{T}}\boldsymbol{x}_k = b_i, i = 1, 2, \cdots, m\}$，用 $\boldsymbol{A}_q \in \mathbf{R}^{n\times q}$表示以 $\boldsymbol{a}_i(i \in I_k)$为列且列满秩的矩阵.

(i) 若 $I_k = \varnothing$，则令 $\boldsymbol{P}_q = \boldsymbol{I}$ （$n \times n$ 阶单位阵）；

(ii) 若 $I_k \neq \varnothing$，则由式(4.44)计算投影矩阵 $\boldsymbol{P}_q$.

Step 3 令 $\boldsymbol{p}_k = -\boldsymbol{P}_q \nabla f(\boldsymbol{x}_k)$，若 $\|\boldsymbol{p}_k\| \leqslant \varepsilon$，则转 Step 5；否则转 Step 4.

Step 4 由式(4.47)计算 $\alpha_{\max}$，并求 α_k 使

$$f(\boldsymbol{x}_k + \alpha_k\boldsymbol{p}_k) = \min_{0 \leqslant \alpha \leqslant \alpha_{\max}} f(\boldsymbol{x}_k + \alpha\boldsymbol{p}_k)$$

令 $\boldsymbol{x}_{k+1} = \boldsymbol{x}_k + \alpha_k\boldsymbol{p}_k$，转 Step 6.

Step 5 若 $I_k = \varnothing$，终止；否则，计算

$$\boldsymbol{\lambda} = (\boldsymbol{A}_q^{\mathrm{T}}\boldsymbol{A}_q)^{-1}\boldsymbol{A}_q^{\mathrm{T}} \nabla f(\boldsymbol{x}_k)$$

若 $\boldsymbol{\lambda} \geqslant \boldsymbol{0}$，则 $\boldsymbol{x}_k$ 为 KT 点，停；否则令 $\lambda_l = \min_i\{\lambda_i\} < 0$，从 $\boldsymbol{A}_q$ 中去掉对应于 λ_l 的列 $\boldsymbol{a}_l$，得 $\boldsymbol{A}_{q-1}$，令

$$\boldsymbol{P}_{q-1} = \boldsymbol{I} - \boldsymbol{A}_{q-1}(\boldsymbol{A}_{q-1}^{\mathrm{T}}\boldsymbol{A}_{q-1})^{-1}\boldsymbol{A}_{q-1}^{\mathrm{T}},$$

$$\boldsymbol{p}_k = -\boldsymbol{P}_{q-1}\nabla f(\boldsymbol{x}_k),$$

转 Step 4.

Step 6 令 $k = k + 1$，转 Step 2.

例 4.3.2 用投影梯度法求解

$$\min f(\boldsymbol{x}) = 2x_1^2 + 2x_2^2 - 2x_1x_2 - 4x_1 - 6x_2,$$

$$\begin{aligned} \text{s.t.}\quad & 2 - x_1 - x_2 \geqslant 0, \\ & 5 - x_1 - 5x_2 \geqslant 0, \\ & x_1 \geqslant 0, \end{aligned}$$

$x_2 \geqslant 0.$

解 $\nabla f(\boldsymbol{x}) = (4x_1 - 2x_2 - 4, 4x_2 - 2x_1 - 6)^{\mathrm{T}}$，取 $\boldsymbol{x}_1 = (0,0)^{\mathrm{T}}$.

第一次迭代：$\nabla f(\boldsymbol{x}_1) = (-4, -6)^{\mathrm{T}}$，

此时 $I_1 = \{3,4\}$ 为有效集，

$$\boldsymbol{A}_2 = \begin{pmatrix} 1 & 0 \\ 0 & 1 \end{pmatrix}, \boldsymbol{P}_2 = \boldsymbol{I} - \boldsymbol{A}_2(\boldsymbol{A}_2^{\mathrm{T}}\boldsymbol{A}_2)^{-1}\boldsymbol{A}_2^{\mathrm{T}} = \begin{pmatrix} 0 & 0 \\ 0 & 0 \end{pmatrix},$$

则 $\boldsymbol{P}_2 \nabla f(\boldsymbol{x}_1) = (0,0)^{\mathrm{T}}$.

令 $\boldsymbol{\lambda} = (\boldsymbol{A}_2^{\mathrm{T}}\boldsymbol{A}_2)^{-1}\boldsymbol{A}_2^{\mathrm{T}} \nabla f(\boldsymbol{x}_1) = (-4, -6)^{\mathrm{T}}$.

取 $\lambda_2 = -6$，从 $\boldsymbol{A}_2$ 中去掉 λ_2 所对应的第二列后得

$$\boldsymbol{A}_1 = \boldsymbol{A}_{2-1} = \begin{pmatrix} 1 \\ 0 \end{pmatrix},$$

$$\boldsymbol{P}_1 = \boldsymbol{P}_{2-1} = \boldsymbol{I} - \boldsymbol{A}_{2-1}(\boldsymbol{A}_{2-1}^{\mathrm{T}}\boldsymbol{A}_{2-1})^{-1}\boldsymbol{A}_{2-1}^{\mathrm{T}} = \begin{pmatrix} 0 & 0 \\ 0 & 1 \end{pmatrix},$$

$$\boldsymbol{p}_1 = -\boldsymbol{P}_1 \nabla f(\boldsymbol{x}_1) = -\begin{pmatrix} 0 & 0 \\ 0 & 1 \end{pmatrix}\begin{pmatrix} -4 \\ -6 \end{pmatrix} \doteq \begin{pmatrix} 0 \\ 6 \end{pmatrix},$$

进行线性搜索：$\min f(\boldsymbol{x}_1 + \alpha \boldsymbol{p}_1) = 72\alpha^2 - 36\alpha, 0 \leqslant \alpha \leqslant \alpha_{\max}$，

其中 $\alpha_{\max} = \min\left\{\dfrac{2}{6}, \dfrac{5}{30}\right\} = \dfrac{1}{6}$，

即解 $\min\limits_{0 \leqslant \alpha \leqslant \frac{1}{6}} (72\alpha^2 - 36\alpha)$，得 $\alpha_1 = \dfrac{1}{6}$，

$$\boldsymbol{x}_2 = \boldsymbol{x}_1 + \alpha_1 \boldsymbol{p}_1 = (0,1)^{\mathrm{T}}.$$

第二次迭代：$\nabla f(\boldsymbol{x}_2) = (-6, -2)^{\mathrm{T}}, I_2 = \{2,3\}$，

$$\boldsymbol{A}_2 = \begin{pmatrix} -1 & 1 \\ -5 & 0 \end{pmatrix},$$

$$\boldsymbol{P}_2 = \boldsymbol{I} - \boldsymbol{A}_2(\boldsymbol{A}_2^{\mathrm{T}}\boldsymbol{A}_2)^{-1}\boldsymbol{A}_2^{\mathrm{T}} = \begin{pmatrix} 0 & 0 \\ 0 & 0 \end{pmatrix},$$

$$\boldsymbol{P}_2 \nabla f(\boldsymbol{x}_2) = (0,0)^{\mathrm{T}}.$$

令 $\boldsymbol{\lambda} = (\boldsymbol{A}_2^{\mathrm{T}}\boldsymbol{A}_2)^{-1}\boldsymbol{A}_2^{\mathrm{T}} \nabla f(\boldsymbol{x}_2) = \left(\dfrac{2}{5}, -\dfrac{28}{5}\right)^{\mathrm{T}}$，取 $\lambda_2 = -\dfrac{28}{5} < 0$，从 $\boldsymbol{A}_2$ 中去掉相应的列，得

$$A_1=A_{2-1}=\begin{pmatrix}-1\\-5\end{pmatrix}.$$

$$P_1=P_{2-1}=I-A_1(A_1^{\mathrm T}A_1)^{-1}A_1^{\mathrm T}=\begin{pmatrix}\frac{25}{26} & -\frac{5}{26}\\ -\frac{5}{26} & \frac{1}{26}\end{pmatrix},$$

$$p_2=-P_1\nabla f(x_2)=\left(\frac{70}{13},-\frac{14}{13}\right)^{\mathrm T}.$$

不妨取 $p_2=(5,-1)^{\mathrm T}$.沿 p_2 进行线性搜索

$$\min f(x_2+\alpha p_2)=62\alpha^2-28\alpha-4,\quad 0\leqslant\alpha\leqslant\alpha_{\max},$$

其中 $$\alpha_{\max}=\min\left\{\frac{1}{4},\frac{1}{1}\right\}=\frac{1}{4},$$

即解 $$\min_{0\leqslant\alpha\leqslant\frac{1}{4}}(62\alpha^2-28\alpha-4),\text{得 }\alpha_2=7/31,$$

$$x_3=x_2+\alpha_2p_2=(35/31,24/31)^{\mathrm T}.$$

第三次迭代:$\nabla f(x_3)=(-32/31,-160/31)^{\mathrm T},I_3=\{2\}$,

$$A_1=\begin{pmatrix}-1\\-5\end{pmatrix},$$

$$P_1=I-A_1(A_1^{\mathrm T}A_1)^{-1}A_1^{\mathrm T}=\frac{1}{26}\begin{pmatrix}25 & -5\\ -5 & 1\end{pmatrix},$$

$$P_1\nabla f(x_3)=(0,0)^{\mathrm T}.$$

令 $\lambda=(A_1^{\mathrm T}A_1)^{-1}A_1^{\mathrm T}\nabla f(x_3)$,则 $\lambda=32/31>0$,由定理 4.3.3 知,$x_3=(35/31,24/31)^{\mathrm T}$ 为 KT 点,又因 $f(x)$是凸函数,所以由定理 4.1.10 知 x_3 是问题的最优解.

现在分析一下投影梯度法的工作量.每次迭代要计算一次或两次投影矩阵,包含了矩阵($A_q^{\mathrm T}A_q$)求逆,所以计算工作量是很大的.是否可减少工作量呢? 回答是肯定的.事实上,当进行线性搜索时,若 $\alpha_k<\alpha_{\max}$,则有效约束集不变,下一次迭代时投影矩阵不变;仅当 $\alpha_k=\alpha_{\max}$ 或 $P_q\nabla f(x_k)=0$ 时,需要增加一个或减少一个有效约束后重新计算投影矩阵.因此,需要研究在 A_q 中增加或减少一个列向量时,如何计算

新的投影矩阵的问题.为此,需要建立$(\boldsymbol{A}_q^{\mathrm{T}}\boldsymbol{A}_q)^{-1}$与$(\boldsymbol{A}_{q-1}^{\mathrm{T}}\boldsymbol{A}_{q-1})^{-1}$之间的关系.为此先来讨论一般矩阵分块求逆的计算.

设 $\boldsymbol{A}=\begin{pmatrix}\boldsymbol{A}_1 & \boldsymbol{A}_2\\ \boldsymbol{A}_3 & \boldsymbol{A}_4\end{pmatrix},\boldsymbol{A}^{-1}=\begin{pmatrix}\boldsymbol{B}_1 & \boldsymbol{B}_2\\ \boldsymbol{B}_3 & \boldsymbol{B}_4\end{pmatrix}$,

其中$\boldsymbol{A}_1,\boldsymbol{A}_4$为方阵,$\boldsymbol{B}_i$与$\boldsymbol{A}_i$有相同阶数,则容易证明

$$\boldsymbol{B}_1=\boldsymbol{A}_1^{-1}+\boldsymbol{A}_2^{-1}\boldsymbol{A}_2\boldsymbol{A}_0^{-1}\boldsymbol{A}_3\boldsymbol{A}_1^{-1}, \tag{4.48}$$

$$\boldsymbol{B}_2=-\boldsymbol{A}_1^{-1}\boldsymbol{A}_2\boldsymbol{A}_0^{-1}, \tag{4.49}$$

$$\boldsymbol{B}_3=-\boldsymbol{A}_0^{-1}\boldsymbol{A}_3\boldsymbol{A}_1^{-1}, \tag{4.50}$$

$$\boldsymbol{B}_4=\boldsymbol{A}_0^{-1}, \tag{4.51}$$

其中

$$\boldsymbol{A}_0=\boldsymbol{A}_4-\boldsymbol{A}_3\boldsymbol{A}_1^{-1}\boldsymbol{A}_2. \tag{4.52}$$

反之,若已知$\boldsymbol{A}^{-1}$,则

$$\boldsymbol{A}_1^{-1}=\boldsymbol{B}_1-\boldsymbol{B}_2\boldsymbol{B}_4^{-1}\boldsymbol{B}_3. \tag{4.53}$$

特别当$\boldsymbol{A}_q=(\boldsymbol{A}_{q-1},\boldsymbol{a}_q)$时,有

$$\boldsymbol{A}_q^{\mathrm{T}}\boldsymbol{A}_q=\begin{pmatrix}\boldsymbol{A}_{q-1}^{\mathrm{T}}\boldsymbol{A}_{q-1} & \boldsymbol{A}_{q-1}^{\mathrm{T}}\boldsymbol{a}_q\\ \boldsymbol{a}_q^{\mathrm{T}}\boldsymbol{A}_{q-1} & \boldsymbol{a}_q^{\mathrm{T}}\boldsymbol{a}_q\end{pmatrix}=\begin{pmatrix}\boldsymbol{A}_1 & \boldsymbol{A}_2\\ \boldsymbol{A}_3 & \boldsymbol{A}_4\end{pmatrix}, \tag{4.54}$$

故若

$$(\boldsymbol{A}_q^{\mathrm{T}}\boldsymbol{A}_q)^{-1}=\begin{pmatrix}\boldsymbol{B}_1 & \boldsymbol{B}_2\\ \boldsymbol{B}_3 & \boldsymbol{B}_4\end{pmatrix},$$

则

$$(\boldsymbol{A}_{q-1}^{\mathrm{T}}\boldsymbol{A}_{q-1})^{-1}=\boldsymbol{B}_1-\boldsymbol{B}_2\boldsymbol{B}_4^{-1}\boldsymbol{B}_3, \tag{4.55}$$

即由$(\boldsymbol{A}_q^{\mathrm{T}}\boldsymbol{A}_q)^{-1}$容易求$(\boldsymbol{A}_{q-1}^{\mathrm{T}}\boldsymbol{A}_{q-1})^{-1}$.

若已知$(\boldsymbol{A}_{q-1}^{\mathrm{T}}\boldsymbol{A}_{q-1})^{-1}$,则$(\boldsymbol{A}_q^{\mathrm{T}}\boldsymbol{A}_q)^{-1}$求法如下.

由式(4.52)、式(4.54)和$\boldsymbol{P}_{q-1}$公式,有

$$\boldsymbol{A}_0=(\boldsymbol{P}_{q-1}\boldsymbol{a}_q)^{\mathrm{T}}(\boldsymbol{P}_{q-1}\boldsymbol{a}_q)>0, \tag{4.56}$$

令

$$\boldsymbol{\gamma}_{q-1}=(\boldsymbol{A}_{q-1}^{\mathrm{T}}\boldsymbol{A}_{q-1})^{-1}\boldsymbol{A}_{q-1}^{\mathrm{T}}\boldsymbol{a}_q, \tag{4.57}$$

由式(4.48)~式(4.52)可求得

$$\boldsymbol{B}_1=(\boldsymbol{A}_{q-1}^{\mathrm{T}}\boldsymbol{A}_{q-1})^{-1}+\boldsymbol{A}_0^{-1}\boldsymbol{\gamma}_{q-1}\boldsymbol{\gamma}_{q-1}^{\mathrm{T}}, \tag{4,58}$$

$$\boldsymbol{B}_2 = \boldsymbol{B}_3^{\mathrm{T}} = -\boldsymbol{A}_0^{-1}\boldsymbol{\gamma}_{q-1}, \tag{4.59}$$

$$\boldsymbol{B}_4 = \boldsymbol{A}_0^{-1} > 0, \tag{4.60}$$

而

$$(\boldsymbol{A}_q^{\mathrm{T}}\boldsymbol{A}_q)^{-1} = \begin{pmatrix} \boldsymbol{B}_1 & \boldsymbol{B}_2 \\ \boldsymbol{B}_3 & \boldsymbol{B}_4 \end{pmatrix}. \tag{4.61}$$

因此,当减少或增加一个约束时,可以分别按公式(4.55)或公式(4.56)~(4.61)计算出矩阵$(\boldsymbol{A}_{q-1}^{\mathrm{T}}\boldsymbol{A}_{q-1})^{-1}$或$(\boldsymbol{A}_q^{\mathrm{T}}\boldsymbol{A}_q)^{-1}$,从而得出新的投影矩阵$\boldsymbol{P}_{q-1}$或$\boldsymbol{P}_q$,因为$\boldsymbol{B}_4$为实数故避免了矩阵求逆的计算.

此外,我们不难推出投影矩阵的递推公式

$$\boldsymbol{P}_q = \boldsymbol{P}_{q-1} - \frac{\boldsymbol{P}_{q-1}\boldsymbol{a}_q\boldsymbol{a}_q^{\mathrm{T}}\boldsymbol{P}_{q-1}}{\boldsymbol{a}_q^{\mathrm{T}}\boldsymbol{P}_{q-1}\boldsymbol{a}_q}, \tag{4.62}$$

利用式(4.62)从$\boldsymbol{P}_0 = \boldsymbol{I}$开始,递推地形成投影矩阵$\boldsymbol{P}_q$,也避免了矩阵求逆的计算.

上述计算技巧都可以减少工作量.

1961年,Rosen将投影梯度法推广到求解带非线性约束的问题.此时,有效约束不再是超平面了.因此,Rosen借助线性化方法,用在当前点$\bar{\boldsymbol{x}}$处有效约束的切平面来代替它,并在q个有效约束的切平面的交集上求$-\nabla f(\bar{\boldsymbol{x}})$的投影.由于这些切平面的法向量为$\nabla c_i(\bar{\boldsymbol{x}})$,故在定义投影矩阵$\boldsymbol{P}_q$时,只需将$\boldsymbol{A}_q$中的列向量$\boldsymbol{a}_i$换成$\nabla c_i(\bar{\boldsymbol{x}})$就行了.然而这些切平面的交集往往已跑到可行域外面去,因而方向$\bar{\boldsymbol{p}} = -\boldsymbol{P}_q\nabla f(\bar{\boldsymbol{x}})$一般已不再是可行方向了,沿该方向的任何移动都将得不到可行点,因此需要再通过一些调整措施,使之回到可行域里面来.这样做不仅很复杂,而且往往因为只能沿着约束边界缓慢移动,造成算法收敛很慢,所以在非线性的约束情形,一般不再采用投影梯度法,而是采用更加有效的广义简约梯度法(GRG法)或约束变尺度法,其中GRG法在线性约束情形就是简约梯度法(RG法).

4.3.4 简约梯度法

如前所述,简约梯度法是将线性规划的单纯形法推广到带线性约束的非线性规划问题上.它的基本思想是,利用线性约束条件将问题的某些变量用一组独立变量表示，从而可以大大降低问题的维数，并且利用简约梯度这个概念，直接构造出下降可行方向，然后进行线性搜索，逐步地逼近问题的最优解.

设约束优化问题是

$$\begin{aligned}&\min f(\boldsymbol{x}),\quad \boldsymbol{x}\in\mathbf{R}^n,\\&\text{s.t.}\quad \boldsymbol{A}\boldsymbol{x}=\boldsymbol{b},\\&\qquad\quad \boldsymbol{x}\geqslant\boldsymbol{0},\end{aligned}\tag{4.63}$$

其中 $f(\boldsymbol{x})$ 为可微函数，$\boldsymbol{A}$ 为 $m\times n$ 矩阵，$\boldsymbol{b}\in\mathbf{R}^m(m\leqslant n)$. 与线性规划类似，将 $\boldsymbol{x}$ 的分量分成两部分 $\boldsymbol{x}^B$ 与 $\boldsymbol{x}^N$，其中 $\boldsymbol{x}^B=(x_{B_1},x_{B_2},\cdots,x_{B_m})^{\mathrm{T}}\in\mathbf{R}^m$ 称为基向量，$\boldsymbol{x}^N=(x_{N_1},\cdots,x_{N_{n-m}})^{\mathrm{T}}\in\mathbf{R}^{n-m}$ 称为非基向量，于是

$$\boldsymbol{x}=\begin{pmatrix}\boldsymbol{x}^B\\\boldsymbol{x}^N\end{pmatrix},$$

相应地将 $\boldsymbol{A}$ 分成

$$\boldsymbol{A}=(\boldsymbol{B},\boldsymbol{N}).$$

其中 $\boldsymbol{B}$ 为 $\boldsymbol{A}$ 中对应于 $\boldsymbol{x}^B$ 的列组成的 $(m\times m)$ 方阵，$\boldsymbol{N}$ 为对应于 $\boldsymbol{x}^N$ 的 $n-m$ 列组成的 $m\times(n-m)$ 矩阵. 当 $\boldsymbol{B}$ 为非奇异时，在(4.63)中的约束方程组可写成

$$\boldsymbol{B}\boldsymbol{x}^B+\boldsymbol{N}\boldsymbol{x}^N=\boldsymbol{b},$$

由 $\boldsymbol{x}\geqslant\boldsymbol{0}$ 有

$$\begin{aligned}&\boldsymbol{x}^B=\boldsymbol{B}^{-1}\boldsymbol{b}-\boldsymbol{B}^{-1}\boldsymbol{N}\boldsymbol{x}^N\geqslant\boldsymbol{0},\\&\boldsymbol{x}^N\geqslant\boldsymbol{0}.\end{aligned}\tag{4.64}$$

可见，若 $\boldsymbol{x}^B$ 满足上式，则 $\boldsymbol{x}=\begin{pmatrix}\boldsymbol{x}_B\\\boldsymbol{x}_N\end{pmatrix}$ 是问题(4.63)的可行解，若 $\boldsymbol{x}^B>\boldsymbol{0}$，则称 $\boldsymbol{x}$ 为非退化的可行解. 下面我们总假设不出现退化情形.

若给定 $\boldsymbol{x}^N$，则由式(4.64)有 $\boldsymbol{x}^B=\boldsymbol{x}^B(\boldsymbol{x}^N)$，故

$$f(\boldsymbol{x})=f(\boldsymbol{x}^B,\boldsymbol{x}^N)=f(\boldsymbol{x}^B(\boldsymbol{x}^N),\boldsymbol{x}^N)=F(\boldsymbol{x}^N).$$

因而目标函数变成了 $F(\boldsymbol{x}^N)$，以 $\boldsymbol{x}^N$ 为变量. 对目标函数 $F(\boldsymbol{x}^N)$ 可以用梯度型算法求解. 因为这时的梯度是“简约”后的 $n-m$ 维函数 $F(\boldsymbol{x}^N)$ 的梯度，所以称为 $f(\boldsymbol{x})$ 的简约梯度(Reduced Gradient)，记为 $r(\boldsymbol{x}^N)$.

因为

$$\nabla f(\boldsymbol{x})=\begin{pmatrix}\nabla_B f(\boldsymbol{x})\\ \nabla_N f(\boldsymbol{x})\end{pmatrix},$$

其中$\nabla_B f(\boldsymbol{x})=\nabla_{\boldsymbol{x}^B} f(\boldsymbol{x})$,$\nabla_N f(\boldsymbol{x})=\nabla_{\boldsymbol{x}^N} f(\boldsymbol{x})$,由复合函数微分法及式(4.64)有

$$r(\boldsymbol{x}^N)=\nabla_N f(\boldsymbol{x}^B(\boldsymbol{x}^N),\boldsymbol{x}^N)-(B^{-1}N)^{\mathrm{T}}\nabla_B f(\boldsymbol{x}^B(\boldsymbol{x}^N),\boldsymbol{x}^N). \tag{4.65}$$

设 $\boldsymbol{x}_k$ 为非退化可行解,若 $\boldsymbol{p}_k=\begin{pmatrix}\boldsymbol{p}_k^B\\ \boldsymbol{p}_k^N\end{pmatrix}$满足

$$\boldsymbol{p}_k^{\mathrm{T}}\nabla f(\boldsymbol{x}_k)<0,$$

$$\boldsymbol{A}\boldsymbol{p}_k=\boldsymbol{0},$$

$$(\boldsymbol{p}_k)_j\geqslant 0,\text{当}(\boldsymbol{x}_k)_j=0\text{时},$$

则 $\boldsymbol{p}_k$ 为下降可行方向.由 $\boldsymbol{A}\boldsymbol{p}_k=\boldsymbol{0}$ 知

$$\boldsymbol{B}\boldsymbol{p}_k^B+\boldsymbol{N}\boldsymbol{p}_k^N=\boldsymbol{0}.$$

从而有

$$\boldsymbol{p}_k^B=-\boldsymbol{B}^{-1}\boldsymbol{N}\boldsymbol{p}_k^N, \tag{4.66}$$

代入 $\boldsymbol{p}_k^{\mathrm{T}}\nabla f(\boldsymbol{x}_k)<0$,并由式(4.65)得

$$\begin{aligned}\boldsymbol{p}_k^{\mathrm{T}}\nabla f(\boldsymbol{x}_k)&=(\boldsymbol{p}_k^B)^{\mathrm{T}}\nabla_B f(\boldsymbol{x}_k)+(\boldsymbol{p}_k^N)^{\mathrm{T}}\nabla_N f(\boldsymbol{x}_k)\\&=-(\boldsymbol{p}_k^N)^{\mathrm{T}}(\boldsymbol{B}^{-1}\boldsymbol{N})^{\mathrm{T}}\nabla_B f(\boldsymbol{x}_k)+(\boldsymbol{p}_k^N)^{\mathrm{T}}\nabla_N f(x_k)\\&=(\boldsymbol{p}_k^N)^{\mathrm{T}}r(\boldsymbol{x}_k^N)<0.\end{aligned} \tag{4.67}$$

所以,$\boldsymbol{p}_k=\begin{pmatrix}\boldsymbol{p}_k^B\\ \boldsymbol{p}_k^N\end{pmatrix}$为下降可行方向,其中 $\boldsymbol{p}_k^B$ 和 $\boldsymbol{p}_k^N$ 应满足式(4.66)和

$$(\boldsymbol{p}_k)_j\geqslant 0,\quad \text{当}(\boldsymbol{x}_k)_j=0\text{时}. \tag{4.68}$$

这样的 $\boldsymbol{p}_k^N$ 有多种可能取法.Wolfe 最早的取法是

$$(\boldsymbol{p}_k^N)_j=\begin{cases}0, & \text{当}(\boldsymbol{x}_k^N)_j=0\text{且 }r_j(\boldsymbol{x}_k^N)>0\text{时},\\ -r_j(\boldsymbol{x}_k^N), & \text{其他情形}.\end{cases}$$

但 Wolfe 本人后来举例说明这种取法造成算法可能收敛到非 KT 点.因此,McCormick 对上式做了修正,令

$$(\boldsymbol{p}_k^N)_j=\begin{cases}-(\boldsymbol{x}_k^N)_j r_j(\boldsymbol{x}_k^N), & \text{当 } r_j(\boldsymbol{x}_k^N)>0\text{ 时},\\ -r_j(\boldsymbol{x}_k^N), & \text{当 } r_j(\boldsymbol{x}_k^N)\leqslant 0\text{ 时}.\end{cases}\tag{4.69}$$

显然，当 $\boldsymbol{p}_k^N\neq\boldsymbol{0}$ 时，它满足式(4.67)和式(4.68).

以下我们用式(4.69)定义 $\boldsymbol{p}_k^N$，用式(4.66)定义 $\boldsymbol{p}_k^B$，从而得 $\boldsymbol{p}_k=\begin{pmatrix}\boldsymbol{p}_k^B\\ \boldsymbol{p}_k^N\end{pmatrix}$.关于方向 $\boldsymbol{p}_k$ 有如下定理.

定理 4.3.4　设问题(4.63)中 $\boldsymbol{x}=\begin{pmatrix}\boldsymbol{x}^B\\ \boldsymbol{x}^N\end{pmatrix}$ 为非退化可行解.又设 $r(\boldsymbol{x}^N)$ 由式(4.65)定义.$\boldsymbol{p}^B$ 和 $\boldsymbol{p}^N$ 分别由式(4.66)和式(4.69)定义，令

$$\boldsymbol{p}=\begin{pmatrix}\boldsymbol{p}^B\\ \boldsymbol{p}^N\end{pmatrix},$$

则　(i)　当 $\boldsymbol{p}\neq\boldsymbol{0}$ 时，$\boldsymbol{p}$ 为下降可行方向；

(ii)　$\boldsymbol{p}=\boldsymbol{0}$，当且仅当 $\boldsymbol{x}$ 为 KT 点.

证　(i)　若 $\boldsymbol{p}\neq\boldsymbol{0}$，则 $\boldsymbol{p}^N\neq\boldsymbol{0}$，故如前所述，它满足式(4.67)和式(4.68)，因此由前面讨论，$\boldsymbol{p}$ 为下降可行方向.

(ii)　$\boldsymbol{x}$ 为 KT 点当且仅当存在 $\boldsymbol{\lambda}$ 与 $\boldsymbol{\mu}=\begin{pmatrix}\boldsymbol{\mu}^B\\ \boldsymbol{\mu}^N\end{pmatrix}\geqslant\boldsymbol{0}$，使

$$\begin{pmatrix}\nabla_B f(\boldsymbol{x})\\ \nabla_N f(\boldsymbol{x})\end{pmatrix}=\begin{pmatrix}\boldsymbol{B}^{\mathrm{T}}\boldsymbol{\lambda}\\ \boldsymbol{N}^{\mathrm{T}}\boldsymbol{\lambda}\end{pmatrix}+\begin{pmatrix}\boldsymbol{\mu}^B\\ \boldsymbol{\mu}^N\end{pmatrix},\tag{4.70}$$

$$\boldsymbol{\mu}^{B^{\mathrm{T}}}\boldsymbol{x}^B=0,\quad \boldsymbol{\mu}^{N^{\mathrm{T}}}\boldsymbol{x}^N=0.$$

由于 $\boldsymbol{x}^B>\boldsymbol{0}$ 且 $\boldsymbol{\mu}^B\geqslant\boldsymbol{0}$，故 $\boldsymbol{\mu}^{B^{\mathrm{T}}}\boldsymbol{x}^B=0$ 当且仅当 $\boldsymbol{\mu}^B=\boldsymbol{0}$，再由式(4.70)中的第一式得 $\boldsymbol{\lambda}=(\boldsymbol{B}^{-1})^{\mathrm{T}}\nabla_B f(\boldsymbol{x})$，代入第二式得

$$\boldsymbol{\mu}^N=\nabla_N f(\boldsymbol{x})-(\boldsymbol{B}^{-1}\boldsymbol{N})^{\mathrm{T}}\nabla_B f(\boldsymbol{x})=r(\boldsymbol{x}^N),$$

因此，KT 条件化为 $r(\boldsymbol{x}^N)\geqslant 0$ 与 $r(\boldsymbol{x}^N)^{\mathrm{T}}\boldsymbol{x}^N=0$.然而 $\boldsymbol{p}=\boldsymbol{0}$ 当且仅当 $\boldsymbol{p}^N=\boldsymbol{0}$，而 $\boldsymbol{p}^N=\boldsymbol{0}$ 当且仅当 $r(\boldsymbol{x}^N)\geqslant 0$ 且 $r(\boldsymbol{x}^N)^{\mathrm{T}}\boldsymbol{x}^N=0$.因此 $\boldsymbol{p}=\boldsymbol{0}$ 当且仅当 $\boldsymbol{x}$ 为 KT 点.　□

由定理 4.3.4 知，若在可行点 $\boldsymbol{x}_k$ 处 $\boldsymbol{p}_k\neq\boldsymbol{0}$，则 $\boldsymbol{p}_k$ 为下降可行方向，沿 $\boldsymbol{p}_k$ 进行线性搜索确定步长 α_k.为使 $\boldsymbol{x}_{k+1}\geqslant\boldsymbol{0}$，即 $(\boldsymbol{x}_{k+1})_j=(\boldsymbol{x}_k)_j+$

$\alpha_k(\boldsymbol{p}_k)_j \geqslant 0, j=1,2,\cdots,n$,要确定 α_k 的取值范围.当$(\boldsymbol{p}_k)_j \geqslant 0$ 时,上式恒成立;而当$(\boldsymbol{p}_k)_j < 0$ 时,应有 $\alpha_k \leqslant (\boldsymbol{x}_k)_j / -(p_k)_j$,故令

$$\alpha_{\max} = \begin{cases} \min\left\{ \dfrac{(\boldsymbol{x}_k)_j}{-(\boldsymbol{p}_k)_j} \,\middle|\, (\boldsymbol{p}_k)_j < 0 \right\}, & \text{当 } \boldsymbol{p}_k \neq \boldsymbol{0} \text{ 时}, \\ +\infty, & \text{当 } \boldsymbol{p}_k \geqslant \boldsymbol{0} \text{ 时}, \end{cases} \tag{4.71}$$

并在 $\alpha \in [0, \alpha_{max}]$上求 $\min f(\boldsymbol{x}_k + \alpha \boldsymbol{p}_k)$的极小.

算法 4.3.2 简约梯度法——RG 法

Step 1 给定初始基可行解 $\boldsymbol{x}_1 = \begin{pmatrix} \boldsymbol{x}_1^B \\ \boldsymbol{x}_1^N \end{pmatrix} \geqslant \boldsymbol{0}$,其中 $\boldsymbol{x}_1^B$ 为基向量,令 $k=1$.

Step 2 对应于 $\boldsymbol{x}_k = \begin{pmatrix} \boldsymbol{x}_k^B \\ \boldsymbol{x}_k^N \end{pmatrix}$将$\boldsymbol{A}$ 分解成$\boldsymbol{A}=(\boldsymbol{B}, \boldsymbol{N})$.由公式(4.65),(4.69)和(4.66)分别计算 $r(\boldsymbol{x}_k^N)$,$\boldsymbol{p}_k^N$ 和$\boldsymbol{p}_k^B$,令 $\boldsymbol{p}_k = \begin{pmatrix} \boldsymbol{p}_k^B \\ \boldsymbol{p}_k^N \end{pmatrix}$.

Step 3 若 $\boldsymbol{p}_k = \boldsymbol{0}$,则 $\boldsymbol{x}_k$ 为 KT 点,停;否则,由式(4.71)计算 $\alpha_{\max}$,求 α_k 使

$$f(\boldsymbol{x}_k + \alpha_k \boldsymbol{p}_k) = \min_{0 \leqslant \alpha \leqslant \alpha_{\max}} f(\boldsymbol{x}_k + \alpha \boldsymbol{p}_k),$$

令 $\boldsymbol{x}_{k+1} = \boldsymbol{x}_k + \alpha_k \boldsymbol{p}_k$,转 Step 4.

Step 4 若 $\boldsymbol{x}_{k+1}^B > \boldsymbol{0}$,则基向量不变,令 $k=k+1$,转 Step 2;若有某个 j 使$(\boldsymbol{x}_{k+1}^B)_j = 0$,则将$(\boldsymbol{x}_{k+1}^B)_j$ 换出基,而以 $\boldsymbol{x}_{k+1}^N$ 中具有最大分量的变量换入基,构成新的基向量 $\boldsymbol{x}_{k+1}^B$与非基向量 $\boldsymbol{x}_{k+1}^N$,令 $k=k+1$,转Step 2.

关于 RG 算法的收敛性定理.

定理 4.3.5 设问题(4.63)中 $f(\boldsymbol{x})$连续可微.若 $\boldsymbol{A}$ 的任何 m 列向量均线性无关且所有的基可行解都有 m 个正分量(即非退化),则由 RG 法产生的点列$\{\boldsymbol{x}_k\}$的任意聚点是KT 点.

由于定理证明的篇幅较长,这里就不证明了.

例 4.3.3 用 RG 法求解例 4.3.2.

解 首先引入松弛变量,化问题为标准式

$$\min f(\boldsymbol{x})=2x_1^2+2x_2^2-2x_1x_2-4x_1-6x_2,$$
$$\text{s.t.}\quad x_1+x_2+x_3=2,$$
$$x_1+5x_2+x_4=5,$$
$$x_i\geqslant 0,\quad i=1,2,3,4,$$

此时

$$\boldsymbol{A}=\begin{pmatrix}1&1&1&0\\1&5&0&1\end{pmatrix},$$

而　$$\nabla f(\boldsymbol{x})=(4x_1-2x_2-4,4x_2-2x_1-6,0,0)^{\mathrm T}.$$

取初始可行点 $\boldsymbol{x}_1=(0,0,2,5)^{\mathrm T}$.

第一次迭代,$k=1$.

$$\boldsymbol{x}^B=(x_3,x_4)^{\mathrm T},\quad \boldsymbol{x}^N=(x_1,x_2)^{\mathrm T},$$

$$\boldsymbol{B}=\begin{pmatrix}1&0\\0&1\end{pmatrix},\quad \boldsymbol{N}=\begin{pmatrix}1&1\\1&5\end{pmatrix},\quad \boldsymbol{B}^{-1}\boldsymbol{N}=\begin{pmatrix}1&1\\1&5\end{pmatrix}.$$

$$\nabla_N f(\boldsymbol{x}_1)=(-4,-6)^{\mathrm T},\nabla_B f(\boldsymbol{x}_1)=(0,0)^{\mathrm T},$$

$$r(\boldsymbol{x}_1^N)=(-4,-6)^{\mathrm T}-\begin{pmatrix}1&1\\1&5\end{pmatrix}\begin{pmatrix}0\\0\end{pmatrix}=(-4,-6)^{\mathrm T}.$$

于是

$$\boldsymbol{p}^N=(4,6)^{\mathrm T},\quad \boldsymbol{p}^B=-\begin{pmatrix}1&1\\1&5\end{pmatrix}\begin{pmatrix}4\\6\end{pmatrix}=(-10,-34)^{\mathrm T},$$

即　$$\boldsymbol{p}_1=(4,6,-10,-34)^{\mathrm T},\quad \boldsymbol{p}_1\neq\boldsymbol{0},$$

故　$$\alpha_{\max}=\min\left\{\frac{2}{10},\frac{5}{34}\right\}=\frac{5}{34}.$$

求解　$$\min f(\boldsymbol{x}_1+\alpha\boldsymbol{p}_1)=56\alpha^2-52\alpha,$$
$$\text{s.t.}\quad 0\leqslant\alpha\leqslant 5/34,$$

得　$\alpha_1=5/34$,故 $\boldsymbol{x}_2=\boldsymbol{x}_1+\alpha_1\boldsymbol{p}_1=\left(\frac{10}{17},\frac{15}{17},\frac{9}{17},0\right)^{\mathrm T}$.

第二次迭代,$k=2$,

$$\boldsymbol{x}^B=(x_2,x_3)^{\mathrm T},\boldsymbol{x}^N=(x_1,x_4)^{\mathrm T},$$

$$\boldsymbol{B}=\begin{pmatrix}1&1\\5&0\end{pmatrix},\boldsymbol{N}=\begin{pmatrix}1&0\\1&1\end{pmatrix},\quad \boldsymbol{B}^{-1}\boldsymbol{N}=\begin{pmatrix}\frac{1}{5}&\frac{1}{5}\\\frac{4}{5}&-\frac{1}{5}\end{pmatrix},$$

$$\nabla f(\boldsymbol{x}_2)=\left(\frac{-58}{17},\frac{-62}{17},0,0\right)^{\mathrm T},$$

$$r(\boldsymbol{x}_2^N)=\left(-\frac{58}{17},0\right)^{\mathrm T}-\begin{pmatrix}\frac{1}{5}&\frac{1}{5}\\\frac{4}{5}&-\frac{1}{5}\end{pmatrix}^{\mathrm T}\begin{pmatrix}-\frac{62}{17}\\0\end{pmatrix}=\left(-\frac{228}{85},\frac{62}{85}\right)^{\mathrm T},$$

$$\boldsymbol{p}^N=\left(\frac{228}{85},0\right)^{\mathrm T},\boldsymbol{p}^B=-\begin{pmatrix}\frac{1}{5}&\frac{1}{5}\\\frac{4}{5}&-\frac{1}{5}\end{pmatrix}^{\mathrm T}\begin{pmatrix}\frac{228}{85}\\0\end{pmatrix}=-\left(\frac{228}{425},\frac{912}{425}\right)^{\mathrm T},$$

即
$$\boldsymbol{p}_2=\left(\frac{228}{85},-\frac{228}{425},-\frac{912}{425},0\right)^{\mathrm T},\boldsymbol{p}_2\neq\boldsymbol{0},$$

$$\alpha_{\max}=\min\left\{\frac{15}{17}\Big/\frac{228}{425},\quad \frac{9}{17}\Big/\frac{912}{425}\right\}=\frac{75}{304}.$$

求解 $\min f(\boldsymbol{x}_2+\alpha\boldsymbol{p}_2)=\dfrac{3\ 223\ 008}{108\ 625}\alpha^2-\dfrac{51\ 984}{7\ 225}\alpha,$

$$\text{s.t.}\quad 0\leqslant\alpha\leqslant\frac{75}{304},$$

得 $\alpha_2=\dfrac{25}{124},\quad \boldsymbol{x}_3=\boldsymbol{x}_2+\alpha_2\boldsymbol{p}_2=\left(\dfrac{35}{31},\dfrac{24}{31},\dfrac{3}{31},0\right)^{\mathrm T}.$

第三次迭代，$k=3$，

$$\boldsymbol{x}^B=(x_2,x_3)^{\mathrm T},\quad \boldsymbol{x}^N=(x_1,x_4)^{\mathrm T},$$

$$\boldsymbol{B}=\begin{pmatrix}1&1\\5&0\end{pmatrix},\quad \boldsymbol{N}=\begin{pmatrix}1&0\\1&1\end{pmatrix},\quad \boldsymbol{B}^{-1}\boldsymbol{N}=\begin{pmatrix}\frac{1}{5}&\frac{1}{5}\\\frac{4}{5}&-\frac{1}{5}\end{pmatrix},$$

$$\nabla f(\boldsymbol{x}_3)=\left(-\frac{32}{31},-\frac{160}{31},0,0\right)^{\mathrm T},$$

$$r(\boldsymbol{x}_3^N)=\left(0,\frac{32}{31}\right)^{\mathrm T},$$

$$\boldsymbol{p}^N=(0,0)^{\mathrm{T}},\boldsymbol{p}^B=(0,0)^{\mathrm{T}},$$

即 $\boldsymbol{p}_3=(0,0,0,0)^{\mathrm{T}}$,故由定理 4.3.4 知,$\boldsymbol{x}_3=\left(\frac{35}{31},\frac{24}{31},\frac{3}{31},0\right)^{\mathrm{T}}$ 为KT点,即原问题的最优解为 $\boldsymbol{x}^*=\left(\frac{35}{31},\frac{24}{31}\right)^{\mathrm{T}}$.

4.3.5 广义简约梯度法

Abadie 和 Carpentier 将简约梯度法推广到解非线性约束的问题,提出了著名的广义简约梯度法.大量的数值试验和算法分析表明,它是目前解一般非线性规划问题的最有效算法之一.

不失一般性,考虑如下非线性约束优化问题.

$$\begin{aligned}&\min f(\boldsymbol{x}),\\&\text{s.t.}\quad \boldsymbol{c}(\boldsymbol{x})=\boldsymbol{0},\\&\qquad\ \ \boldsymbol{\alpha}\leqslant\boldsymbol{x}\leqslant\boldsymbol{\beta},\end{aligned}\tag{4.72}$$

其中,$\boldsymbol{x}\in\mathbf{R}^n$,$\boldsymbol{\alpha}$,$\boldsymbol{\beta}$ 是 $\mathbf{R}^n$ 上常数向量;

$$\boldsymbol{c}(\boldsymbol{x})=(c_1(\boldsymbol{x}),c_2(\boldsymbol{x}),\cdots,c_m(\boldsymbol{x}))^{\mathrm{T}}(m\leqslant n);$$

f,c_i 都是连续可微函数;$\boldsymbol{\alpha}$ 和 $\boldsymbol{\beta}$ 的某些分量可取 $-\infty$ 或 $+\infty$.

与线性约束情形类似,假定对任一可行解 $\boldsymbol{x}$ 可分解成基向量 $\boldsymbol{x}^B\in\mathbf{R}^m$ 和非基向量 $\boldsymbol{x}^N\in\mathbf{R}^{n-m}$,相应地 $\boldsymbol{\alpha}=\begin{pmatrix}\boldsymbol{\alpha}^B\\\boldsymbol{\alpha}^N\end{pmatrix}$,$\boldsymbol{\beta}=\begin{pmatrix}\boldsymbol{\beta}^B\\\boldsymbol{\beta}^N\end{pmatrix}$,且

$$\boldsymbol{\alpha}^B<\boldsymbol{x}^B<\boldsymbol{\beta}^B.$$

又假定向量组

$$\nabla_B c_i(\boldsymbol{x})=\left(\frac{\partial c_i(\boldsymbol{x})}{\partial x_{B_1}},\cdots,\frac{\partial c_i(\boldsymbol{x})}{\partial x_{B_m}}\right)^{\mathrm{T}},\quad i=1,2\cdots,m$$

是线性无关的,则 $m\times m$ 矩阵

$$\nabla_B\boldsymbol{c}(\boldsymbol{x})=(\nabla_B c_1(\boldsymbol{x}),\cdots,\nabla_B c_m(\boldsymbol{x}))$$

是非奇异的,令

$$\nabla_N\boldsymbol{c}(\boldsymbol{x})=(\nabla_N c_1(\boldsymbol{x}),\cdots,\nabla_N c_m(\boldsymbol{x})),$$

其中 $\nabla_N c_i(\boldsymbol{x})=\left(\frac{\partial c_i(\boldsymbol{x})}{\partial x_{N_1}},\cdots,\frac{\partial c_i(\boldsymbol{x})}{\partial x_{N_{n-m}}}\right)^{\mathrm{T}},\quad i=1,2,\cdots,m,$

则由多元微积分学中隐函数存在定理知,在 $\boldsymbol{x}$ 的某邻域内可由非线性

方程组

$$\boldsymbol{c}(\boldsymbol{x}^B,\boldsymbol{x}^N)=\boldsymbol{0} \tag{4.73}$$

确定 $\boldsymbol{x}^B$ 为 $\boldsymbol{x}^N$ 的函数：

$$\boldsymbol{x}^B=\boldsymbol{x}^B(\boldsymbol{x}^N).$$

我们可计算出

$$r(\boldsymbol{x}^N)=\nabla_N f(x)-\nabla_N\boldsymbol{c}(\boldsymbol{x})(\nabla_B\boldsymbol{c}(\boldsymbol{x}))^{-1}\nabla_B f(\boldsymbol{x}), \tag{4.74}$$

称 $r(\boldsymbol{x}^N)$为 $f(\boldsymbol{x})$的简约梯度.

令 $\boldsymbol{p}^N$ 的分量为

$$\boldsymbol{p}_j^N=\begin{cases}0, & \text{当 } \boldsymbol{x}_j^N=\boldsymbol{\alpha}_j^N \text{ 且 } r_j(\boldsymbol{x}^N)>0 \text{ 或 } \boldsymbol{x}_j^N=\boldsymbol{\beta}_j^N \text{ 且 } r_j(\boldsymbol{x}^N)<0 \text{ 时},\\ -r_j(\boldsymbol{x}^N), & \text{其他情形}.\end{cases} \tag{4.75}$$

但是，因(4.72)的约束为非线性的，当沿 $\boldsymbol{p}^N$ 求 $f(\boldsymbol{x})=f(\boldsymbol{x}^B(\boldsymbol{x}^N),\boldsymbol{x}^N)=F(\boldsymbol{x}^N)$的极小时，一般难以保证式(4.73)始终满足. 为此，我们不进行线性搜索，而在 $\boldsymbol{p}^N$ 方向取适当步长 $\theta>0$，令 $\tilde{\boldsymbol{x}}^N=\boldsymbol{x}^N+\theta\boldsymbol{p}^N$，且 $\boldsymbol{\alpha}^N\leqslant\tilde{\boldsymbol{x}}^N\leqslant\boldsymbol{\beta}^N$，求解方程组(4.73)，即求 $\boldsymbol{y}$ 使

$$\boldsymbol{c}(\boldsymbol{y},\tilde{\boldsymbol{x}}^N)=\boldsymbol{0}. \tag{4.76}$$

若 $f(\boldsymbol{y},\tilde{\boldsymbol{x}}^N)<f(\boldsymbol{x}^B,\boldsymbol{x}^N)$，且 $\boldsymbol{\alpha}^B\leqslant\boldsymbol{y}\leqslant\boldsymbol{\beta}^B$，则求得了新迭代点$(\boldsymbol{y},\tilde{\boldsymbol{x}}^N)$；否则，缩小步长 θ，得一新的 $\tilde{\boldsymbol{x}}^N$，并重新求解(4.76). 由于 $\boldsymbol{p}^N$ 是 $f(\boldsymbol{x}^N)$的下降方向，因此当 θ 充分小时，只要(4.76)有解，总可以使 $f(\boldsymbol{y},\tilde{\boldsymbol{x}}^N)<f(\boldsymbol{x}^B,\boldsymbol{x}^N)$，且 $\boldsymbol{\alpha}^B\leqslant\boldsymbol{y}\leqslant\boldsymbol{\beta}^B$.

算法 4.3.3 广义简约梯度法——GRG 法

已知问题(4.72). 给定控制误差 $\varepsilon_1,\varepsilon_2>0$ 与正整数 K. 选取初始可行解 $\boldsymbol{x}_0=\begin{pmatrix}\boldsymbol{x}_0^B\\ \boldsymbol{x}_0^N\end{pmatrix}$.

Step 1 由式(4.74)计算简约梯度 $r(\boldsymbol{x}_0^N)$，由公式(4.75)确定方向 $\boldsymbol{p}_0^N$. 若 $\|\boldsymbol{p}_0^N\|<\varepsilon_1$，则 $\boldsymbol{x}_0$ 为近似最优解，停；否则，转 Step 2.

Step 2 取 $\theta>0$，令 $\tilde{\boldsymbol{x}}^N=\boldsymbol{x}_0^N+\theta\boldsymbol{p}_0^N$，若 $\boldsymbol{\alpha}_0^N\leqslant\tilde{\boldsymbol{x}}^N\leqslant\boldsymbol{\beta}_0^N$，则转 Step 3；否则，以$\dfrac{\theta}{2}$代 θ，再求 $\tilde{\boldsymbol{x}}^N$，直至满足 $\boldsymbol{\alpha}_0^N\leqslant\tilde{\boldsymbol{x}}^N\leqslant\boldsymbol{\beta}_0^N$，转 Step 3.

Step 3 求解非线性方程组(4.76). 如用 Newton 法.

令 $\boldsymbol{y}_1=\boldsymbol{x}_0^B, k=1$,

(i)　令 $\boldsymbol{y}_{k+1}=\boldsymbol{y}_k-(\nabla_B\boldsymbol{c}(\boldsymbol{y}_k,\tilde{\boldsymbol{x}}^N))^{-1}\boldsymbol{c}(\boldsymbol{y}_k,\tilde{\boldsymbol{x}}^N)$,
若 $f(\boldsymbol{y}_{k+1},\tilde{\boldsymbol{x}}^N)<f(\boldsymbol{x}_0)$, $\boldsymbol{\alpha}_0^B\leqslant\boldsymbol{y}_{k+1}\leqslant\boldsymbol{\beta}_0^B$,且 $\|\boldsymbol{c}(\boldsymbol{y}_{k+1},\tilde{\boldsymbol{x}}^N)\|\leqslant\varepsilon_2$,则转 Step 4;否则转(ii).

(ii)　若 $k=K$,则以$\dfrac{\theta}{2}$代 θ,令 $\tilde{\boldsymbol{x}}^N=\boldsymbol{x}_0^N+\theta\boldsymbol{p}_0^N, \boldsymbol{y}_1=\boldsymbol{x}_0^B, k=1$,回到(i);否则令 $k=k+1$,回到(i).

Step 4　令 $\boldsymbol{x}_0=(\boldsymbol{y}_{k+1},\tilde{\boldsymbol{x}}^N)$.
若 $\boldsymbol{y}_{k+1}$的某个分量等于下界 α_j 或上界 β_j,则将其换出基向量,得到新的基向量 $\boldsymbol{x}_0^B$ 和非基向量 $\boldsymbol{x}_0^N$,转 Step 1.

关于 GRG 算法收敛性的充分必要定理如下.

定理 4.3.6　设约束问题(4.72)满足非退化条件,且 $\boldsymbol{x}=\begin{pmatrix}\boldsymbol{x}^B\\ \boldsymbol{x}^N\end{pmatrix}$ 为可行解,则 $\boldsymbol{x}$ 为 KT 点的充要条件是 $r(\boldsymbol{x}^N)$满足:

$$\begin{cases} r_i(\boldsymbol{x}^N)\geqslant 0, & \text{当 } x_i^N=\alpha_i \text{ 时},\\ r_i(\boldsymbol{x}^N)\leqslant 0, & \text{当 } x_i^N=\beta_i \text{ 时},\\ r_i(\boldsymbol{x}^N)=0, & \text{当 } \alpha_i<x_i^N<\beta_i \text{ 时}.\end{cases}\tag{4.77}$$

证　必要性.

设 $\boldsymbol{x}$ 为 KT 点,则由 KT 条件知存在 $\boldsymbol{\lambda}\in\mathbf{R}^m$ 和 $\boldsymbol{\mu}_1,\boldsymbol{\mu}_2\in\mathbf{R}^n$,使得

$$\nabla f(\boldsymbol{x})-\nabla \boldsymbol{c}(\boldsymbol{x})^{\mathrm{T}}\boldsymbol{\lambda}-\boldsymbol{\mu}_1+\boldsymbol{\mu}_2=\boldsymbol{0},$$
$$\boldsymbol{\mu}_1^{\mathrm{T}}(\boldsymbol{x}-\boldsymbol{\alpha})=0, \boldsymbol{\mu}_1\geqslant\boldsymbol{0},$$
$$\boldsymbol{\mu}_2^{\mathrm{T}}(\boldsymbol{\beta}-\boldsymbol{x})=0, \boldsymbol{\mu}_2\geqslant\boldsymbol{0}.$$

由非退化假定知, $\boldsymbol{\alpha}^B<\boldsymbol{x}^B<\boldsymbol{\beta}^B$,故 $\boldsymbol{\mu}_1^B=\boldsymbol{\mu}_2^B=\boldsymbol{0}$.令 $\boldsymbol{\mu}=\boldsymbol{\mu}_1-\boldsymbol{\mu}_2$,则上述 KT 条件可改写为

$$\nabla f(\boldsymbol{x})-\nabla \boldsymbol{c}(\boldsymbol{x})\boldsymbol{\lambda}=\boldsymbol{\mu},\tag{4.78}$$

$$\mu_i=\begin{cases}(\boldsymbol{\mu}_1)_i\geqslant 0, & \text{当 } x_i=\alpha_i \text{ 时},\\ (\boldsymbol{\mu}_2)_i\geqslant 0, & \text{当 } x_i=\beta_i \text{ 时},\\ 0, & \text{当 } \alpha_i<x_i<\beta_i,\end{cases}\tag{4.79}$$

由 $\boldsymbol{x}=\begin{pmatrix}\boldsymbol{x}^B\\ \boldsymbol{x}^N\end{pmatrix},\boldsymbol{\mu}=\begin{pmatrix}\boldsymbol{\mu}^B\\ \boldsymbol{\mu}^N\end{pmatrix}$,式(4.78)可分解为

$$\nabla_N f(\boldsymbol{x})-\nabla_N \boldsymbol{c}(\boldsymbol{x})\boldsymbol{\lambda}=\boldsymbol{\mu}^N, \tag{4.80}$$

$$\nabla_B f(\boldsymbol{x})-\nabla_B \boldsymbol{c}(\boldsymbol{x})\boldsymbol{\lambda}=0, \tag{4.81}$$

由式(4.81)解出 $\boldsymbol{\lambda}=(\nabla_B \boldsymbol{c}(\boldsymbol{x}))^{-1}\nabla_B f(\boldsymbol{x})$,代入式(4.80)得

$$\boldsymbol{\mu}^N=\nabla_N f(\boldsymbol{x})-\nabla_N \boldsymbol{c}(\boldsymbol{x})(\nabla_B \boldsymbol{c}(\boldsymbol{x}))^{-1}\nabla_B f(\boldsymbol{x}),$$

故 $\boldsymbol{\mu}^N=r(\boldsymbol{x}^N)$,由式(4.79)知式(4.77)成立.

充分性.

设 $r(\boldsymbol{x}^N)$满足式(4.77),令 $\boldsymbol{\mu}^N=r(\boldsymbol{x}^N),\boldsymbol{\mu}^B=\boldsymbol{0}$,则(4.79)成立.再令

$$\boldsymbol{\lambda}=(\nabla_B \boldsymbol{c}(\boldsymbol{x}))^{-1}\nabla_B f(\boldsymbol{x}),$$

则有式(4.80)、(4.81)成立,合并式(4.80)、(4.81)两式,即得式(4.78),令

$$(\boldsymbol{\mu}_1)_i=\begin{cases}\mu_i, & \text{当 } x_i=\alpha_i \text{ 时},\\ 0, & \text{其他情形},\end{cases}$$

$$(\boldsymbol{\mu}_2)_i=\begin{cases}-\mu_i, & \text{当 } x_i=\beta_i \text{ 时},\\ 0, & \text{其他情形},\end{cases}$$

则 $\boldsymbol{\lambda}$ 和 $\boldsymbol{\mu}_1\geqslant\boldsymbol{0},\boldsymbol{\mu}_2\geqslant\boldsymbol{0}$ 为乘子向量,$\boldsymbol{x}$ 满足 KT 条件,故 $\boldsymbol{x}$ 为 KT 点. □

关于 GRG 算法的几点说明:

(1) 当约束函数为线性时,如(4.63)形式,则$\nabla_B \boldsymbol{c}(\boldsymbol{x})=\boldsymbol{B}^{\mathrm{T}}$,$\nabla_N \boldsymbol{c}(\boldsymbol{x})=\boldsymbol{N}^{\mathrm{T}}$,此时公式(4.74)即为公式(4.65),此时 GRG 法即为 RG 法.故 GRG 法适用于既含非线性约束又含大量线性约束的大型问题.

(2) 在 Step 3 中解非线性方程组时,若用 Newton 法,则每步要计算$(\nabla_B \boldsymbol{c}(\boldsymbol{y}_k,\tilde{\boldsymbol{x}}^N))^{-1}$,工作量太大,所以往往用伪 Newton 法,即用$(\nabla_B \boldsymbol{c}(\boldsymbol{x}_0))^{-1}$来代替,令

$$\boldsymbol{y}_{k+1}=\boldsymbol{y}_k-(\nabla_B \boldsymbol{c}(\boldsymbol{x}_0))^{-1}\boldsymbol{c}(\boldsymbol{y}_k,\tilde{\boldsymbol{x}}^N),$$

由于在求 $r(\boldsymbol{x}_0^N)$时已求出$(\nabla_B \boldsymbol{c}(\boldsymbol{x}_0))^{-1}$,所以可以减少工作量.

(3) 如果迭代一次后基向量不改变,则搜索方向可不用式(4.75)

求,而用某个变尺度公式加以修正,从而使算法具有较好的收敛性质,当前一些 GRG 算法的软件,都采用这种策略.

(4) 对于非线性约束问题,一般讲可行方向法不是很有效的,但是由于 GRG 法具有一些明显的优点,比如降低了问题的维数,可用变尺度法加速收敛以及可用稀疏矩阵技术等,因此它是一个非常好的算法. 20 世纪 70 年代以来大量的数值试验和分析比较表明,GRG 法是目前解一般非线性规划问题的最可靠与最有效的算法之一.

例 4.3.4　用 GRG 法求解:

$$\min f(\boldsymbol{x}) = -x_1 - x_2,$$
$$\text{s.t.}\quad x_1^2 + x_2^2 - 1 = 0,$$
$$x_1, x_2 \geqslant 0.$$

本题最优解为 $\boldsymbol{x}^* = \left(\frac{1}{\sqrt{2}}, \frac{1}{\sqrt{2}}\right)^{\mathrm{T}} = (0.707\ 1, 0.707\ 1)^{\mathrm{T}}$.

解　取 $\boldsymbol{x}_0 = (1,0)^{\mathrm{T}}$,令 $\boldsymbol{y} = \boldsymbol{x}^B = x_1 = 1, \boldsymbol{z} = \boldsymbol{x}^N = x_2 = 0$,

$$\nabla_1 f(\boldsymbol{x}) = -1, \nabla_2 f(\boldsymbol{x}) = -1, \nabla_1 \boldsymbol{c}(\boldsymbol{x}_0) = 2, \nabla_2 \boldsymbol{c}(\boldsymbol{x}_0) = 0,$$

$$r_2 = -1 - 0 = -1 < 0, d_2 = -r_2 = 1.$$

取 $\theta = \frac{1}{2}$,则 $z = 0 + \frac{1}{2} \cdot 1 = 0.5, y = \sqrt{1 - (\frac{1}{2})^2} = \sqrt{\frac{3}{4}} \approx 0.866\ 0$,

$$y_1 = 0.866\ 0 - \frac{1}{2}(0.866\ 0^2 + 0.5^2 - 1) = 0.866\ 0.$$

令 $x_0 = (0.866\ 0, 0.5)^{\mathrm{T}}$,则 $\nabla_1 \boldsymbol{C} = 2 \times 0.866\ 0 = 1.732\ 0$,

$$(\nabla_1 \boldsymbol{c})^{-1} = \frac{1}{1.732\ 0} = 0.577\ 4, \nabla_2 \boldsymbol{c} = 2 \times 0.5 = 1.$$

$$r_2 = -1 - 1 \times 0.577\ 4 \times (-1) = -0.422\ 6 < 0,$$

$$d_2 = -r_2 = 0.422\ 6.$$

取 $\theta = \frac{1}{2}$,则

$$z = 0.5 + \frac{1}{2} \times 0.422\ 6 = 0.711\ 3, y = \sqrt{1 - 0.711\ 3^2} = 0.702\ 8.$$

$$y_1 = 0.702\ 8 - 0.577\ 4(0.702\ 8^2 + 0.711\ 3^2 - 1) = 0.702\ 8$$

令 $\boldsymbol{x}_0=(0.702\,8,0.711\,3)^{\mathrm{T}}$,此时 $\boldsymbol{x}_0$ 已很接近最优解 $\boldsymbol{x}^*$,迭代终止,以 $x_0=(0.702\,8,0.711\,3)^{\mathrm{T}}$ 作为近似最优解.

4.4 约束变尺度法

在第 3 章中我们已经看到无约束变尺度法,如 *DFP* 法和 *BFGS* 法等是无约束最优化方法中最有效的一类算法,人们自然希望能够将它们推广到约束最优化问题上.近年来这方面的研究工作已经获得很大进展,形成了有效的算法,并编制了通用的数学软件.由于这类方法中的搜索方向是通过一个二次规划问题的解来确定的,因此下面我们先讨论二次规划,然后再研究约束变尺度法的问题.

4.4.1 二次规划

我们称目标函数为二次函数,约束函数为线性函数的规划问题为二次规划,它的一般形式为

$$
\text{(QP)}\quad \begin{aligned}
&\min f(\boldsymbol{x})=\frac{1}{2}\boldsymbol{x}^{\mathrm{T}}\boldsymbol{G}\boldsymbol{x}+\boldsymbol{c}^{\mathrm{T}}\boldsymbol{x},\\
&\text{s.t.}\quad c_i(\boldsymbol{x})=\boldsymbol{a}_i^{\mathrm{T}}\boldsymbol{x}-b_i=0,\quad i\in E=\{1,\cdots,l\},\\
&\qquad\ \ c_i(\boldsymbol{x})=\boldsymbol{a}_i^{\mathrm{T}}\boldsymbol{x}-b_i\geqslant 0,\quad i\in I=\{l+1,\cdots,m\},
\end{aligned}\tag{4.82}
$$

其中 $\boldsymbol{G}$ 为 $n\times n$ 阶对称矩阵.(QP)为 Quadratic Programming 的缩写.当 $\boldsymbol{G}$ 为正定矩阵时,(QP)为严格凸二次规划.

对严格凸二次规划问题(4.82)而言,KT 条件就是最优解的充分必要条件.

定理 4.4.1 点 $\boldsymbol{x}^*$ 是严格凸二次规划(QP)的严格整体最优解的充要条件是可行点 $\boldsymbol{x}^*$ 满足KT条件,即存在乘子向量 $\boldsymbol{\lambda}^*=(\lambda_1^*,\cdots,\lambda_m^*)^{\mathrm{T}}$,使得

$$
\left.\begin{aligned}
&\boldsymbol{G}\boldsymbol{x}^*+\boldsymbol{c}-\sum_{i\in E}\lambda_i^*\boldsymbol{a}_i-\sum_{i\in I}\lambda_i^*\boldsymbol{a}_i=\boldsymbol{0},\\
&\boldsymbol{a}_i^{\mathrm{T}}\boldsymbol{x}^*-b_i=0,\quad i\in E,\\
&\boldsymbol{a}_i^{\mathrm{T}}\boldsymbol{x}^*-b_i\geqslant 0,\quad i\in I,\\
&\lambda_i^*\geqslant 0,\quad i\in I,\\
&\lambda_i^*=0,\quad i\in I\setminus I^*,
\end{aligned}\right\}\tag{4.83}
$$

其中 I^* 为 $\boldsymbol{x}^*$ 处的有效集.

本定理的证明由定理 4.1.7 和定理 4.1.9 立即可以得出.

如何求解严格凸二次规划(QP)呢? 下面分两种情况加以讨论.

1　仅含等式约束的严格凸二次规划的解法

设仅含等式约束的严格凸二次规划为

$$\min f(\boldsymbol{x}) = \frac{1}{2}\boldsymbol{x}^{\mathrm{T}}\boldsymbol{G}\boldsymbol{x} + \boldsymbol{c}^{\mathrm{T}}x, \tag{4.84}$$

$$\text{s.t.}\quad c_i(\boldsymbol{x}) = \boldsymbol{a}_i^{\mathrm{T}}\boldsymbol{x} - b_i = 0,\quad i\in E = \{1,\cdots,l\},$$

其中 $\boldsymbol{A} = (\boldsymbol{a}_1,\cdots,\boldsymbol{a}_l)$的秩为 l,则由定理 4.4.1 可知,$\boldsymbol{x}$ 为(4.84)的最优解的充要条件是

$$\boldsymbol{G}\boldsymbol{x} + \boldsymbol{c} - \sum_{i\in E}\lambda_i\boldsymbol{a}_i = \boldsymbol{0},$$

$$\boldsymbol{a}_i^{\mathrm{T}}\boldsymbol{x} - b_i = 0, i\in E.$$

令 $\boldsymbol{b} = (b_1,\cdots,b_l)^{\mathrm{T}}$,$\boldsymbol{\lambda} = (\lambda_1,\cdots,\lambda_l)^{\mathrm{T}}$,则上式可化为向量—矩阵形式

$$\begin{pmatrix} \boldsymbol{G} & -\boldsymbol{A} \\ \boldsymbol{A}^{\mathrm{T}} & \boldsymbol{0} \end{pmatrix}\begin{pmatrix} \boldsymbol{x} \\ \boldsymbol{\lambda} \end{pmatrix} = \begin{pmatrix} -\boldsymbol{c} \\ \boldsymbol{b} \end{pmatrix}. \tag{4.85}$$

由线性代数知识知,因为 $\boldsymbol{A}$ 正定且满秩,所以方程组(4.85)有唯一解$\begin{pmatrix} \boldsymbol{x}^* \\ \boldsymbol{\lambda}^* \end{pmatrix}$,即为(4.84)的最优解及相应的 Lagrange 乘子向量.

例 4.4.1　求解严格凸二次规划

$$\min f(\boldsymbol{x}) = x_1^2 + x_2^2 + x_3^2,$$

$$\text{(QP)}\quad \text{s.t.}\quad x_1 + 2x_2 - x_3 - 4 = 0,$$

$$x_1 - x_2 + x_3 + 2 = 0.$$

解　将(QP)写成式(4.85)形式,有

$$\boldsymbol{G} = \begin{pmatrix} 2 & 0 & 0 \\ 0 & 2 & 0 \\ 0 & 0 & 2 \end{pmatrix}, \boldsymbol{c} = \begin{pmatrix} 0 \\ 0 \\ 0 \end{pmatrix}, \boldsymbol{b} = \begin{pmatrix} 4 \\ -2 \end{pmatrix},$$

$$\boldsymbol{A} = (\boldsymbol{a}_1, \boldsymbol{a}_2) = \begin{pmatrix} 1 & 1 \\ 2 & -1 \\ -1 & 1 \end{pmatrix}$$ 的秩为 2,最优解的充要条件为

$$\begin{pmatrix} 2 & 0 & 0 & -1 & -1 \\ 0 & 2 & 0 & -2 & 1 \\ 0 & 0 & 2 & 1 & -1 \\ 1 & 2 & -1 & 0 & 0 \\ 1 & -1 & 1 & 0 & 0 \end{pmatrix} \begin{pmatrix} x_1 \\ x_2 \\ x_3 \\ \lambda_1 \\ \lambda_2 \end{pmatrix} = \begin{pmatrix} 0 \\ 0 \\ 0 \\ 4 \\ -2 \end{pmatrix}.$$

解以上方程组得唯一解

$$(\boldsymbol{x}^{*\mathrm{T}}, \boldsymbol{\lambda}^{*\mathrm{T}}) = \left(\frac{2}{7}, \frac{10}{7}, -\frac{6}{7}, \frac{8}{7}, -\frac{4}{7}\right),$$

其中　$\boldsymbol{x}^* = \left(\frac{2}{7}, \frac{10}{7}, -\frac{6}{7}\right)^{\mathrm{T}}$ 为最优解,

$\boldsymbol{\lambda}^* = \left(\frac{8}{7}, -\frac{4}{7}\right)$为最优乘子向量.

2　一般严格凸二次规划的有效集方法

定理 4.4.2　设 $\boldsymbol{x}^*$ 是二次规划(4.82)的最优解,且在 $\boldsymbol{x}^*$ 处的有效集为 I^*,则 $\boldsymbol{x}^*$ 也是下列等式约束问题:

$$\min f(\boldsymbol{x}) = \frac{1}{2}\boldsymbol{x}^{\mathrm{T}}\boldsymbol{G}\boldsymbol{x} + \boldsymbol{c}^{\mathrm{T}}\boldsymbol{x},$$

$$\text{s.t.}\quad c_i(\boldsymbol{x}) = \boldsymbol{a}_i^{\mathrm{T}}\boldsymbol{x} - b_i = 0,\quad i \in I^* \tag{4.86}$$

的最优解.

证　因为 $\boldsymbol{x}^*$ 为(4.82)的最优解,则由定理 4.4.1 存在乘子向量 $\boldsymbol{\lambda}^*$ 使得

$$\boldsymbol{G}\boldsymbol{x}^* + \boldsymbol{c} - \sum_{i\in E}\lambda_i^*\boldsymbol{a}_i - \sum_{i\in I}\lambda_i^*\boldsymbol{a}_i = \boldsymbol{0},$$

$$\boldsymbol{a}_i^{\mathrm{T}}\boldsymbol{x}^* - b_i \geqslant 0,\quad i \in I,$$

$$\lambda_i^* = 0,\quad i \in I \setminus I^*$$

成立,上式显然蕴含着

$$\boldsymbol{G}\boldsymbol{x}^* + \boldsymbol{c} - \sum_{i\in I^*}\lambda_i^*\boldsymbol{a}_i = \boldsymbol{0},$$

上式也是(4.86)的最优解的充要条件. □

本定理是下面要讲述的有效集方法的基础.事实上,如果找出问题(4.82)的一个可行解 $\boldsymbol{x}_k$,有效集为 I_k,并且 $\boldsymbol{x}_k$ 恰好是问题(4.86)的最

优解,则只要其 Lagrange 乘子向量非负,由定理 4.4.1 知 $\boldsymbol{x}^*$ 即为(4.82)的最优解.由于(4.86)仅含等式约束,故可用上段讲的方法求解.

现在讨论一般严格凸二次规划(4.82)的有效集方法.

设 $\boldsymbol{x}_k$ 为(4.82)的一个可行解,相应的有效集为 I_k, $\boldsymbol{A}_k$ 为 $\boldsymbol{A}=(\boldsymbol{a}_1,\cdots,\boldsymbol{a}_m)$ 中对应于 I_k 的子矩阵,求解二次规划

$$(\mathrm{QP})\quad \begin{aligned} &\min f(\boldsymbol{x})=\frac{1}{2}\boldsymbol{x}^{\mathrm{T}}\boldsymbol{G}\boldsymbol{x}+\boldsymbol{c}^{\mathrm{T}}\boldsymbol{x}, \\ &\text{s.t.}\quad \boldsymbol{A}_k^{\mathrm{T}}\boldsymbol{x}=\boldsymbol{b}_k. \end{aligned} \tag{4.87}$$

容易证明:问题(4.87)与下列(QP)问题

$$\begin{aligned} &\min q(\boldsymbol{d})=\frac{1}{2}\boldsymbol{d}^{\mathrm{T}}\boldsymbol{G}\boldsymbol{d}+\boldsymbol{g}_k^{\mathrm{T}}\boldsymbol{d}, \\ &\text{s.t.}\quad \boldsymbol{A}_k^{\mathrm{T}}\boldsymbol{d}=\boldsymbol{0} \end{aligned} \tag{4.88}$$

等价,其中 $\boldsymbol{x}=\boldsymbol{x}_k+\boldsymbol{d}$, $\quad \boldsymbol{g}_k=\nabla f(\boldsymbol{x}_k)=\boldsymbol{G}\boldsymbol{x}_k+\boldsymbol{c}$.

当最优解 $\boldsymbol{d}_k=\boldsymbol{0}$ 时,则 $\boldsymbol{x}_k$ 为(4.87)的最优解.若此时对应的 Lagrange乘子均非负,则由定理 4.4.1 知 $\boldsymbol{x}_k$ 为(4.82)的最优解,迭代停止.当(4.88)的最优解 $\boldsymbol{d}_k\neq\boldsymbol{0}$ 时,并且 $\boldsymbol{x}_k+\boldsymbol{d}_k$ 为(4.82)的可行解,则令 $\boldsymbol{x}_{k+1}=\boldsymbol{x}_k+\boldsymbol{d}_k$;否则,以 $\boldsymbol{d}_k$ 为方向进行线性搜索,以求得最好的可行点.由于 $f(\boldsymbol{x})$ 为凸二次函数,故此点必在边界上达到,记其步长 $\alpha_k>0$, $\boldsymbol{x}_{k+1}=\boldsymbol{x}_k+\alpha_k\boldsymbol{d}_k$,则由可行性要求,应有

$$\boldsymbol{a}_i^{\mathrm{T}}(\boldsymbol{x}_k+\alpha_k\boldsymbol{d}_k)\geqslant b_i,\quad i\notin I_k,$$

即

$$\alpha_k\boldsymbol{a}_i^{\mathrm{T}}\boldsymbol{d}_k\geqslant b_i-\boldsymbol{a}_i^{\mathrm{T}}\boldsymbol{x}_k,\quad i\notin I_k.$$

上式右端非正(因 $\boldsymbol{x}_k$ 为可行解),故当 $\boldsymbol{a}_i^{\mathrm{T}}\boldsymbol{d}_k\geqslant 0$ 时,上式恒成立;当 $\boldsymbol{a}_i^{\mathrm{T}}\boldsymbol{d}_k<0$ 时,要使上式成立,要求

$$\alpha_k\leqslant\frac{b_i-\boldsymbol{a}_i^{\mathrm{T}}\boldsymbol{x}_k}{\boldsymbol{a}_i^{\mathrm{T}}\boldsymbol{d}_k},\quad i\notin I_k \text{ 且 } \boldsymbol{a}_i^{\mathrm{T}}\boldsymbol{d}_k<0.$$

故应取

$$\alpha_k=\bar{\alpha}_k=\min_{i\notin I_k}\left\{\frac{b_i-\boldsymbol{a}_i^{\mathrm{T}}\boldsymbol{x}_k}{\boldsymbol{a}_i^{\mathrm{T}}\boldsymbol{d}_k}\,\middle|\,\boldsymbol{a}_i^{\mathrm{T}}\boldsymbol{d}_k<0\right\}=\frac{b_t-\boldsymbol{a}_t^{\mathrm{T}}\boldsymbol{x}_k}{\boldsymbol{a}_t^{\mathrm{T}}\boldsymbol{d}_k}, \tag{4.89}$$

合并上述两种情形应取

$$\alpha_k = \min\{1, \bar{\alpha}_k\}, \tag{4.90}$$

其中 $\bar{\alpha}_k$ 由式(4.89)确定，$\boldsymbol{x}_{k+1} = \boldsymbol{x}_k + \alpha_k \boldsymbol{d}_k$. 当 $\alpha_k < 1$，即 $\alpha_k = \bar{\alpha}_k$ 时，则有某个 $t \notin I_k$，使

$$\alpha_k = \bar{\alpha}_k = \frac{b_t - \boldsymbol{a}_t^{\mathrm{T}} \boldsymbol{x}_k}{\boldsymbol{a}_t^{\mathrm{T}} \boldsymbol{d}_k},$$

故 $$\boldsymbol{a}_t^{\mathrm{T}} \boldsymbol{x}_{k+1} = \boldsymbol{a}_t^{\mathrm{T}} \boldsymbol{x}_k + \alpha_k \boldsymbol{a}_t^{\mathrm{T}} \boldsymbol{d}_k = b_t.$$

因此在 $\boldsymbol{x}_{k+1}$ 处增加一个有效约束，$I_{k+1} = I_k \cup \{t\}$；当 $\alpha_k = 1$ 时，则有效集不变，$I_{k+1} = I_k$，这样可以进行下一次迭代.

如果(4.88)的最优解 $\boldsymbol{d}_k = \boldsymbol{0}$，且 Lagrange 乘子有负分量，如 $(\boldsymbol{\lambda}_k)_s < 0$，则由定理 4.1.1 知 $\boldsymbol{x}_k$ 不是规划问题(4.82)的最优解. 此时应该找出一个下降可行方向 $\boldsymbol{p}_k$，即满足

$$\boldsymbol{g}_k^{\mathrm{T}} \boldsymbol{p}_k < 0 \quad 且\ \boldsymbol{A}_k^{\mathrm{T}} \boldsymbol{p}_k \geqslant \boldsymbol{0}$$

的 $\boldsymbol{p}_k$. 为此，我们选 $\boldsymbol{p}_k$ 使 $\boldsymbol{x}_k + \boldsymbol{p}_k$ 仍位于除第 s 个有效约束外的所有其他有效约束上，于是有

$$\boldsymbol{a}_j^{\mathrm{T}}(\boldsymbol{x}_k + \boldsymbol{p}_k) = b_j, \quad j \in I_k, j \neq s,$$

$$\boldsymbol{a}_s^{\mathrm{T}}(\boldsymbol{x}_k + \boldsymbol{p}_k) > b_s,$$

即

$$\boldsymbol{a}_j^{\mathrm{T}} \boldsymbol{p}_k = 0, j \in I_k, \quad j \neq s, \tag{4.91}$$

$$\boldsymbol{a}_s^{\mathrm{T}} \boldsymbol{p}_k > 0. \tag{4.92}$$

因 $\boldsymbol{x}_k$ 为(4.87)的最优解，故

$$\boldsymbol{g}_k^{\mathrm{T}} \boldsymbol{p}_k = \boldsymbol{\lambda}_k^{\mathrm{T}} \boldsymbol{A}_k^{\mathrm{T}} \boldsymbol{p}_k.$$

由式(4.91)，$\boldsymbol{A}_k^{\mathrm{T}} \boldsymbol{p}_k = (\boldsymbol{a}_s^{\mathrm{T}} \boldsymbol{p}_k) \boldsymbol{e}_s$，其中 $\boldsymbol{e}_s$ 为单位矩阵的第 s 列，于是

$$\boldsymbol{g}_k^{\mathrm{T}} \boldsymbol{p}_k = (\boldsymbol{a}_s^{\mathrm{T}} \boldsymbol{p}_k) \boldsymbol{\lambda}_k^{\mathrm{T}} \boldsymbol{e}_s = (\boldsymbol{\lambda}_k)_s \boldsymbol{a}_s^{\mathrm{T}} \boldsymbol{p}_k.$$

由式(4.92)，当 $(\boldsymbol{\lambda}_k)_s < 0$ 时，$\boldsymbol{g}_k^{\mathrm{T}} \boldsymbol{p}_k < 0$，从而 $\boldsymbol{p}_k$ 为下降方向. 因此，若 $(\boldsymbol{\lambda}_k)_s < 0$，就可找到满足(4.91)的下降可行方向，特别是将问题(4.88)中的约束换成(4.91)，即删去第 s 个约束，所得到的新的二次规划(4.88)的最优解必为一个下降可行方向.

算法 4.4.1 二次规划的有效集算法

Step 1 取初始可行解 $\boldsymbol{x}_1$，确定相应的有效集 I_1，令 $k = 1$.

Step 2　求解等式约束二次规划问题(4.88)得最优解 $\boldsymbol{d}_k$.若 $\boldsymbol{d}_k \neq \boldsymbol{0}$,转 Step 4;否则转 Step 3.

Step 3　计算问题(4.88)的 Lagrange 乘子向量 $\boldsymbol{\lambda}_k$,并求

$$(\boldsymbol{\lambda}_k)_s = \min_{i \in I_k} \{(\boldsymbol{\lambda}_k)_i\}.$$

若$(\boldsymbol{\lambda}_k)_s \geqslant 0$,则 $\boldsymbol{x}_k$ 为(4.82)的最优解,停;否则,令 $I_k = I_k \setminus \{s\}$,相应地改变 $\boldsymbol{A}_k$ 转 Step 2.

Step 4　由式(4.90)确定步长 α_k,令 $\boldsymbol{x}_{k+1} = \boldsymbol{x}_k + \alpha_k \boldsymbol{d}_k$.

Step 5　若 $\alpha_k < 1$,则令 $I_{k+1} = I_k \cup \{t\}$,其中 t 由式(4.89)确定;否则,令 $I_{k+1} = I_k$.

Step 6　令 $k = k+1$,转 Step 2.

不难证明,有效集算法有如下收敛定理.

定理 4.4.3　若在有效集算法中,每步迭代 $\boldsymbol{A}_k$ 为列满秩且$\alpha_k \neq 0$,则算法有限步收敛到问题(4.82)的最优解.

证明可参看文献[14].

例 4.4.2　用有效集法解二次规划:

$$\min\ (x_1^2 + x_2^2 - 2x_1 - 4x_2),$$

$$\begin{aligned} \text{s.t.}\quad & \boldsymbol{a}_1^{\mathrm{T}}\boldsymbol{x} - \boldsymbol{b}_1 = x_1 \geqslant 0, \\ & \boldsymbol{a}_2^{\mathrm{T}}\boldsymbol{x} - \boldsymbol{b}_2 = x_2 \geqslant 0, \\ & \boldsymbol{a}_3^{\mathrm{T}}\boldsymbol{x} - \boldsymbol{b}_3 = -x_1 - x_2 + 1 \geqslant 0. \end{aligned}$$

解　取初始可行点 $\boldsymbol{x}_1 = (0,0)^{\mathrm{T}}$,相应的有效集为 $I_1 = \{1,2\}$.求解(QP)问题:

$$\min\ q(\boldsymbol{d}) = \frac{1}{2}\boldsymbol{d}^{\mathrm{T}}\boldsymbol{G}\boldsymbol{d} + \boldsymbol{g}_1^{\mathrm{T}}\boldsymbol{d} = \frac{1}{2}\boldsymbol{d}^{\mathrm{T}}\begin{pmatrix} 2 & 0 \\ 0 & 2 \end{pmatrix}\boldsymbol{d} + (-2, -4)\boldsymbol{d},$$

$$\begin{aligned} \text{s.t.}\quad & \boldsymbol{a}_1^{\mathrm{T}}\boldsymbol{d} = d_1 = 0, \\ & \boldsymbol{a}_2^{\mathrm{T}}\boldsymbol{d} = d_2 = 0, \end{aligned} \qquad \boldsymbol{d} = \begin{pmatrix} d_1 \\ d_2 \end{pmatrix}.$$

即求解方程组$\begin{pmatrix} \boldsymbol{G} & -\boldsymbol{A} \\ \boldsymbol{A}^{\mathrm{T}} & \boldsymbol{0} \end{pmatrix}\begin{pmatrix} \boldsymbol{d} \\ \boldsymbol{\lambda} \end{pmatrix} = \begin{pmatrix} -\boldsymbol{g}_1 \\ \boldsymbol{0} \end{pmatrix}$,$\boldsymbol{\lambda} = \begin{pmatrix} \lambda_1 \\ \lambda_2 \end{pmatrix}$,

即

$$\begin{pmatrix}2&0&-1&0\\0&2&0&-1\\1&0&0&0\\0&1&0&0\end{pmatrix}\begin{pmatrix}d_1\\d_2\\\lambda_1\\\lambda_2\end{pmatrix}=\begin{pmatrix}2\\4\\0\\0\end{pmatrix},$$

得 $\boldsymbol{d}_1=(0,0)^{\mathrm{T}}$, $\boldsymbol{x}_2=\boldsymbol{x}_1=(0,0)^{\mathrm{T}}$, $\boldsymbol{\lambda}=(-2,-4)^{\mathrm{T}}$.

因 $\lambda_2=\min\{-2,-4\}=-4<0$,故令 $I_2=I_1\setminus\{2\}=\{1\}$,求解新的(QP)问题:

$$\min q(\boldsymbol{d})=\frac{1}{2}\boldsymbol{d}^{\mathrm{T}}\boldsymbol{G}\boldsymbol{d}+\boldsymbol{g}_1^{\mathrm{T}}\boldsymbol{d}=\frac{1}{2}\boldsymbol{d}^{\mathrm{T}}\begin{pmatrix}2&0\\0&2\end{pmatrix}\boldsymbol{d}+(-2,-4)\boldsymbol{d},$$

$$\text{s.t.}\quad \boldsymbol{a}_1^{\mathrm{T}}\boldsymbol{d}=(1,0)\begin{pmatrix}d_1\\d_2\end{pmatrix}=d_1=0.$$

即求解

$$\begin{pmatrix}2&0&-1\\0&2&0\\1&0&0\end{pmatrix}\begin{pmatrix}d_1\\d_2\\\lambda_1\end{pmatrix}=\begin{pmatrix}2\\4\\0\end{pmatrix},$$

得 $\boldsymbol{d}_2=(0,2)^{\mathrm{T}}$, $\lambda_1=-2$, 由式(4.89)

$$\bar{\alpha}_2=\min\left\{\frac{b_i-\boldsymbol{a}_i^{\mathrm{T}}\boldsymbol{x}_1}{\boldsymbol{a}_i^{\mathrm{T}}\boldsymbol{d}_2}\,\middle|\, i=2,3,\quad \boldsymbol{a}_i^{\mathrm{T}}\boldsymbol{d}_2<0\right\}$$

$$=\frac{\boldsymbol{b}_3-\boldsymbol{a}_3^{\mathrm{T}}\boldsymbol{x}_1}{\boldsymbol{a}_3^{\mathrm{T}}\boldsymbol{d}_2}=\frac{-1}{-2}<1,\quad t=3.$$

所以 $\alpha_2=\bar{\alpha}_2$, $\boldsymbol{x}_3=\boldsymbol{x}_2+\alpha_2\boldsymbol{d}_2=(0,1)^{\mathrm{T}}$, $I_3=I_2\cup\{3\}=\{1,3\}$.

求解新的(QP)问题:

$$\min\left(\frac{1}{2}\boldsymbol{d}^{\mathrm{T}}\boldsymbol{G}\boldsymbol{d}+\boldsymbol{g}_3^{\mathrm{T}}\boldsymbol{d}\right)=\frac{1}{2}\boldsymbol{d}^{\mathrm{T}}\begin{pmatrix}2&0\\0&2\end{pmatrix}\boldsymbol{d}+(-2,-2)\boldsymbol{d},$$

$$\text{s.t.}\quad \boldsymbol{a}_1^{\mathrm{T}}\boldsymbol{d}=d_1=0,$$

$$\boldsymbol{a}_3^{\mathrm{T}}\boldsymbol{d}=-d_1-d_2=0,$$

即求解
$$\begin{pmatrix} 2 & 0 & -1 & 1 \\ 0 & 2 & 0 & 1 \\ 1 & 0 & 0 & 0 \\ -1 & -1 & 0 & 0 \end{pmatrix}\begin{pmatrix} d_1 \\ d_2 \\ \lambda_1 \\ \lambda_3 \end{pmatrix}=\begin{pmatrix} 2 \\ 2 \\ 0 \\ 0 \end{pmatrix},$$
得 $\boldsymbol{d}_3=(0,0)^{\mathrm{T}}$，　$\boldsymbol{x}_4=\boldsymbol{x}_3+\boldsymbol{d}_3=(0,1)^{\mathrm{T}}$，　$\boldsymbol{\lambda}_3=(\lambda_1,\lambda_3)^{\mathrm{T}}=(0,2)^{\mathrm{T}}$.
因 $\boldsymbol{\lambda}_3\geqslant 0$，故原问题的最优解为 $\boldsymbol{x}^*=\boldsymbol{x}_4=(0,1)^{\mathrm{T}}$，相应的乘子为 $\boldsymbol{\lambda}^*=(0,0,2)^{\mathrm{T}}$.

4.4.2 约束变尺度法

无约束变尺度法是在 Newton 法的基础上发展起来的，而Newton法可以看作是求梯度零点(最优性条件)的一种方法.现在对于约束最优化问题，我们也希望用 Newton 法求解 Kuhn-Tucker(最优性)条件，并在此基础上发展形成约束变尺度法——求解约束优化问题的变尺度法.这是一个快速有效的算法，通常人们称之为 Wilson-Han-Powell 方法，简称 WHP 算法.

因为不等式约束问题的 KT 条件包含有不等式约束，乘子的非负性及互补松驰条件等，直接用 Newton 法求解是困难的.而等式约束问题却没有这种困难.因此我们先从等式约束问题入手，然后再突破从等式约束过渡到不等式约束的关键难点，形成约束变尺度法.

1 算法模型

考虑等式约束问题(4.2)：

$$\min f(\boldsymbol{x}),\quad \boldsymbol{x}\in\mathbf{R}^n,$$
$$\text{s.t.}\quad \boldsymbol{c}(\boldsymbol{x})=\boldsymbol{0},$$

其中 $\boldsymbol{c}(\boldsymbol{x})=(c_1(\boldsymbol{x}),c_2(\boldsymbol{x}),\cdots,c_l(\boldsymbol{x}))^{\mathrm{T}}$.记 $N=(\nabla c_1(\boldsymbol{x}),\cdots,\nabla c_l(\boldsymbol{x}))$.设 $\boldsymbol{x}^*$ 为最优解，若矩阵 $\boldsymbol{N}^*=(\nabla c_1(\boldsymbol{x}^*),\cdots,\nabla c_l(\boldsymbol{x}^*))$为列满秩，由 KT 条件，存在 $\boldsymbol{\lambda}^*=(\lambda_1^*,\cdots,\lambda_l^*)^{\mathrm{T}}$，使 Lagrange 函数

$$L(\boldsymbol{x},\boldsymbol{\lambda})=f(\boldsymbol{x})-\boldsymbol{\lambda}^{\mathrm{T}}\boldsymbol{c}(\boldsymbol{x})$$

满足

$$\nabla L(\boldsymbol{x}^*,\boldsymbol{\lambda}^*)=\begin{pmatrix} \nabla_x L \\ \nabla_\lambda L \end{pmatrix}=\boldsymbol{0}. \tag{4.93}$$

因此，$(\boldsymbol{x}^*,\boldsymbol{\lambda}^*)$是非线性方程组(4.93)的解.现在用 Newton 法求解(4.93).为此在$(\boldsymbol{x},\boldsymbol{\lambda})$处将(4.93)线性化，得

$$\nabla_x L(\boldsymbol{x},\boldsymbol{\lambda})+(\nabla_x^2 L(\boldsymbol{x},\boldsymbol{\lambda}),-\boldsymbol{N})\begin{pmatrix}\boldsymbol{x}'-\boldsymbol{x}\\ \boldsymbol{\lambda}'-\boldsymbol{\lambda}\end{pmatrix}=\mathbf{0},$$

$$\boldsymbol{c}(\boldsymbol{x})+\boldsymbol{N}^{\mathrm{T}}(\boldsymbol{x}'-\boldsymbol{x})=\mathbf{0}.$$

前式可化为

$$\nabla f(\boldsymbol{x})-\boldsymbol{N}\boldsymbol{\lambda}'+\nabla_x^2 L(\boldsymbol{x},\boldsymbol{\lambda})(\boldsymbol{x}'-\boldsymbol{x})=\mathbf{0}.$$

令 $\boldsymbol{d}=\boldsymbol{x}'-\boldsymbol{x}$，则

$$\boldsymbol{c}(\boldsymbol{x})+\boldsymbol{N}^{\mathrm{T}}\boldsymbol{d}=\mathbf{0},$$

$$\nabla f(\boldsymbol{x})-\boldsymbol{N}\boldsymbol{\lambda}'+\nabla_x^2 L(\boldsymbol{x},\boldsymbol{\lambda})\boldsymbol{d}=\mathbf{0}.$$

又可写成

$$\begin{pmatrix}\nabla_x^2 L(\boldsymbol{x},\boldsymbol{\lambda}) & -\boldsymbol{N}\\ \boldsymbol{N}^{\mathrm{T}} & \mathbf{0}\end{pmatrix}\begin{pmatrix}\boldsymbol{d}\\ \boldsymbol{\lambda}'\end{pmatrix}=\begin{pmatrix}-\nabla f(\boldsymbol{x})\\ -\boldsymbol{c}(\boldsymbol{x})\end{pmatrix}, \tag{4.94}$$

解出 $\boldsymbol{d}$ 和 $\boldsymbol{\lambda}'$，得到$(\boldsymbol{x}^*,\boldsymbol{\lambda}^*)$的一个新的逼近：

$$\boldsymbol{x}'=\boldsymbol{x}+\boldsymbol{d} \text{ 和 } \boldsymbol{\lambda}'.$$

从(4.94)可以看出，$\boldsymbol{d}$ 与 $\boldsymbol{\lambda}'$ 无关.

若在 $\boldsymbol{x}^*$ 处最优性二阶充分条件成立，即对满足 $\boldsymbol{N}^{*\mathrm{T}}\boldsymbol{s}=0$ 的任意 $\boldsymbol{s}\neq\mathbf{0}$ 有

$$\boldsymbol{s}^{\mathrm{T}}\nabla_x^2 L(\boldsymbol{x}^*,\boldsymbol{\lambda}^*)\boldsymbol{s}>0,$$

则由引理 4.2.5，当 r 充分小时，有

$$\nabla_x^2 L(\boldsymbol{x}^*,\boldsymbol{\lambda}^*)+\frac{1}{2r}\boldsymbol{N}^*\boldsymbol{N}^{*\mathrm{T}}$$

正定，记

$$\boldsymbol{B}=\nabla_x^2 L(\boldsymbol{x},\boldsymbol{\lambda})+\frac{1}{2r}\boldsymbol{N}\boldsymbol{N}^{\mathrm{T}},$$

则当$(\boldsymbol{x},\boldsymbol{\lambda})$充分接近$(\boldsymbol{x}^*,\boldsymbol{\lambda}^*)$时，矩阵 $\boldsymbol{B}$ 正定.

可以直接验证，当 $\boldsymbol{d}$ 满足(4.94)时，$\boldsymbol{d}$ 也满足

$$\begin{pmatrix}\boldsymbol{B} & -\boldsymbol{N}\\ \boldsymbol{N}^{\mathrm{T}} & \mathbf{0}\end{pmatrix}\begin{pmatrix}\boldsymbol{d}\\ \boldsymbol{\lambda}'-\frac{1}{2r}\boldsymbol{N}^{\mathrm{T}}\boldsymbol{d}\end{pmatrix}=\begin{pmatrix}-\nabla f(\boldsymbol{x})\\ -\boldsymbol{c}(\boldsymbol{x})\end{pmatrix},$$

或写成

$$\begin{pmatrix} \boldsymbol{B} & -\boldsymbol{N} \\ \boldsymbol{N}^{\mathrm{T}} & \boldsymbol{0} \end{pmatrix}\begin{pmatrix} \boldsymbol{d} \\ \boldsymbol{\lambda}'' \end{pmatrix} = -\begin{pmatrix} \nabla f(\boldsymbol{x}) \\ \boldsymbol{c}(\boldsymbol{x}) \end{pmatrix}, \tag{4.95}$$

其中　$\boldsymbol{\lambda}'' = \boldsymbol{\lambda}' - \frac{1}{2r}\boldsymbol{N}^{\mathrm{T}}\boldsymbol{d}$,

反之亦然.因此关于 $\boldsymbol{d}$,式(4.95)与式(4.94)等价,故以 $\boldsymbol{B}$ 代替$\nabla_x^2 L$ 后可以保持$\boldsymbol{B}$ 正定,而不失 Newton 法的二阶收敛的优点.还可以看出,$\boldsymbol{d}$ 不依赖于 r.

式(4.95)不便于推广到不等式约束问题,为此我们证明求解方程组(4.95)等价于求解某个二次规划问题.这是从等式约束过渡到不等式约束的关键.

定理 4.4.4　设 $\boldsymbol{B}_{n\times n}$为正定矩阵,$\boldsymbol{N}_{n\times m}$列满秩,则 $\boldsymbol{d}$ 满足方程组(4.95)当且仅当 $\boldsymbol{d}$ 为二次规划问题

$$\begin{aligned} \min\ & q(\boldsymbol{d}) = \boldsymbol{d}^{\mathrm{T}}\nabla f(\boldsymbol{x}) + \frac{1}{2}\boldsymbol{d}^{\mathrm{T}}\boldsymbol{B}\boldsymbol{d}, \\ \text{s.t.}\ & \boldsymbol{c}(\boldsymbol{x}) + N^{\mathrm{T}}\boldsymbol{d} = \boldsymbol{0} \end{aligned} \tag{4.96}$$

的极小点.

证　设 $\boldsymbol{d}^*$ 为(4.96)的解,因 $\boldsymbol{N}$ 为列满秩,所以由 KT 条件,存在乘子 $\boldsymbol{\lambda}^*$,使

$$\nabla f(\boldsymbol{x}) + B\boldsymbol{d}^* - N\boldsymbol{\lambda}^* = \boldsymbol{0},$$

再由问题(4.96)的约束条件知,$(\boldsymbol{d}^*, \boldsymbol{\lambda}^*)$为方程组(4.95)的解.

反之,因 $\boldsymbol{B}$ 正定,$\boldsymbol{N}$ 列满秩,故矩阵

$$\begin{pmatrix} \boldsymbol{B} & -\boldsymbol{N} \\ \boldsymbol{N}^{\mathrm{T}} & \boldsymbol{0} \end{pmatrix}$$

满秩,所以方程组(4.95)有唯一解,设为$(\boldsymbol{d}^*, \boldsymbol{\lambda}^*)$,则由定理 4.4.1 知,$\boldsymbol{d}^*$ 为问题(4.96)的最优解,$\boldsymbol{\lambda}^*$ 为相应的 Lagrange 乘子向量. □

由定理 4.4.4 知,用 Newton 法求解等式约束问题的 KT 条件,可以通过每一步求解一个二次规划问题的解来实现.与无约束优化方法类似,我们用二次规划来逼近原来的问题,其约束函数为原约束的线性逼近,而二次目标函数的 Hesse 阵,则或者是 Lagrange 函数的 Hesse 阵,或者是它的一个正定逼近.同时,为了能达到整体收敛,采用某种线性搜

索方法确定步长.这样,我们就构造出一般约束优化问题(4.1):

$$\begin{aligned}&\min f(\boldsymbol{x}),\boldsymbol{x}\in\mathbf{R}^n,\\&\text{s.t.}\quad c_i(\boldsymbol{x})=0,\quad i\in E=\{1,\cdots,l\},\\&\qquad\quad c_i(\boldsymbol{x})\geqslant 0,\quad i\in I=\{l+1,\cdots,m\}\end{aligned}$$

的变尺度算法模型.后面再详细研究它的具体实现和改进,这正是 Han 和 Powell 所做的工作.

约束变尺度算法模型:

Step 1 选定初始点 $\boldsymbol{x}_0$,初始正定阵 $\boldsymbol{B}_0$,令 $k=0$.

Step 2 求解二次规划问题 $Q(\boldsymbol{x}_k,\boldsymbol{B}_k)$:

$$\begin{aligned}&\min \nabla f(\boldsymbol{x}_k)^{\mathrm{T}}\boldsymbol{d}+\frac{1}{2}\boldsymbol{d}^{\mathrm{T}}\boldsymbol{B}_k\boldsymbol{d},\\&\text{s.t.}\quad c_i(\boldsymbol{x}_k)+\boldsymbol{d}^{\mathrm{T}}\nabla c_i(\boldsymbol{x}_k)=0,\quad i\in E,\\&\qquad\quad c_i(\boldsymbol{x}_k)+\boldsymbol{d}^{\mathrm{T}}\nabla c_i(\boldsymbol{x}_k)\geqslant 0,\quad i\in I,\end{aligned}\tag{4.97}$$

得解 $\boldsymbol{d}_k$.

Step 3 令 $\boldsymbol{x}_{k+1}=\boldsymbol{x}_k+\alpha_k\boldsymbol{d}_k$,其中步长 α_k 由某种线性搜索确定.

Step 4 修正 $\boldsymbol{B}_k$ 使 $\boldsymbol{B}_{k+1}$ 保持正定.令 $k=k+1$,转 Step 2.

在上述算法模型中,当 $E=I=\varnothing$ 时,即为无约束变尺度法的格式,因此它是将无约束变尺度法推广到约束问题的迭代格式,因此称它为约束变尺度法.现在来讨论约束变尺度法的实现,主要有以下三个问题,分述如下.

2 效益函数

在无约束变尺度法中,通过对目标函数的线性搜索而确定步长 α_k,使无约束变尺度法具有整体收敛性质.但是对于约束问题,仅仅考虑目标函数的下降就不够了,还要使迭代点越来越接近可行域.因而通常要建立一种既包含目标函数信息又包含约束条件信息在内的函数作为线性搜索的辅助函数,我们称这种函数为效益函数(Merit function).1977 年 Han(韩世平)提出用如下 l_1 精确罚函数作为效益函数:

$$W(\boldsymbol{x},\boldsymbol{\mu})=f(\boldsymbol{x})+\sum_{i\in E}\mu_i|c_i(\boldsymbol{x})|+\sum_{i\in I}\mu_i\max[0,-c_i(\boldsymbol{x})].\tag{4.98}$$

在线性搜索中，使 W 值下降，相当于兼顾了 $f(\boldsymbol{x})$ 的下降和违反约束的程度的降低.两者的轻重以系数 μ_i 加以调节.在同一年 Powell 提出一个自动调节 μ_i 的公式，并且保证 $W(\boldsymbol{x},\boldsymbol{\mu})$ 沿 $\boldsymbol{d}_k$ 是局部下降的.

3　μ_i 的选取与步长 α_k 的确定

Powell 对 μ_i 的自动调节公式如下.

设 λ_k 为二次规划(4.97)的最优乘子向量，则在第 k 次迭代取

$$\mu_i^{(k)}=\begin{cases}|\lambda_i^{(k)}|, & k=1,\\ \max\left[|\lambda_i^{(k)}|,\dfrac{1}{2}(\mu_i^{k-1}+|\lambda_i^{(k)}|)\right], & k\geqslant 2.\end{cases}\tag{4.99}$$

理论上可以证明，这样选取的 μ_i 值，使 $\boldsymbol{d}_k$ 为 $W(\boldsymbol{x},\boldsymbol{\mu})$ 的下降方向，因而总能找到 $\alpha_k>0$，使

$$W(\boldsymbol{x}_k+\alpha_k\boldsymbol{d}_k,\boldsymbol{\mu}_k)<W(\boldsymbol{x}_k,\boldsymbol{\mu}_k).\tag{4.100}$$

线性搜索可采用二次插值法，令

$$\varphi(\alpha)=W(\boldsymbol{x}_k+\alpha\boldsymbol{d}_k,\boldsymbol{\mu}_k),$$

$$\delta=\begin{cases}\varphi'(0), & \text{当 }\varphi'(\alpha)\text{在}(0,1)\text{内连续时},\\ \varphi(1)-\varphi(0), & \text{其他情形}.\end{cases}$$

Step 1　取初始步长 $\alpha=1$.

Step 2　若 $\varphi(\alpha)\leqslant\varphi(0)+0.1\delta\alpha$，则 $\alpha_k=\alpha$，停；否则转 Step 3.

Sfep 3　计算

$$\bar{\alpha}=\frac{\delta\alpha^2}{2[\delta\lambda+\varphi(0)-\varphi(\alpha)]},$$

令 $\alpha=\max(\alpha,\bar{\alpha})$，转 Step 2.

4　矩阵 B_k 的修正

由于无约束变尺度法中 BFGS 算法的数值结果最好，故我们选用 BFGS 公式进行修正，并做一些修改.为书写简便，下面省去下标 k，以“+”表示 $k+1$.

令　$$L(\boldsymbol{x},\boldsymbol{\lambda})=f(\boldsymbol{x})-\sum_{i=1}^{m}\lambda_i c_i(\boldsymbol{x}),$$

其中 λ_i 为二次规划(4.97)最优乘子，记

$$\boldsymbol{s}=\boldsymbol{x}_{+}-\boldsymbol{x},$$
$$\boldsymbol{y}=\nabla_{x}L(\boldsymbol{x}+\boldsymbol{s},\boldsymbol{\lambda})-\nabla_{x}L(\boldsymbol{x},\boldsymbol{\lambda}),$$

其中 $\boldsymbol{x}_{+}$ 表示 $\boldsymbol{x}_{k+1}$，$\boldsymbol{x}$ 表示 $\boldsymbol{x}_{k}$. 为保持 $\boldsymbol{B}_{+}$ 的正定性，要求 $\boldsymbol{y}^{\mathrm{T}}\boldsymbol{s}>0$（见第 3 章无约束变尺度法）. 但现在线性搜索是对 $W(\boldsymbol{x},\boldsymbol{\mu})$ 进行，而不是对 $L(\boldsymbol{x},\boldsymbol{\lambda})$ 做的，因此未必有 $\boldsymbol{y}^{\mathrm{T}}\boldsymbol{s}>0$. 为此，用

$$\boldsymbol{z}=\theta\boldsymbol{y}+(1-\theta)\boldsymbol{B}\boldsymbol{s},\quad \theta\in[0,1],\tag{4.101}$$

其中

$$\theta=\begin{cases}1, & \text{当 } \boldsymbol{y}^{\mathrm{T}}\boldsymbol{s}\geqslant 0.2\boldsymbol{s}^{\mathrm{T}}\boldsymbol{B}\boldsymbol{s} \text{ 时},\\ \dfrac{0.8\boldsymbol{s}^{\mathrm{T}}\boldsymbol{B}\boldsymbol{s}}{\boldsymbol{s}^{\mathrm{T}}\boldsymbol{B}\boldsymbol{s}-\boldsymbol{y}^{\mathrm{T}}\boldsymbol{s}}, & \text{当 } \boldsymbol{y}^{\mathrm{T}}\boldsymbol{s}<0.2\boldsymbol{s}^{\mathrm{T}}\boldsymbol{B}\boldsymbol{s} \text{ 时},\end{cases}\tag{4.102}$$

$\boldsymbol{B}$ 的修正公式为

$$\boldsymbol{B}_{+}=\boldsymbol{B}-\frac{\boldsymbol{B}\boldsymbol{s}\boldsymbol{s}^{\mathrm{T}}\boldsymbol{B}}{\boldsymbol{s}^{\mathrm{T}}\boldsymbol{B}\boldsymbol{s}}+\frac{\boldsymbol{z}\boldsymbol{z}^{\mathrm{T}}}{\boldsymbol{z}^{\mathrm{T}}\boldsymbol{s}},\tag{4.103}$$

其中 $\boldsymbol{B}_{+}$ 表示 $\boldsymbol{B}_{k+1}$，$\boldsymbol{B}$ 表示 $\boldsymbol{B}_{k}$，由式(4.101)和式(4.102)，有 $\boldsymbol{z}^{\mathrm{T}}\boldsymbol{s}\geqslant 0.2\boldsymbol{s}^{\mathrm{T}}\boldsymbol{B}\boldsymbol{s}$，当 $\boldsymbol{B}$ 正定时，$\boldsymbol{z}^{\mathrm{T}}\boldsymbol{s}\geqslant 0.2\boldsymbol{s}^{\mathrm{T}}\boldsymbol{B}\boldsymbol{s}>0$，从而保持 $\boldsymbol{B}_{+}$ 正定. 这就是 Powell 所采用的修正公式.

5　算法 4.4.2　约束变尺度法——WHP 法

Step 1　选定初始点 $\boldsymbol{x}_0$，初始正定矩阵 $\boldsymbol{B}_0$. 给定控制误差 $\varepsilon>0$，令 $k=0$.

Step 2　求解二次规划(4.97)，得 $\boldsymbol{d}_k$ 及相应乘子 $\boldsymbol{\lambda}_k$，转 Step 3.

Step 3　按公式(4.99)求 μ_k，并代入效益函数(4.98)，按上段二次插值法进行线性搜索得 α_k，令

$$\boldsymbol{x}_{k+1}=\boldsymbol{x}_k+\alpha_k\boldsymbol{d}_k.$$

Step 4　计算 $\boldsymbol{s}_k=\boldsymbol{x}_{k+1}-\boldsymbol{x}_k$，当 $\|\boldsymbol{s}_k\|<\varepsilon$ 时，则 $\boldsymbol{x}_{k+1}$ 为近似最优解，停；否则计算 $\boldsymbol{y}_k=\nabla_x L(\boldsymbol{x}_{k+1},\boldsymbol{\lambda}_k)-\nabla_x L(\boldsymbol{x}_k,\boldsymbol{\lambda}_k)$，再按式(4.101)，式(4.102)求 $\boldsymbol{z}_k$，代入式(4.103)得 $\boldsymbol{B}_{k+1}$. 令 $k=k+1$，转 Step 2.

6　收敛性

关于约束变尺度法的收敛性，Han 证明了以下整体收敛性定理.

定理 4.4.5　若

(i) $f(\boldsymbol{x})$与 $c_i(\boldsymbol{x})(i=1,2,\cdots,m)$为连续可微函数；

(ii) 存在 $\alpha,\beta>0$,使对每个 k 与任何 $\boldsymbol{x}\in\mathbf{R}^n$,有

$$\alpha\boldsymbol{x}^{\mathrm{T}}\boldsymbol{x}\leqslant\boldsymbol{x}^{\mathrm{T}}\boldsymbol{B}_k\boldsymbol{x}\leqslant\beta\boldsymbol{x}^{\mathrm{T}}\boldsymbol{x};$$

(iii) 对每个 k,二次规划(4.97)存在一个 KT 点,其相应的 Lagrange乘子向量 $\boldsymbol{\lambda}_k$ 满足：

$$|(\boldsymbol{\lambda}_k)_i|\leqslant\mu_i,\quad i=1,\cdots,m,$$

则由约束变尺度 WHP 法产生的点列$\{\boldsymbol{x}_k\}$,或者在(4.1)的一个 KT 点终止,或者任何使

$$s(\bar{\boldsymbol{x}})=\{\boldsymbol{d}\mid c_i(\bar{\boldsymbol{x}})+\boldsymbol{d}^{\mathrm{T}}\nabla c_i(\bar{\boldsymbol{x}})=0,\quad i\in E;$$
$$c_i(\bar{\boldsymbol{x}})+\boldsymbol{d}^{\mathrm{T}}\nabla c_i(\bar{\boldsymbol{x}})>0,\quad i\in I\}$$

非空的聚点 $\bar{\boldsymbol{x}}$ 为(4.1)的一个 KT 点.

定理的证明从略.

关于约束变尺度法的收敛速度,在一定条件下,可以证明算法是超线性收敛的.大量的数值试验表明,在维数不太高时,比如 $n\leqslant50$,以函数与梯度计算次数为度量,该方法优于所有其他约束优化方法,成为目前非线性约束优化问题最好的算法之一.

对约束变尺度法改进的研究,近年来进行了不少工作,主要集中在三个方面:一是搜索方向的确定,包括形成不同的二次规划子问题或化为无约束问题;二是效益函数的选取和步长的确定;三是关于矩阵 $\boldsymbol{B}_k$ 的修正.可以说这些工作已形成约束优化研究最活跃的领域之一.

习 题

4.1 设 C 为以原点为顶点的凸锥,试证:对任意 $\boldsymbol{x}_i\in C,i=1,2,\cdots,r,\quad r\geqslant2$,恒有

$$\sum_{i=1}^{r}\alpha_i\boldsymbol{x}_i\in C,\alpha_i\geqslant0,\quad i=1,\cdots,r.$$

4.2 给定三个向量 $\boldsymbol{a}_1=(1,2)^{\mathrm{T}},\boldsymbol{a}_2=(3,1)^{\mathrm{T}},\boldsymbol{a}_3=(1,-1)^{\mathrm{T}}$.

(1)画出集合：

$$K=\{\boldsymbol{x}\in\mathbf{R}^2\mid\boldsymbol{a}_i^{\mathrm{T}}\boldsymbol{x}\leqslant0,\quad i=1,2,3\},$$

$B=\{\boldsymbol{b}\in\mathbf{R}^2 \mid \boldsymbol{b}^{\mathrm{T}}\boldsymbol{x}\leqslant 0,\quad \forall\, \boldsymbol{x}\in K\}$;

(2)试将 $\boldsymbol{b}_0=(2,0)^{\mathrm{T}}$ 表示为 $\boldsymbol{a}_1,\boldsymbol{a}_2,\boldsymbol{a}_3$ 的非负线性组合，并写出其系数的变化范围.

4.3　设 $\boldsymbol{a}_1=(4,1)^{\mathrm{T}},\boldsymbol{a}_2=(1,4)^{\mathrm{T}},\boldsymbol{b}_1=(4,2)^{\mathrm{T}},\boldsymbol{b}_2=(4,0)^{\mathrm{T}}$

(1)试用 Farkas 引理说明：凡满足不等式组

$$\boldsymbol{a}_1^{\mathrm{T}}\boldsymbol{p}\geqslant 0,\quad \boldsymbol{a}_2^{\mathrm{T}}\boldsymbol{p}\geqslant 0$$

的向量 $\boldsymbol{p}$ 必定满足 $\boldsymbol{b}_1^{\mathrm{T}}\boldsymbol{p}\geqslant 0$，并写出同时满足上述三个不等式的所有向量 $\boldsymbol{p}$ 的表达式；

(2)　试用 Farkas 引理说明：至少存在一个向量 $\tilde{\boldsymbol{p}}$ 满足

$$\boldsymbol{a}_1^{\mathrm{T}}\tilde{\boldsymbol{p}}\geqslant 0,\quad \boldsymbol{a}_2^{\mathrm{T}}\tilde{\boldsymbol{p}}\geqslant 0,\quad \boldsymbol{b}_2^{\mathrm{T}}\tilde{\boldsymbol{p}}<0,$$

并写出这个向量 $\tilde{\boldsymbol{p}}$ 的各个分量.

4.4　求下列约束问题的 KT 点：

(1)　$\min\ (4x_1-3x_2)$,

$$\begin{aligned}\text{s.t.}\quad & 4-x_1-x_2\geqslant 0,\\ & x_2+7\geqslant 0,\\ & -(x_1-3)^2+x_2+1\geqslant 0;\end{aligned}$$

(2)　$\min\ [(x_1+x_2)^2+2x_1+x_2^2]$,

$$\begin{aligned}\text{s.t.}\quad & x_1+3x_2\leqslant 4,\\ & 2x_1+x_2\leqslant 3,\\ & x_1,x_2\geqslant 0;\end{aligned}$$

(3)　$\min\ (x_1-x_2+x_3)^2$,

$$\begin{aligned}\text{s.t.}\quad & x_1+2x_2-x_3=5,\\ & x_1-x_2-x_3=-1.\end{aligned}$$

4.5　用一阶最优性条件，确定问题：

$$\begin{aligned}&\min\ [(x_1+1)^2+(x_2-1)^2],\\ &\text{s.t.}\quad (x_1-1)(4-x_1^{\,2}-x_2^{\,2})\geqslant 0,\\ &\qquad\quad 100-2x_1^{\,2}-x_2^{\,2}\geqslant 0,\\ &\qquad\quad x_2-\frac{1}{2}=0\end{aligned}$$

的局部极小点.

4.6 设问题:

$$\min f(\boldsymbol{x}) = \sum_{j=1}^{n} f_j(x_j),$$
$$\text{s.t.} \quad x_j \geqslant 0, \quad j = 1, \cdots, n,$$
$$\sum_{j=1}^{n} x_j = 1,$$

其中 f_j 是可微函数.试证:若 $\boldsymbol{x}^*$ 是问题的最优解,则存在实数 μ^*,使得

$$f_j'(x_j^*) = \mu^*, \quad x_j^* > 0,$$
$$f_j'(x_j^*) \geqslant \mu^*, \quad x_j^* = 0,$$

其中上标"′"表示微商.

4.7 试用罚函数法求解下列约束问题:

(1) $\min f(\boldsymbol{x}) = \frac{3}{2}x_1^2 + x_2^2 + \frac{1}{2}x_3^2 - x_1x_2 - x_2x_3 + x_1 + x_2 + x_3,$

$$\text{s.t.} \quad x_1 + 2x_2 + x_3 - 4 = 0;$$

(2) $\min f(\boldsymbol{x}) = x_1^2 + 4x_2^2,$

$$\text{s.t.} \quad x_1 - x_2 \leqslant 1,$$
$$x_1 + x_2 \geqslant 1,$$
$$x_2 \leqslant 1.$$

4.8 考虑约束问题:

$$\min f(x) = x^2, x \in \mathbf{R},$$
$$\text{s.t.} \quad x - 1 = 0.$$

已知最优解 $x^* = 1$,增广目标函数

$$P(x, \sigma) = x^2 + \frac{\sigma}{2}(x - 1)^2.$$

(1)对 $\sigma = 1$ 和 $\sigma = 4$ 画出 $P(x, \sigma)$的图形;

(2)验证无约束问题

$$\min P(x, \sigma)$$

无整体最优解,但有局部最优解,试对任给 $\sigma > 0$ 推导出局部最优解的

解析式；

(3)求约束问题

$$\min\ P(x,\sigma),$$
$$\text{s.t.}\quad |\boldsymbol{x}|\leqslant 2$$

的整体最优解 $\bar{\boldsymbol{x}}(\sigma)$,并验证 $\lim\limits_{\sigma\to\infty}\bar{\boldsymbol{x}}(\sigma)=\boldsymbol{x}^*$.

4.9 用乘子法求解：

(1) $\min f(\boldsymbol{x})=x_1^2+2x_2^2,$

$\text{s.t.}\quad x_1+x_2\geqslant 1;$

(2) $\min f(\boldsymbol{x})=x_1^2+x_1x_2+x_2^2,$

$\text{s.t.}\quad x_1+2x_2=4.$

4.10 用乘子法求解二次规划：

$$\min\ (\frac{1}{2}\boldsymbol{x}^{\mathrm{T}}\boldsymbol{Q}\boldsymbol{x}+\alpha\boldsymbol{b}^{\mathrm{T}}\boldsymbol{x}),$$
$$\text{s.t.}\quad \boldsymbol{b}^{\mathrm{T}}\boldsymbol{x}=0,$$

其中 $\boldsymbol{Q}$ 为非奇异对称矩阵,且对所有满足 $\boldsymbol{b}^{\mathrm{T}}\boldsymbol{x}=0$ 的 $\boldsymbol{x}\neq\boldsymbol{0}$, $\boldsymbol{x}^{\mathrm{T}}\boldsymbol{Q}\boldsymbol{x}>0$,取初始乘子估计 $\lambda_0=0$,试证当

$$|1+\sigma\boldsymbol{b}^{\mathrm{T}}Q^{-1}\boldsymbol{b}|>1$$

时,乘子法产生的点列 $\{\boldsymbol{x}_k\}$ 收敛于最优解 $\boldsymbol{x}^*=\boldsymbol{0}$.

4.11 用乘子法求解约束问题：

$$\min\ [(x_1-2)^4+(x_1-2x_2)^2],$$
$$\text{s.t.}\quad x_1^2-x_2\leqslant 0.$$

4.12 用混合罚函数法求解约束问题：

$$\min\ (\mathrm{e}^{x_1}-x_1x_2+x_2^2),$$
$$\text{s.t.}\quad x_1^2+x_2^2=4,$$
$$2x_1+x_2\leqslant 2.$$

4.13 用投影梯度法求解约束问题：

(1) $\min f(\boldsymbol{x})=(x_1-2)^2+(x_2-1)^2,$

$\text{s.t.}\quad x_1^2-x_2\leqslant 0,$

$x_1-2x_2+1=0;$

(2)　$\min f(\boldsymbol{x})=(1-x_1)^2-10(x_2-x_1)^2+x_1{}^2-2x_1x_2+\mathrm{e}^{-x_1-x_2}$,

$$\begin{aligned}\text{s.t.}\quad & 2x_1+5x_2\leqslant 25,\\ & -x_1+2x_2\leqslant 8,\\ & x_1,x_2\geqslant 0.\end{aligned}$$

4.14　用简约梯度法求解约束问题:

(1)　$\min f(\boldsymbol{x})=x_1{}^2+x_1x_2+2x_2{}^2-6x_1-14x_2$,

$$\begin{aligned}\text{s.t.}\quad & x_1+x_2+x_3=2,\\ & -x_1+2x_2\leqslant 3,\\ & x_1,x_2,x_3\geqslant 0;\end{aligned}$$

(2)　$\min\left[(x_1-1)^2+(x_2-2)^2+(x_3-3)^2+(x_4-4)^2\right]$,

$$\begin{aligned}\text{s.t.}\quad & 3x_1+3x_2+2x_3+x_4\leqslant 10,\\ & x_1+x_2+x_3+x_4\leqslant 5,\\ & x_1,x_2,x_3,x_4,x_5\geqslant 0,\end{aligned}$$

取初始点 $\boldsymbol{x}_1=\left(\frac{1}{2},1,\frac{3}{2},2\right)^{\mathrm{T}}$.

4.15　用 GRG 法求解约束问题:

(1)　$\min\ (x_1{}^2+2x_1x_2+x_2{}^2+12x_1-4x_2)$,

$$\begin{aligned}\text{s.t.}\quad & x_1{}^2-x_2=0,\\ & 1\leqslant x_1\leqslant 3,\\ & 1\leqslant x_2\leqslant 3;\end{aligned}$$

(2)　$\min\ (x_1{}^2+2x_1x_2+x_2{}^2+12x_1-4x_2)$,

$$\begin{aligned}\text{s.t.}\quad & x_1{}^2+x_2{}^2\leqslant 4,\\ & 1\leqslant x_1\leqslant 3,\\ & 1\leqslant x_2\leqslant 3.\end{aligned}$$

4.16　解下列二次规划问题:

(1)　$\min f(\boldsymbol{x})=2x_1{}^2-4x_1x_2+4x_2{}^2-6x_1-3x_2$,

$$\begin{aligned}\text{s.t.}\quad & x_1+x_2\leqslant 3,\\ & 4x_1+x_2\leqslant 0,\end{aligned}$$

$x_1, x_2 \geqslant 0;$

(2) $\min f(\boldsymbol{x}) = \frac{1}{2}\boldsymbol{x}^{\mathrm{T}}\begin{pmatrix} 3 & -1 & 2 \\ -1 & 2 & 0 \\ 2 & 0 & 4 \end{pmatrix}\boldsymbol{x} + (1, -3, -2)\boldsymbol{x},$

s.t. $3x_1 - 2x_2 + 5x_3 \leqslant 4,$

$-2x_1 + 3x_2 + 2x_3 \leqslant 3,$

$\boldsymbol{x} = (x_1, x_2, x_3)^{\mathrm{T}} \geqslant 0.$

4.17 求解下列二次规划：

(1) $\min (5x_1 + 6x_2 - 12x_3 + 2x_1^2 + 4x_2^2 + 6x_3^2 - 2x_1x_2 - 6x_1x_3 + 8x_2x_3),$

s.t. $5x_1 + 2x_2 + x_3 \geqslant 6,$

$x_1 + x_2 + x_3 \leqslant 16,$

$-x_1 + 2x_2 \leqslant 4,$

$x_1, x_2, x_3 \geqslant 0;$

(2) $\min [-(x_1 - 2)^2 - (x_2 - 1)^2],$

s.t. $-x_1 + x_2 \leqslant 4,$

$2x_1 + x_2 \leqslant 12,$

$3x_1 - x_2 \leqslant 12,$

$x_1, x_2 \geqslant 0,$

取初始点 $\boldsymbol{x}_1 = (4,4)^{\mathrm{T}}$.

4.18 用步长为 1 的 WHP 法求解问题：

$\min f(\boldsymbol{x}) = x_1 x_2^2,$

s.t. $x_1^2 + x_2^2 = 2,$

取初始点 $\boldsymbol{x}_1 = (-2, -2)^{\mathrm{T}}$，初始矩阵 $\boldsymbol{B}_1 = \boldsymbol{I}$.

4.19 用 WHP 法求解约束问题：

$\min f(\boldsymbol{x}) = (x_1 - 2)^4 + (x_1 - 2x_2)^2,$

s.t. $x_1^2 - x_2 \leqslant 0,$

取初始点，$\boldsymbol{x}_1 = (2,1)^{\mathrm{T}}$，初始矩阵 $\boldsymbol{B}_1 = \boldsymbol{I}$.

4.20　用 WHP 法求解问题:

$$\min f(\boldsymbol{x}) = x_1 + x_2,$$

$$\text{s.t.}\quad x_2 - x_1^2 \geqslant 0,$$

取初始点 $\boldsymbol{x}_1 = (0,0)^{\mathrm{T}}$.

(1)　$\boldsymbol{B}_1 = \boldsymbol{I}$(用算法 4.4.2);

(2)　令 $\boldsymbol{B}_k = \nabla_x^2 L(\boldsymbol{x}_k, \boldsymbol{\lambda}_k)$,并取 $\lambda_1 = 1$.

第 5 章　多目标最优化方法

5.1　多目标最优化问题的数学模型及其分类

前几章讲述的都是具有单一目标的最优化问题,也叫数值最优化问题.但在实践中,人们更多地会遇到同时追求多个目标(标准)的最优化问题.例如,设计一个新产品,人们总希望在一定条件下,能选择同时具有质量好、产量高和利润大的方案.这类在给定条件下,同时要求多个目标都尽可能好的最优化问题,称为多目标最优化问题.研究多目标最优化问题的学科称为多目标最优化或多目标规划,它是数学规划的一个重要分支.其理论和方法,在经济规划、计划管理、金融决策、工程设计、城市与工农业规划、卫生保健和军事科学等领域中有着广泛的应用.在经济学、对策论、系统工程和控制论等学科的研究中,也常常要涉及多目标最优化问题.

在本章中,我们首先通过实际问题来建立它的数学模型及分类,其次给出有关解的定义,并讨论各种解之间的关系,最后用比较多的篇幅来讲述几大类基本的求解方法.读者如要学习更详细、更深入的内容可参阅文献[20]~[23].

5.1.1　多目标最优化问题

例 5.1.1　梁的设计问题.

设用直径为 d 的圆木加工成截面为矩形的梁,为使强度最大而成本最低,问应如何设计梁的尺寸?

解　设梁的矩形截面的宽和高分别为 x_1 和 x_2,则梁的截面面积为 x_1x_2.为使成本最低,应要求一定长度的梁重量最轻,即截面积最小;而梁的强度由材料力学知,取决于截面的惯性矩 $\frac{1}{6}x_1x_2^2$.因此,根据题意，梁的最优设计归结为下述两个目标的最优化问题：

$$\max \frac{1}{6}x_1 x_2^2,$$

$$\min x_1 x_2,$$

$$\text{s.t.}\quad x_1^2 + x_2^2 = d^2,$$

$$x_1, x_2 \geqslant 0.$$

例 5.1.2　生产计划问题.

某工厂生产 $n(\geqslant 2)$ 种产品，已知该厂生产第 i 种产品($i=1,2,\cdots,n$)的生产能力为 a_i t/h，生产 1 t 第 i 种产品可获利润 α_i 元.预测下月第 i 种产品的最大销售量为 b_i t，而且需要尽可能多的第 1 种产品，工厂下月的开工工时能力为 T h.问应如何安排下月的生产计划，在避免开工不足的条件下，使

(1)工人加班时间尽量少；

(2)工厂获得最大利润；

(3)满足市场对第 1 种产品尽可能多的需求？

解　设下月用 x_i h 生产第 i 种产品，则按题意可建立三个目标的最优化问题如下：

$$\min \left(\sum_{i=1}^{n} x_i - T\right),$$

$$\max \sum_{i=1}^{n} \alpha_i a_i x_i,$$

$$\max a_1 x_1,$$

$$\text{s.t.}\quad \sum_{i=1}^{n} x_i - T \geqslant 0,$$

$$b_i - a_i x_i \geqslant 0,\qquad i=1,2,\cdots,n,$$

$$x_i \geqslant 0.$$

例 5.1.3　投资决策问题.

某投资发展公司拥有总资金 A 万元，今有 $n(\geqslant 2)$ 个项目可供投资选择.设投资第 i 个项目($i=1,2,\cdots,n$)需用资金 a_i 万元，预测可获利润 b_i 万元.问应如何决策投资方案？

解 一个好的投资方案应是投资少而收益大.设决策变量为

$$x_i=\begin{cases}1, & 当投资第\ i\ 个项目时,\\ 0, & 当不投资第\ i\ 个项目时,\end{cases}\qquad i=1,2,\cdots,n,$$

通常称此种变量为 0-1 变量,则按题意可建立如下双目标的最优化问题:

$$\min \sum_{i=1}^{n} a_i x_i ,$$

$$\max \sum_{i=1}^{n} b_i x_i ,$$

$$\text{s.t.}\quad A-\sum_{i=1}^{n} a_i x_i \geqslant 0,$$

$$x_i(x_i-1)=0,\qquad i=1,2,\cdots,n.$$

显然 n 个约束条件:$x_i(x_i-1)=0\ (i=1,2,\cdots,n)$是针对 0-1 决策变量给出的.

类似上述要考虑多个目标的最优化问题的例子不胜枚举,说明在广泛的领域中存在大量的多目标最优化问题,需要我们在最优化的理论和方法研究中予以充分的重视,以满足社会主义现代化建设的迫切需要.

5.1.2 多目标最优化问题的数学模型及其分类

1 一般多目标最优化问题的数学模型

分析上述三个实际问题的数学结构,都属于同一模式,即在一定限制条件下,考虑多于一个数值目标函数的最优化问题.如果抛开这些例子中各量的实际意义,而仅仅考虑这些量在问题中所起的作用及它们间的关系,则可以从这些问题中归纳出共同的模式:

$$\begin{aligned}&\min f_1(x_1,\cdots,x_n),\\ &\qquad\cdots\cdots\\ &\min f_r(x_1,\cdots,x_n),\\ &\max f_{r+1}(x_1,\cdots,x_n),\\ &\qquad\cdots\cdots\\ &\max f_m(x_1,\cdots,x_n),\end{aligned}\tag{5.1}$$

$$\begin{aligned} \text{s.t.}\quad & g_i(x_1,\cdots,x_n)\geqslant 0,\quad i=1,\cdots,p,\\ & h_j(x_1,\cdots,x_n)=0,\quad j=1,\cdots,q. \end{aligned}$$

(5.1)表示在满足 p 个不等式约束和 q 个等式约束的条件下,求 r 个数值目标函数极小和 $m-r$ 个数值目标函数极大.

与单目标最优化问题类似,通过"极大化"转化为"极小化",即令

$$\max\quad \varphi(x_1,\cdots,x_n)=\min[-\varphi(x_1,\cdots,x_n)],$$

可将(5.1)统一为"极小化"形式

$$\begin{aligned} &\min f_1(x_1,\cdots,x_n),\\ &\qquad\cdots\cdots\\ &\min f_m(x_1,\cdots,x_n),\\ &\text{s.t.}\quad g_i(x_1,\cdots,x_n)\geqslant 0,\quad i=1,\cdots,p,\\ &\qquad h_j(x_1,\cdots,x_n)=0,\quad j=1,\cdots,q. \end{aligned}\tag{5.2}$$

通常称(5.2)为一般多目标最优化问题(模型),其中 n 个变量 $x_1,\cdots,x_n$ 叫决策变量,由决策变量构成的向量 $\boldsymbol{x}=(x_1,\cdots,x_n)^{\mathrm{T}}$ 叫决策向量;$m(\geqslant 2)$个数值目标函数 $f_i(\boldsymbol{x})=f_i(x_1,\cdots,x_n)(i=1,2,\cdots,m)$叫目标函数,由目标函数构成的向量 $\boldsymbol{F}(\boldsymbol{x})=(f_1(\boldsymbol{x}),\cdots,f_m(\boldsymbol{x}))^{\mathrm{T}}$ 叫向量目标函数;$g_i(\boldsymbol{x})=g_i(x_1,\cdots,x_n)$和 $h_j(\boldsymbol{x})=h_j(x_1,\cdots,x_n)$叫约束函数,称

$$D=\left\{\boldsymbol{x}\in\mathbf{R}^n\;\middle|\;\begin{array}{ll} g_i(\boldsymbol{x})\geqslant 0, & i=1,\cdots,p;\\ h_j(\boldsymbol{x})=0, & j=1,\cdots,q \end{array}\right\}$$

为可行域.问题(5.2)记为向量形式:

$$\begin{aligned} (\text{VMP})\quad & \text{V}-\min \boldsymbol{F}(\boldsymbol{x}),\\ & \boldsymbol{x}\in D, \end{aligned}\tag{5.3}$$

称为向量数学规划(VMP)(Vector Mathematical Programming),符号"V－min"表示在可行域 D 上对向量目标函数 $\boldsymbol{F}(\boldsymbol{x})=(f_1(\boldsymbol{x}),\cdots,f_m(\boldsymbol{x}))^{\mathrm{T}}$ 求极小.

若(5.3)中所有函数均为线性的,则(5.3)化为

$$\begin{aligned} & \text{V}-\min \boldsymbol{Cx}=(\boldsymbol{c}_1{}^{\mathrm{T}}\boldsymbol{x},\cdots,\boldsymbol{c}_m{}^{\mathrm{T}}\boldsymbol{x})^{\mathrm{T}},\\ (\text{VLP})\quad & \text{s.t.}\quad \boldsymbol{Ax}\leqslant \boldsymbol{b},\\ & \qquad \boldsymbol{x}\geqslant \boldsymbol{0}, \end{aligned}\tag{5.4}$$

称为多目标线性规划或向量线性规划(VLP)(Vector Linear Programming),其中矩阵

$$\boldsymbol{C}=\begin{pmatrix}\boldsymbol{c}_1{}^{\mathrm{T}}\\ \vdots\\ \boldsymbol{c}_m{}^{\mathrm{T}}\end{pmatrix}^{\mathrm{T}},\qquad \boldsymbol{A}=\begin{pmatrix}a_{11},\cdots,a_{1n}\\ \vdots\qquad\quad\vdots\\ a_{l1},\cdots,a_{ln}\end{pmatrix},$$

和向量 $\boldsymbol{b}\in\mathbf{R}^l$ 是已知的.

要在复杂的实际问题中应用多目标最优化的理论与方法,首要的任务就是要建立起相应的数学模型.这是个关键问题,往往也是个难点.因此,要在收集充分的资料和数据的基础上,深入地分析各种数量间的关系,着重要确定“建模”三要素:

(1) 决策变量——确定一组恰当的变量,把可供选择的方案表示出来,这组变量取不同值对应着不同方案;

(2) 目标函数——根据决策者的意图,对问题提出若干(多于一)需要极大化和极小化的目标(指标),它们是决策变量的函数,并组成一个向量目标函数;

(3) 约束条件——寻找并建立决策变量必须满足的所有限制条件,并且用含有决策变量的不等式和等式表示出来.

2 分层多目标最优化问题的数学模型

再讲述另一类不同于(VMP)和(VLP)形式的多目标最优化模型.其特点是,在约束条件下,各目标函数不是同等地进行最优化,而是根据决策者的意图按不同优先层次先后地逐层最优化,这类数学模型就叫分层多目标最优化问题的数学模型.

例如,在例 5.1.2 中决策者希望把三个目标按其重要程度分成以下两个优先层次.

第一优先层次:工厂获得最大利润.

第二优先层次:

(1) 工人加班时间尽量地少;

(2) 满足市场对第 1 种产品尽可能多的需求.

这种先在“第一优先层次极大化总利润”的基础上,再在“第二优先层次同等地极小化工人加班时间和极大化第 1 种产品的产量”的问题,

就叫分层多目标最优化问题.

如何表述一般的分层多目标最优化问题的数学模型呢?

假设按重要性把 $m(\geqslant 2)$个目标函数分成 $L(\geqslant 2)$个优先层次,则 m 个目标函数表示为

$$f_1^1(\boldsymbol{x}),\cdots,f_{l_1}^1(\boldsymbol{x});f_1^2(\boldsymbol{x}),\cdots,f_{l_2}^2(\boldsymbol{x}),\cdots;$$

$$f_1^L(\boldsymbol{x}),\cdots,f_{l_L}^L(\boldsymbol{x}),\quad l_1+l_2+\cdots+l_L=m,$$

且　　第一优先层次: $f_1^1(\boldsymbol{x}),\cdots,f_{l_1}^1(\boldsymbol{x})$;

第二优先层次: $f_1^2(\boldsymbol{x}),\cdots,f_{l_2}^2(\boldsymbol{x})$;

……

第 L 优先层次: $f_1^L(\boldsymbol{x}),\cdots,f_{l_L}^L(\boldsymbol{x})$.

它们在约束条件下的分层多目标极小化问题记为

$$\mathrm{L}-\min_{\boldsymbol{x}\in D}[P_1(f_1^1(\boldsymbol{x}),\cdots,f_{l_1}^1(\boldsymbol{x})),\cdots,P_L(f_1^L(\boldsymbol{x}),\cdots,f_{l_L}^L(\boldsymbol{x}))],$$

其中 $P_s(s=1,\cdots,L)$是优先层次的符号,表示后面括号中的目标函数: $f_1^s(\boldsymbol{x}),\cdots,f_{l_s}^s(\boldsymbol{x})$属于第 s 优先层次,并且满足:

$$P_s \gg P_{s+1},\quad s=1,\cdots,L-1,$$

符号"$\gg$"表示第 s 优先层次"优先于"第 $s+1$ 优先层次,是定性概念,并非数量关系;符号"L - min"表示按字典序(Lexicographical Order)极小化,即依次按 $P_1,\cdots,P_L$ 的顺序逐层地先后极小化.

令

$$\boldsymbol{F}_1(\boldsymbol{x})=(f_1^1(\boldsymbol{x}),\cdots,f_{l_1}^1(\boldsymbol{x}))^{\mathrm{T}},$$

$$\boldsymbol{F}_2(\boldsymbol{x})=(f_1^2(\boldsymbol{x}),\cdots,f_{l_2}^2(\boldsymbol{x}))^{\mathrm{T}},$$

……

$$\boldsymbol{F}_L(\boldsymbol{x})=(f_1^L(\boldsymbol{x}),\cdots,f_{l_L}^L(\boldsymbol{x}))^{\mathrm{T}},$$

则上述问题可缩写为

(LSP)　$\mathrm{L}-\min\limits_{\boldsymbol{x}\in D}[P_1\boldsymbol{F}_1(\boldsymbol{x}),\cdots,P_L\boldsymbol{F}_L(\boldsymbol{x})]$,

或　$\mathrm{L}-\min\limits_{\boldsymbol{x}\in D}[P_sF_s(\boldsymbol{x})]_{s=1}^L$,　(5.5)

称为分层多目标最优化问题或字典分层规划(LSP)(Lexicographical

Stratified Programming).

当(5.5)中每一优先层次均只有一个目标函数,即 $\boldsymbol{F}_s(\boldsymbol{x})=f_s(\boldsymbol{x})(s=1,\cdots,m)$时,(5.5)化为

$$\mathrm{L}-\min_{\boldsymbol{x}\in D}[P_s\boldsymbol{F}_s(\boldsymbol{x})]_{s=1}^m, \tag{5.6}$$

称为完全分层多目标最优化问题.

当 $\boldsymbol{F}_1(\boldsymbol{x})=f_1(\boldsymbol{x})$,且 $\boldsymbol{F}_2(\boldsymbol{x})=(f_2(\boldsymbol{x}),\cdots,f_m(\boldsymbol{x}))^{\mathrm{T}}$ 时,则(LSP)为

$$\mathrm{L}-\min_{\boldsymbol{x}\in D}[P_1\boldsymbol{F}_1(\boldsymbol{x}),P_2\boldsymbol{F}_2(\boldsymbol{x})],$$

其中 $f_1(\boldsymbol{x})$叫重点目标.

3 目标规划问题的数学模型

这是一类在解决实际问题中有着十分广泛应用的特殊的多目标最优化问题的数学模型.其特点是,在约束条件下,要求每一目标函数都尽可能地逼近事先给定的对应目标值,而不是直接地对各目标函数极小化.

设给定出 $m(\geqslant 2)$个目标函数,决策者希望它们要达到的各自对应的目标值如下.

目标函数:$f_1(\boldsymbol{x}),\cdots,f_m(\boldsymbol{x})$,

目标值: $\overset{0}{f}_1,\quad\cdots,\overset{0}{f}_m$.

考虑各目标函数都尽可能地达到或接近它们各自对应的目标值,即

$$f_i(\boldsymbol{x})\longrightarrow\overset{0}{f}_i,\quad i=1,\cdots,m$$

令向量 $\overset{0}{\boldsymbol{F}}=(\overset{0}{f}_1,\cdots,\overset{0}{f}_m)^{\mathrm{T}}$,称之为问题的向量目标值,则多目标最优化问题可表示为

$$\underset{\boldsymbol{x}\in D}{\text{V-appr}}\,\boldsymbol{F}(\boldsymbol{x})\longrightarrow\overset{0}{\boldsymbol{F}}$$

称为以 $\overset{0}{\boldsymbol{F}}$ 为目标值的逼近目标规划问题.符号“appr”为 approximate 的缩写,“V-appr”表示向量逼近的意思.

在目标空间 $\mathbf{R}^m$ 中 $\boldsymbol{F}(\boldsymbol{x})$逼近 $\overset{0}{\boldsymbol{F}}$,可以用某种范数 $\|\cdot\|$ 的极小化来实现,即

$$\min_{x\in D}\|\boldsymbol{F}(\boldsymbol{x})-\overset{0}{\boldsymbol{F}}\|. \tag{5.7}$$

为了设计出一种求解(5.7)的有效而简便的算法,我们引入各目标函数关于其对应目标值的偏差变量,分别定义如下:

(1) $f_i(\boldsymbol{x})$关于$\overset{0}{f}_i$ 的绝对偏差为

$$\Delta_i=|f_i(\boldsymbol{x})-\overset{0}{f}_i|,\quad i=1,2,\cdots,m;$$

(2) $f_i(\boldsymbol{x})$关于$\overset{0}{f}_i$ 的正偏差为

$$\delta_i^+=\begin{cases}f_i(\boldsymbol{x})-\overset{0}{f}_i, & \text{当 } f_i(\boldsymbol{x})\geqslant\overset{0}{f}_i \text{ 时},\\ 0, & \text{当 } f_i(\boldsymbol{x})<\overset{0}{f}_i \text{ 时},\end{cases}\quad i=1,\cdots,m;$$

(3) $f_i(\boldsymbol{x})$关于$\overset{0}{f}_i$ 的负偏差为

$$\delta_i^-=\begin{cases}0, & \text{当 } f_i(\boldsymbol{x})\geqslant\overset{0}{f}_i \text{ 时},\\ -(f_i(\boldsymbol{x})-\overset{0}{f}_i), & \text{当 } f_i(\boldsymbol{x})<f_i \text{ 时},\end{cases}\quad i=1,\cdots,m.$$

上述偏差变量有如下性质:

(1) $\delta_i^++\delta_i^-=\Delta_i=|f_i(\boldsymbol{x})-\overset{0}{f}_i|,\quad i=1,\cdots,m;$

(2) $\delta_i^+-\delta_i^-=f_i(\boldsymbol{x})-\overset{0}{f}_i,\quad i=1,\cdots,m;$

(3) $\delta_i^+\cdot\delta_i^-=0,\quad i=1,\cdots,m;$

(4) $\delta_i^+\geqslant0,\delta_i^-\geqslant0,\quad i=1,\cdots,m.$

若在(5.7)中取 1—范数,并利用性质(1)~(4),则(5.7)化为

$$\min_{x\in D}\sum_{i=1}^m|f_i(\boldsymbol{x})-\overset{0}{f}_i|, \tag{5.8}$$

或

$$\begin{aligned}\min\quad & \sum_{i=1}^m(\delta_i^++\delta_i^-),\\ \text{s.t.}\quad & \boldsymbol{x}\in D,\\ & f_i(\boldsymbol{x})-\delta_i^++\delta_i^-=\overset{0}{f}_i,\\ & \delta_i^+\cdot\delta_i^-=0,\qquad i=1,2,\cdots,m.\end{aligned} \tag{5.9}$$

$$\delta_i^+ \geqslant 0, \delta_i^- \geqslant 0,$$

从(5.9)容易看出:目标函数是偏差变量的线性函数,便于计算;而添加的约束条件中的 $\delta_i^+ \cdot \delta_i^- = 0 \quad (i=1,\cdots,m)$是非线性的,这将给求解带来极大不便.是否可以将上述非线性约束条件弃之?回答是肯定的.为此,考虑以下辅助问题:

$$\begin{aligned} &\min \sum_{i=1}^{m} (\delta_i^+ + \delta_i^-), \\ &\text{s.t.} \quad \boldsymbol{x} \in D, \\ &\qquad \left.\begin{aligned} &f_i(\boldsymbol{x}) - \delta_i^+ + \delta_i^- = \overset{0}{f}_i, \\ &\delta_i^+ \geqslant 0, \delta_i^- \geqslant 0, \end{aligned}\right\} \quad i=1,\cdots,m. \end{aligned} \tag{5.10}$$

通过下列定理便可给出上述结果,即用问题(5.10)的解去代替问题(5.9)的解,避开非线性约束带来的困难.

定理 5.1.1 若$(\tilde{\boldsymbol{x}}^{\mathrm{T}}, \tilde{\boldsymbol{\delta}}^{+\mathrm{T}}, \tilde{\boldsymbol{\delta}}^{-\mathrm{T}})$是(5.10)的最优解,则 $\tilde{\boldsymbol{x}}$ 是(5.8)的最优解,其中 $\boldsymbol{\delta}^+ = (\delta_1^+, \cdots, \delta_m^+)^{\mathrm{T}}, \boldsymbol{\delta}^- = (\delta_1^-, \cdots, \delta_m^-)^{\mathrm{T}}$.

证 因$(\tilde{\boldsymbol{x}}^{\mathrm{T}}, \tilde{\boldsymbol{\delta}}^{+\mathrm{T}}, \tilde{\boldsymbol{\delta}}^{-\mathrm{T}})$是(5.10)的可行解,故有

$$\begin{aligned} &\tilde{\boldsymbol{x}} \in D, \\ &f_i(\tilde{\boldsymbol{x}}) - \tilde{\delta}_i^+ + \tilde{\delta}_i^- = \overset{0}{f}_i, \\ &\tilde{\delta}_i^+ \geqslant 0, \quad \tilde{\delta}_i^- \geqslant 0, \qquad i=1,\cdots,m. \end{aligned} \tag{5.11}$$

分两种情况讨论.

(1) 当 $\tilde{\delta}_i^+ = \tilde{\delta}_i^- \ (i=1,\cdots,m)$时,由式(5.11)有

$$\tilde{\boldsymbol{x}} \in D \text{ 且} f_i(\tilde{\boldsymbol{x}}) - \overset{0}{f}_i = 0, \quad i=1,\cdots,m,$$

即 $\tilde{\boldsymbol{x}}$ 为(5.8)的最优解;

(2) 当某个 $i_0 (1 \leqslant i_0 \leqslant m)$有 $\tilde{\delta}_{i_0}^+ \neq \tilde{\delta}_{i_0}^-$时,我们首先证明

$$\tilde{\delta}_i^+ \cdot \tilde{\delta}_i^- = 0, \quad i=1,\cdots,m \tag{5.12}$$

成立.用反证法,假设 $\tilde{\delta}_i^+ > 0, \quad \tilde{\delta}_i^- > 0 (i=1,\cdots,m)$,又分两种情况:

(i) 设 $\tilde{\delta}_{i_0}^+ - \tilde{\delta}_{i_0}^- > 0$, 令

$$\bar{\delta}_i^+ = \begin{cases} \tilde{\delta}_i^+ - \tilde{\delta}_i^-, & i = i_0, \\ \tilde{\delta}_i^+, & i \neq i_0, \end{cases}$$
$$\bar{\delta}_i^- = \begin{cases} 0, & i = i_0, \\ \tilde{\delta}_i^-, & i \neq i_0, \end{cases} \tag{5.13}$$

则有

$$\bar{\delta}_{i_0}^+ < \tilde{\delta}_{i_0}^+, \quad \bar{\delta}_{i_0}^- < \tilde{\delta}_{i_0}^-. \tag{5.14}$$

由式(5.13)、式(5.11)有

$$f_i(\tilde{\boldsymbol{x}}) - \bar{\delta}_i^+ + \bar{\delta}_i^- = \begin{cases} f_{i_0}(\tilde{\boldsymbol{x}}) - (\tilde{\delta}_{i_0}^+ - \tilde{\delta}_{i_0}^-) = \overset{0}{f}_i, & i = i_0, \\ f_i(\tilde{\boldsymbol{x}}) - \tilde{\delta}_i^+ + \tilde{\delta}_i^- = \overset{0}{f}_i, & i \neq i_0, \end{cases}$$
$$\tilde{\boldsymbol{x}} \in D, \quad \bar{\delta}_i^+ \geqslant 0, \quad \bar{\delta}_i \geqslant 0, \quad i = 1, \cdots, m,$$

即$(\tilde{\boldsymbol{x}}^{\mathrm{T}}, \bar{\boldsymbol{\delta}}^{+\mathrm{T}}, \bar{\boldsymbol{\delta}}^{-\mathrm{T}})$为(5.10)的可行解.又由式(5.13)、式(5.14)有

$$\sum_{i=1}^{m} (\bar{\delta}_i^+ + \bar{\delta}_i^-) < \sum_{i=1}^{m} (\tilde{\delta}_i^+ + \tilde{\delta}_i^-),$$

这与$(\tilde{\boldsymbol{x}}^{\mathrm{T}}, \tilde{\boldsymbol{\delta}}^{+\mathrm{T}}, \tilde{\boldsymbol{\delta}}^{-\mathrm{T}})$为(5.10)的最优解相矛盾,即(5.12)成立;

(ii) 设$\tilde{\delta}_{i_0}^+ - \tilde{\delta}_{i_0}^- < 0$,令

$$\bar{\delta}_i^+ = \begin{cases} 0, & i = i_0, \\ \tilde{\delta}_i^+, & i \neq i_0, \end{cases}$$
$$\bar{\delta}_i^- = \begin{cases} -(\tilde{\delta}_{i_0}^+ - \tilde{\delta}_{i_0}^-), & i = i_0, \\ 0, & i \neq i_0, \end{cases}$$

则与(i)类似可推出与$(\tilde{\boldsymbol{x}}^{\mathrm{T}}, \tilde{\boldsymbol{\delta}}^{+\mathrm{T}}, \tilde{\boldsymbol{\delta}}^{-\mathrm{T}})$为(5.10)的最优解相矛盾,即式(5.12)成立.

其次证明$(\tilde{\boldsymbol{x}}^{\mathrm{T}}, \tilde{\boldsymbol{\delta}}^{+\mathrm{T}}, \tilde{\boldsymbol{\delta}}^{-\mathrm{T}})$为(5.9)的最优解.

由式(5.11)、式(5.12)知$(\tilde{\boldsymbol{x}}^{\mathrm{T}}, \tilde{\boldsymbol{\delta}}^{+\mathrm{T}}, \tilde{\boldsymbol{\delta}}^{-\mathrm{T}})$为(5.9)的可行解,而(5.9)的可行域被包含于(5.10)的可行域,故$(\tilde{\boldsymbol{x}}^{\mathrm{T}}, \tilde{\boldsymbol{\delta}}^{+\mathrm{T}}, \tilde{\boldsymbol{\delta}}^{-\mathrm{T}})$为(5.9)的最优解.

再其次,证明$(\tilde{\boldsymbol{x}}^{\mathrm{T}}, \tilde{\boldsymbol{\delta}}^{+\mathrm{T}}, \tilde{\boldsymbol{\delta}}^{-\mathrm{T}})$为(5.8)的最优解.

设$(\boldsymbol{x}^{\mathrm{T}},\boldsymbol{\delta}^{+\mathrm{T}},\boldsymbol{\delta}^{-\mathrm{T}})$为(5.9)的任一可行解,则

$$(f_i(\boldsymbol{x})-\overset{0}{f}_i)^2=(\delta_i^+-\delta_i^-)^2=(\delta_i^++\delta_i^-)^2,\ i=1,\cdots,m,\boldsymbol{x}\in D,$$

即

$$|f_i(\boldsymbol{x})-\overset{0}{f}_i|=\delta_i^++\delta_i^-,\ i=1,\cdots,m,\ \forall\ \boldsymbol{x}\in D. \tag{5.15}$$

同理可得

$$|f_i(\tilde{\boldsymbol{x}})-\overset{0}{f}_i|=\tilde{\delta}_i^++\tilde{\delta}_i^-,\ i=1,\cdots,m \tag{5.16}$$

由$(\tilde{\boldsymbol{x}}^{\mathrm{T}},\tilde{\boldsymbol{\delta}}^{+\mathrm{T}},\tilde{\boldsymbol{\delta}}^{-\mathrm{T}})$为(5.10)的最优解和式(5.15)、式(5.16)有

$$\sum_{i=1}^{m}|f_i(\tilde{\boldsymbol{x}})-\overset{0}{f}_i|\leqslant\sum_{i=1}^{m}|f_i(\boldsymbol{x})-\overset{0}{f}_i|,\ \forall\ \boldsymbol{x}\in\mathbf{D},$$

即$\tilde{\boldsymbol{x}}$为(5.8)的最优解. □

称问题(5.10)为以$\overset{0}{\boldsymbol{F}}=(\overset{0}{f}_1,\cdots,\overset{0}{f}_m)$为目标值的简单目标规划问题(GP)(Goal Programming).由定理5.1.1知,我们求得(5.10)的最优解$(\tilde{\boldsymbol{x}}^{\mathrm{T}},\tilde{\boldsymbol{\delta}}^{+\mathrm{T}},\tilde{\boldsymbol{\delta}}^{-\mathrm{T}})^{\mathrm{T}}$,便可得到在1—范数意义下向量目标函数$\boldsymbol{F}(\boldsymbol{x})$逼近其目标值的解$\tilde{\boldsymbol{x}}$.

设给定两组与正、负偏差变量相对应的权系数:$w_i^+\geqslant0,w_i^-\geqslant0$,且$\sum_{i=1}^{m}w_i^+=1,\sum_{i=1}^{m}w_i^-=1$,则称下列目标规划问题:

$$\begin{aligned}
&\qquad \mathrm{L}-\min\left[P_s\sum_{i=1}^{l_s}(w_{s_i}^+\delta_{s_i}^++w_{s_i}^-\delta_{s_i}^-)\right]_{s=1}^{L}\\
(\mathrm{GP})\quad &\mathrm{s.t.}\quad f_i^s(\boldsymbol{x})-\delta_{s_i}^++\delta_{s_i}^-=\overset{0}{f_i^s},\\
&\qquad s=1,\cdots,L,i=1,\cdots,l_s,l_1+\cdots+l_L=m,\\
&\qquad \boldsymbol{x}\in D,\quad \delta_{s_i}^+\geqslant0,\quad \delta_{s_i}^-\geqslant0
\end{aligned} \tag{5.17}$$

为带权分层目标规划问题或简称目标规划问题,其中

$$\sum_{i=1}^{l_s}(w_{s_i}^+\delta_{s_i}^++w_{s_i}^-\delta_{s_i}^-),\quad s=1,\cdots,L,\ l_1+\cdots+l_L=m$$

称为偏差目标函数;

$$f_i^s(\boldsymbol{x}) - \delta_{s_i}^+ + \delta_{s_i}^- = \overset{0}{f_i^s}, \quad \begin{array}{l} s=1,\cdots,L, \\ i=1,\cdots,l_L, \end{array}$$

称为目标约束(因向量目标值 $\overset{0}{\boldsymbol{F}} = (\overset{0}{f_1},\cdots,\overset{0}{f_m})^{\mathrm{T}}$ 可以调整,故人们亦称之为软约束).

当 $f_i^s(\boldsymbol{x})$ $(s=1,\cdots,L,\quad i=1,\cdots,\quad l_s, l_1+\cdots+l_L=m)$约束函数中之一是非线性函数时,则称(GP)为非线性目标规划问题;当(GP)中各目标为 $\boldsymbol{x}$ 的线性函数:

$$f_i^s(\boldsymbol{x}) = \boldsymbol{C}_i^{s^{\mathrm{T}}}\boldsymbol{x}, \quad \begin{array}{l} s=1,\cdots,L, \\ i=1,\cdots,l_s, \end{array}$$

且可行域为

$$D = \{\boldsymbol{x} \in \mathbf{R}^n \mid \boldsymbol{A}\boldsymbol{x} \leqslant \boldsymbol{b}, \boldsymbol{x} \geqslant \boldsymbol{0}\}$$

时,问题

$$\left.\begin{array}{lll} (\mathrm{LGP}) & \mathrm{L-min} & \left[P_s \sum_{i=1}^{l_s} (w_{s_i}^+ \delta_{s_i}^+ + w_{s_i}^- \delta_{s_i}^-)\right]_{s=1}^L, \\ & \mathrm{s.t.} & c_i^{\mathrm{T}}\boldsymbol{x} - \delta_{s_i}^+ + \delta_{s_i}^- = \overset{0}{f}_{s_i}, \\ & & \delta_{s_i}^+ \geqslant 0, \quad \delta_{s_i}^- \geqslant 0 \\ & & \qquad s=1,\cdots,L, \quad i=1,\cdots,l_s, \\ & & \boldsymbol{A}\boldsymbol{x} \leqslant \boldsymbol{b}, \quad \boldsymbol{x} \geqslant \boldsymbol{0}, \end{array}\right\} \tag{5.18}$$

称为线性目标规划问题(LGP)(Linear Goal Programming).它具有非常广泛的应用范围和重大的实用价值.

5.2 解的概念与性质

由于多目标最优化问题的目标函数(指标)不是单一的,造成最优概念的复杂化.因而产生了各种意义下的"最优"概念.本节阐述多目标最优化问题解的基本概念及有关解的基本定理.这些基本概念和基本定理,是整个多目标最优化的理论基础,也是以后各节将介绍的各种解法的基础.

5.2.1 基本概念

考虑多目标最优化问题(5.3):

$$(\text{VMP})\quad \text{V}-\min\ \boldsymbol{F}(\boldsymbol{x})=(f_1(\boldsymbol{x}),\cdots,f_m(\boldsymbol{x}))^{\mathrm{T}},$$
$$\text{s.t.}\quad \boldsymbol{x}\in D,$$

其中

$$D=\left\{\boldsymbol{x}\in\mathbf{R}^n\ \middle|\ \begin{array}{l} g_i(\boldsymbol{x})\geqslant 0,\ i=1,\cdots,p,\\ h_j(\boldsymbol{x})=0,\ j=1,\cdots,q.\end{array}\right\}$$

定义 5.2.1 设 $\boldsymbol{x}^*\in D$,若对任意 $\boldsymbol{x}\in D$ 及 $i=1,\cdots,m$,都有

$$f_i(\boldsymbol{x}^*)\leqslant f_i(\boldsymbol{x})$$

成立,则称 $\boldsymbol{x}^*$ 为问题(5.3)的绝对最优解.而 $\boldsymbol{F}(\boldsymbol{x}^*)=(f_1(\boldsymbol{x}^*),\cdots,f_m(\boldsymbol{x}^*))^{\mathrm{T}}$ 称为绝对最优值(向量).所有绝对最优解的集合称为问题(5.3)的绝对最优解集,记为 $Z^*(\boldsymbol{F},D)$或 Z^*.

例 5.2.1 验证 $x^*=\dfrac{3}{2}$是如下单变量双目标最优化问题:

$$\min f_1(x)=x+\frac{2}{2x-1},$$
$$\min f_2(x)=x^2-3x,$$
$$\text{s.t.}\quad x\geqslant 1$$

的绝对最优解.

解 令可行域 $D=\{x\in\mathbf{R}^1\mid x\geqslant 1\}$.因 $x^*=\dfrac{3}{2}$同时是 $f_1(x)$、$f_2(x)$ 在 D 上的极小点,故对任意 $x\in D$ 都有 $f_1(x^*)\leqslant f_1(x)$,$f_2(x^*)\leqslant f_2(x)$.根据定义 5.2.1 知,$x^*=\dfrac{3}{2}$是绝对最优解,且绝对最优值向量为 $\boldsymbol{F}(x^*)=(\dfrac{5}{2},-\dfrac{9}{4})^{\mathrm{T}}$.

例 5.2.2 已知两个自变量双目标的最优化问题:

$$\min f_1(\boldsymbol{x})=x_1^{\ 2}+x_2^{\ 2},$$
$$\min f_2(\boldsymbol{x})=x_1^{\ 2}+x_2^{\ 2}+1,$$
$$\text{s.t.}\quad -1\leqslant x_1\leqslant 1,$$

$$-1\leqslant x_2\leqslant 1,$$

则绝对最优解 $\boldsymbol{x}^*=(0,0)^{\mathrm{T}}$,绝对最优值 $\boldsymbol{F}^*=\boldsymbol{F}(\boldsymbol{x}^*)=(0,1)^{\mathrm{T}}$.

若 $f_1(x)=x^2,f_2(x)=(x-1)^2$,则绝对最优解不存在,如图 5-1 所示.这也就是多目标(向量)最优化问题与单目标(数值)最优化问题的一个本质的不同点.为比较这些向量目标函数值的“大”“小”关系,需要引进向量空间中向量的比较关系,即向量间“序”的关系.

定义 5.2.2　设 $\boldsymbol{a}=(a_1,\cdots,a_m)^{\mathrm{T}}$ 和 $\boldsymbol{b}=(b_1,\cdots,b_m)^{\mathrm{T}}$ 是 m 维向量.

(1)　若 $a_i=b_i(i=1,\cdots,m)$,则称向量 $\boldsymbol{a}$ 等于向量 $\boldsymbol{b}$,记为 $\boldsymbol{a}=\boldsymbol{b}$.

(2)　若 $a_i\leqslant b_i(i=1,\cdots,m)$,则称向量 $\boldsymbol{a}$ 小于等于向量 $\boldsymbol{b}$,记为 $\boldsymbol{a}\leqslant\boldsymbol{b}$ 或 $\boldsymbol{b}\geqslant\boldsymbol{a}$.

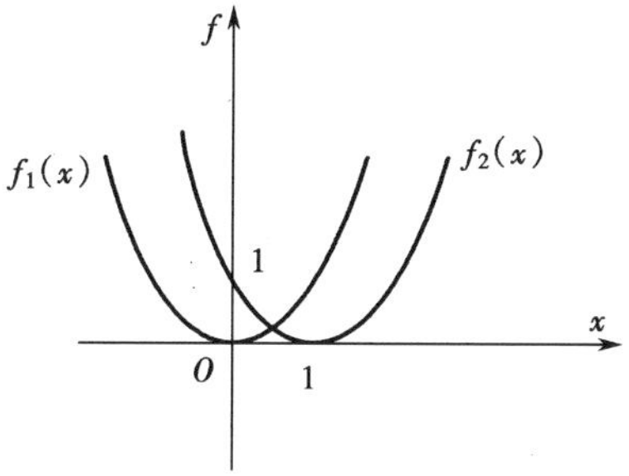

图 5-1

(3)　若 $a_i\leqslant b_i(i=1,\cdots,m)$,并且其中至少有一个严格不等式成立,则称向量 $\boldsymbol{a}$ 小于向量 $\boldsymbol{b}$,记为 $\boldsymbol{a}\leq\boldsymbol{b}$ 或 $\boldsymbol{b}\geq\boldsymbol{a}$.

(4)若 $a_i<b_i(i=1,\cdots,m)$,则称向量 $\boldsymbol{a}$ 严格小于向量 $\boldsymbol{b}$,记为 $\boldsymbol{a}<\boldsymbol{b}$ 或 $\boldsymbol{b}>\boldsymbol{a}$.

由上述定义所确定的向量之间的序,叫向量的自然序.简单地说,在向量自然序的意义下,$\boldsymbol{a}=\boldsymbol{b}$ 就是它们的所有分量都对应地相等;$\boldsymbol{a}<\boldsymbol{b}(\boldsymbol{a}\leqslant\boldsymbol{b})$ 就是 $\boldsymbol{a}$ 的所有分量都小于(小于等于)$\boldsymbol{b}$ 的对应分量;$\boldsymbol{a}\leq\boldsymbol{b}$ 则是 $\boldsymbol{a}$ 的所有分量不大于 $\boldsymbol{b}$ 的对应分量,并且 $\boldsymbol{a}$ 至少有一个分量小于 $\boldsymbol{b}$ 的对应分量.

例如,$\boldsymbol{a}=(1,1)^{\mathrm{T}},\boldsymbol{b}=(3,1)^{\mathrm{T}},\boldsymbol{c}=(2,2)^{\mathrm{T}}$,则它们有如下关系:$\boldsymbol{a}\leq\boldsymbol{b},\boldsymbol{a}<\boldsymbol{c}$,而 $\boldsymbol{b}$ 与 $\boldsymbol{c}$ 间不存在自然序关系.

注意　由 $\boldsymbol{a}\leq\boldsymbol{b}$ 可推出 $\boldsymbol{a}\leqslant\boldsymbol{b}$,但反过来不一定成立,即 $\boldsymbol{a}\leqslant\boldsymbol{b}$ 推不出 $\boldsymbol{a}\leq\boldsymbol{b}$.当 $m=1$ 时,上述定义的向量自然序与实数序是一致的.此时“$\leq$”与“$<$”意义相同.

利用向量的自然序,我们给出多目标最优化问题的几种解的概念.

定义 5.2.3 考虑(VMP)问题(5.3),设 $\boldsymbol{x}^* \in D$,若不存在 $\boldsymbol{x} \in D$ 使得 $\boldsymbol{F}(\boldsymbol{x}) \leqslant \boldsymbol{F}(\boldsymbol{x}^*)$,则称 $\boldsymbol{x}^*$ 为问题(5.3)的有效解,又称 $\boldsymbol{x}^*$ 为 Pareto 最优解(这个概念是经济学家 V.Pareto 于 1896 年引入的).所有有效解的集合称为有效解集,记为 $P(\boldsymbol{F},D)$或 P.

注意 有效解的定义表明,若 $\boldsymbol{x}^*$ 是有效解,则在可行域中找不到比 $\boldsymbol{x}^*$ 在"$\leqslant$"意义下更好的解,即找不到一个 $\boldsymbol{x} \in D$ 使 $f_i(\boldsymbol{x}) \leqslant f_i(\boldsymbol{x}^*)$ $(i=1,\cdots,m)$,并且至少有一个下标 $k \in \{1,2,\cdots,m\}$ 使得 $f_k(\boldsymbol{x}) < f_k(\boldsymbol{x}^*)$.按绝对最优解的定义,有效解一般说来不是"最优"的,但可以说它是"不坏"的,因此有效解又称非劣解或可接受解.它是多目标最优化理论研究中一个最基本的概念.求有效解是求解多目标最优化问题的目的.图 5-2 中的(a)和(b)分别画出 $n=1, m=2$ 和 $n=2, m=2$ 时相应有效解集的示意图.对于 $m=2$ 的情形,有效解集 P 经过 $\boldsymbol{F}$ 映射到目标空间中的像集 $\boldsymbol{F}(P)$,如图5-3所示.

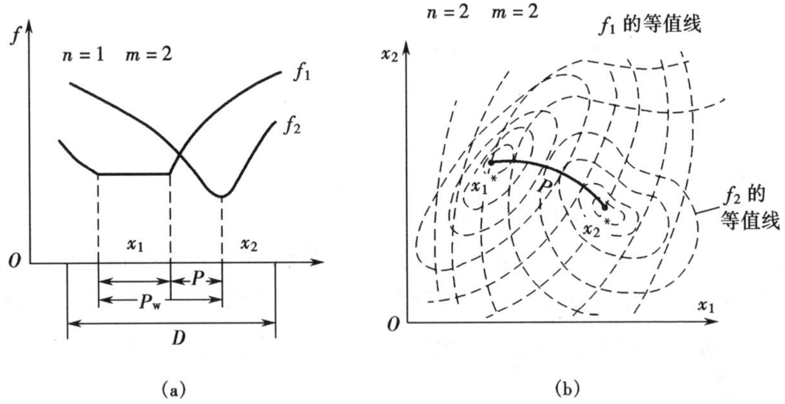

图 5-2

将上述有效解定义中的条件稍为放宽,则可给出比有效解稍差的"非劣解",即弱有效解的定义.

定义 5.2.4 考虑(VMP)问题(5.3),设 $\boldsymbol{x}^* \in D$,若不存在 $\boldsymbol{x} \in D$ 使得 $\boldsymbol{F}(\boldsymbol{x}) < \boldsymbol{F}(\boldsymbol{x}^*)$,则称 $\boldsymbol{x}^*$ 为问题(5.3)的弱有效解.又称 $\boldsymbol{x}^*$ 为弱

Pareto 最优解.所有弱有效解的集合称为弱有效解集,记为 $P_w(\boldsymbol{F},D)$或 P_w,其中下标 w 为 weak 的缩写.

由定义表明,若 $\boldsymbol{x}^*$ 是弱有效解,则在可行域中找不到比 $\boldsymbol{x}^*$ 在"<"意义下更好的解,即找不到一个 $\boldsymbol{x}\in D$ 使得$f_i(\boldsymbol{x})<f_i(\boldsymbol{x}^*)$, $i=1,\cdots,m$.

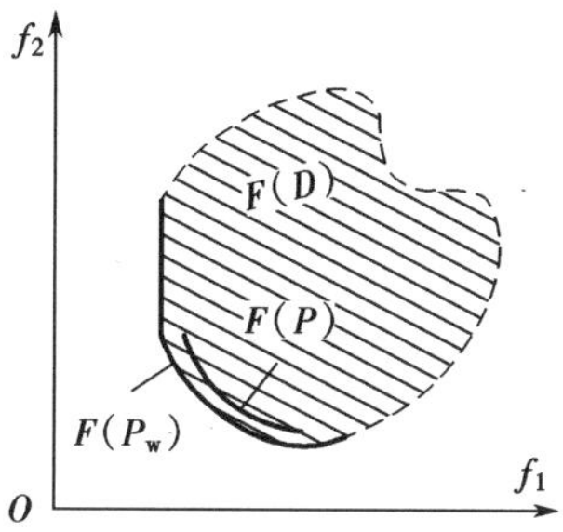

图 5-3

图 5-2(a)中的 P_w 就是弱有效解集的示意图.图 5-3 中的$\boldsymbol{F}(P_w)$表示 P_w 的像集.

5.2.2　基本定理

现在来讨论各种解集之间的关系.

定理 5.2.1　在问题(5.3)中,若 Z_i^* $(i=1,\cdots,m)$分别表示第 i 个分量目标函数 $f_i(\boldsymbol{x})$ $(i=1,\cdots,m)$在可行域 D 上的最优解集,则问题(5.3)的绝对最优解集为

$$Z^*=\bigcap_{i=1}^{m} Z_i^*\ . \tag{5.19}$$

证　首先设 $Z^*\neq\varnothing$,于是存在 $\boldsymbol{x}^*\in Z^*$,根据定义 5.2.1,对于 $\forall\,\boldsymbol{x}\in D$ 有

$$f_i(\boldsymbol{x}^*)\leqslant f_i(\boldsymbol{x}),\ i=1,\cdots,m,$$

即表明 $\boldsymbol{x}^*\in Z_i^*$, $i=1,\cdots,m$,故 $\boldsymbol{x}^*\in\bigcap_{i=1}^{m} Z_i^*$.

很明显,上述推导过程是可逆的,于是就证明了当 $Z^*\neq\varnothing$时,式(5.19)成立.

其次,当 $Z^*=\varnothing$时,式(5.19)也成立.实际上,此时式(5.19)右端亦为空集.否则,利用上述推导的逆过程知,存在 $\boldsymbol{x}^*\in Z^*$,这与 $Z^*=\varnothing$相矛盾.

□

定理 5.2.2　绝对最优解必是有效解,即

$$Z^*\subseteq P.$$

证　用反证法.设 $\boldsymbol{x}^*\in Z^*$但 $\boldsymbol{x}^*\notin P$,由定义 5.2.3,存在一点 $\tilde{\boldsymbol{x}}$

$\in \mathbf{D}$,使得

$$\boldsymbol{F}(\tilde{\boldsymbol{x}}) \leqslant \boldsymbol{F}(\boldsymbol{x}^*),$$

即至少有一个下标 $k \in \{1,\cdots,m\}$,使得

$$f_k(\tilde{\boldsymbol{x}}) < f_k(\boldsymbol{x}^*).$$

这与 $\boldsymbol{x}^* \in Z^*$ 相矛盾. □

显然,当 $Z^* \neq \varnothing$ 时,$Z^* = P$.

定理 5.2.3 有效解必是弱有效解,即

$$P \subseteq P_{\mathrm{w}}.$$

证明与定理 5.2.2 类似,从略.注意定理 5.2.3 的逆定理不成立.

定理 5.2.4 各分量目标函数在 D 上的最优解必是弱有效解,即

$$Z_i^* \subseteq P_{\mathrm{w}}, \quad i = 1,2,\cdots,m,$$

其中 Z_i^* 表示第 i 个分量目标函数 $f_i(\boldsymbol{x})$ 在 D 上的最优解集.

本定理的证明,留作习题.

推论 $P \cup (\bigcup_{i=1}^{m} Z_i^*) \subseteq P_{\mathrm{w}}$.

证明也留作习题.

注意 在定理 5.2.3 和定理 5.2.4 的推论中,如果增加严格凸性的假设条件,则集合包含关系变成相等关系.

综上所述,各种解集间有如下关系:

$$\bigcap_{i=1}^{m} Z_i^* = Z^* \subseteq P \subseteq P_{\mathrm{w}} \subseteq D.$$

例 5.2.3 已知单变量双目标最优化问题:

$$\min f_1(x) = x + \frac{2}{2x-1},$$

$$\min f_2(x) = \begin{cases} 1, & \text{当} |x-3| \leqslant 1 \text{时}, \\ (x-3)^2, & \text{当} |x-3| > 1 \text{时}, \end{cases}$$

$$\text{s.t.} \quad x \geqslant 1.$$

试验证:$Z^* = \varnothing$,$P = [1.5,2]$,$P_{\mathrm{w}} = [1.5,4]$.

解 容易验证,f_1 和 f_2 都是可行域 $D = \{\boldsymbol{x} \in \mathbf{R}^1 \mid x \geqslant 1\}$ 上的凸函数.它们的最优解集分别是 $Z_1^* = \{1.5\}$ 和 $Z_2^* = [2,4]$,并且 f_1 和 f_2 在

各自的最优解集的左侧和右侧分别都是严格单调减函数和严格单调增函数,如图 5-4 所示.

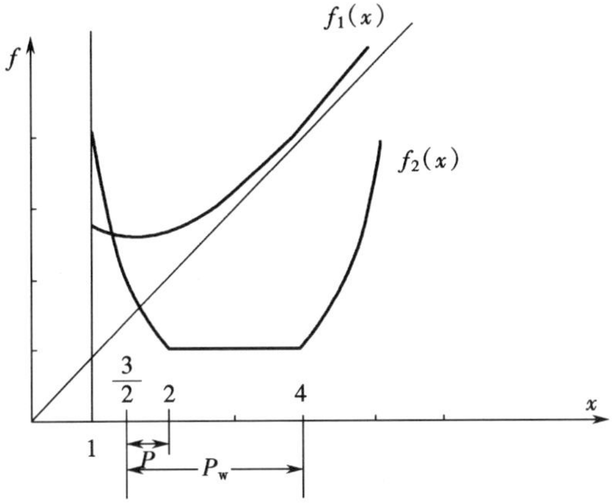

图 5-4

因 $Z_1^* \cap Z_2^* = \varnothing$,故根据定理 5.2.1,绝对最优解集 $Z^* = \varnothing$.

在[1,1.5]中任取一点 $\tilde{\boldsymbol{x}}$,因为对充分小的正数 ε,总有

$$f_1(\tilde{\boldsymbol{x}}) > f_1(\tilde{\boldsymbol{x}} + \varepsilon), \quad f_2(\tilde{\boldsymbol{x}}) > f_2(\tilde{\boldsymbol{x}} + \varepsilon),$$

所以根据定义 5.2.4,$\tilde{\boldsymbol{x}}$ 不是弱有效解,根据定理 5.2.3,$\tilde{\boldsymbol{x}}$ 当然也不是有效解.同理可以说明,在$(2,+\infty)$中不存在弱有效解,当然也不存在有效解.

在[1.5,2]中任取一点 $\tilde{\boldsymbol{x}}$,对 $\forall \boldsymbol{x} \in D$,且 $\boldsymbol{x} > \tilde{\boldsymbol{x}}$,总有 $f_1(\boldsymbol{x}) > f_1(\tilde{\boldsymbol{x}})$,而对 $\forall \boldsymbol{x} \in D$ 且 $x < \tilde{\boldsymbol{x}}$,总有 $f_2(\boldsymbol{x}) > f_2(\tilde{\boldsymbol{x}})$,这就意味着在 D 中不存在 $\boldsymbol{x}$ 使得 $F(\boldsymbol{x}) \leqslant F(\tilde{\boldsymbol{x}})$,即表明 $\tilde{\boldsymbol{x}}$ 是有效解,因此 $P = [1.5,2]$.

在[1.5,4]中任取一点 $\tilde{\boldsymbol{x}}$,对 $\forall \boldsymbol{x} \in D$ 且 $\boldsymbol{x} > \tilde{\boldsymbol{x}}$,总有 $f_1(\boldsymbol{x}) > f_1(\tilde{\boldsymbol{x}})$,而对 $\forall \boldsymbol{x} \in D$ 且 $\boldsymbol{x} < \tilde{\boldsymbol{x}}$,总有 $f_2(\boldsymbol{x}) \geqslant f_2(\tilde{\boldsymbol{x}})$,意即在 D 中不存在 $\boldsymbol{x}$ 使得 $F(\boldsymbol{x}) < F(\tilde{\boldsymbol{x}})$,表明 $\tilde{\boldsymbol{x}}$ 是弱有效解,因此 $P_w = [1.5,4]$.显然有 $P \subset P_w$.

5.3　评价函数法

从本节开始,我们讲述求解(VMP)问题(5.3)的各种解法.求解问

题(5.3),最好是求出绝对最优解.如果它不存在,应该求出有效解或弱有效解(如果存在的话).但是,如上节所述,在一般情况下,有效解或弱有效解是无穷多个,构成解集的.因此便产生如下两方面的问题:一方面要想求出这些解集是比较困难的;另一方面人们通常不满足于求出随意一个有效解或弱有效解,还要设法使此解满足决策者的一些意图(即所谓满意解).这也是多目标最优化与单目标最优化求解的一个重要不同点.

求解多目标最优化问题有许多方法,其中最基本的方法就是本节将讲述的评价函数法.它的基本思想是,根据问题的特点和决策者的意图,构造一个把 m 个分量目标函数转化为一个数值目标函数——评价函数,然后对评价函数进行最优化,这样就把求解多目标最优化问题转化为求解单目标最优化问题了.

5.3.1 基本概念和定理

定义 5.3.1 设映射 $u:\mathbf{R}^m\to\mathbf{R}^1$ 和 $\boldsymbol{Z}',\boldsymbol{Z}''\in\mathbf{R}^m$.

(1) 若当 $\boldsymbol{Z}'\leqslant\boldsymbol{Z}''$时,总有

$$u(\boldsymbol{Z}')<u(\boldsymbol{Z}''),$$

则称 $u(\boldsymbol{Z})$是 $\boldsymbol{Z}$ 的严格单调增函数.

(2) 若当 $\boldsymbol{Z}'<\boldsymbol{Z}''$时,总有

$$\boldsymbol{u}(\boldsymbol{Z}')<u(\boldsymbol{Z}''),$$

则称 $u(\boldsymbol{Z})$是 $\boldsymbol{Z}$ 的单调增函数.

定理 5.3.1 设映射 $u:\mathbf{R}^m\to\mathbf{R}^1$ 和 $\boldsymbol{F}:D\subseteq\mathbf{R}^n\to\mathbf{R}^m$,且 $\boldsymbol{x}^*\in D$ 是下列单目标最优化问题的最优解:

$$\min_{x\in D}u(\boldsymbol{F}(\boldsymbol{x})). \tag{5.20}$$

(1) 若 $u(\boldsymbol{Z})$是 $\boldsymbol{Z}$ 的严格单调增函数,则 $\boldsymbol{x}^*$ 为问题(5.3)的有效解,即 $\boldsymbol{x}^*\in P(\boldsymbol{F},D)$;

(2) 若 $u(\boldsymbol{Z})$是 $\boldsymbol{Z}$ 的单调增函数,则 $\boldsymbol{x}^*$ 是问题(5.3)的弱有效解,即 $\boldsymbol{x}^*\in P_{\mathrm{w}}(\boldsymbol{F},D)$.

证 (1) 用反证法.设 $\boldsymbol{x}^*\notin P(\boldsymbol{F},D)$,由定义 5.2.3,存在一点 $\tilde{\boldsymbol{x}}\in D$ 使得 $\boldsymbol{F}(\tilde{\boldsymbol{x}})\leqslant\boldsymbol{F}(\boldsymbol{x}^*)$,由 $u(\boldsymbol{F})$的严格单增性有 $u(\boldsymbol{F}(\tilde{\boldsymbol{x}}))<$

$u(\boldsymbol{F}(\boldsymbol{x}^*))$,这与 $\boldsymbol{x}^*$ 为(5.20)的最优解相矛盾,故 $\boldsymbol{x}^* \in P(\boldsymbol{F}, D)$.

(2)的证明与(1)类似,留作习题. □

由此可见,只需适当选定严格单调增函数或单调增函数(映射)u: $\mathbf{R}^m \to \mathbf{R}^1$,则求解多目标最优化问题(5.3)就转化为求解单目标最优化问题(5.20),称函数 $u(\boldsymbol{F})$为评价函数(即对 m 个目标f_i 作“评价”).这种借助评价函数求解多目标最优化问题的方法统称为评价函数法.选取不同的评价函数对应于不同的解法,从而可求出在不同意义下的有效解或弱有效解.下面介绍几种常用的典型的评价函数法.

5.3.2　线性加权和法

线性加权和法是最基本的评价函数法,其基本思想是,根据各个目标在问题中的重要程度,分别赋予它们一个数,并把这个数作为该目标的系数,然后把这些带系数的目标函数相加的和函数作为评价函数.

定义 5.3.2　对应于 m 个分量目标给出一组数 $w_1, \cdots, w_m$,使得

$$\sum_{i}^{m} w_i = 1, \quad w_i \geqslant 0, \quad i = 1, \cdots, m,$$

则称 $w_1, \cdots, w_m$ 为权系数,向量 $\boldsymbol{w} = (w_1, \cdots, w_m)^{\mathrm{T}}$ 叫权向量.

定理 5.3.2　设 $u(\boldsymbol{Z}) = \boldsymbol{w}^{\mathrm{T}}\boldsymbol{Z}, \quad \boldsymbol{Z} \in \mathbf{R}^m$.

(1)当 $\boldsymbol{w} > \boldsymbol{0}$ 时,则 $u(\boldsymbol{Z})$是 $\boldsymbol{Z}$ 的严格单调增函数;

(2)当 $\boldsymbol{w} \geqslant \boldsymbol{0}$ 时,则 $u(\boldsymbol{Z})$是 $\boldsymbol{Z}$ 的单调增函数.

证　(1)任取 $\boldsymbol{Z}' \leqslant \boldsymbol{Z}'' \in \mathbf{R}^m$,则

$$u(\boldsymbol{Z}') = \boldsymbol{w}^{\mathrm{T}}\boldsymbol{Z}' < \boldsymbol{w}^{\mathrm{T}}\boldsymbol{Z}'' = u(\boldsymbol{Z}'').$$

由定义 5.3.1 知,$u(\boldsymbol{Z})$是 $\boldsymbol{Z}$ 的严格单调增函数.

(2)的证明类似于(1)从略. □

根据基本定理 5.3.1,只要取权向量 $\boldsymbol{w} > \boldsymbol{0}$(或 $\boldsymbol{w} \geqslant \boldsymbol{0}$),则求解多目标最优化问题(5.3)可转化为求解单目标最优化问题(5.20):

$$\min_{\boldsymbol{x} \in D} \boldsymbol{w}^{\mathrm{T}} F(x),$$

或

$$\min_{\boldsymbol{x} \in D} \sum_{i=1}^{m} w_i f_i(\boldsymbol{x}).$$

此问题的最优解就是原问题(5.3)的有效解或弱有效解.

权系数的相对大小表征各目标的相对重要程度,重要的目标应赋予较大的权系数,不重要的目标应赋予较小的权系数.因此,权系数的确定,就成为本方法求得合理的满意的有效解的关键.具体确定权系数的方法留待后面讨论.

由于本方法的特点在于对各目标"加权"之后以其线性和作为评价函数,故叫线性加权和法,本方法简单易行,工作量少.

算法 5.3.1 线性加权和法

Step 1 给出权系数,按各目标 $f_i(i=1,\cdots,m)$在问题中的重要程度给出一组权系数:$w_1,\cdots,w_m$,要求

$$w_i \geqslant 0,\text{且} \quad \sum_{i=1}^{m} w_i = 1.$$

Step 2 求线性加权和函数

$$\min_{\boldsymbol{x}\in D}\sum_{i=1}^{m} w_i f_i(\boldsymbol{x})$$

的最优解,设为 $\tilde{\boldsymbol{x}}$,即为问题(5.3)的有效解或弱有效解.

下面对权向量和线性加权法的几何意义加以说明.

方程

$$\sum_{i=1}^{m} w_i f_i = c,$$

当 c 取任意常数时,在目标空间 $\mathbf{R}^m$ 中是一个超平面,而权向量 $\boldsymbol{w}=(w^1,\cdots,w_m)^{\mathrm{T}}$ 是该超平面的单位法向量,在图 5-5 中画出了 $m=2$ 的情形.根据算法 5.3.1 中 Step 2 可知,这族超平面与像集 $\boldsymbol{F}(D)$相交,并使 c 取最小值的那一个与$\boldsymbol{F}(D)$的交点,即为 $\boldsymbol{F}(\tilde{\boldsymbol{x}})$.

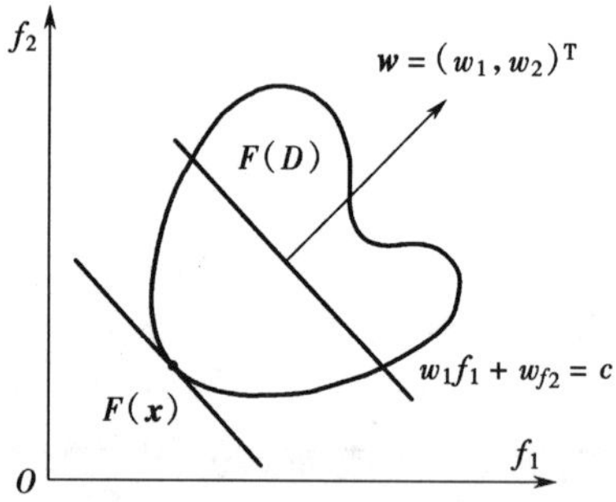

图 5-5

例 5.3.1 用直径为 1(长度单位)的圆木制成截面为矩形的梁,为使重量最轻而强度最大,问应如何设计截面的宽和高的尺寸?

解　建立数学模型如下(参考例5.1.1):

$$\text{(VMP)}\quad \begin{aligned} &\min\ x_1x_2, \\ &\min\ (-x_1x_2^2), \\ &\text{s.t.}\quad x_1^2+x_2^2=1, x_1, x_2\geqslant 0, \end{aligned}$$

其中 x_1, x_2 分别为截面的宽和高的尺寸.根据决策者的意见,分别给定强度目标和重量目标的权系数为 0.7 和 0.3,则上述(VMP)问题化为线性加权和单目标最优化问题:

$$\begin{aligned} &\min\ (0.3x_1x_2-0.7x_1x_2^2), \\ &\text{s.t.}\quad x_1^2+x_2^2=1, \\ &\qquad\quad x_1, x_2\geqslant 0. \end{aligned}$$

可用第 4 章中任意一种非线性规划的算法求得最优解为 $\boldsymbol{x}^*=(0.501\,3, 0.865\,3)^{\mathrm{T}}$.由于权向量 $\boldsymbol{w}=(0.3, 0.7)^{\mathrm{T}}>0$,根据定理 5.3.2和基本定理 5.3.1 知,$\boldsymbol{x}^*=(0.501\,3, 0.865\,3)^{\mathrm{T}}$ 为(VMP)问题的有效解.此有效解的实际含义是,在决策者评价强度目标和重量目标的重要程度分别为 0.7 和 0.3 的意义下,则设计尺寸宽为 0.501 3、高为 0.865 3(长度单位),可使木梁的强度最大且重量最轻,即为在该意义下的最优设计,亦为决策者所满意的设计方案.

5.3.3　极大极小法

人们在处理复杂的困难问题时,往往采取这样一种策略思想,即在最坏的情况下争取最好的结果.在求解多目标最优化问题时,也可采用类似策略思想,即考虑在对各分量目标最不利的情况下找出最有利的解.具体说,对于多目标极小化模型(5.3),可以用各目标函数$f_i(\boldsymbol{x})$($i=1,\cdots,m$)的最大值作为评价函数的函数值来构造评价函数,即令

$$u(\boldsymbol{F})=\max_{1\leqslant i\leqslant m}\{f_i(\boldsymbol{x})\}$$

为评价函数,其中 $\boldsymbol{F}(\boldsymbol{x})=(f_1(\boldsymbol{x}),\cdots,f_m(\boldsymbol{x}))^{\mathrm{T}}$.

通过上述评价函数 $u(\boldsymbol{F})$把求解(VMP)问题(5.3)转化为求解单目标最优化问题(5.20):

$$\min_{\boldsymbol{x}\in D} u(\boldsymbol{F}(\boldsymbol{x}))=\min_{\boldsymbol{x}\in D}\max_{1\leqslant i\leqslant m}\{f_i(\boldsymbol{x})\};$$

更一般地,还可以对各目标 $f_1,\cdots,f_m$ 赋予不同的权系数 $w_1,\cdots,w_m$,以

表征各目标在问题中的重要程度的不同.如此构造的评价函数为

$$u(\boldsymbol{F})=\max_{1\leq i\leq m}\{w_if_i(\boldsymbol{x})\},$$

转化后的单目标最优化问题为

$$\min_{\boldsymbol{x}\in D}u(\boldsymbol{F}(\boldsymbol{x}))=\min_{\boldsymbol{x}\in D}\max_{1\leq i\leq m}\{w_if_i(\boldsymbol{x})\}. \tag{5.21}$$

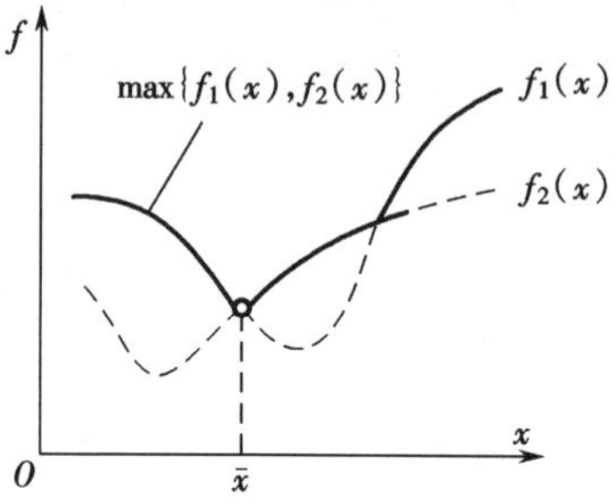

图 5-6

容易证明:当权向量 $\boldsymbol{w}>\boldsymbol{0}$ 时,$u(\boldsymbol{Z})$是 $\boldsymbol{Z}$ 的单调增函数.再根据基本定理 5.3.1,求得问题(5.21)的最优解,即为原(VMP)问题(5.3)的弱有效解.

这种解法的特点是,先对各分量目标函数极大化后,再在可行域上进行极小化,故称为极大极小法(min - max 法),在图 5-6 中给出 $n=1,m=2$ 用极大极小法求得最优解$\bar{\boldsymbol{x}}$和双目标$f_1(\boldsymbol{x})$、$f_2(\boldsymbol{x})$取最大值的示意图.

在实际计算中,直接求解问题(5.21)是不方便的.为简化计算,引入一个变量 v,设 v 为 $w_1f_1(\boldsymbol{x}),\cdots,w_nf_m(\boldsymbol{x})$在 D 上的一个共同的上界,则构造如下辅助问题:

$$\begin{aligned}&\min\ v,\\&\text{s.t.}\quad w_if_i(\boldsymbol{x})\leq v,\quad i=1,\cdots,m,\\&\qquad\ \ \boldsymbol{x}\in D.\end{aligned} \tag{5.22}$$

下列定理 5.3.3 表明问题(5.22)与问题(5.21)是等价的.

定理 5.3.3　设权向量 $\boldsymbol{w}>\boldsymbol{0}$,则 $\boldsymbol{x}^*$ 为问题(5.21)的最优解的充要条件是,存在一个数 v^* 使$(\boldsymbol{x}^*,v^*)^{\mathrm{T}}$为问题(5.22)的最优解.

证　必要性.设 $\boldsymbol{x}^*$ 为(5.21)的最优解,取 $v^*=\max_{1\leq i\leq m}\{w_if_i(\boldsymbol{x}^*)\}$,则$(\boldsymbol{x}^*,v^*)^{\mathrm{T}}$是(5.22)的一个可行解.又设$(\boldsymbol{x},v)^{\mathrm{T}}$为(5.22)的任一可行解,则

$$v^*=\max_{1\leq i\leq m}\{w_if_i(\boldsymbol{x}^*)\}\leq\max_{1\leq i\leq m}\{w_if_i(\boldsymbol{x})\}\leq v,$$

即$(\boldsymbol{x}^*,v^*)$为(5.22)的最优解.

充分性. 设$(\boldsymbol{x}^*, v^*)$为(5.22)的最优解,则

$$v^* = \max_{1\leqslant i\leqslant m}\{w_i f_i(\boldsymbol{x}^*)\}.$$

任取 $\boldsymbol{x}\in D$,令 $v = \max\limits_{1\leqslant i\leqslant 1}\{w_i f_i(\boldsymbol{x})\}$,则$(\boldsymbol{x}, v)^{\mathrm{T}}$ 为(5.22)的可行解,于是

$$\max_{1\leqslant i\leqslant m}\{w_i f_i(\boldsymbol{x}^*)\} = v^* \leqslant v = \max_{1\leqslant i\leqslant m}\{w_i f_i(\boldsymbol{x})\},$$

即 $\boldsymbol{x}^*$ 为(5.21)的最优解. □

根据上述讨论,极大极小法的实际计算,并不需要通过评价函数 $u(\boldsymbol{F}(\boldsymbol{x}))$化为(5.21)求解(计算量大),而只要直接去求解辅助非线性规划问题(5.22)即可.

算法 5.3.2 极大极小法(min - max 法)

Step 1 给出正权系数:$w_1, \cdots, w_n > 0$,且

$$\sum_{i=1}^{m} w_i = 1 \quad (\text{注意要求所有 } w_i > 0).$$

Step 2 求解辅助非线性规划问题(5.22):

$$\begin{aligned} &\min\ v, \\ &\text{s.t.}\quad w_i f_i(\boldsymbol{x}) \leqslant v, \quad i = 1, \cdots, m, \\ &\qquad\quad \boldsymbol{x}\in D, \end{aligned}$$

得最优解$(\boldsymbol{x}^*, v^*)$,输出 $\boldsymbol{x}^*$.

容易证明 $\boldsymbol{x}^*$ 是(VMP)问题(5.3)的弱有效解.

5.3.4 理想点法

为使各分量目标函数都尽可能地极小化,可先分别求出各目标函数的极小值作为理想值,然后让各分量目标函数尽量地逼近各自的理想值,通过这种方法来获得原问题的解.

定义 5.3.3 理想点:设多目标最优化问题(5.3)的各分量目标函数在 D 上的极小点均存在,且

$$f_i^* = f_i(\boldsymbol{x}_i^*) = \min_{x\in D} f_i(\boldsymbol{x}), i = 1, \cdots, m,$$

则称点 $\boldsymbol{F}^* = (f_1^*, \cdots, f_m^*)^{\mathrm{T}}$ 为向量目标函数 $\boldsymbol{F}(\boldsymbol{x})$在像空间 $\mathbf{R}^m$ 中的理想点,图 5-7 画出当 $m = 2$ 时的情形.

在定义 5.3.3 中,当 $x_1^* = \cdots = x_m^*$ 时,对任意 $\boldsymbol{x}\in D$,都有

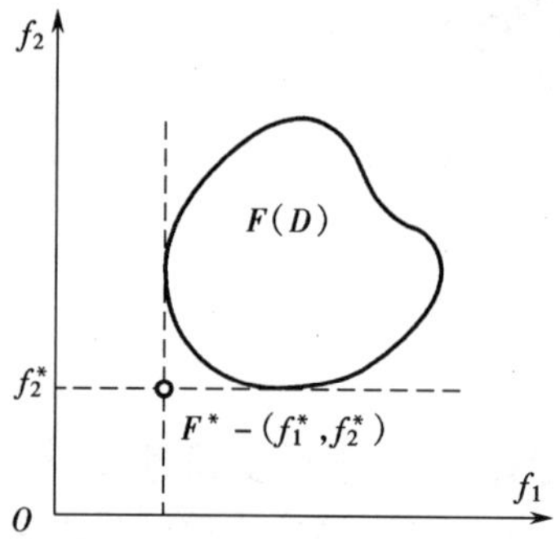

图 5-7

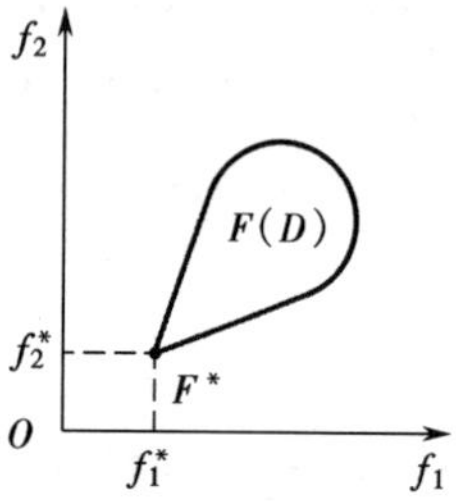

图 5-8

$$f_i(x_1^*) \leqslant f_i(x), i=1,\cdots,m,$$

根据定义5.2.1, x_1^* 是问题(5.3)的绝对最优解.因 $x_1^* \in D$,则理想点 $\boldsymbol{F}^*=(f_1(x_1^*)\cdots,f_m(x_1^*))^{\mathrm{T}} \in \boldsymbol{F}(D)$,即当 $x_1^*=\cdots=x_m^*$ 时,理想点在像集中,问题已解决.见图 5-8.

现在的问题是,当 $x_1^*,\cdots,x_m^*$ 不完全相等时, $\boldsymbol{F}(\boldsymbol{x})$ 的理想点 $\boldsymbol{F}^*$ 不一定在像集 $\boldsymbol{F}(D)$ 中(如图 5-7 所示情形),此时如何求解问题(5.3)呢? 一个很自然的想法是,在可行域 D 内寻找一点 $\tilde{\boldsymbol{x}}$,使它的像 $\boldsymbol{F}(\tilde{\boldsymbol{x}})$ 与 $\boldsymbol{F}^*$ 的"距离"最近,则 $\tilde{\boldsymbol{x}}$ 是某种意义下的解.因这种方法是使向量目标函数尽可能地逼近理想点,故称为理想点法.

在目标空间 $\mathbf{R}^m$ 中引进 p 范数

$$u(\boldsymbol{F})=\|\boldsymbol{F}-\boldsymbol{F}^*\|_p=\left[\sum_{i=1}^{m}(f_i-f_i^*)^p\right]^{\frac{1}{p}} \tag{5.23}$$

作为评价函数,其中 $1 \leqslant p < +\infty$.

容易证明,评价函数 $u(\boldsymbol{F})$(5.23)是 $\boldsymbol{F}$ 的严格单调增函数,留作习题.

最常用的两种理想点法分述如下.

算法 5.3.3　最短距离法

Step 1　求理想点.

求　$f_i^*=f_i(x_i^*)=\min\limits_{x \in D} f_i(x), \quad i=1,\cdots,m,$

得理想点 $\boldsymbol{F}^*=(f_1^*,\cdots,f_m^*)^{\mathrm{T}}$.

Step 2　检验理想点.

当 $x_1^* = \cdots = x_m^*$ 时,绝对最优解 $x^* = x_1^*$,停;否则转 Step 3.

Step 3　求单目标最优化问题:

$$\min_{x\in D}\sqrt{\sum_{i=1}^{m}[f_i(\boldsymbol{x})-f_i^*]^2},$$

得最优解 $\tilde{\boldsymbol{x}}$,输出 $\tilde{\boldsymbol{x}}$.

上述算法为(5.23)中取 $p=2$,即 2 – 范数的情况.体现了与理想点的最短距离,故称为最短距离理想点法,简称最短矩离法.可以毫无困难地考虑加权的情况,在此不再重述了.

以下考虑带权无穷范数理想点法,其评价函数为

$$u(\boldsymbol{F})=\max_{1\leqslant i\leqslant m}\{w_i|f_i-f_i^*|\},$$

其中 $\boldsymbol{w}=(w_1,\cdots,w_m)^{\mathrm{T}}$ 为权向量,$\boldsymbol{F}^*=(f_1^*,\cdots,f_m^*)^{\mathrm{T}}$ 为理想点.为简化计算,与极大极小法类似,引进 $w_i|f_n(\boldsymbol{x})-f_i^*|(i=1,\cdots,m)$的一个共同上界 $v\geqslant 0$,构造一个与之等价的辅助非线性规划问题,后者用来直接求解,其具体步骤如下.

算法 5.3.4　带权无穷范数理想点法

Step 1　求理想点.

Step 2　检验理想点.

这两个步骤与算法 5.3.3 完全一样.

Step 3　确定权系数:

$$w_i>0\quad 且\sum_{i=1}^{m}w_i=1.$$

注意,此处要求 $w_i>0(i=1,\cdots,m)$,即严格不等号成立.

Step 4　求解辅助非线性规划问题

$$\begin{aligned}&\min\ v,\\&\text{s.t.}\quad w_i|f_i(\boldsymbol{x})-f_i^*|\leqslant v,\quad i=1,\cdots,m,\\&\qquad\quad \boldsymbol{x}\in D,\end{aligned}\tag{5.24}$$

得最优解$(\tilde{\boldsymbol{x}},\tilde{v})^{\mathrm{T}}$,输出 $\tilde{\boldsymbol{x}}$.

不难看出,当各目标函数 $f_i(\boldsymbol{x})$为线性函数且 D 为凸多面体时,

(5.24)为线性规划问题.因此,对多目标线性规划问题(VLP),采用无穷范数理想点法求解是很方便的.

例 5.3.2 用理想点法求解例 5.1.2 生产计划问题:

$$
(\text{VLP})\quad
\begin{aligned}
&\min \sum_{i=1}^{n} x_i ,\\
&\max \sum_{i=1}^{n} \alpha_i a_i x_i ,\\
&\max\ a_1 x_1 ,\\
&\text{s.t.}\quad b_i - a_i x_i \geqslant 0,\quad i = 1,\cdots,m,\\
&\qquad\ \sum_{n=1}^{n} x_i - T \geqslant 0,\\
&\qquad\ x_i \geqslant 0,\quad i = 1,\cdots,n.
\end{aligned}
$$

已知各项数据如表 5-1($n = 3, T = 208$ h).

表 5-1

产　品　号	1	2	3
生产能力(t/h)	3	2	4
每吨利润(万元)	5	7	3
市场最大销售量(t)	240	250	420

则(VLP)问题为

$$
\begin{aligned}
&\text{V} - \min_{x\in D}(f_1, f_2, f_2)\\
&= (x_1 + x_2 + x_2 - 208,\ -15x_1 - 14x_2 - 12x_3,\ -3x_1),
\end{aligned}
$$

其中 $D = \{ \boldsymbol{x} \in \mathbf{R}^3 \mid 240 - 3x_1 \geqslant 0, 250 - 2x_2 \geqslant 0, 420 - 4x_3 \geqslant 0, x_1 \geqslant 0, x_2 \geqslant 0, x_3 \geqslant 0\}$.

用算法 5.3.4 理想点法求解.

求得理想点 $\boldsymbol{F}^* = (0, -4\,210, -240)^{\mathrm{T}}$.

因 f_2 的极小点 $\boldsymbol{x}_2^* = (80, 125, 105)^{\mathrm{T}}$ 与 f_1, f_3 的极小点 $x_1^* = x_3^* = (80, 125, 3)^{\mathrm{T}}$ 不同,故不存在绝对最优解.

又设决策者给出权向量 $\boldsymbol{w} = (0.1, 0.8, 0.1)^{\mathrm{T}} > 0$ 则辅助问题(5.24)为

$$\begin{aligned} &\min v, \\ &\text{s.t.}\quad \boldsymbol{x} \in D, \\ &\qquad 0.1(x_1 + x_2 + x_3 - 208 - 0) \leqslant v, \\ &\qquad 0.8(-15x_1 - 14x_2 - 12x_3 + 4210) \leqslant v, \\ &\qquad 0.1(-3x_1 + 240) \leqslant v, \\ &\qquad x_1, x_2, x_3 \geqslant 0, \quad v \geqslant 0. \end{aligned}$$

求得最优解为

$$(\boldsymbol{x}^*, v^*)^{\mathrm{T}} = (80, 125, 105, 10.2)^{\mathrm{T}},$$

其中 $\boldsymbol{x}^* = (80,125,105)^{\mathrm{T}}$ 为(VMP)问题的弱有效解，即该工厂下月应安排生产计划如下：生产第 1、2、3 种产品的时间分别为 80、125、105(h)；工人加班时间为 $x_1 + x_2 + x_3 - T = 102$(h)；第 1 种产品为 $a_1 x_1 = 240$(t)满足市场的需求；总利润为

$$\alpha_1 a_1 x_1 + \alpha_2 a_2 x_2 + \alpha_3 a_3 x_3 = 4\,210(\text{万元}).$$

5.3.5　确定权系数的方法

在确定权系数之前，一般要对各分量目标函数值做统一量纲的处理，不然的话，可能由于各目标函数值存在数量级的差异，导致权系数作用失效.

统一量纲的处理并不困难，一般可分为两个步骤.

第一步，各分量目标函数都加上同一个适当大的正数，使变化后的各目标函数

$$f_i(\boldsymbol{x}) > 0, \quad \forall \boldsymbol{x} \in D, \quad i = 1, \cdots, m.$$

第二步，求变化后各目标函数在 D 上的极小值：

$$f_i^* = \min_{\boldsymbol{x} \in D} f_i(\boldsymbol{x}),$$

以函数　$f_i(\boldsymbol{x})/f_i^*, \quad i = 1, 2, \cdots, m$

作为求解的各分量目标函数.

在上述统一量纲处理后，我们研究：根据问题的特性，用什么方法能合理而简便地确定出各目标函数的权系数来？下面将介绍三种确定权系数的方法.

1　α—法

这是根据各目标函数在可行域上的极小值，借助引进的一个辅助

参数 α,通过解一个线性方程组来确定权系数的一种方法,其具体步骤如下.

Step 1 求各目标函数的极小点:

$$f_j(\boldsymbol{x}_j^*)=\min_{\boldsymbol{x}\in D} f_j(\boldsymbol{x}),\quad j=1,\cdots,m.$$

若 $\boldsymbol{x}_1^*=\cdots=\boldsymbol{x}_m^*$,则求得问题的绝对最优解,停.否则转 Step 2.

Step 2 解线性方程组.令

$$f_{ij}=f_i(\boldsymbol{x}_j^*),i,j=1,\cdots,m,$$

构造含参数 α 和 $w_i(i=1,\cdots,m)$的线性方程组

$$\begin{aligned}&\sum_{i=1}^{m} f_{ij}w_i=\alpha,\quad j=1,\cdots,m,\\&\sum_{i=1}^{m} w_i=1,\end{aligned}\tag{5.25}$$

得唯一解:

$$(w_1,\cdots,w_m)^{\mathrm{T}}=\frac{\boldsymbol{e}^{\mathrm{T}}\boldsymbol{A}^{-1}}{\boldsymbol{e}^{\mathrm{T}}\boldsymbol{A}^{-1}\boldsymbol{e}},\quad \alpha=\frac{1}{\boldsymbol{e}^{\mathrm{T}}\boldsymbol{A}^{-1}\boldsymbol{e}},$$

其中 $\boldsymbol{A}=\begin{pmatrix}f_{11}\cdots f_{1m}\\ \vdots \quad\quad \vdots\\ f_{m1}\cdots f_{mm}\end{pmatrix}$为非奇异矩阵, $\boldsymbol{e}=(1,\cdots,1)^{\mathrm{T}}\in\mathbf{R}^m$,

$\boldsymbol{w}=(w_1,w_2,\cdots,w_m)^{\mathrm{T}}$ 即为所求权向量.

注意 在目标维数 m 不大情形下,使用 α—法很方便.但是,此法的缺点在于,当 $m\geqslant 2$ 即使不大时,也不能保证 $w_i\geqslant 0(i=1,\cdots,m)$.这是权系数所不允许的.

2 老手法(专家评估法)

这是一种凭借经验评估、通过数理统计方法处理来确定权系数的方法.显然,当问题的目标维数 m 很小时,而且决策者(或计算者)对问题有深入的了解,能够从专业理论和实践经验中找到根据,则可以直接确定各目标的权系数.但是当问题的目标维数 m 较大时,单凭个人的经验估计就可能是不科学的了,这时就需要选聘一批(q 个)对所研究问题有深刻见解的专家或有丰富经验的实际工作者,通过汇集他们的经验估计,再做数理统计处理后来确定权系数.因称这批专家和实际工

作者为“老手”,故称这种方法为老手法.

设第 i 位老手对第 j 个目标赋予的权系数为 $w_{ij}>0$.要求老手独立地进行评估且 $\sum_{j=1}^{m} w_{ij}=1$,则可计算出各目标的权系数的平均值为

$$w_j=\frac{1}{q}\sum_{i=1}^{q} w_{ij}, \quad j=1,\cdots,m,$$

显然 $$w_j>0 \text{ 且} \sum_{j=1}^{m} w_j=1.$$

再计算各位老手所提供的权系数与相应权系数平均值的偏差:

$$d_i=\max_{1\leqslant j\leqslant m} |w_{ij}-w_j|, \quad i=1,\cdots,q.$$

设 $\varepsilon>0$ 为选定的最大允许偏差,若

$$d_i\leqslant\varepsilon, \quad i=1,\cdots,q,$$

则表示老手们的评估无显著差异,即 $w_1,\cdots,w_m$ 为所求权系数.否则,需要与偏差较大的老手重新研讨后对权系数给出新的估计.重复上述过程,直到所有偏差满足要求为止.

此法简便实用,但一般要求老手的人数不能太少,因此工作量较大,特别当老手们的意见很不一致时,工作量更大.

检验老手们所提供的权系数是否满足要求,亦可用均方差

$$d_i=\frac{1}{q-1}\sum_{j=1}^{m}(w_{ij}-w_j)^2$$

代替上述偏差.

3　判断矩阵法

当目标维数 m 很大时,人们往往难于对所有各目标的重要程度做出有把握的正确的一揽子判断.但是,对于两两目标间的重要程度要做出比较判断,一般说却是比较容易的.鉴于此,这里给出一种首先用数字 1 至 9 标出对两两目标的比较判断,然后构造所谓判断矩阵,再计算出所有目标的权系数.这种方法就叫判断矩阵法,它已为实践所证明是很有效的.

先引进 1 至 9 的比例标度.设事项 s_i 相对于事项 s_j 的判断数 a_{ij} 如

下：

$a_{ij}=1$——s_i 与 s_j 同样重要；

$a_{ij}=3$——s_i 比 s_j 稍为重要；

$a_{ij}=5$——s_i 比 s_j 明显重要；

$a_{ij}=7$——s_i 比 s_j 非常重要；

$a_{ij}=9$——s_i 比 s_j 极端重要.

即人们通常对两事物比较强度，判断为"相当"、"较强"、"强"、"很强"和"绝对强"5 个等级.如果需要进一步细分，还可以在 $a_{ij}=1,3,5,7,9$ 每两数之间插入 2、4、6、8 四个数，依次表示 s_i 相对于 s_j 的重要程度介于上述 5 个等级之间的状况，至多分 9 个等级状况.

为确定多目标最优化问题中 $m(\geqslant 2)$ 个目标（即事项）的权系数，我们把由所有目标 f_i 相对于目标 $f_j(i,j=1,\cdots,m)$ 的判断数 a_{ij} 作为元素组成 $m\times m$ 阶方阵：

$$\boldsymbol{A}=\begin{pmatrix} a_{11} & \cdots & a_{1m} \\ \vdots & & \vdots \\ a_{m1} & \cdots & a_{mm} \end{pmatrix}$$

称为问题的判断矩阵.由上述定义，$\boldsymbol{A}$ 显然有如下性质：

$$\begin{aligned} & a_{ij}>0, \\ & a_{ij}=\frac{1}{a_{ji}}, \quad i,j=1,\cdots,m, \\ & a_{ii}=1, \end{aligned} \tag{5.26}$$

故称 $\boldsymbol{A}$ 为正的互反矩阵.因此，确定 $\boldsymbol{A}$ 只需给出矩阵中上（下）三角形的元素，共 $m(m-1)/2$ 个即可.

当 $\boldsymbol{A}$ 的元素满足传递性：

$$a_{ij}a_{jk}=a_{ik} \tag{5.27}$$

时，称 $\boldsymbol{A}$ 为完全一致性矩阵.

因第 i 个目标 $f_i(i=1,\cdots,m)$ 相对于其他各目标的判断数：a_{i1}，$\cdots$，a_{im} 表示 f_i 相对于其他各目标的重要程度，故目标 f_i 在整个问题中

的重要程度 α_i 可用它们的几何平均值给出，即

$$\alpha_i = \sqrt[m]{a_{i1}\cdots a_{im}}, \quad i = 1, \cdots, m.$$

进行规范化后得

$$w_i = \frac{\alpha_i}{\sum_{j=1}^{m} \alpha_j}, \quad i = 1, \cdots, m.$$

即为问题的一组权系数. 因用到 m 次方根，故叫根法，其计算步骤如下.

Step 1　$\boldsymbol{A}$ 中元素按行相乘得 $\pi_i = a_{i1}\cdots a_{im}$.

Step 2　将 π_i 开 m 次方根得 $\alpha_i = \sqrt[m]{\pi_i}$.

Step 3　将各方根规范化得

$$w_i = \alpha_i \Big/ \sum_{j=1}^{m} \alpha_j,$$

即为一组权系数.

由于客观事物的复杂性和人们认识事物的多样性，在实用中，要求判断矩阵 $\boldsymbol{A}$ 满足完全一致性(5.27)是困难的. 但要求人们的判断有大体的一致性是应该而且必要的. 因判断偏离完全一致性过大时，计算出的各目标的权系数对问题的反映将“失真”，这样也就失去了确定权系数的意义. 例如，甲比乙极端重要、乙比丙极端重要，而判断丙比甲极端重要，这是违反常识的，因而也是不能被接受的.

如何进行一致性检验呢? 根据线性代数知，当矩阵 $\boldsymbol{A}$ 为完全一致性时，其最大特征根为

$$\lambda_{\max} = m.$$

现在放宽完全一致性的要求，只要求判断矩阵具有满意的大体一致性.

下面给出一致性检验的指标：

$$c_m = \frac{\lambda_{\max} - m}{(m-1)R_m}, \tag{5.28}$$

其中最大特征根由公式：

$$\lambda_{\max} = \sum_{j=1}^{m} w_j \sum_{i=1}^{m} a_{ij} \tag{5.29}$$

计算，R_m 叫随机一致指标，见表 5-2. 显然，当 $c_m = 0$ 时，$\lambda_{\max} = m$，即 $\boldsymbol{A}$ 具有完全一致性. 通常规定

$$c_m \leqslant 0.1, \tag{5.30}$$

即认为所求判断矩阵 $\boldsymbol{A}$ 具有满意的一致性，相应地所确定出的一组权系数是可以被接受的；否则，认为判断矩阵 $\boldsymbol{A}$ 偏离一致性过大，必须重新评估两两目标间的相对重要程度，即判断数 a_{ij}，调整判断矩阵，直至满足式(5.30)为止.

表 5-2

r	1	2	3	4	5	6	7
R_m	0.00	0.00	0.52	0.89	1.12	1.26	1.36
r	8	9	10	11	12	13	14
R_m	1.41	1.46	1.49	1.52	1.54	1.56	1.58

例 5.3.3 在某问题中 5 个事项的重要程度分别由图 5-9 中相应的面积表示，即面积越大表示相应事项越重要. 试用判断矩阵法确定它们的权系数.

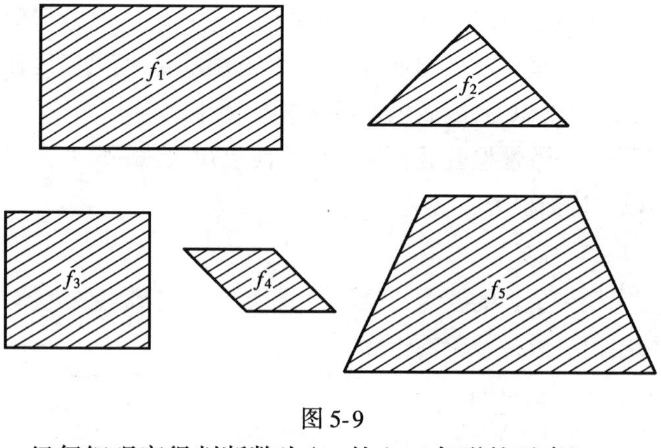

图 5-9

解 经仔细观察得判断数为($\boldsymbol{A}$ 的上三角形的元素)：

$$a_{12}=3,\ a_{13}=\frac{3}{2},\ a_{14}=6,\ a_{15}=\frac{2}{3},\ a_{23}=\frac{1}{2},$$

$$a_{24}=2,\ a_{25}=\frac{2}{9},\ a_{34}=4,\ a_{35}=\frac{4}{9},\ a_{45}=\frac{1}{9}.$$

现列表计算如下：

表 5-3

事　项	判断矩阵					$\pi_i=\underset{j=1}{\overset{5}{\pi}} a_{ij}$	$\alpha_i=\sqrt[5]{\pi_i}$	$w_i=\frac{\alpha_i}{\Sigma\alpha_j}$
	f_1	f_2	f_3	f_4	f_5			
f_1	1	3	$\frac{3}{2}$	6	$\frac{2}{3}$	18	1.618 9	0.267 3
f_2	$\frac{1}{3}$	1	$\frac{1}{2}$	2	$\frac{2}{9}$	0.074 1	0.648 1	0.107 0
f_3	$\frac{2}{3}$	2	1	4	$\frac{4}{9}$	2.370 4	1.154 7	0.190 7
f_4	$\frac{1}{6}$	$\frac{1}{2}$	$\frac{1}{4}$	1	$\frac{1}{9}$	0.002 3	0.363 7	0.060 1
f_5	$\frac{3}{2}$	$\frac{9}{2}$	$\frac{9}{4}$	9	1	136.687 5	2.269 6	0.374 9
$\sum_i a_{ij}$	3.67	11	5.5	22	2.44		$\Sigma\alpha_i=6.055\ 0$	$\lambda_{\max}=5.443\ 8$

其中 $\lambda_{\max}=0.267\ 3\times3.67+0.107\ 0\times11+0.190\ 7\times5.5+0.060\ 1\times22$

$$+0.374\ 9\times2.44=5.443\ 8.$$

一致性检验：查表 5-2.

$$R_5=1.12,$$

$$c_5=\frac{5.443\ 8-5}{4\times1.12}=0.099\ 1<0.1,$$

满足大体一致性(5.30)，所以权向量为

$$\boldsymbol{W}=(0.267\ 3,0.107\ 0,0.190\ 7,0.060\ 1,0.374\ 9)^{\mathrm{T}},$$

即认为是令人满意的.

5.4　分层求解法

本节讲述分层多目标最优化问题(LSP)的解法. 原则上说，求解(LSP)模型只要按所要求的优先层次先后地逐层地最优化. 理论上可以证明这样所获得的解便是某种意义下的有效解或弱有效解. 但是对于

特殊的分层线性多目标规划模型,则可以将单目标线性规划的单纯形法加以适当修改后用来求解,一般说比起逐层地求解要更简便和快速.

下面介绍三种分层求解法:

(1)完全分层序列法;

(2)分层评价法;

(3)分层单纯形法.

5.4.1 完全分层序列法

由于完全分层多目标最优化问题(5.6):

$$\mathrm{L}-\min_{X\in D}(P_s f_s(\boldsymbol{x}))_{s=1}^{m}$$

的每一优先层次都只考虑一个目标函数的特点,所以求解时只要按照所规定的优先层次的序依次地对每一个目标函数求出最优解(集),则最后一层目标函数的最优解即为所求解.这种对完全分层多目标最优化问题按优先层次依次地逐层求解的方法,统称为完全分层序列法.

最简单的完全分层序列法是,在问题的可行域 D 上对第 1 优先层次的目标 $f_1(\boldsymbol{x})$进行极小化,然后在第 1 优先层次目标函数的最优解集(如果存在)上对第 2 优先层次的目标函数 $f_2(\boldsymbol{x})$进行极小化,如此进行下去,一般地,第 $s+1$ 优先层次目标 $f_{s+1}(\boldsymbol{x})$应在第 s 优先层次的最优解集上进行极小化,具体构造算法如下.

算法 5.4.1 简单完全分层序列法

Step 1 确定初始可行域,将原问题(5.6)

$$\min_{x\in D}[P_1 f_1(\boldsymbol{x}),\cdots,P_m f_m(\boldsymbol{x})]$$

的可行域作为第 1 优先层问题的可行域:

$$D^1=D,$$

令 $k=1$.

Step 2 极小化分层问题:

在第 k 优先层次的可行域 D^k 上求解第 k 优先层次目标函数$f_k(\boldsymbol{x})$的优化问题:

$$\min_{x\in D^k} f_k(\boldsymbol{x}),$$

得最优解 $\boldsymbol{x}^k$ 和最优值$f_k(\boldsymbol{x}^k)$.

Step 3　检验分层数:

(1)　当 $k=m$ 时,输出 $\tilde{\boldsymbol{x}}=\boldsymbol{x}^m$,

(2)　当 $k<m$ 时,转 Step 4.

Step 4　建立下一层次的可行域,令

$$D^{k+1}=\{\boldsymbol{x}\in D^k \mid f_k(\boldsymbol{x})\leqslant f_k(\boldsymbol{x}^k)\},\tag{5.31}$$

$k=k+1$,转 Step 2.

为了说明上述简单完全分层序列法所求解的意义,我们有如下定理.

定理 5.4.1　若 $\tilde{\boldsymbol{x}}$ 是问题(5.6)用简单完全分层序列算法5.4.1求得的解,则 $\tilde{\boldsymbol{x}}$ 是多目标最优化问题(5.3):

$$\min_{\boldsymbol{x}\in D}\boldsymbol{F}(\boldsymbol{x})=(f_1(\boldsymbol{x}),\cdots,f_m(\boldsymbol{x}))^{\mathrm{T}}$$

的有效解,即　$\tilde{\boldsymbol{x}}\in P(\boldsymbol{F},D)$.

证　因 $\boldsymbol{x}^k$ 是第 k 优先层次问题的最优解($k=1,\cdots,m-1$),$\tilde{\boldsymbol{x}}$ 是前 $m-1$ 层次的可行解和最后第 m 层次的最优解,故由算法 Step 4 中(5.31)和 $\tilde{\boldsymbol{x}}=\boldsymbol{x}^m$ 有

$$f_k(\tilde{\boldsymbol{x}})\leqslant f_k(\boldsymbol{x}^k),\quad k=1,2,\cdots,m.\tag{5.32}$$

现用反证法,假设 $\tilde{\boldsymbol{x}}\notin P(\boldsymbol{F},D)$,则存在 $\hat{\boldsymbol{x}}\in D=D^1$,使得

$$\boldsymbol{F}(\hat{\boldsymbol{x}})\leqslant \boldsymbol{F}(\tilde{\boldsymbol{x}}).$$

即

$$f_k(\hat{\boldsymbol{x}})\leqslant f_k(\tilde{\boldsymbol{x}}),\quad k=1,\cdots,m,\tag{5.33}$$

且其中至少有一个下标 k_0 使

$$f_{k_0}(\hat{\boldsymbol{x}})<f_{k_0}(\tilde{\boldsymbol{x}}).$$

由式(5.32)、式(5.33)有

$$f_k(\hat{\boldsymbol{x}})\leqslant f_k(\boldsymbol{x}^k),k=1,2,\cdots,m.$$

再由 $\hat{\boldsymbol{x}}\in D=D^1$ 和(5.31)得出

$$\hat{\boldsymbol{x}}\in D^k,k=1,\cdots,m,$$

即 $\hat{\boldsymbol{x}}$ 是第 1 到第 m 优先层次问题的可行解.由(5.32)有

$$f_{k_0}(\hat{\boldsymbol{x}})<f_{k_0}(\boldsymbol{x}^{k_0}).$$

这与 $\boldsymbol{x}^{k_0}$ 是第 k_0 优先层次问题的最优解相矛盾,故 $\tilde{\boldsymbol{x}}\in P(\boldsymbol{F},D)$.　□

对上述算法稍加分析即可看出:若在某一中间优先层次问题(如 j_0

层)得到了唯一最优解,则在以后的所有优先层次问题的最优解也是唯一的,$x^{j_0}=x^{j_0+1}=\cdots=x^m$.在出现这种情况时,第 j_0 优先层次以后各优先层次的目标函数在问题中就不起作用了.人们自然要避免这种情况出现.为此,对算法 5.4.1 加以修正.选取一组适当的小正数:$\delta_1,\cdots,\delta_m$,称它们为宽容限.在对每一优先层次问题求解后对其最优值给予相应的宽容,从而使下一优先层次问题的可行域适度放大,使得每一优先层次的目标函数皆能参与问题的极小化.这种方法叫宽容完全分层序列法.

算法 5.4.2 宽容完全分层序列法

Step 1 确定初始可行域

$$D^1=D,$$

令 $k=1$.

Step 2 极小化分层问题:

$$\min_{x\in D^k} f_k(x)$$

得最优解 x^k 和最优值 $f_k(x^k)$.

Step 3 检验分层数:

(1) 当 $k=m$ 时,输出 $\tilde{x}=x^m$,

(2) 当 $k<m$ 时,转 Step 4.

Step 4 建立下一层次的可行域(加以宽容):

$$D^{k+1}=\{x\in D^k \mid f_k(x)\leqslant f_k(x^k)+\delta_k\},$$

令 $k=k+1$,转 Step 2.

类似于定理 5.4.1,可以证明由算法 5.4.2 所得到的 x 为弱有效解,即 $\tilde{x}\in P_w(F,D)$.

宽容完全分层序列法是求解完全分层多目标最优化问题的实用有效方法,其各层次的宽容限 $\delta_i>0$,需要根据不同问题的特点酌情而定.

5.4.2 分层评价法

对于一般分层多目标最优化问题(5.5):

$$\text{L}-\min_{x\in D}[P_sF_s(x)]_{s=1}^{L},$$

其中 $\boldsymbol{F}_s(\boldsymbol{x})=(f_1^s(\boldsymbol{x}),\cdots,f_{l_s}^s(\boldsymbol{x}))^{\mathrm{T}}, s=1,\cdots,L$,而第 s 优先层次的目标函数为 l_s 维的向量函数.我们采用下面的分层评价函数法求解,叫分层评价法.

算法 5.4.3 分层评价法

Step 1 确定初始可行域:

$$D^1=D.$$

Step 2 选择第 k 优先层次的评价函数为

$$u_k(\boldsymbol{F}_k)\quad(u_k:\mathbf{R}^{l_k}\to\mathbf{R}^1).$$

Step 3 极小化分层问题:

$$\min_{\boldsymbol{x}\in D^k} u_k(\boldsymbol{F}_k(\boldsymbol{x}))$$

得最优解 $\boldsymbol{x}^k$ 和最优值 $u_k(\boldsymbol{F}_k(\boldsymbol{x}^k))$.

Step 4 检验分层数.

(1) 当 $k=L$ 时,输出 $\tilde{\boldsymbol{x}}=\boldsymbol{x}^L$,

(2) 当 $k<L$ 时,转 Step 5.

Step 5 建立下一层次的可行域

$$D^{k+1}=\{\boldsymbol{x}\in D^k \mid u_k(\boldsymbol{F}^k(\boldsymbol{x}))\leqslant u_k(\boldsymbol{F}_k(\boldsymbol{x}^k))\},$$

令 $k=k+1$,转 Step 2.

用分层评价算法 5.4.3 求解一般分层多目标优化问题(5.5)所得解的意义由下述定理给出.

定理 5.4.2 设 $\boldsymbol{F}_k: D\leqslant\mathbf{R}^n\to\mathbf{R}^{l_k}$, $u_k:\mathbf{R}^{l_k}\to\mathbf{R}^1$,且 $P(\boldsymbol{F},D)$ 和 $P_{\mathrm{w}}(\boldsymbol{F},D)$分别是多目标优化问题(5.3)的有效解集和弱有效解集.若 $\tilde{\boldsymbol{x}}$ 是用分层评价算法 5.4.3 求解问题(5.5)所得解,那么

(1) 当 $u_k(\boldsymbol{z})(k=1,\cdots,L)$关于 $\boldsymbol{Z}$ 是严格单调增函数时,则 $\tilde{\boldsymbol{x}}\in P(\boldsymbol{F},D)$.

(2) 当 $u_k(\boldsymbol{z})(k=1,\cdots,L)$关于 $\boldsymbol{Z}$ 是单调增函数时,则 $\tilde{\boldsymbol{x}}\in P_{\mathrm{w}}(\boldsymbol{F},D)$.

定理的证明从略.

5.4.3 分层单纯形法

本节讲述特殊的分层线性多目标最优化问题:

$$\begin{aligned}
&\mathrm{L}-\min\ [P_s \boldsymbol{C}_s^{\mathrm{T}} \boldsymbol{x}]_{s=1}^{m},\\
&\text{s.t.}\quad A\boldsymbol{x} \leqslant \boldsymbol{b},\\
&\qquad\quad \boldsymbol{x} \geqslant \boldsymbol{0}
\end{aligned} \tag{5.34}$$

的解法,其中 $\boldsymbol{C}_s = (C_{s_1}, \cdots, C_{s_n})^{\mathrm{T}},\quad s = 1, \cdots, m,$

$$\boldsymbol{x} = (x_1, \cdots, x_n)^{\mathrm{T}},\quad \boldsymbol{b} = (b_1, \cdots, b_l)^{\mathrm{T}},$$

$$A = \begin{pmatrix} a_{11} & \cdots & a_{1n} \\ \vdots & & \vdots \\ a_{l1} & \cdots & a_{ln} \end{pmatrix}.$$

由于(5.34)的每一优先层次问题均为一个线性规划问题,因而可以逐层地采用线性规划的单纯形法求解.这种解法每一优先层次都要解一个线性规划,而且下一层次要在上一层次的最优解集上进行.当目标维数 m 较大时,计算量一般很大.但由于它完全可以套用现成的单纯形法的商业计算程序,故这种方法仍常被人们所采用.

容易看到,(5.34)中各优先层次问题的数学结构形式都是相同的,利用这一结构上的特点,设法将线性规划的单纯形法加以适当的修改推广,使之直接求出分层线性多目标最优化问题(5.34)的解,而避免逐层反复运算造成工作量太大的缺陷.

事实上,注意到求解(5.34)的第 $k+1$ 层次时,为保证前 k 个优先层次目标函数:

$$f_s(\boldsymbol{x}) = \boldsymbol{C}_s^{\mathrm{T}} \boldsymbol{x} = \sum_{j=1}^{n} C_{s_j} x_j,\quad s = 1, \cdots, k,$$

分别不超过其对应层次的目标最优值 f_s^* $(s = 1, \cdots, k)$,使用单纯形法求解第 $k+1$ 层次时,进基变量 x_q 的选择应考虑如下情况.

根据单纯形法选择离基变量 x_p 时,旋转变换后所得各目标值变为

$$f_s = f_s^* - \frac{\hat{a}_{p0}}{\hat{a}_{pq}} r_{sq},\quad s = 1, \cdots, k,$$

其中 $\hat{a}_{pq}$ 为主元,$\hat{a}_{po}$ 为向量 $\boldsymbol{b}$ 的第 p 个分量,r_{sq} 为目标函数 $f_s(\boldsymbol{x})$ 相应于变量 x_q 的检验数.因 $\hat{a}_{pq} > 0, \hat{a}_{p0} > 0$(只考虑非退化情况),故要使 $f_s \leqslant f_s^*$,必须有 $r_{sq} \geqslant 0 (s = 1, \cdots, k)$.因此,得到进基变量的条件为

$$r_{(k+1)}q > 0 \text{ 且 } r_{sq} \geqslant 0, \quad s = 1, \cdots, k.$$

此外,在线性规划的单纯形表中的检验数只有一行,而现在求解具有 m 个优先层次的多目标线性规划的单纯形表中的检验数相应地就应该有 m 行,形成一个$(m \times n)$阶的检验数矩阵.这种求解具有 m 个优先层次的线性多目标最优化问题(5.34)的单纯形法称为分层单纯形法,其步骤如下.

算法 5.4.4　分层单纯形法

Step 1　化为标准型.

对(5.34)中的不等式约束依次添加松驰变量 $x_{n+1}, \cdots, x_{n+l}$后化为标准型

$$\begin{aligned} & \text{L}-\min\ [P_s \sum_{j=1}^{n} C_{sj}x_j]_{s=1}^{m}, \\ & \text{s.t.}\quad a_{11}x_1 + \cdots + a_{1n}x_n + x_{n+1} = b_1, \\ & \qquad \cdots\cdots \\ & \qquad a_{l_1}x_1 + \cdots + a_{l_n}x_n + x_{n+l} = b_l, \\ & \qquad x_j \geqslant 0, j = 1, \cdots, n, n+1, \cdots, n+l. \end{aligned} \tag{5.35}$$

Step 2　建立初始单纯形表 5-4,令 $k = 1$.

Step 3　检查第 k 层次的检验数.

当时的单纯形表为表 5-5,检查 P_k 行的检验数 $r_{kj}(j = 1, \cdots, n+l)$.若对每个 $1 \leqslant j \leqslant n+l$ 有 $r_{kj} \leqslant 0$ 或 $r_{kj} > 0$,但存在 $k' < k$ 使 $r_{k'j} < 0$,则转 Step 6;否则转 Step 4.

Step 4　确定主元.

选 $q(1 \leqslant q \leqslant n+l)$使

$$r_{kq} = \max_{1 \leqslant j \leqslant n+l} \{ r_{kj} \mid r_{k'j} \geqslant 0, k' = 1, \cdots, k-1 \}.$$

若对每个 $1 \leqslant i \leqslant l$ 有 $\hat{a}_{iq} \leqslant 0$,则问题的最优解无界,停止计算;否则,求 $p(1 \leqslant p \leqslant l)$使

$$\frac{\hat{a}_{po}}{\hat{a}_{pq}} = \min_{1 \leqslant i \leqslant l} \left\{ \frac{\hat{a}_{i0}}{\hat{a}_{iq}} \,\middle|\, \hat{a}_{iq} > 0 \right\}$$

确定 x_q 进基,x_p 离基.

表 5-4

	r_0	r_1	$\cdots$	r_j	$\cdots$	r_n	r_{n+1}	$\cdots$	r_{n+l}
p_1	0	$-c_{11}$	$\cdots$	$-c_{1j}$	$\cdots$	$-c_{1n}$	0	$\cdots$	0
$\vdots$	$\vdots$	$\vdots$		$\vdots$		$\vdots$	$\vdots$		$\vdots$
p_s	0	$-c_{s1}$	$\cdots$	$-c_{sj}$	$\cdots$	$-c_{sn}$	0	$\cdots$	0
$\vdots$	$\vdots$	$\vdots$		$\vdots$		$\vdots$	$\vdots$		$\vdots$
p_m	0	$-c_{m1}$	$\cdots$	$-c_{mj}$	$\cdots$	$-c_{mn}$	0	$\cdots$	0
x_B	a_0	x_1	$\cdots$	x_j	$\cdots$	x_n	x_{n+1}	$\cdots$	x_{n+l}
x_{n+1}	b_1	a_{11}	$\cdots$	a_{1j}	$\cdots$	a_{1n}	1	$\cdots$	0
$\vdots$	$\vdots$	$\vdots$		$\vdots$		$\vdots$	$\vdots$		$\vdots$
x_{n+i}	b_i	a_{i1}	$\cdots$	a_{ij}	$\cdots$	a_{in}	0	$\cdots$	0
$\vdots$	$\vdots$	$\vdots$		$\vdots$		$\vdots$	$\vdots$		$\vdots$
x_{n+l}	b_l	a_{l1}	$\cdots$	a_{lj}	$\cdots$	a_{ln}	0	$\cdots$	1

Step 5　以 $\hat{a}_{pq}$ 为主元进行旋转变换，令

$$\hat{a}_{pj}=\frac{\hat{a}_{pj}}{\hat{a}_{pq}},j=0,1,\cdots,n+l,$$

$$\hat{a}_{ij}=\hat{a}_{ij}-\frac{\hat{a}_{pj}}{\hat{a}_{pq}}\hat{a}_{iq},\begin{array}{l}i=1,\cdots,l,i\neq p,\\ j=0,1,\cdots,n+l,\end{array}$$

$$r_{sj}=r_{sj}-\frac{\hat{a}_{pj}}{\hat{a}_{pq}}r_{sq},\begin{array}{l}s=1,\cdots,m,\\ j=0,1,\cdots,n+l,\end{array}$$

$$x_{B_p}=x_q.$$

转 Step 3.

Step 6　检验层次数.

(1)　当 $k=m$ 时，转 Step 7，

(2)　当 $k<m$ 时，令 $k=k+1$　转 Step 3.

Step 7　输出解 $\tilde{\boldsymbol{x}}$.

此时在单纯形表 5-5 中得标准型(5.35)的解

$$\tilde{\boldsymbol{x}}=(\tilde{\boldsymbol{x}}_1,\cdots,\tilde{\boldsymbol{x}}_n,\tilde{\boldsymbol{x}}_{n+1},\cdots,\tilde{\boldsymbol{x}}_{n+l})^{\mathrm{T}},$$

其中 $$\tilde{\boldsymbol{x}}_j = \begin{cases} \hat{a}_{i0}, & \text{存在 } 1 \leqslant i \leqslant l \text{ 使 } j = B_i, \\ 0, & \text{不存在 } 1 \leqslant i \leqslant l \text{ 使 } j = B_i, \end{cases}$$

从而输出问题(5.34)的解为

$$\tilde{\boldsymbol{x}} = (\tilde{\boldsymbol{x}}_1, \cdots, \tilde{\boldsymbol{x}}_n)^{\mathrm{T}},$$

及相应的各层次的目标值为

$$\tilde{f}_s = r_{s0}, \quad s = 1, \cdots, m.$$

表 5-5

	r_0	r_1	$\cdots$	r_j	$\cdots$	r_{n+l}
p_1	r_{10}	r_{11}	$\cdots$	r_{1j}	$\cdots$	r_{1n+l}
$\vdots$	$\vdots$	$\vdots$		$\vdots$		$\vdots$
p_k	r_{k0}	r_{k1}	$\cdots$	r_{kj}	$\cdots$	r_{kn+l}
$\vdots$	$\vdots$	$\vdots$		$\vdots$		$\vdots$
p_m	r_{m0}	r_{m1}	$\cdots$	r_{mj}	$\cdots$	r_{mn+l}
x_B	a_0	x_1	$\cdots$	x_j	$\cdots$	x_{n+l}
x_{B1}	$\hat{a}_{10}$	$\hat{a}_{11}$	$\cdots$	$\hat{a}_{1j}$	$\cdots$	$\hat{a}_{1n+l}$
$\vdots$	$\vdots$	$\vdots$		$\vdots$		$\vdots$
x_{Bi}	$\hat{a}_{i0}$	$\hat{a}_{i1}$	$\cdots$	$\hat{a}_{ij}$	$\cdots$	$\hat{a}_{in+l}$
$\vdots$	$\vdots$	$\vdots$		$\vdots$		$\vdots$
x_{B_l}	$\hat{a}_{l0}$	$\hat{a}_{l1}$	$\cdots$	$\hat{a}_{lj}$	$\cdots$	$\hat{a}_{ln+l}$

用算法 5.4.4 求解分层多目标线性规划(5.34)所得解的意义,有下列定理.

定理 5.4.3　设 $\tilde{\boldsymbol{x}}$ 是用算法 5.4.4 求解问题(5.34)得到的解,则 $\tilde{\boldsymbol{x}}$ 是如下多目标线性规划问题:

$$\begin{aligned} & \text{V} - \min \ \boldsymbol{F}(\boldsymbol{x}) = (\boldsymbol{c}_1^{\mathrm{T}}\boldsymbol{x}, \cdots, \boldsymbol{c}_m^{\mathrm{T}}\boldsymbol{x})^{\mathrm{T}} \\ & \text{s.t.} \quad A\boldsymbol{x} \leqslant \boldsymbol{b} \\ & \qquad\ \ \boldsymbol{x} \geqslant \boldsymbol{0} \end{aligned}$$

的有效解,即

$$\tilde{\boldsymbol{x}} \in P(\boldsymbol{F}, D),$$

其中

$$D = \{\boldsymbol{x} \in \mathbf{R}^n \mid A\boldsymbol{x} - \boldsymbol{b} \leqslant \boldsymbol{0}, \boldsymbol{x} \geqslant \boldsymbol{0}\}.$$

由于本定理的证明篇幅较长,就不再证明了.

例 5.4.1 用分层单纯形法求解

$$\text{L}-\min\left[P_1(-x_1-3x_2),P_2(-x_1-2x_3),P_3(x_1+2x_2+x_3)\right],$$

$$\text{s.t.}\quad x_1+x_2\leqslant 5,$$
$$x_2\leqslant 2,$$
$$-x_1-x_2+x_3\leqslant 4,$$
$$x_1,x_2,x_3\geqslant 0.$$

解 Step 1 化为标准型

$$\text{L}-\min\left[P_1(-x_1-3x_2),P_2(-x_1-2x_3),P_3(x_1+2x_2+x_3)\right],$$

$$\text{s.t.}\quad x_1+x_2+x_4=5,$$
$$x_2+x_5=2,$$
$$-x_1-x_2+x_3+x_6=4,$$
$$x_i\geqslant 0,i=1,\cdots,6.$$

Step 2 建立初始单纯形表 5-6.

表 5-6

	r_0	r_1	r_2	r_3	r_4	r_5	r_6
p_1	0	1	3	0	0	0	0
p_2	0	1	0	2	0	0	0
p_3	0	-1	-2	-1	0	0	0
x_B	a_0	x_1	x_2	x_3	x_4	x_5	x_6
x_4	5	1	1	0	1	0	0
x_5	2	0	(1)	0	0	1	0
x_6	4	-1	-1	1	0	0	1

表 5-7

	r_0	r_1	r_2	r_3	r_4	r_5	r_6
p_1	-6	1	0	0	0	-3	0
p_2	0	1	0	2	0	0	0
p_3	4	-1	0	-1	0	2	0
x_B	a_0	x_1	x_2	x_3	x_4	x_5	x_6
x_4	3	(1)	0	0	1	-1	0
x_2	2	0	1	0	0	1	0
x_6	6	-1	0	1	0	1	1

Step 3 检验第 1 层次的检验数.

由表 5-6 有 $r_{11}=1>0,r_{12}=3>0$,转 Step 4.

Step 4 因 $r_{12}=\max\limits_{1\leqslant j\leqslant 6}\{r_{1j}\}=3$ 故 $q=2$.

又因

$$\frac{\hat{a}_{50}}{\hat{a}_{52}}=\min_{1\leqslant i\leqslant 6}\left\{\frac{\hat{a}_{i0}}{\hat{a}_{i2}}\,\middle|\,\hat{a}_{i2}>0\right\}=\min\left\{\frac{5}{1},\frac{2}{1}\right\}=2,$$

故 $p=5$,$\hat{a}_{52}$为主元,x_2 进基,x_5 离基.

Step 5　以 $\hat{a}_{52}$为主元进行旋转,得新单纯形表 5-7,并转回 Step 3 检查第 1 层次的检验数:$r_{11}=1>0$ 转 Step 4:$r_{11}=\max\limits_{1\leqslant j\leqslant 6}\{r_{1j}\}=1$,

$$\frac{\hat{a}_{40}}{\hat{a}_{41}}=\min_{1\leqslant i\leqslant 6}\left\{\frac{\hat{a}_{i0}}{\hat{a}_{i1}}\middle|\hat{a}_{i1}>0\right\}=\min\left(\frac{3}{1}\right)=3,$$

得 $\hat{a}_{41}$为主元,即 x_1 进基,x_4 离基.进行 Step 5 旋转得新单纯形表5-8.再进行 Step 3 检查第 1 层次检验数有 $r_{1j}\leqslant 0(1\leqslant j\leqslant 6)$.

Step 6　检查层次数.$k=1<m=3$,应增加层次数,令 $k=k+1=2$ 进行 Step 3.检查第 2 层的检验数有 $r_{23}=2>0$,$r_{25}=1>0$,进行 Step 4 找到主元 $\hat{a}_{63}$,进行 Step 5 旋转得新单纯形表 5-9.

表 5-8

	r_0	r_1	r_2	r_3	r_4	r_5	r_6
p_1	-9	0	0	0	-1	-2	0
p_2	-3	0	0	2	-1	1	0
p_3	7	0	0	-1	1	1	0
x_B	a_0	x_1	x_2	x_3	x_4	x_5	x_6
x_1	3	1	0	0	1	-1	0
x_2	2	0	1	0	0	1	0
x_6	9	0	0	(1)	1	0	1

表 5-9

	r_0	r_1	r_2	r_3	r_4	r_5	r_6
p_1	-9	0	0	0	-1	-2	0
p_2	-21	0	0	0	-3	1	-2
p_3	16	0	0	0	2	1	1
x_B	a_0	x_1	x_2	x_3	x_4	x_5	x_6
x_1	3	1	0	0	1	-1	0
x_2	2	0	1	0	0	1	0
x_3	9	0	0	1	1	0	1

进行 Step 3 检查第 2 层检验数:$r_{25}=1>0$ 但 $r_{15}=-2<0$,故第 2 层不能再改进了.转 Step 3 检查第 3 层的检验数,尽管有 $r_{34}=2>0$,$r_{35}=r_{36}=1>0$,但对应的上两层有 $r_{24}=-3<0$,$r_{26}=r_{15}=-2<0$,故也无法再改进了.此时层次数 $k=m=3$.

Step 7　输出解和目标值:

$$\tilde{\boldsymbol{x}}=(3,2,9)^{\mathrm{T}},\tilde{\boldsymbol{F}}=(-9,-21,16)^{\mathrm{T}}.$$

由本例求解过程中可以看到:经过第 1 和第 2 优先层次极小化后已得到唯一解.因此,问题中第 3 优先层次的目标函数,实际上并未起作用.此种现象可能引起问题“失真”.与算法 5.4.2 宽容完全分层序列法的讨论一样，必要时可采用宽容限技巧加以处理. 同时可利用线性规划中关于灵敏度分析的技巧，简化计算.

5.5 目标规划法

由于目标规划模型(5.10)、(5.17)在处理实际问题时具有灵活和简便的优点，因而工程技术人员乐于采用. 本节将讲述简单目标规划法和目标单纯形法. 后者在许多领域中有着广泛的应用.

5.5.1 简单目标规划法

现在讨论目标规划模型(5.10)：

$$
\begin{aligned}
&\min \sum_{i=1}^{m} (\delta_i^+ + \delta_i^-),\\
&\text{s.t}\quad \left.\begin{aligned} & f_i(\boldsymbol{x}) - \delta_i^+ + \delta_i^- = \overset{0}{f}_i,\\ & \delta_i^+ \geqslant 0, \delta_i^- \geqslant 0,\end{aligned}\right. \qquad i = 1, \cdots, m,\\
&\qquad\ \ \boldsymbol{x} \in D,
\end{aligned}
$$

及带权目标规划模型：

$$
\begin{aligned}
&\min \sum_{i=1}^{m} (w_i^+ \delta_i^+ + w_i^- \delta_i^-),\\
&\text{s.t}\quad \boldsymbol{x} \in D,\\
&\qquad\ \left.\begin{aligned} & f_i(\boldsymbol{x}) - \delta_i^+ + \delta_i^- = \overset{0}{f}_i,\\ & \delta_i^+ \geqslant 0, \delta_i^- \geqslant 0,\end{aligned}\right. \qquad i = 1, \cdots, m
\end{aligned} \tag{5.36}
$$

的解法.

实际上，因为(5.10)和(5.36)都是单目标最优化问题，所以完全不需要研究什么新的解法，只要按照问题的特点选用线性规划或非线性规划的适当解法即可. 下面讨论所求出(5.10)或(5.36)的最优解$(\tilde{\boldsymbol{x}}, \tilde{\boldsymbol{\delta}}^{+\mathrm{T}}, \tilde{\boldsymbol{\delta}}^{-\mathrm{T}})^{\mathrm{T}}$中$\tilde{\boldsymbol{x}}$的意义. 为此，我们给出如下两个定理，并只证明其中第二个定理.

考虑与(5.10)相应的多目标最优化问题：

$$
\mathrm{V}-\min_{\boldsymbol{x} \in D} \boldsymbol{S}(\boldsymbol{x}) = (s_1(\boldsymbol{x}), \cdots, s_m(\boldsymbol{x}))^{\mathrm{T}}, \tag{5.37}
$$

其中

$$s_i(\boldsymbol{x}) = |f_i(\boldsymbol{x}) - \overset{0}{f}_i|, \quad i = 1, \cdots, m,$$

则

$$\min_{\boldsymbol{x} \in D} \sum_{i=1}^{m} s_i(\boldsymbol{x}) = \min_{\boldsymbol{x} \in D} \sum_{i=1}^{m} |f_i(\boldsymbol{x}) - \overset{0}{f}_i| = \min_{\boldsymbol{x} \in D} \sum_{i=1}^{m} (\delta_i^+ + \delta_i^-),$$

由定理 5.1.1 即可得如下定理.

定理 5.5.1　若$(\tilde{\boldsymbol{x}}^{\mathrm{T}}, \tilde{\boldsymbol{\delta}}^{+\mathrm{T}}, \tilde{\boldsymbol{\delta}}^{-\mathrm{T}})$是(5.10)的最优解,则 $\tilde{\boldsymbol{x}}$ 是(5.37)的有效解,即 $\tilde{\boldsymbol{x}} \in P(\boldsymbol{S}, D)$.

再考虑与(5.36)相应的多目标最优化问题:

$$\mathrm{V}-\min_{\boldsymbol{x} \in D} \boldsymbol{T}(\boldsymbol{x}) = (t_1(\boldsymbol{x}), \cdots, t_m(\boldsymbol{x}))^{\mathrm{T}}, \tag{5.38}$$

其中

$$t_i(\boldsymbol{x}) = \begin{cases} w_i^+ (f_i(\boldsymbol{x}) - \overset{0}{f}_i), & f_i(\boldsymbol{x}) \geqslant \overset{0}{f}_i, \\ w_i^- (\overset{0}{f}_i - f_i(\boldsymbol{x})), & f_i(\boldsymbol{x}) < \overset{0}{f}_i, \end{cases}$$

则由 5.3.1 中偏差变量的定义及性质可得

$$\min_{\boldsymbol{x} \in D} \sum_{i=1}^{m} t_i(\boldsymbol{x}) = \min_{x \in D} \sum_{i=1}^{m} (w_i^+ \delta_i^+ + w_i^- \delta_i^-).$$

定理 5.5.2　若$(\tilde{\boldsymbol{x}}^{\mathrm{T}}, \tilde{\boldsymbol{\delta}}^{+\mathrm{T}}, \tilde{\boldsymbol{\delta}}^{-\mathrm{T}})$是(5.36)的最优解,则 $\tilde{\boldsymbol{x}}$ 是(5.38)的有效解,即 $\tilde{\boldsymbol{x}} \in P(\boldsymbol{T}, D)$.

证　令

$$u(\boldsymbol{T}) = \sum_{i=1}^{m} t_i,$$

则 $u(\boldsymbol{T})$ 是 $\boldsymbol{T}$ 的严格单调增函数,由基本定理 5.3.1 知,若$(\tilde{\boldsymbol{x}}^{\mathrm{T}}, \tilde{\boldsymbol{\delta}}^{+\mathrm{T}}, \tilde{\boldsymbol{\delta}}^{-\mathrm{T}})^{\mathrm{T}}$是(5.36)的最优解,则 $\tilde{\boldsymbol{x}}$ 是(5.38)的有效解,即 $\tilde{\boldsymbol{x}} \in P(\boldsymbol{T}, D)$. □

5.5.2　目标单纯形法

由于直接用算法 5.4.4 分层单纯形法求解线性目标规划(LGP)(5.18)的计算量较大,并且注意到(5.18)中仅含偏差目标函数和带有目标约束,故对线性规划的单纯形法应进一步推广,使其求解过程又与分层单纯形法有所不同,形成求解线性目标规划(LGP)所特有的目标单纯形法.

为了叙述方便,将(5.18)中的一些符号统一如下: $l_1+\cdots+l_L=m$,

$$C_i=(a_{i1},\cdots,a_{im})^{\mathrm T},\ i=1,\cdots,m,$$

$$\begin{pmatrix} C_1^{1\mathrm T}\\ \vdots \\ C_{l_L}^{L\mathrm T}\end{pmatrix}=\begin{pmatrix} a_{11} & \cdots & a_{1n}\\ \vdots & & \vdots\\ a_{m1} & \cdots & a_{mn}\end{pmatrix},\ A=\begin{pmatrix} a_{m+1\,1} & \cdots & a_{m+1\,n}\\ \vdots & & \vdots\\ a_{m+l1} & \cdots & a_{m+1\,n}\end{pmatrix}$$

$$(\overset{0}{f}_1,\cdots,\overset{0}{f}_{l1},\cdots,\overset{0}{f}{}_1^L,\cdots,\overset{0}{f}{}_{l_L}^L)^{\mathrm T}=(b_1,\cdots,b_m)^{\mathrm T},$$

$$\boldsymbol b=(b_{m+1},\cdots,b_{m+l})^{\mathrm T},$$

$$(\delta_{11}^+,\cdots,\delta_{1l_1}^+,\cdots,\delta_{L1}^+,\cdots,\delta_{Ll_L}^+)^{\mathrm T}=(\delta_1^+,\cdots,\delta_m^+)^{\mathrm T},$$

$$(\delta_{11}^-,\cdots,\delta_{1l_1}^-,\cdots,\delta_{L1}^-,\cdots,\delta_{Ll_L}^-)^{\mathrm T}=(\delta_1^-,\cdots,\delta_m^-)^{\mathrm T},$$

则问题(5.18)可写成

$$\text{(LGP)}\quad \begin{aligned} &\mathrm{L-min}\ \Big[P_s\sum_{i=1}^{l_s}(w_{si}^+\delta_{si}^+ + w_{si}^-\delta_{si}^-)\Big]_{s=1}^L,\\ &\text{s.t.}\quad \sum_{j=1}^n a_{ij}x_j-\delta_i^++\delta_i^-=b_i,\quad i=1,\cdots,m,\\ &\qquad\ \sum_{j=1}^n a_{ij}x_j+y_i=b_i,\quad i=m+1,\cdots,m+l,\\ &\qquad\ x_j\geqslant 0,\quad j=1,\cdots,n,\\ &\qquad\ y_i\geqslant 0,\quad i=1,\cdots,l,\\ &\qquad\ \delta_i^+\geqslant 0,\quad \delta_i^-\geqslant 0,\quad i=1,\cdots,m. \end{aligned}\tag{5.39}$$

问题(5.39)的目标单纯形法的步骤如下.

算法 5.5.1　目标单纯形法

Step 1　建立初始单纯形表 5-10,令 $k=1$.

Step 2　检查第 k 层次的检验数.

对表 5-10 中 p_k 行的检验数: 若 $r_{kj}\leqslant 0$ $(1\leqslant j\leqslant n+2m+l)$或 $r_{kj}>0$ 但存在 $k'<k$ 使 $r_{k'j}\leqslant 0$, 则转 Step 5; 否则转 Step 3.

Step 3　确定主元.

选 $q(1\leqslant q\leqslant n+2m+l)$　使

$$r_{kq}=\max_{1\leqslant j\leqslant n+2m+l}\{r_{kj}\mid r_{k'j}>0,k'=1,\cdots,k-1\}.$$

若对每一 $i(1\leqslant i<m+l)$ 有 $\hat{a}_{iq}\leqslant 0$,则问题的最优解无界,停止计算;否则,选 $p(1\leqslant p\leqslant m+l)$　使

$$\frac{\hat{a}_{p0}}{\hat{a}_{pq}}=\min_{1\leqslant i\leqslant m+l}\left\{\frac{\hat{a}_{i0}}{\hat{a}_{iq}}\middle|\hat{a}_{iq}>0\right\},$$

即 $\hat{a}_{pq}$ 为主元,x_q 进基,x_p 离基.

Step 4　进行旋转变换,令

$$\hat{a}_{pj}=\frac{\hat{a}_{pj}}{\hat{a}_{pq}},\quad j=0,1,\cdots,n+2m+l,$$

$$\hat{a}_{ij}=\hat{a}_{ij}-\frac{\hat{a}_{pj}}{\hat{a}_{pq}}\hat{a}_{iq},\quad \begin{array}{l}i=1,\cdots,m+l,i\neq p,\\ j=0,1,\cdots,n+2m+l,\end{array}$$

$$\dot{r}_{sj}=r_{sj}-\frac{\hat{a}_{pj}}{\hat{a}_{pq}}r_{sq},\quad \begin{array}{l}s=1,\cdots,L,\\ j=0,1,\cdots,n+2m+l,\end{array}$$

$$x_{B_p}=x_q,$$

转 Step 2.

Step 5　检查层次数.

(1)　当 $k=L$ 时,转 Step 6;

(2)　当 $k<L$ 时,令 $k=k+1$,转 Step 2.

Step 6　输出解 $\tilde{\boldsymbol{x}}$.

在最终单纯形表 5-11 中输出以下结果:

(1)　解　$\tilde{\boldsymbol{x}}=(\tilde{x}_1,\cdots,\tilde{x}_n)^{\mathrm{T}}$,

其中　$$\tilde{x}_j=\begin{cases}\hat{a}_{i0}, & \text{存在 } i(1\leqslant i\leqslant m+l)\text{使 } j=B_i,\\ 0, & \text{不存在 } i(1\leqslant i\leqslant m+l)\text{使 } j=B_i.\end{cases}$$

(2)　正偏差解　$\tilde{\boldsymbol{\delta}}^+=(\tilde{\delta}_1^+,\cdots,\tilde{\delta}_m^+)^{\mathrm{T}}$,

其中　$$\tilde{\delta}_i^+=\begin{cases}\hat{a}_{r0}, & \text{存在 } r\text{ 使 } i=B_r-n,\\ 0, & \text{不存在 } r\text{ 使 } i=B_r-n,\end{cases}\quad i=1,\cdots,m.$$

(3)　负偏差解　$\tilde{\boldsymbol{\delta}}^-=(\tilde{\delta}_1^-,\cdots,\tilde{\delta}_m^-)^{\mathrm{T}}$,

其中　$$\tilde{\delta}_i^-=\begin{cases}\hat{a}_{r0}, & \text{存在 } r\text{ 使 } i=B_r-n-m,\\ 0, & \text{不存在 } r\text{ 使 } i=B_r-n-m,\end{cases}\quad i=1,\cdots,m.$$

表 5-10

	r_0	r_1	$\cdots$	r_n	r_{n+1}	$\cdots$	r_{n+m}	r_{n+m+1}	$\cdots$	r_{n+2m}	r_{n+2m+1}	$\cdots$	r_{n+2m+l}
P_1	$\Sigma w_{1i}^- b_i$	$\Sigma a_{i1} w_{1i}^-$	$\cdots$	$\Sigma a_{in} w_{1i}^-$	$-(w_{11}^+ + w_{11}^-)$	$\cdots$	$-(w_{1m}^+ + w_{1m}^-)$	0	$\cdots$	0	0	$\cdots$	0
$\vdots$	$\vdots$	$\vdots$		$\vdots$	$\vdots$		$\vdots$	$\vdots$		$\vdots$	$\vdots$		$\vdots$
P_k	$\Sigma w_{ki}^- b_i$	$\Sigma a_{i1} w_{ki}^-$	$\cdots$	$\Sigma a_{in} w_{ki}^-$	$-(w_{k1}^+ + w_{k1}^-)$	$\cdots$	$-(w_{km}^+ + w_{km}^-)$	0	$\cdots$	0	0	$\cdots$	0
$\vdots$	$\vdots$	$\vdots$		$\vdots$	$\vdots$		$\vdots$	$\vdots$		$\vdots$	$\vdots$		$\vdots$
P_L	$\Sigma w_{Li}^- b_i$	$\Sigma a_{il} w_{Li}^-$	$\cdots$	$\Sigma a_{in} w_{Li}^-$	$-(w_{L1}^+ + w_{L1}^-)$	$\cdots$	$-(w_{Lm}^+ + w_{Lm}^-)$	0	$\cdots$	0	0	$\cdots$	0
x_B	a_0	x_1	$\cdots$	x_n	δ_1	$\cdots$	δ_m^+	δ_1^-	$\cdots$	δ_m^-	y_1	$\cdots$	y_l
δ_1^-	b_1	a_{11}	$\cdots$	a_{1n}	-1	$\cdots$	0	1	$\cdots$	0	0	$\cdots$	0
$\vdots$	$\vdots$	$\vdots$		$\vdots$	$\vdots$		$\vdots$	$\vdots$		$\vdots$	$\vdots$		$\vdots$
δ_m^-	b_m	a_{m1}	$\cdots$	a_{mn}	0	$\cdots$	-1	0	$\cdots$	1	0	$\cdots$	0
y_1	b_{m+1}	a_{m+11}	$\cdots$	a_{m+1n}	0	$\cdots$	0	0	$\cdots$	0	1	$\cdots$	0
$\vdots$	$\vdots$	$\vdots$		$\vdots$	$\vdots$		$\vdots$	$\vdots$		$\vdots$	$\vdots$		$\vdots$
y_1	b_{m+l}	a_{n+m1}	$\cdots$	a_{m+ln}	0	$\cdots$	0	0	$\cdots$	0	0	$\cdots$	1

表 5-11

	r_0	r_1	$\cdots$	r_n	r_{n+1}	$\cdots$	r_{n+m}	r_{n+m+1}	$\cdots$	r_{n+2m}	r_{n+2m+1}	$\cdots$	r_{n+2m+l}
P_1	r_{10}	r_{11}	$\cdots$	r_{1n}	r_{1n+1}	$\cdots$	r_{1n+m}	r_{1n+m+1}	$\cdots$	r_{1n+2m}	$r_{1n+2m+1}$	$\cdots$	$r_{1n+2m+l}$
$\vdots$	$\vdots$	$\vdots$		$\vdots$	$\vdots$		$\vdots$	$\vdots$		$\vdots$	$\vdots$		$\vdots$
P_s	r_{s0}	r_{s1}	$\cdots$	r_{sn}	r_{sn+1}	$\cdots$	r_{sn+m}	r_{sn+m+1}	$\cdots$	r_{sn+2m}	$r_{sn+2m+1}$	$\cdots$	$r_{sn+2m+l}$
$\vdots$	$\vdots$	$\vdots$		$\vdots$	$\vdots$		$\vdots$	$\vdots$		$\vdots$	$\vdots$		$\vdots$
P_L	r_{L0}	r_{L1}	$\cdots$	r_{Ln}	r_{Ln+1}	$\cdots$	r_{Ln+m}	r_{Ln+m+1}	$\cdots$	r_{Ln+2m}	$r_{Ln+2m+1}$	$\cdots$	$r_{Ln+2m+l}$
x_B	c_0	x_1	$\cdots$	x_n	$x_{n+1}=\delta_1^+$	$\cdots$	$x_{n+m}=\delta_m^+$	$x_{n+m+1}=\delta_1^-$	$\cdots$	$x_{n+2m}=\delta_m^-$	$x_{n+2m+1}=y_1$	$\cdots$	$x_{n+2m+l}=y_l$
x_{B_1}	$\hat{a}_{10}$	$\hat{a}_{11}$	$\cdots$	$\hat{a}_{1n}$	$\hat{a}_{1n+1}$	$\cdots$	$\hat{a}_{1n+m}$	$\hat{a}_{1n+m+1}$	$\cdots$	$\hat{a}_{1n+2m}$	$\hat{a}_{1n+2m+1}$	$\cdots$	$\hat{a}_{1n+2m+l}$
$\vdots$	$\vdots$	$\vdots$		$\vdots$	$\vdots$		$\vdots$	$\vdots$		$\vdots$	$\vdots$		$\vdots$
x_{B_1}	$\hat{a}_{i0}$	$\hat{a}_{i1}$	$\cdots$	$\hat{a}_{in}$	$\hat{a}_{in+1}$	$\cdots$	$\hat{a}_{in+m}$	$\hat{a}_{in+m+1}$	$\cdots$	$\hat{a}_{in+2m}$	$\hat{a}_{in+2m+1}$	$\cdots$	$\hat{a}_{in+2m+l}$
$\vdots$	$\vdots$	$\vdots$		$\vdots$	$\vdots$		$\vdots$	$\vdots$		$\vdots$	$\vdots$		$\vdots$
x_{Bm+l}	$\hat{a}_{m+l0}$	$\hat{a}_{m+l1}$	$\cdots$	$\hat{a}_{m+ln}$	$\hat{a}_{m+ln+1}$	$\cdots$	$\hat{a}_{m+ln+m}$	$\hat{a}_{m+ln+m+1}$	$\cdots$	$\hat{a}_{m+ln+2m}$	$\hat{a}_{m+ln+2m+1}$	$\cdots$	$\hat{a}_{m+ln+2m+l}$

(4) 目标值 $\tilde{\boldsymbol{F}}=(\tilde{f}_1,\cdots,\tilde{f}_m)^{\mathrm{T}}$,

其中 $\tilde{f}_i=\overset{0}{f}_i+\tilde{\delta}_i^+-\delta_i^-,i=1,\cdots,m.$

(5) 各层的偏差值

$\tilde{z}_1=r_{10},\cdots,\tilde{z}=r_{L0}.$

例 5.5.1 用目标单纯形法解例 5.3.2 生产计划问题.

除例 5.3.2 中已知数据外,决策者规定优先层次和各目标值如下:

第 1 优先层次:

总利润目标 $f_1(\boldsymbol{x})=15x_1+14x_2+12x_3$,

目标值 $\overset{0}{f}_1=3\,000$(万元).

第 2 优先层次:

总工时目标 $f_2(\boldsymbol{x})=x_1+x_2+x_3$,

目标值 $\overset{0}{f}_2=208$(h).

1 号产品产量目标 $f_3(\boldsymbol{x})=3x_1$,

目标值 $\overset{0}{f}_3=250$(t).

且分别以权系数 0.2 和 0.8 尽可能少地超过和未达目标值 $\overset{0}{f}_1$,分别以权系数 0.4 和 0.6 尽可能少地超过和未达目标值 $\overset{0}{f}_3$,总工时尽可能达到或超过目标值 $\overset{0}{f}_2$,则该厂下月生产计划的目标规划(5.39)为

$$
\begin{aligned}
\mathrm{L-min}\ & [P_1(0.2\delta_1^++0.8\delta_1^-),P_2(\delta_2^-+0.4\delta_3^++0.6\delta_3^-)],\\
\text{s.t.}\ & 15x_1+14x_2+12x_3-\delta_1^++\delta_1^-=3\,000,\\
& x_1+x_2+x_3-\delta_2^++\delta_2^-=208,\\
& 3x_1-\delta_3^++\delta_3^-=250,\\
& 3x_1+y_1=240,\\
& 2x_2+y_2=250,\\
& 4x_3+y_3=420,\\
& x_i\geqslant 0,\delta_i^+\geqslant 0,\delta_i^-\geqslant 0,y_i\geqslant 0,i=1,2,3,
\end{aligned}
$$

其中 $y_i(i=1,2,3)$为松弛变量.

Step 1　建立初始单纯形表 5-12.

表 5-12

	r_0	r_1	r_2	r_3	r_4	r_5	r_6	r_7	r_8	r_9	r_{10}	r_{11}	r_{12}
P_1	2 400	12	11.2	9.6	−1								
P_2	358	2.8	1	1		−1	−1						
x_B	a_0	x_1	x_2	x_3	δ_1^+	δ_2^+	δ_3^+	δ_1^-	δ_2^-	δ_3^-	y_1	y_2	y_3
δ_1^-	3 000	15	14	12	−1			1					
δ_2^-	208	1	1	1		−1			1				
δ_3^-	250	3						−1		1			
y_1	240	③									1		
y_2	250		2									1	
y_3	420			4									1

注:表 5-12 及以下各表中空格为零元素.

Step 2　检查 P_1 行检验数:$r_{1j} > 0, j = 1,2,3$.

Step 3　确定出主元 $a_{41} = 3$(表中画圆圈元素).

Step 4　以 a_{41} 为主元在表 5-12 上进行旋转变换后得新的单纯形表 5-13,转 Step 2.

表 5-13

	r_0	r_1	r_2	r_3	r_4	r_5	r_6	r_7	r_8	r_9	r_{10}	r_{11}	r_{12}
P_1	1 440		11.2	9.6	−1						−4		
P_2	134		1	1		−1	−1				$-\frac{2.8}{3}$		
x_B	a_0	x_1	x_2	x_3	δ_1^+	δ_2^+	δ_3^+	δ_1^-	δ_2^-	δ_3^-	y_1	y_2	y_3
δ_1^-	1 800		14	12	−1			1			−5		
δ_2^-	128		1	1		−1			1		$-\frac{1}{3}$		
δ_3^-	10						−1			1	−1		
x_1	80	1									$\frac{1}{3}$		
y_2	250		②									1	
y_3	420			4									1

再检验 P_1 行检验数有 $r_{12}=11.2$， $r_{13}=9.6>0$，转 Step 3 求出主元 $\hat{a}_{52}=2$，转 Step 4 进行旋转得新单纯表 5-14. 再转 Step 2 有 $r_{13}=9.6>0$，又求出主元 $\hat{a}_{23}=1$ 旋转后又得新单纯形表 5-15. 在表 5-15 中 P_1 行有 $r_{15}=9.6>0$，求出主元 $\hat{a}_{15}=12$，旋转后得新单纯形表 5-16. 在表 5-16 中 P_1 行检验数 $r_{1j}\leqslant 0(1\leqslant j\leqslant 12)$，转 Step 5 检查层次数：$k=1<L=2$，转 Step 2 检查 P_2 行检验数：$r_{2j}\leqslant 0(1\leqslant j\leqslant 12)$，再检查层次数：$k=2=L$，转 Step 6，根据表 5-16，输出结果如下.

表 5-14

	r_0	r_1	r_2	r_3	r_4	r_5	r_6	r_7	r_8	r_9	r_{10}	r_{11}	r_{12}
P_1	40			9.6	-1						-4	-5.6	
P_2	9			1		-1	-1				$-\frac{2.8}{3}$	$-\frac{1}{2}$	
x_B	a_0	x_1	x_2	x_3	δ_1^+	δ_2^+	δ_3^+	δ_1^-	δ_2^-	δ_3^-	y_1	y_2	y_3
δ_1^-	50			12	-1			1			-5	-7	
δ_2^-	3			①		-1			1		$-\frac{1}{3}$	$-\frac{1}{2}$	
δ_3^-	10						-1			1	-1		
x_1	80	1									$\frac{1}{3}$		
x_2	125		1									$\frac{1}{2}$	
y_3	420			4									1

表 5-15

	r_0	r_1	r_2	r_3	r_4	r_5	r_6	r_7	r_8	r_9	r_{10}	r_{11}	r_{12}
P_1	11.2				-1	9.6			9.6		-0.8	-0.8	
P_2	6						-1		-1		-0.6		
x_B	a_0	x_1	x_2	x_3	δ_1^+	δ_2^+	δ_3^+	δ_1^-	δ_2^-	δ_3^-	y_1	y_2	y_3
δ_1^-	14				-1	12		1	-12		-1	-1	
x_3	3			1		-1			1		$-\frac{1}{3}$	$-\frac{1}{2}$	
δ_3^-	10						-1			1	-1		
x_1	80	1									$\frac{1}{3}$		
x_2	125		1									$\frac{1}{2}$	
y_3	408					4			-4		$\frac{4}{3}$	2	1

表 5-16

	r_0	r_1	r_2	r_3	r_4	r_5	r_6	r_7	r_8	r_9	r_{10}	r_{11}	r_{12}
P_1					-0.2			-0.8					
P_2	6						-1		-1		-0.6		
x_B	a_0	x_1	x_2	x_3	δ_1^+	δ_2^+	δ_3^+	δ_1^-	δ_2^-	δ_3^-	y_1	y_2	y_3
δ_2^+	$\frac{7}{6}$				$-\frac{1}{12}$	1		$\frac{1}{12}$	-1		$-\frac{1}{12}$	$-\frac{1}{12}$	
x_3	$4\frac{1}{6}$			1	$-\frac{1}{12}$			$\frac{1}{12}$			$-\frac{5}{12}$	$-\frac{7}{12}$	
δ_3^-	10						-1			1	-1		
x_1	80	1									$\frac{1}{3}$		
x_2	125		1									$\frac{1}{2}$	
y_3	$403\frac{1}{3}$				$\frac{1}{3}$			$-\frac{1}{3}$			$\frac{5}{3}$	$\frac{7}{3}$	1

解　$\tilde{\boldsymbol{x}}=(80,125,4\frac{1}{6})^{\mathrm{T}}$.

正偏差解　$\tilde{\boldsymbol{\delta}}^+=(0,1\frac{1}{6},0)^{\mathrm{T}}$,

负偏差解　$\tilde{\boldsymbol{\delta}}^-=(0,0,10)^{\mathrm{T}}$,

目标值:

$$\tilde{f}_1=3\,000+0-0=3\,000,$$

$$\tilde{f}_2=208+1\frac{1}{6}-0=209\frac{1}{6},$$

$$\tilde{f}_3=250+0-10=240.$$

偏差目标值:

第 1 优先层次:$\tilde{z}_1=r_{10}=0$,

第 2 优先层次:$\tilde{z}_2=r_{20}=6$,

故该厂下月生产计划应安排如下:

1 号产品生产时间 $\tilde{x}_1=80(\mathrm{h})$,

2 号产品生产时间 $\tilde{x}_2=125(\mathrm{h})$.

3 号产品生产时间 $\tilde{x}_3=4\frac{1}{6}(\mathrm{h})$.

实现目标的情况为：在第 1 优先层次上总利润目标 $\tilde{f}_1 = 3\ 000$(万元)，完全达到目标值，即无偏差，$\tilde{z}_1 = r_{10} = 0$；在第 2 优先层次上生产总工时目标 $\tilde{f}_2 = 209\frac{1}{6}$(h)，超过目标值 1 h10 min，即偏差量为 $\delta_2^+ = 1\frac{1}{6}$；1 号产品产量目标 $f_3 = 240$(t)，未达目标值 10(t)，即偏差量 $\delta_3^- = 10$，在第 2 优先层次上未达目标值 $\tilde{z}_2 = r_{20} = 6$. 在理论上讲，在第 2 优先层次上尚可改进，但不能以牺牲第 1 优先层次已得结果为代价.

习　　题

5.1　试求下列单变量双目标无约束优化问题（VMP）的绝对最优解集 Z^*、有效解集 P 和弱有效解集 P_w.

(1)　$V-\min\ (4,2)^T$；

(2)　$V-\min\ (x^2,1)^T$；

(3)　$V-\min\ (x+1, x-1)^T$；

(4)　$V-\min\ (f_1(x), f_2(x))^T$.

其中

$$f_1(x)=\begin{cases} x^2, & \text{当} |x|>1 \text{时},\\ 1, & \text{当} |x|\leqslant 1 \text{时},\end{cases}$$

$$f_2(x)=\begin{cases} |x-1|, & \text{当} |x-1|>1 \text{时},\\ 1, & \text{当} |x-1|\leqslant 1 \text{时}.\end{cases}$$

5.2　设多目标优化问题：

(VMP)　$V-\min\ (f_1(x), f_2(x))^T, x\in \mathbf{R}^1$,

　　s.t.　$x\geqslant 0$,

其中

$$f_1(x)=(x-1)^2+1,\qquad f_2(x)=\begin{cases} -x+4, & \text{当 } x\leqslant 3 \text{ 时},\\ 1, & \text{当 } 3\leqslant x\leqslant 4 \text{ 时},\\ x-3, & \text{当 } x\geqslant 4 \text{ 时}.\end{cases}$$

(1)　试求 Z_1^*, Z_2^*、P 和 P_w；

(2)　用图形表示 $P_w = P\cup(\bigcup_{i=1}^{2} Z_i^*)$.

5.3 设(VMP)问题为

$$V-\min\ \boldsymbol{F}(x)=(f_1(x),f_2(x))^{\mathrm{T}},$$
$$\text{s.t.}\quad x\in D,$$

其中 $f_1(x)=\sin x, f_2(x)=\cos x,$

$$D=\{x\in\mathbf{R}^1 \mid 0\leqslant x\leqslant 2\pi\}.$$

(1) 试求 Z_1^*、Z_2^*、Z^*、P 和 P_w;

(2) 试求像集 $\boldsymbol{F}(D)$.

5.4 试证定理 5.2.4 及其推论.

5.5 试求下列无约束向量规划的有效解集:

(1) $V-\min\ (x_1^2+2x_2^2,(x_1-1)^2+(x_2-1)^2)^{\mathrm{T}}$;

(2) $V-\min\ (x_1^2+2x_2^2,(x_1-1)^2+(x_2-1)^2,(x_1+1)^2+(x_2-1)^2)^{\mathrm{T}}$.

5.6 用线性加权和法求解(VMP)问题:

$$V-\min\ (-x_1-8x_2,-6x_1-x_2)^{\mathrm{T}},$$
$$\begin{aligned}\text{s.t.}\quad & 3x_1+8x_2\leqslant 12,\\ & x_1+x_2\leqslant 2,\\ & 2x_1\leqslant 3,\\ & x_1,x_2\geqslant 0,\end{aligned}$$

取权系数 $w_1=w_2=\dfrac{1}{2}$.

5.7 设(VMP)问题:

$$V-\min\ ((x_1-1)^2+(x_2-2)^2+(x_3-3)^2,x_1^2+2x_2^2+3x_3^2)^{\mathrm{T}},$$
$$\begin{aligned}\text{s.t.}\quad & x_1+x_2+x_3=6,\\ & x_1,x_2,x_3\geqslant 0.\end{aligned}$$

(1) 用 α—法确定各目标的权系数;

(2) 取(1)的权系数用线性加权和法求解之.

5.8 用"min -max"法求解:

(VMP) $$V-\min\ (x_1+x_2,x_1-x_2,3x_1+2x_2)^{\mathrm{T}},$$
$$\text{s.t.}\quad x_1+x_2\leqslant 1,$$

$x_1, x_2 \geqslant 0.$

5.9　用分层序列法求解：

$$
\text{(VMP)}\quad \begin{aligned} &\text{V}-\min\ (f_1(\boldsymbol{x}), f_2(\boldsymbol{x}))^{\mathrm{T}},\\ &\text{s.t.}\quad x_1 + x_2 \leqslant 2,\\ &\qquad\ \ x_2 \leqslant 1,\\ &\qquad\ \ x_1, x_2 \geqslant 0, \end{aligned}
$$

假定目标 $f_1(\boldsymbol{x}) = -2x_1 - x_2$ 比目标 $f_2(\boldsymbol{x}) = -x_1$ 重要.

5.10　用分层评价法求(LSP)问题：

$$
\text{L}-\min\ [P_1(27\frac{1}{3}x_1 - 25\frac{1}{3}x_2 - 47\frac{1}{3}x_3, -44x_1 - 42x_2 - 14x_3), P_2(50x_1 + 48x_2 + 40x_3)]^{\mathrm{T}}.
$$

假定第 1 优先层次的评价函数 $u(f_1, f_2) = 0.6f_1 + 0.4f_2$，其中$(f_1, f_2)$为第 1 优先层次目标函数.

5.11　用目标单纯形法求解(LGP)问题：

$$
\begin{aligned} &\text{L}-\min\ [P_1(\delta_1^+ + \delta_1^-), P_2(\delta_2^+ + \delta_2^- + \delta_3^- + \delta_4^-),\\ &P_3(\delta_5^+ + \delta_6^- + \delta_7^+ + \delta_8^+ + \delta_8^-)],\\ &\text{s.t.}\quad x_1 - \delta_1^+ + \delta_1^- = 160,\\ &\qquad 5x_1 + 1.6x_2 + 50x_3 - \delta_2^+ + \delta_2^- = 2\,750,\\ &\qquad x_1 + 0.2x_2 + 8.1x_3 - \delta_3^+ + \delta_3^- = 440,\\ &\qquad 0.1x_1 + 0.04x_2 + x_3 - \delta_4^+ + \delta_4^- = 60,\\ &\qquad \delta_4^+ - \delta_5^+ + \delta_5^- = 2.4,\\ &\qquad x_1 - \delta_6^+ + \delta_6^- = 320,\\ &\qquad x_2 - \delta_7^+ + \delta_7^- = 500,\\ &\qquad \chi_3 - \delta_8^+ + \delta_8^- = 26,\\ &\qquad x_i \geqslant 0, i = 1,2,3,\\ &\qquad \delta_j^+ \geqslant 0, \delta_j^- \geqslant 0,\quad j = 1,\cdots,8. \end{aligned}
$$

5.12　求解(VMP)问题：

$$
\text{V}-\min\ (x_1, x_2)^{\mathrm{T}},
$$

$$\begin{aligned}\text{s.t.}\quad & x_1 - x_2 \leqslant 4,\\ & x_1 + x_2 \leqslant 8,\\ & x_1, x_2 \geqslant 0.\end{aligned}$$

第 6 章　动态规划

动态规划(Dynamic Programming)是解决多阶段决策过程最优化问题的一种方法.1951 年,美国数学家 R·Bellman 等人根据一类多阶段决策问题的特点,提出了解决这类问题的“最优化原理”,并研究了许多实际问题和数学模型,从而建立了数学规划的一个新分支——动态规划.动态规划的方法在工程技术、经济管理、工业生产和军事等方面都有着广泛的应用,并且日益受到重视.

在许多问题中利用动态规划要比线性规划或非线性规划更加方便有效.但是动态规划不像线性规划或非线性规划那样有一个标准的表达式,而是对一个具体问题就有一个数学表达式,从而动态规划没有统一的处理格式,它必须依据问题本身的特性,利用灵活的数学技巧来处理.

6.1　动态规划的基本概念

6.1.1　多阶段决策问题

所谓多阶段决策过程,是指这样一类活动过程:由于过程的特殊性,它可以依据时间或空间划分为若干相互联系的阶段,每个阶段都需要做出一定的决策(选择方案).一旦做出决策,过程就会产生效果.每个阶段最优决策的选择不能只是孤立地考虑本阶段所取得的效果如何,必须把整个过程中的各阶段联系起来考虑,要求所做出的各个阶段决策的全体(叫策略),能使整个过程的总效果达到最优.这类问题就是多阶段决策问题.

由于在上述过程中,依次分段地选择一些决策,来解决整个过程的最优化问题,故有“动态”的含义,所以把处理它的方法称之为动态规划方法.有一些问题本是与时间因素无关的静态规划问题,但我们可以人为地引入"时间因素",化为多阶段决策过程问题,而用动态规划方法来研究.

决策过程的时间参数有离散和连续两种情况,故决策过程可分为离散决策过程和连续决策过程.本章将介绍离散决策过程的动态规划方法.

1 多阶段决策问题的例子

例 6.1.1 最短路问题.

在图 6-1 中,各结点表示地点,线段表示相应两点间的道路,线段上的数字表示相应距离.求由点 A 到点 E 的最短路线.

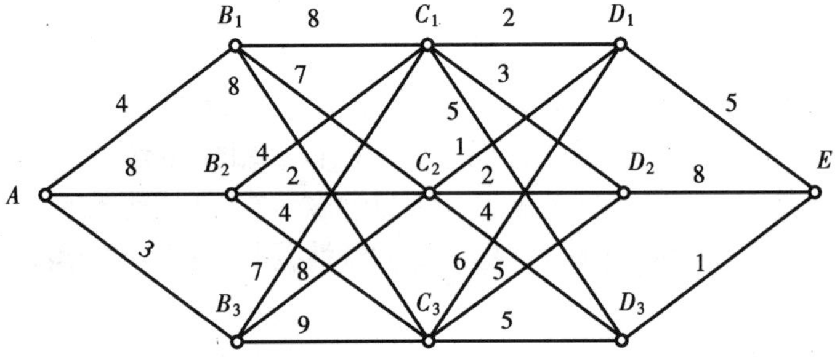

图 6-1

例 6.1.2 机器负荷分配问题.

某种机器可在高低两种负荷下进行生产.在高负荷下生产时,产品年产量 S_1 和投入生产的机器数 y_1 的关系为 $S_1 = g(y_1)$,机器的年完好率为 $a(0 < a < 1)$,即如果年初完好的机器数为 y_1,则年终剩下 ay_1 台完好.在低负荷下生产,产品年产量 S_2 与投入生产的机器数 y_2 的关系为 $S_2 = h(y_2)$,机器的年完好率为 $b(0 < b < 1)$.

设开始时有完好的机器 x_1 台,要求制订一个 n 年计划,在每年开始时决定如何分配完好机器在两种不同负荷下工作的数量,使在 n 年内产品的总产量最高.

例 6.1.3 背包问题.

一旅行者要带一背包,它最多可装 a kg 物品.设有 n 种物品可供他装入背包中,这 n 种物品的编号为 $1,2,\cdots,n$.已知每件第 i 种物品

的重量为 w_i kg,使用价值(效应)为 c_i.选取装入背包的物品及件数,使总效应最大.

2　最短路问题的动态规划解法

最短路问题是一个典型的多阶段决策问题,我们通过讨论例6.1.1的解法,来说明动态规划的基本思想.

先考虑用穷举法,即把所有可能路线一一列出,分别算出距离,加以比较,从中选出最短路线.

对于例 6.1.1,从 A 到 E 共有 $3\times3\times3\times1=27$ 条路线,每条路线要做 3 次加法,共需 81 次加法;另外还要做 26 次比较运算;最后得到最短路线:$A\to B_2\to C_2\to D_3\to E$,相应距离为 15.

可以看出,穷举法想起来很简单,但实现却很难.特别是当地点多、道路多时,计算量将十分庞大.

现在用动态规划的方法求解,其关键在于下述两个想法:

(1)由 A 到 E 的最短路中,其子路必是最短的.就是说,如果最短路在第 k 站通过点 P_k,则这条路线的从 P_k 开始到 E 的剩余路线必然是由点 P_k 到 E 的最短路线.例如,例题中最短路为 $A\to B_2\to C_2\to D_3\to E$,于是 $C_2\to D_3\to E$ 必是从 C_2 出发到 E 的最短子路.这个性质可用反证法证明:如果不是这样,则从 P_k 到 E 还有另一条更短的子路存在,把它和原来最短路上由 A 到 P_k 的那部分连接起来,就得到一条从 A 到 E 的更短的路线,这与前面矛盾.

(2)逆序递推计算.最短路的上述特性,启发我们从终点开始,从后向前逐步递推,求出各点到 E 的最短子路,最后求得从 A 到 E 的最短路.

基于上述两个想法,我们给出求由 A 到 E 的最短路的动态规划解法.

首先把问题分为四阶段:$A—B$, $B—C$, $C—D$, $D—E$,用 $k=1,2,3,4$ 表示;用 x_k 表示第 k 阶段之初所处的出发位置,例如 x_2 可取为 B_1, B_2 或 B_3;用 $f_k(x_k)$表示由点 x_k 到 E 的最短距离;用 $u_k(x_k)$表示从 x_k 出发,到下一个点的选择,故 $u_k(x_k)=x_{k+1}$;用 $d_k(x_k,x_{k+1})$表示从

x_k 到 x_{k+1} 的距离，如 $k=2, x_k=B_2, x_{k+1}=C_1$，则 $d_k(x_k, x_{k+1})=4$，即 $d_2(B_2, C_1)=4$.

其次，具体逆序递推计算过程如下.

当 $k=4$ 时，由 D_1, D_2, D_3 到 E 各只有一条路线，故易求

$$f_4(D_1)=5, f_4(D_2)=8, f_4(D_5)=1.$$

当 $k=3$ 时，有 C_1, C_2, C_3 三个出发点：

(1)从 C_1 出发，有三个选择，到 D_1, D_2 或 D_3，故

$$f_3(C_1)=\min\begin{Bmatrix} d_3(C_1, D_1)+f_4(D_1) \\ d_3(C_1, D_2)+f_4(D_2) \\ d_3(C_1, D_3)+f_4(D_3) \end{Bmatrix}=\min\begin{Bmatrix} 2+5 \\ 3+8 \\ 5+1 \end{Bmatrix}=6,$$

$u_3(C_1)=D_3$，最短子路线：$C_1 \to D_3 \to E$.

(2)从 C_2 出发，也有三个选择，到 D_1, D_2 或 D_3，故

$$f_3(C_2)=\min\begin{Bmatrix} d_3(C_2, D_1)+f_4(D_1) \\ d_3(C_2, D_2)+f_4(D_2) \\ d_3(C_2, D_3)+f_4(D_3) \end{Bmatrix}=\min\begin{Bmatrix} 1+5 \\ 2+8 \\ 4+1 \end{Bmatrix}=5,$$

$u_3(C_2)=D_3$，最短子路线：$C_2 \to D_3 \to E$.

(3)从 C_3 出发，仍有三个选择到 D_1, D_2 或 D_3，故

$$f_3(C_3)=\min\begin{Bmatrix} d_3(C_3, D_1)+f_4(D_1) \\ d_3(C_3, D_2)+f_4(D_2) \\ d_3(C_3, D_3)+f_4(D_3) \end{Bmatrix}=\min\begin{Bmatrix} 6+5 \\ 5+8 \\ 5+1 \end{Bmatrix}=6,$$

$u_3(C_3)=D_3$，最短子路线：$C_3 \to D_3 \to E$.

与上面完全类似，可算得，当 $k=2$ 时，

$$f_2(B_1)=12, \quad u_2(B_1)=C_2,$$

$$f_2(B_2)=7, \quad u_2(B_2)=C_2,$$

$$f_2(B_3)=13, \quad u_2(B_3)=C_1 \text{ 或 } C_2.$$

当 $k=1$ 时，出发点只有一个 A，故

$$f_1(A)=\min\begin{Bmatrix} d_1(A, B_1)+f_2(B_1) \\ d_1(A, B_2)+f_2(B_2) \\ d_1(A, B_3)+f_2(B_3) \end{Bmatrix}=\min\begin{Bmatrix} 4+12 \\ 8+7 \\ 3+13 \end{Bmatrix}=15,$$

$u_1(A)=B_2$,最短路线:$A\to B_2\to C_2\to D_3\to E$.

现在将例题计算过程和结果,借助图形用标号法简明地表示出来,如图 6-2 所示.括号内的数字代表该点到 E 的最短距离,字母代表获得最短距离应经过的下一点.

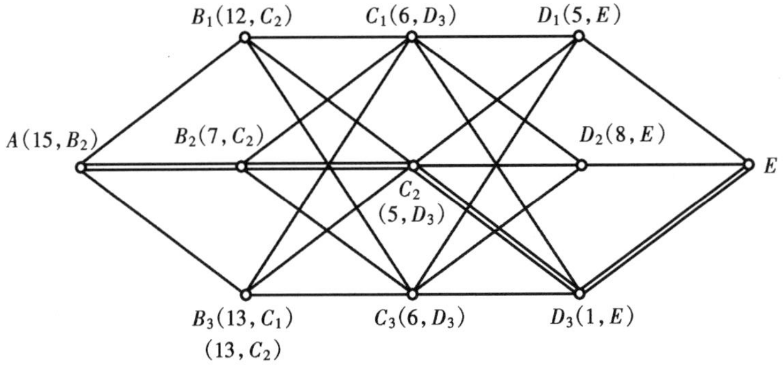

图 6-2

从计算过程可以看出,动态规划方法比穷举法有以下优点.第一,计算量大大减少.利用穷举法,需要加法 81 次,比较 26 次;而用动态规划方法,只需 $3\times3+3\times3+3=21$ 次加法,$3\times2+3\times2+2=14$ 次比较.这一优点越是地点多、路线多越明显.第二,丰富了计算结果.利用穷举法只能得到从起点 A 到终点 E 的最短路,而用动态规划方法则可得到每个点到 E 的最短路.

上述这种从终点开始逐段向始点递推计算的方法称之为动态规划的逆推算法.

如果把 E 看作起点,把 A 看作终点,将上述各阶段次序颠例,由此而得到的最短路线与上述结果相同.这种方法称为动态规划的顺推算法,建议读者用顺推算法,采用标号法求解例 6.1.1.

我们把各阶段次序可以颠倒的多阶段决策过程称为可逆过程.需指出的是,并非所有多阶段决策过程都是可逆的.

6.1.2　动态规划的基本概念

1　基本概念

现在介绍动态规划的基本概念和常用术语.

(1)阶段:问题的全过程划分为若干互相联系的阶段,通常用 k 表示阶段变量.如例 6.1.1 就划分为四个阶段来处理.

(2)状态:状态表示每个阶段所面临的自然状况或客观条件.通常一个阶段有若干个状态.过程的状态可以用一个或一组变量来描述,称为状态变量,用 x_k 表示第 k 阶段的状态变量.状态变量取值的集合称为状态集合,用 S_k 表示.在例 6.1.1 中第二阶段有三个状态,即状态变量 x_2 可取 B_1, B_2 或 B_3 三个点,状态集合 $S_2 = \{B_1, B_2, B_3\}$.在例 6.1.2 中,各期初的完好机器数可取为相应阶段的状态变量.

状态变量的取法依具体问题而定,可以有不同的取法,但是都必须满足一个重要性质:无后效性.所谓无后效性,系指由某状态 x_k 出发的后续过程(称为 k 子过程),不受前面演变过程之影响.就是说,由第 k 阶段的状态 x_k 出发的 k 子过程,可以看作是一个以状态 x_k 为初始状态的独立过程.无后效性是动态规划中的状态和通常描述的系统的状态之间的本质区别,在具体确定状态时,必须使状态包含问题给出的足够信息,使之满足无后效性.

(3)决策:给定某一阶段的状态后,从该状态到下一阶段的某一状态的一种选择称为决策,可以用一个或一组变量来描述决策,称之为决策变量.因状态满足无后效性,故只需考虑当前状态而做决策,完全无须考虑过去的历史状态.用 $u_k(x_k)$ 表示第 k 阶段处于状态 x_k 时的决策变量.决策变量可取值的全体称为允许决策集合,用 $D_k(x_k)$ 表示第 k 阶段从 x_k 出发的决策集合,显然 $u_k(x_k) \in D_k(x_k)$.

在例 6.1.1 中,$S_2 = \{B_1, B_2, B_3\}$,$D_2(B_1) = \{C_1, C_2, C_3\}$,若决策为 C_3,则 $u_2(B_1) = C_3$.在例 6.1.2 中,决策变量可取为第 k 期分配在高负荷下生产的机器数.

(4)策略:在从第 k 阶段开始的 k 子过程中,由每阶段的决策组成的决策函数序列 $\{u_k(x_k), u_{k+1}(x_{k+1}), \cdots, u_n(x_n)\}$ 称为 k 子过程策略,简称子策略,记为 $p_k(x_k)$,即

$$p_k(x_k) = \{u_k(x_k), u_{k+1}(x_{k+1}), \cdots, u_n(x_n)\}. \tag{6.1}$$

当 $k = 1$ 时,此决策函数列称为全过程策略,简称策略,记为

$p(x_1)$,即

$$p(x_1)=\{u_1(x_1),u_2(x_2),\cdots,u_n(x_n)\}. \tag{6.2}$$

对每个实际问题,往往都存在若干策略可供选择.可供选择的策略的全体称为允许策略集合,用 P 表示.允许策略集合中达到最优效果的策略称为最优策略,记为 p^*.

(5)状态转移方程:第 $k+1$ 阶段的状态变量 x_{k+1} 由第 k 阶段的状态变量 x_k 和决策变量 u_k 所确定,即 x_{k+1} 随 x_k 和 u_k 的变化而变化,把 x_k,u_k 与 x_{k+1} 的对应关系表示为

$$x_{k+1}=T_k(x_k,u_k), \tag{6.3}$$

它反映了从第 k 阶段到第 $k+1$ 阶段的状态转移规律,称为状态转移方程.

在例 6.1.2 中,设 x_k 为第 k 期初完好的机器数量,u_k 为该期中分配给高负荷下生产的机器数,此时分配给低负荷下生产的机器数为 x_k-u_k,则在第 $k+1$ 期初完好的机器数为

$$x_{k+1}=au_k+b(x_k-u_k),$$

这就是该问题的状态转移方程.一般状态转移规律,未必能用解析式表示,如例 6.1.1.

(6)指标函数(值函数):任何一个决策过程都有一个衡量其策略好坏的准则,这个准则往往可以表示成一种数量指标,称之为指标函数或值函数.它是定义在过程上的数量函数,用 V_k 表示,则

$$V_k=V_k(x_k,u_k,x_{k+1},u_{k+1},\cdots,x_n,u_n),k=1,2,\cdots,n.$$

阶段指标是衡量该阶段效果的数量指标,用 $v_i(x_i,u_i)$表示在第 i 阶段由状态 x_i 和决策 u_i 所得的阶段指标.

决策过程的最优化,就是求最优值函数,称 V_k 的最优值为 k 子过程的最优值函数,记为 $f_k(x_k)$,即

$$f_k(x_k)=\underset{\{u_k,\cdots,u_n\}}{\operatorname{opt}}V_k(x_k,u_k,\cdots,x_n,u_n), \tag{6.4}$$

其中 opt 表示取最优,实际问题中取最大或最小,分别记为 max 或 min.

显然,$f_1(x_1)$为全过程的最优值函数.

下面给出几种常用的指标函数形式.

(i)求和型指标函数

$$V_k(x_k,u_k,\cdots,x_n,u_n)=\sum_{j=k}^{n}v_j(x_j,u_j),\tag{6.5}$$

此时

$$V_k(x_k,u_k,\cdots,x_n,u_n)=v_k(x_k,u_k)+V_{k+1}(x_{k+1},u_{k+1},\cdots,x_n,u_n).\tag{6.6}$$

(ii)乘积型指标函数

$$V_k(x_k,u_k,\cdots,x_n,u_n)=\prod_{j=k}^{n}v_j(x_j,u_j),\tag{6.7}$$

此时

$$V_k(x_k,u_k,\cdots,x_n,u_n)=v_k(x_k,u_k)V_{k+1}(x_{k+1},u_{k+1},\cdots,x_n,u_n).\tag{6.8}$$

(iii)最大最小型指标函数

$$V_k(x_k,u_k,\cdots,x_n,u_n)=\max_{k\leqslant j\leqslant n}\{v_j(x_j,u_j)\},\tag{6.9}$$

而

$$f_k(x_k)=\min_{\{u_k,\cdots,u_n\}}V_k,\tag{6.10}$$

此时

$$V_k(x_k,u_k,\cdots,x_n,u_n)=\max\{v_k(x_k,u_k),\ V_{k+1}(x_{k+1},u_{k+1}\cdots,x_n,u_n)\}.\tag{6.11}$$

(iv)最小最大型指标函数

$$V_k(x_k,u_k,\cdots,x_n,u_n)=\min_{k\leqslant j\leqslant n}\{v_j(x_j,u_j)\},\tag{6.12}$$

$$f_k(x_k)=\max_{\{u_k,\cdots,u_n\}}V_k,\tag{6.13}$$

此时

$$V_k(x_k,u_k,\cdots,x_n,u_n)=\min\{v_k(x_k,u_k),\ V_{k+1}(x_{k+1},u_{k+1},\cdots,x_n,u_n)\}.\tag{6.14}$$

2 如何构造动态规划模型

为了用动态规划方法求解实际问题,首先必须对实际问题建立动态规划模型.在建立动态规划模型时,应注意以下几点.

(1)将原问题转化为有若干阶段的决策问题;

(2)正确地选择状态变量 x_k，使之既描述过程，又无后效性；

(3)确定决策变量 u_k 及允许决策集合 $D_k(x_k)$；

(4)正确写出状态转移方程：$x_{k+1}=T_k(x_k,u_k)$；

(5)正确写出阶段效益函数：$v_k(x_k,u_k)$；

(6)正确写出指标函数 V_k，它应满足：

(i)是定义在 k 子过程上的数量函数；

(ii)满足递推关系：

$$V_k(x_k,u_k,\cdots,x_n,u_n)=\Psi_k[x_k,u_k,V_{k+1}(x_{k+1},u_{k+1},\cdots,x_n,u_n)];\tag{6.15}$$

(iii)$\Psi_k(x_k,u_k,V_{k+1})$对于其变元 V_{k+1}是单调的.

可以证明，求和型、乘积型、最大最小型和最小最大型指标函数满足上述三点.

需要指出，如何把实际问题抽象归纳成典型的动态规划模型，往往比较困难，需要经验和技巧.

6.2　动态规划的最优性原理与基本方程

6.2.1　Bellman 最优性原理

前面在求解最短路问题时，曾利用了最短路问题的一个特性："从 A 到 E 的最短路，其子路必是最短的"，正是由于这个特性，我们用逆推算法求出了最短路线.把最短路问题的上述特性，推广到一般的多阶段决策过程，就得到了动态规划的 Bellman 最优性原理：

对最优策略来说，无论过去的状态和决策如何，由前面诸决策所形成的状态出发，相应的剩余决策序列必构成最优子策略.

这一原理是 R·Bellman 等人在 20 世纪 50 年代提出的，在动态规划中起着重要的作用.

6.2.2　动态规划的基本方程

1　逆推算法的基本方程

为方便起见，设指标函数为求和型，即

$$V_k(x_k,u_k,\cdots,x_n,u_n)=\sum_{j=k}^{n}v_j(x_j,u_j),\quad k=1,2,\cdots,n,$$

于是,式(6.6)成立,即

$$\begin{aligned}&V_k(x_k,u_k,\cdots,x_u,u_n)\\&\quad=v_k(x_k,u_k)+V_{k+1}(x_{k+1},u_{k+1},\cdots,x_n,u_n),\end{aligned}$$

其中　$x_{k+1}=T_k(x_k,u_k)$.

由 k 子过程的最优值函数 $f_k(x_k)$ 的定义和最优性原理,知

$$\begin{aligned}f_k(x_k)&=\underset{\{u_k,\cdots,u_n\}}{\mathrm{opt}}V_k(x_k,u_k,\cdots,x_n,u_n)\\&=\underset{\{u_k,\cdots,u_n\}}{\mathrm{opt}}\{v_k(x_k,u_k)+V_{k+1}(x_{k+1},u_{k+1},\cdots,x_n,u_n)\}\\&=\underset{u_k}{\mathrm{opt}}\{v_k(x_k,u_k)+\underset{\{u_{k+1},\cdots,u_n\}}{\mathrm{opt}}V_{k+1}(x_{k+1},u_{k+1},\cdots,x_n,u_n)\},\end{aligned}$$

但

$$f_{k+1}(x_{k+1})=\underset{\{u_{k+1},\cdots,u_n\}}{\mathrm{opt}}V_{k+1}(x_{k+1},u_{k+1},\cdots,x_n,u_n),$$

故

$$\begin{aligned}f_k(x_k)&=\underset{u_k\in D_k(x_k)}{\mathrm{opt}}\{v_k(x_k,u_k)+f_{k+1}(x_{k+1})\}\\&=\underset{u_k\in D_k(x_k)}{\mathrm{opt}}\{v_k(x_k,u_k)+f_{k+1}(T_k(x_k,u_k))\},\\&k=n,n-1,\cdots,2,1.\end{aligned}\tag{6.16}$$

当给出终止状态相应的值后,由式(6.16)就可以做逆推计算了.在实际问题中,往往有

$$f_{n+1}(x_{n+1})=0,\tag{6.17}$$

称为边界条件.

一般地,可以假设边界条件为

$$f_{n+1}(x_{n+1})=\varphi(x_{n+1}),\tag{6.18}$$

其中 φ 为已知函数.

对于一般形式的指标函数(6.15),可以证明有如下形式的递推公式

$$\begin{aligned}&f_k(x_k)=\underset{u_k\in D_k(x_k)}{\mathrm{opt}}\Psi_k[x_k,u_k,f_{k+1}(T_k(x_k,u_k))],\\&k=n,n-1,\cdots,1,\end{aligned}\tag{6.19}$$

其边界条件为式(6.18).我们称式(6.19),式(6.18)为动态规划的逆推算法的基本方程.

利用逆推算法的基本方程,求解多阶段决策问题的过程如下:第一步,根据式(6.18)的结果,由式(6.19)求出 $f_n(x_n)$ 及最优决策 u_n^*;第二步,根据 $f_n(x_n)$ 由式(6.19)求 $f_{n-1}(x_{n-1})$ 及 u_{n-1}^*;…;最后求 $f_1(x_1)$ 及 u_1^*,最优策略为 $p^*=(u_1^*,u_2^*,\cdots,u_n^*)$.

2 顺推算法的基本方程

如果阶段序数和状态变量 x_k 的定义不变,第 k 阶段的允许决策集合 $D_k'(x_{k+1})$定义为

$$D_k'(x_{k+1})=\{u_k \mid u_k\in D_k(x_k),T_k(x_k,u_k)=x_{k+1}\},\qquad(6.20)$$

或

$$u_k(x_{k+1})=x_k.\qquad(6.21)$$

此时的状态转移方程不是由 x_k 和 u_k 去确定 x_{k+1},而是由 x_{k+1} 和 u_k 确定 x_k,即

$$x_k=T_k'(x_{k+1},u_k).\qquad(6.22)$$

所以顺推算法的基本方程为

$$f_{k-1}(x_k)=\operatorname*{opt}_{u_{k-1}\in D_{k-1}'(x_{k-1})}\Psi_{k-1}[x_k,u_{k-1},f_{k-1}(T_{k-1}'(x_k,u_{k-1}))],$$
$$k=2,3,\cdots,n+1.\qquad(6.23)$$

其边界条件为

$$f_1(x_1)=\varphi(x_1),\qquad(6.24)$$

其中 φ 为已知函数.

顺推算法的递推过程是从 $k=1$ 开始,从前向后推移,直到求出 $f_{n+1}(x_{n+1})$.

6.2.3 两个例子

例 6.2.1 在机器负荷分配问题例 6.1.2 中,设 $n=4$, $s_1=10y_1$, $s_2=7y_2$, $a=\frac{2}{3}$, $b=\frac{9}{10}$, $x_1=100$.试用动态规划方法解这个问题.

解 设阶段变量 k 表示期数,状态变量 x_k 表示第 k 期初的完好机器数,决策变量 u_k 表示第 k 期中投入高负荷生产的机器数.显然,x_k-

u_k 为该期投入低负荷生产的机器数.由已知条件知,状态转移方程、允许决策集合、阶段效益(第 k 期产量)分别为

$$x_{k+1}=\frac{2}{3}u_k+\frac{9}{10}(x_k-u_k),$$

$$D_k(x_k)=\{u_k|0\leqslant u_k\leqslant x_k\},$$

$$v_k(x_k,u_k)=10u_k+7(x_k-u_k),$$

这里 $k=1,2,3,4$,于是指标函数为

$$V_k=\sum_{j=k}^{4}[10u_j+7(x_j-u_j)].$$

而最优值函数 $f_k(x_k)$为第 k 期初从 x_k 出发到第 4 期结束时产品产量的最大值,所以由基本方程有

$$f_k(x_k)=\max_{x_k\in D_k(x_k)}\{10u_k+7(x_k-u_k)+f_{k+1}[\frac{2}{3}u_k+\frac{9}{10}(x_k-u_k)]\},$$

边界条件为 $f_5(x_5)=0$.计算分四步进行.

第一步,$k=4$ 时,

$$f_4(x_4)=\max_{0\leqslant u_4\leqslant x_4}\{10u_4+7(x_4-u_4)+f_5(x_5)\}$$

$$=\max_{0\leqslant u_4\leqslant x_4}\{3u_4+7x_4\}=10x_4,$$

$$u_4^*=x_4.$$

第二步,$k=3$ 时,

$$f_3(x_3)=\max_{0\leqslant u_3\leqslant x_3}\{10u_3+7(x_3-u_3)+f_4[\frac{2}{3}u_3+\frac{9}{10}(x_3-u_3)]\}$$

$$=\max_{0\leqslant u_3\leqslant x_3}\{10u_3+7(x_3-u_3)+10[\frac{2}{3}u_3+\frac{9}{10}(x_3-u_3)]\}$$

$$=\max_{0\leqslant u_3\leqslant x_3}\{\frac{2}{3}u_3+16x_3\}=\frac{50}{3}x_3,$$

$$u_3^*=x_3.$$

第三步,$k=2$ 时,

$$f_2(x_2)=\max_{0\leqslant u_2\leqslant x_2}\{10u_2+7(x_2-u_2)+f_3[\frac{2}{3}u_2+\frac{9}{10}(x_2-u_2)]\}$$

$$=\max_{0\leqslant u_2\leqslant x_2}\{10u_2+7(x_2-u_2)+\frac{50}{3}[\frac{2}{3}u_2+\frac{9}{10}(x_2-u_2)]\}$$

$$= \max_{0 \leqslant u_2 \leqslant x_2} \left\{ 22x_2 - \frac{8}{9}u_2 \right\} = 22x_2,$$

$$u_2^* = 0.$$

第四步，$k=1$ 时，类似地可求出

$$f_1(x_1) = 26.8x_1,\ u_1^* = 0.$$

将 $x_1 = 100$ 代入，求出最大产量为 2 680，而且可递推求出

$$u_1^* = 0,\ x_2 = \frac{2}{3}u_1^* + \frac{9}{10}(x_1 - u_1^*) = 90,$$

$$u_2^* = 0,\ x_3 = \frac{2}{3}u_2^* + \frac{9}{10}(x_2 - u_2^*) = 81,$$

$$u_3^* = 81,\ x_4 = \frac{2}{3}u_3^* + \frac{9}{10}(x_3 - u_3^*) = 54,$$

$$u_4^* = 54,\ x_5 = \frac{2}{3}u_4^* + \frac{9}{10}(x_4 - u_4^*) = 36.$$

于是最优策略为 $p^* = \{0,0,81,54\}$，其含义是：前两期将完好机器全部投入低负荷生产，后两期将全部机器投入高负荷生产．第四期末剩下的完好机器数为 36 台．

例 6.2.2　求解数学规划问题

$$\max\ y = u_1 u_2^2 u_3,$$

$$\text{s.t.}\quad u_1 + u_2 + u_3 \leqslant 4,$$

$$u_1, u_2, u_3 \geqslant 0.$$

这是一个非线性规划问题（静态），可以用非线性规划的方法求得其最优解．现在用动态规划的方法来求解，按变量划分阶段，化为一个 3 阶段决策问题．

解　用动态规划求解这类问题的关键在于恰当地引入状态变量．在此用顺推算法求解．

设 x_1, x_2, x_3 为状态变量，u_1, u_2, u_3 为决策变量，它们满足

$$u_1 = x_1,\ u_2 + x_1 = x_2,\ u_3 + x_2 = x_3 \leqslant 4.$$

第一步，$k=1$ 时，

$$f_1(x_1) = \max_{u_1 = x_1}\{u_1\} = x_1,\ u_1^* = x_1.$$

第二步，$k=2$ 时，

$$f_2(x_2)=\max_{0\leqslant u_2\leqslant x_2}\{u_2^2f_1(x_2-u_2)\}=\max_{0\leqslant u_2\leqslant x_2}\{u_2^2(x_2-u_2)\}.$$

令 $h=u_2^2(x_2-u_2)$，则由 $h'=2u_2x_2-3u_2^2=0$，得驻点 $u_2=\dfrac{2}{3}x_2$.

所以，

$$f_2(x_2)=\max\{0,\frac{4}{27}x_2^3,0\}=\frac{4}{27}x_2^3,\ u_2^*=\frac{2}{3}x_2.$$

第三步，$k=3$ 时，

$$f_3(x_3)=\max_{0\leqslant u_3\leqslant x_3}\{u_3f_2(x_3-u_3)\}=\max_{0\leqslant u_3\leqslant x_3}\{u_3\frac{4}{27}(x_3-u_3)^3\}.$$

类似第二步作法，可以求得

$$f_3(x_3)=\frac{1}{64}x_3^4,\ u_3^*=\frac{x_3}{4},$$

回代．由 $x_3\leqslant4$ 知原问题的最优值为

$$y^*=\max\ y=\frac{1}{64}4^4=4,$$

并可以递推求出

$$x_3=4,\ u_3^*=1,$$
$$x_2=3,\ u_2^*=2,$$
$$x_1=1,\ u_1^*=1.$$

所以，原问题的最优解为 $(1,2,1)^{\mathrm{T}}$.

在此例题中如果设状态变量和决策变量满足 $u_3=x_3$，$u_2+x_3=x_2$，$u_1+x_2=x_1\leqslant4$，则可用逆推算法求解.

本章有的习题要求给出问题的动态规划模型，这意味着：

(1)定义恰当的最优值函数；

(2)写出恰当的基本方程；

(3)注明恰当的边界条件.

6.3 函数迭代法和策略迭代法

本节讨论阶段数不固定的有限阶段决策过程，我们将给出此类动

态规划的函数基本方程,并介绍解此方程的两种迭代算法:函数迭代法与策略迭代法.

6.3.1　阶段数不固定的有限阶段决策过程

考虑如下的最短路问题.设有 n 个点:$1,2,\cdots,n$,任意两点 i 与 j 之间的距离(或行程时间,运费等)为 c_{ij},$0\leqslant c_{ij}\leqslant+\infty$. $c_{ij}=0$ 表示 i 与 j 为同一点,$c_{ij}=\infty$ 表示两点间无通路.由一点直接到另一点算作一步.要求在不限定步数的条件下,找出点 1 到点 n 的最短路线.

我们把类似上述不限定数的有限阶段决策问题称为阶段数不固定的有限阶段决策过程.在解此问题时可以不考虑回路,因为含有回路的路线一定不是最短路.

设 $f(i)$ 表示由点 i 到点 n 的最短距离,则由 Bellman 最优性原理,得

$$\begin{cases}f(i)=\min\limits_{1\leqslant j\leqslant n}\left[c_{ij}+f(j)\right],i=1,2,\cdots,n-1,\\ f(n)=0.\end{cases}\tag{6.25}$$

方程(6.25)是上述问题的动态规划函数的基本方程.它是关于最优值函数 $f(i)$ 的函数方程,而不是递推关系式,这给求解带来一定的困难.下面介绍求解(6.25)的两种逐次逼近方法.

6.3.2　函数迭代法

函数迭代法的基本思想是构造一个函数序列 $\{f_k(i)\}$ 来逼近最优值函数 $f(i)$,其算法步骤如下.

算法 6.3.1　函数迭代法

Step 1.　$f_1(i)=c_{in},i=1,2,\cdots,n-1,$

$$f_1(n)=0\tag{6.26}$$

令 $k=1$.

Step 2.　$f_{k+1}(i)=\min\limits_{1\leqslant j\leqslant n}\left[c_{ij}+f_k(j)\right],i=1,2,\cdots,n-1,$

$$f_{k+1}(n)=0.\tag{6.27}$$

Step 3.　若 $f_{k+1}(i)=f_k(i),i=1,2,\cdots,n$,则令 $f(i)=f_k(i),i=1,2,\cdots,n$,停;否则,令 $k=k+1$,转 Step 2.

算法中 $f_k(i)$ 的意义十分直观,表示由 i 点出发,至多走 k 步(即经

过 $k-1$ 个点)到达点 n 的最短路线的长度.因为不考虑回路,所以算法的迭代次数一定不超过 $n-1$.

定理 6.3.1　(函数迭代法收敛性)由算法 6.3.1 产生的函数序列 $\{f_k(i)\}$ 关于 k 单调下降且收敛到(6.25)的解.

证　$\forall\, i(1\leqslant i\leqslant n)$,有

$$f_k(i)=\min_{1\leqslant j\leqslant n}[c_{ij}+f_{k-1}(j)]\leqslant c_{ij}+f_{k-1}(j).$$

取 $j=i$,则 $c_{ij}=0$,故

$$f_k(i)\leqslant f_{k-1}(i),$$

对 $k=2,3,\cdots$ 皆成立,即 $f_k(i)$ 关于 k 单调下降.

由 $f_k(i)\geqslant 0$,所以 $\{f_k(i)\}$ 关于 k 是单调有界序列,因而 $f_k(i)$ 收敛,设收敛到 $f(i)$,下面证明 $f(i)$ 是(6.25)的解.

由于状态 i 仅取有限多个值,所以上述收敛是一致收敛.按定义,任给 $\varepsilon>0$,总存在 k_0,当 $k>k_0$ 时,有

$$0\leqslant f_{k-1}(i)-f(i)<\varepsilon,\quad 0\leqslant f_k(i)-f(i)<\varepsilon.$$

由此得

$$\begin{cases}f(i)\leqslant f_{k-1}(i)<f(i)+\varepsilon,\\ f_k(i)-\varepsilon<f(i)\leqslant f_k(i).\end{cases}$$

从而

$$\begin{aligned}f(i)\leqslant f_k(i)&=\min_j[c_{ij}+f_{k-1}(j)]<\min_j[c_{ij}+f(j)+\varepsilon],\\ f(i)>f_k(i)-\varepsilon&=\min_j[c_{ij}+f_{k-1}(i)]-\varepsilon\\ &\geqslant\min_j[c_{ij}+f(j)-\varepsilon].\end{aligned}$$

令 $\varepsilon\to 0$,由上面二式有

$$f(i)=\min_j[c_{ij}+f(j)].$$

这表明 $f_k(i)$ 收敛到方程(6.25)的解.　□

例 6.3.1　设①,②,③,④为四个城市,它们之间的公路网如图 6-3.两点连线旁的数字表示两地间的距离.试用函数迭代法求各地到城市④的最短路线及相应的最短距离.

解　设 $f_k(i)$ 为点 i 到点 4 最多走 k 步的最短距离,则

$$f_k(4)=0,k=1,2,3$$

为方便起见,我们把计算过程列表如下.

第一步,$k=1,f_1(i)=c_{i4},i\neq 4$.

表 6-1

i	$f_1(i)$	路　线
1	∞	①→④
2	8	②→④
3	4	③→④

第二步,$k=2,f_2(i)=\min\limits_{1\leqslant j\leqslant 4}[c_{ij}+f_1(j)],i\neq 4$.

表 6-2

$c_{ij}+f_1(j)$ \ j / i	1	2	3	4	$f_2(i)$	路　线	与 $k=1$ 比较
1	∞	13	10	∞	10	①→③→④	不同
2	∞	8	11	8	8	②→④	相同
3	∞	15	4	4	4	③→④	相同

第三步,$k=3,f_3(i)=\min\limits_{1\leqslant j\leqslant 4}[c_{ij}+f_2(j)],i\neq 4$.

表 6-3

$c_{ij}+f_2(j)$ \ j / i	1	2	3	4	$f_3(i)$	路　线	与 $k=2$ 比较
1	10	13	10	∞	10	①→③→④	相同
2	15	8	11	8	8	②→④	相同
3	16	15	4	4	4	③→④	相同

由于 $f_3(i)=f_2(i)$,对 $i=1,2,3$ 都成立,迭代停止.$f_2(i)$就是点 i 到点 4 的最短距离,对应的路线即最短路线.

6.3.3　策略迭代法

若从点 i 出发,下一步应该到达点 j,记为

$$j=u(i),i=1,2,\cdots,n,$$

则称 $u=\{u(i)\}$为一个策略,有时也称 $u(i)$为一个策略.

例如

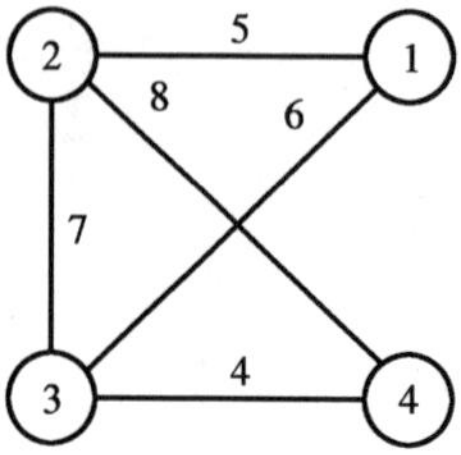

图 6-3

$$u(i)=\begin{cases}i+1, & i\neq n,\\ 1, & i=n,\end{cases}$$

则 u 是一个策略. 又如对于例 6.3.1, $u=\{u(i)\}=\{3,4,2,4\}$ 也表示一个策略.

若从某个点 k 出发,按照某个策略走若干步后又回到 k,则称这个策略是有回路的. 我们需要的往往都是无回路的. 下面介绍策略迭代法.

算法 6.3.2 策略迭代法

Step 1 选取一个无回路的初始策略 $u_1(i), i=1,2,\cdots,n-1$,令 $k=1$.

Step 2 求函数值 $f_k(i)$:

$$\begin{cases}f_k(i)=c_{i,u_k(i)}+f_k(u_k(i)), i=1,2,\cdots,n-1,\\ f_k(n)=0.\end{cases} \tag{6.28}$$

Step 3 由 $f_k(i)$ 确定下一次迭代的新策略 $u_{k+1}(i)$,它是

$$\min_u[c_{iu}+f_k(u)]=f_{k+1}(u) \tag{6.29}$$

的解.

Step 4 若对 $\forall\, i, u_{k+1}(i)=u_k(i)$ 成立,则 u_k 为最优策略,停;否则,令 $k=k+1$,转 Step 2.

在算法 6.3.2 中,每次迭代主要分为求值和求改善策略两步. 求 $f_k(i)$ 的公式(6.28),它是一个含 n 个未知数的代数方程. 当 n 较大时,求解很困难. 因此,就每次迭代来说,策略迭代法要比函数迭代法复杂,计算量也大. 但是策略迭代法所需的迭代次数往往少于函数迭代法. 特别是当对实际问题已有较多经验时,可以选一个较好的初始策略,这时用策略迭代法所需要的迭代次数很少.

下面是策略迭代法的收敛性定理.

定理 6.3.2 (策略迭代法的收敛性)策略迭代法中由公式(6.28)求得的 $f_k(i), i=1,2,\cdots,n$,关于 k 单调下降,并且收敛到方程(6.25)的解.

证 由式(6.28)得

$$\begin{cases} f_k(i)=c_{i,u_k(i)}+f_k(u_k(i)), \\ f_{k+1}(i)=c_{i,u_{k+1}(i)}+f_{k+1}(u_{k+1}(i)), \end{cases} \quad i=1,2,\cdots,n-1, \tag{6.30}$$

其中 $u_{k+1}(i)$是 $u_k(i)$的改善策略.由式(6.29)得

$$c_{i,u_{k+1}(i)}+f_k(u_{k+1}(i))\leqslant c_{i,u_k(i)}+f_k(u_k(i)). \tag{6.31}$$

由式(6.30)得

$$f_k(i)-f_{k+1}(i)=\{[c_{i,u_k(i)}+f_k(u_k(i))]-[c_{i,u_{k+1}(i)}+f_k(u_{k+1}(i))]\}+[f_k(u_{k+1}(i))-f_{k+1}(u_{k+1}(i))]. \tag{6.32}$$

记 $\Delta f_k(i)=f(i)-f_{k+1}(i)$,

$$r_k(i)=[c_{i,u_k(i)}+f_k(u_k(i))]-[c_{i,u_{k+1}(i)}+f_k(u_{k+1}(i))],$$

则式(6.32)可以写为

$$\Delta f_k(i)=r_k(i)+\Delta f_k(u_{k+1}(i)),i=1,2,\cdots,n-1. \tag{6.33}$$

可以证明,如初始策略 $u_1(i)$都构成由 i 到 n 的路,则对所有 k,策略 $u_{k+1}(i)$也都构成一条由 i 到 n 的路,设它所经过的点为 $i_0,i_1,\cdots,i_l$,其中 $i_0=i,i_l=n$.对以上各点逐次用式(6.33)得

$$\begin{cases} \Delta f_k(i_0)=r_k(i_0)+\Delta f_k(i_1), \\ \Delta f_k(i_1)=r_k(i_1)+\Delta f_k(i_2), \\ \quad\cdots \\ \Delta f_k(i_{l-1})=r_k(i_{l-1})+\Delta f_k(i_l), \end{cases} \tag{6.34}$$

把上式左右两端分别相加得

$$\Delta f_k(i)=r_k(i_0)+r_k(i_1)\cdots+r_k(i_{l-1})+\Delta f_k(n). \tag{6.35}$$

由 $f_k(n)=0$ 得 $\Delta f_k(n)=0$,由式(6.31)知,对 $\forall\, i,r_k(i)\geqslant 0$,于是由(6.35)知,$\Delta f_k(i)\geqslant 0$,即

$$f_{k+1}(i)\leqslant f_k(i),\ \forall\, i. \tag{6.36}$$

类似于定理6.3.1的证明,可以得到式

$$\begin{cases} f(i)\leqslant f_{k-1}(i)<f(i)+\varepsilon, \\ f_k(i)-\varepsilon<f(i)\leqslant f_k(i), \end{cases} \quad i=1,2,\cdots,n.$$

由此可以推得

$$\begin{aligned} f(i) \leqslant f_k(i) &= c_{i,u_k(i)} + f_k(u_k(i)) \\ &\leqslant c_{i,u_k(i)} + f_{k-1}(u_k(i)) \\ &= \min_j [c_{ij} + f_{k-1}(j)] \\ &\leqslant \min_j [c_{ij} + f(j) + \varepsilon] \\ &= \min_j [c_{ij} + f(j)] + \varepsilon. \end{aligned}$$

又

$$\begin{aligned} f(i) \geqslant f_k(i) - \varepsilon &= c_{i,u_k(i)} + f_k(u_k(i)) - \varepsilon \\ &\geqslant \min_j [c_{ij} + f_k(j)] - \varepsilon \\ &\geqslant \min_j [c_{ij} + f(j)] - \varepsilon, \end{aligned}$$

于是,有

$$\min_j [c_{ij} + f(j)] - \varepsilon \leqslant f(i) \leqslant \min_j [c_{ij} + f(j)] + \varepsilon.$$

令 $\varepsilon \to 0$,得

$$f(i) = \min_j [c_{ij} + f(j)], \ \forall i.$$

这就是函数方程(6.25). □

例 6.3.2 用策略迭代法求解例 6.3.1.

解

(1)取初始策略 $u_1 = \{u_1(i)\} = \{3,4,2,4\}$.

(2)计算在策略 u_1 下由点 i 到终点 4 的路程 $f_1(i)$, $i = 1,2,3$ ($f_1(4) = 0$,不必计算).

因为 $u_1(2) = 4$,所以首先求 $f_1(2)$,有

$$f_1(2) = c_{24} + f_1(4) = 8 + 0 = 8,$$

又因 $u_1(1) = 3$,而 $f_1(3)$ 尚未求出,故必须先计算 $f_1(3)$,后计算 $f_1(1)$,即

$$f_1(3) = c_{32} + f_1(2) = 7 + 8 = 15,$$

$$f_1(1) = c_{13} + f_1(3) = 6 + 15 = 21.$$

将上述计算过程列表如下:

表 6-4

i	$j=u_1(i)$	c_{ij}	$f_1(i)$
2	4	8	8
3	2	7	15
1	3	6	21

(3)由 $f_1(i)$求新的策略 u_2 及指标函数 $f_2(i)$.这一步根据公式(6.29)计算结果列于下表:

表 6-5

$c_{ij}+f_1(j)$ \ j / i	1	2	3	4	$f_2(i)$	$u_2(i)$	$u_2(i)$与 $u_1(i)$比较
1	21	13	21	∞	13	2	不同
2	26	8	22	8	8	4	相同
3	27	15	15	4	4	4	不同

(4)由 $f_2(i)$求策略 u_3 及指标函数 $f_3(i)$.

表 6-6

$c_{ij}+f_2(j)$ \ j / i	1	2	3	4	$f_3(i)$	$u_3(i)$	$u_3(i)$与 $u_2(i)$比较
1	13	13	10	∞	10	3	不同
2	18	8	11	8	8	4	相同
3	19	5	4	4	4	4	相同

(5)由 $f_3(i)$求策略 u_4 及指标函数 $f_4(i)$.

表 6-7

$c_{ij}+f_3(j)$ \ j / i	1	2	3	4	$f_4(i)$	$u_4(i)$	$u_4(i)$与 $u_3(i)$比较
1	10	13	10	∞	10	3	相同
2	15	8	11	8	8	4	相同
3	16	15	4	4	4	4	相同

$u_4=u_3$,所以 $u_3=\{3,4,4,4\}$为最优策略.从 1,2,3 点到终点 4 的最短距离分别是 10,8,4.最短路线分别为①→③→④,②→④和③→④.

6.4 动态规划的应用举例

动态规划方法对于解决多阶段决策问题,是比较有效的.它把给定的原问题化为一系列形式上很相似的子问题来解决.对于许多用线性规划或非线性规划难以求解的问题,若用动态规划求解,则显得计算容易,步骤清晰,故动态规划被广泛地应用于各种实际问题.下面介绍几类常见的问题及其动态规划解法.

6.4.1 资源分配问题

1 一种资源的分配问题

设有某种资源(如原材料、电力、机器设备等),其总量为 a,用于 n 种生产.若以 y_i 投入第 i 种生产,则相应的收益为 $r_i(y_i)$,其中 $r_i(y_i)$ 为已知函数.问应如何将这种资源分配于这 n 种生产,才能使总收益最大?

不难得出其静态规划模型为

$$
\begin{aligned}
\max\ & \sum_{i=1}^{n} r_i(y_i), \\
\text{s.t.}\ & \sum_{i=1}^{n} y_i = a, \\
& y_i \geqslant 0, \quad i = 1,2,\cdots,n.
\end{aligned}
\tag{6.37}
$$

当 $r_i(y_i)$都是线性函数时,上述模型为线性规划;否则是一个非线性规划模型.当 n 较大时,求解是较困难的.

现在把它化为多阶段决策问题来求解,构造其动态规划模型.设把资源分配给第 k 种生产的过程为第 k 阶段,阶段变量为 k,设状态变量 x_k 表示分配于第 k 种生产到第 n 种生产的资源量;决策变量 u_k 表示分配给第 k 种生产的资源数量 y_k.于是,状态转移方程为

$$x_{k+1} = x_k - u_k.$$

允许决策集合为 $D_k(x_k) = \{x_k \mid 0 \leqslant u_k \leqslant x_k\}$,指标函数为

$$V_k = \sum_{i=k}^{n} r_i(u_i), \qquad k = 1,2,\cdots,n.$$

最优值函数 $f_k(x_k)$ 表示以数量 x_k 的资源分配给第 k 种生产至第 n 种生产所得到的最大收益.根据最优性原理,得基本方程(注意 $u_n = x_n$)

$$\begin{cases} f_k(x_k) = \max\limits_{0\leq u_k\leq x_k} \{r_k(u_k) + f_{k+1}(x_k - u_k)\}, k = 1,2,\cdots,n-1, \\ f_n(x_n) = r_n(x_n). \end{cases} \quad (6.38)$$

由此求出 $f_1(x_1) = f_1(a)$ 及最优策略 $\{u_1^*, u_2^*, \cdots, u_n^*\}$,这就是最优的分配方案.

如果 f_k, r_k 为一般的连续函数,那么由(6.38)求出 $f_1(x_1)$ 的解析表达式将是困难的.为此,从计算的可行性考虑,先将(6.38)离散化,求其数值解.

对区间 $[0, a]$ 进行分割:$0, \delta, 2\delta, \cdots, m\delta = a$.规定 $f_k(x_k)$ 只在这些分割点取值,u_k 也只取这些值.于是(6.38)化为

$$\begin{aligned} & f_k(q\delta) = \max\{r_k(p\delta) + f_{k+1}(q\delta - p\delta)\}, k = n-1, n-2, \cdots, 1, \\ & \qquad p = 0,1,\cdots,q, \\ & \qquad q = 0,1,\cdots,m, \\ & f_n(q\delta) = r_n(q\delta), q = 0,1,\cdots,m. \end{aligned} \quad (6.39)$$

$f_1(m\delta)$ 为相应的最大收益.

例 6.4.1　设有 5 台机器,欲分配给 A, B, C 三个工厂,其在各厂所得收益如下表所示.问:应如何分配才能使总收益最大?

表 6-8

收益 工厂 / 机器数	A	B	C
0	0	0	0
1	3	4	4
2	5	8	5
3	7	8	10
4	9	9	11
5	11	10	12

解　将问题按工厂分为三个阶段,记 A, B, C 的编号为 1,2,3.分别以 $x_k, u_k, r_k(u_k), f_k(x_k)$ 表示状态变量、决策变量、阶段收益及最优值函数,于是基本方程为

$$f_k(x_k)=\max_{u_k=0,1,\cdots,5}\{r_k(u_k)+f_{k+1}(x_k-u_k)\},k=2,1,$$

$$f_3(x_3)=r_3(x_3).$$

第一步，$k=3$ 时，将 $x_3(x_3=0,1,2,\cdots,5)$ 台机器分配工厂 3，其最大收益为

$$f_3(x_3)=r_3(x_3),x_3=0,1,2,\cdots,5,$$

计算结果列于下表.

表 6-9

	$r_3(x_3)$						$f_3(x_3)$	u_3^*
x_3 \ u_3	0	1	2	3	4	5		
0	0						0	0
1		4					4	1
2			5				5	2
3				10			10	3
4					11		11	4
5						12	12	5

第二步，$k=2$，把 $x_2(x_2=0,1,2,\cdots,5)$ 台机器分配给第 2、3 个工厂，其最大收益为

$$f_2(x_2)=\max\{r_2(u_2)+f_3(x_2-u_2)\},$$

$$u_2=0,1,2,3,4,5$$

计算结果列于下表.

表 6-10

	$r_2(u_2)+f_3(x_2-u_2)$						$f_2(x_2)$	u_2^*
x_2 \ u_2	0	1	2	3	4	5		
0	0						0	0
1	0+4	4+0					4	0,1
2	0+5	4+4	8+0				8	1,2
3	0+10	4+5	8+4	8+0			12	2
4	0+11	4+10	8+5	8+4	4+0		14	1
5	0+12	4+11	8+10	8+5	9+4	10+0	18	2

第三步，$k=1$，把 $x_1(x_1=5)$ 台机器分配给 1,2,3 三个工厂，其最大收益为

$$f_1(x_1)=\max\{r_1(u_1)+f_2(x_1-u_1)\},$$

$$u_1 = 0,1,2,3,4,5$$

计算结果列于下表.

表 6-11

x_1 \ u_1	$r_1(u_1)+f_2(x_1-u_1)$						$f_1(x_1)$	u_1^*
	0	1	2	3	4	5		
5	0+18	3+14	5+12	7+8	9+4	11+0	18	0

因为 $u_1^* = 0$,故由表 6-11 知,$x_2 = x_1 - u_1^* = 5-0=5$;再由表 6-10 知,$u_2^* = 2$,于是 $x_3 = x_2 - u_2^* = 5-2=3$;查表 6-9 有,$u_3^* = 3$,所以最优分配方案为:$A$ 厂 0 台,B 厂 2 台,C 厂 3 台,相应的最大收益为 18.

2　两种资源的分配问题

设有两种资源,数量分别为 a 和 b,用于 n 种生产.若将数量为 u_i 的第一种资源和数量为 v_i 的第二种资源分配于第 i 种生产,相应的收益为 $r_i(u_i,v_i)$.问应如何分配这两种资源,才能使总收益最大?

此问题的数学模型为

$$\begin{aligned} &\max \sum_{i=1}^{n} r_i(u_i,v_i),\\ &\text{s.t} \quad \sum_{i=1}^{n} u_i = a,\\ &\qquad \sum_{i=1}^{n} v_i = b,\\ &\qquad u_i, v_i \geqslant 0,\ i=1,2,\cdots,n. \end{aligned} \tag{6.40}$$

与一种资源的分配问题相似,(6.40)可以化为多阶段决策问题,用动态规划方法求解.为此,设 $f_k(x_k,y_k)$ 表示以第一种资源数量 x_k,第二种资源数量 y_k 分配给从第 k 种到第 n 种生产所得的最大收益,由最优性原理,得如下基本方程:

$$\begin{aligned} &f_k(x_k,y_k) = \max_{\substack{0\leqslant u_k\leqslant x_k\\ 0\leqslant v_k\leqslant y_k}} \{r_k(u_k,v_k) + f_{k+1}(x_k-u_k, y_k-v_k)\},\\ &\qquad\qquad k = n-1, n-2, \cdots, 1,\\ &f_n(x_n,y_n) = r_n(x_n,y_n). \end{aligned} \tag{6.41}$$

由(6.41)递推计算,求出 $f_1(x_1, y_1) = f_1(a, b)$,就是最大收益.下面介绍求解(6.41)的三种常用算法.

(1)格子点法:此方法类似于一维情形的离散化方法.将矩形:$0 \leqslant x \leqslant a, 0 \leqslant y \leqslant b$ 分割成网格,在其格子点上计算出所有的 $f_1, f_2, \cdots, f_n$.但这种方法的计算量很大.例如将 a 和 b 各分成 100 等份,则需要 100^2 个格子点上的值.这表明,f_k 的个数按指数形式增长,其指数就是维数,而且存储量也随之增加.维数的增加给动态规划的数值解法带来了难以克服的困难,即所谓"维数灾".为克服"维数灾",可以考虑所谓的"粗格子点法".

粗格子点法是先用少数的格子点进行计算,在求出相应的最优解后,再在最优解附近的较小范围内进一步细分,如此重复下去.

下面再介绍两种避免"维数灾"的数值解法:Lagrange 乘子法和坐标轮换法,它们的共同想法是减少状态变量个数,即"降维".

(2)Lagrange 乘子法:引入 Lagrange 乘子 $\lambda \geqslant 0$,将二维问题(6.40)化为

$$\begin{aligned} &\max \ \left(\sum_{i=1}^{n} r_i(u_i, v_i) - \lambda \sum_{i=1}^{n} v_i\right), \\ &\text{s.t.} \quad \sum_{i=1}^{n} u_i = a, \\ &\qquad\quad u_i, v_i \geqslant 0, i = 1, 2, \cdots, n. \end{aligned} \tag{6.42}$$

令

$$h_i(u_i) = h_i(u_i, \lambda) = \max_{v_i \geqslant 0} \{ r_i(u_i, v_i) - \lambda v_i \}, \tag{6.43}$$

并假定(6.43)有解,则问题(6.42)可化为

$$\begin{aligned} &\max \ \sum_{i=1}^{n} h_i(u_i), \\ &\text{s.t.} \quad \sum_{i=1}^{n} u_i = a, \\ &\qquad\quad u_i \geqslant 0, i = 1, 2, \cdots, n. \end{aligned} \tag{6.44}$$

这是一维资源分配问题,因而可以利用前面介绍的方法求解.

算法 6.4.1　Lagrange 乘子法

Step 1　选定初值 λ_0(如 $\lambda_0=0$),令 $k=0$.

Step 2　求问题(6.43),(6.44)的最优解,得 $u_i^*(\lambda_k),v_i^*(\lambda_k),i=1,2,\cdots,n$.

Step 3　若 $v_i^*(\lambda_k)$满足条件

$$\sum_{i=1}^{n} v_i^*(\lambda_k)=b, \tag{6.45}$$

则$\{(u_1^*(\lambda_k),v_1^*(\lambda_k)),\cdots,(u_n^*(\lambda_k),v_n^*(\lambda_k))\}$就是原问题的解,停;若$\sum\limits_{i=1}^{n} v_i^*(\lambda_k)>b$,则选 $\lambda_{k+1}>\lambda_k$,在(6.43)~(6.44)中以 λ_{k+1}代替 λ_k 再求解;若$\sum\limits_{i=1}^{n} v_i^*(\lambda_k)<b$,则选 $\lambda_{k+1}<\lambda_k$,在(6.43)~(6.44)中以 λ_{k+1} 代替 λ_k 再求解.令 $k=k+1$,转 Step 2.

在实际计算中,判别条件(6.45)可以修改为更实用的判别条件

$$\left|\sum_{i=1}^{n} v_i^*(\lambda_k)-b\right|<\varepsilon, \tag{6.46}$$

其中 ε 为预先给定的充分小的正数.

(3)坐标轮换法:首先任意给定一点 $\boldsymbol{u}^0=(u_1^0,u_2^0,\cdots,u_n^0)^{\mathrm T}$,使之满足$\sum\limits_{i=1}^{n} u_i^0=a$ 且 $u_i^0\geqslant 0,i=1,2,\cdots,n$,求解一维问题

$$\begin{aligned}\max\ &\sum_{i=1}^{n} r_i(u_i^0,v_i),\\ \text{s.t.}\ &\sum_{i=1}^{n} v_i=b,\\ &v_i\geqslant 0,i=1,2,\cdots,n.\end{aligned} \tag{6.47}$$

设问题(6.47)的最优解为 $\boldsymbol{v}^0=(v_1^0,v_2^0,\cdots,v_n^0)^{\mathrm T}$,再求解

$$\begin{aligned}\max\ &\sum_{i=1}^{n} r_i(u_i,v_i^0),\\ \text{s.t.}\ &\sum_{i=1}^{n} u_i=a,\end{aligned}$$

$$u_i \geqslant 0, i=1,2,\cdots,n. \tag{6.48}$$

设其最优解为 $\boldsymbol{u}^1=(u_1^1,u_2^1,\cdots,u_n^1)^{\mathrm{T}}$,以 $\boldsymbol{u}^1$ 代替 $\boldsymbol{u}^0$,重复上述过程,可得点列$\{\boldsymbol{u}^k\}$和$\{\boldsymbol{v}^k\}$.由于$\sum\limits_{i=1}^{n} r_i(u_i^k,v_i^k)$对 k 而言是单调增加且有界,故算法是收敛的.但(u_i^k,v_i^k)往往收敛到原问题的局部最优解,故在实际计算中,常常选择若干个初始点进行迭代,然后从中选出较好的解作为原问题的解.

6.4.2　设备更新问题

设一种设备随服务年限的增加而变"坏"(例如维修费增加).如果从经济上考虑,何时进行更新,才能使在给定的期限内总花费最小(或总收益最大)?这就是所谓设备更新问题.下面以一台汽车为例,说明求解这类问题的动态规划方法.

设给定的期限为 n 个周期(不妨设为年),用 i 表示某年初的车龄.汽车一年的维修费是车龄的函数,记为 $c(i)$;新车的买价为常数 p;旧车的卖价是车龄的函数,记为 $t(i)$;用 $s(i)$表示在 n 年末,一台汽车的车龄正好为 i 时的折算价;用 T 表示第一年开始时汽车的车龄.试决定何时更新汽车,使 n 年内的总花费最小.

这是一个 n 阶段决策问题.设状态变量为车龄 i;决策变量取值或保留旧车,记为 $u_k(i)=K$,或更换新车记为 $u_k(i)=R$.由于给出的数据与阶段变量 k 无关,所以阶段效益与 k 无关,仅取决于决策,即

$$R: p-t(i)+c(0),$$

$$K: c(i).$$

最优值函数 $f_k(i)$为由第 k 年初车龄为 i 的汽车从 k 年到 n 年所需的最小花费,根据最优性原理,有如下递推关系:

$$f_k(i)=\min\begin{bmatrix} R: p-t(i)+c(0)+f_{k+1}(1) \\ K: c(i)+f_{k+1}(i+1) \end{bmatrix},$$

$$k=1,2,\cdots,n;\ i=1,2,\cdots,k-1,k-1+T. \tag{6.49}$$

$$f_{n+1}(i)=-s(i),$$

$$i=1,2,\cdots,n,n+T.$$

例 6.4.2　假定 $n=5, T=2, p=50$,各种数据由下表给出,求解此问题.

表 6-12

i	0	1	2	3	4	5	6
$c(i)$	10	13	20	40	70	100	100
$t(i)$		32	21	11	5	0	0
$s(i)$		25	17	8	0	0	0

这里 $i=0$ 表示新车,未给出的那些数据与解本题无关.

解　(1)由边界条件得,$f_6(1)=-25, f_6(2)=-17, f_6(3)=-8$, $f_6(4)=f_6(5)=f_6(6)=0$.

(2)由递推关系式(6.49)计算 $f_5(i), i=1,2,3,4,6$.

$$f_5(1)=\min\begin{bmatrix}50-32+10+f_6(1)\\13+f_6(2)\end{bmatrix}=\min\begin{bmatrix}3\\-4\end{bmatrix}=-4,$$

最优决策 $u_5^*(1)=K$.类似地,可求出

$$f_5(2)=\min\begin{bmatrix}14\\12\end{bmatrix}=12, u_5^*(2)=K,$$

$$f_5(3)=\min\begin{bmatrix}24\\40\end{bmatrix}=24,\quad u_5^*(3)=R,$$

$$f_5(4)=\min\begin{bmatrix}30\\70\end{bmatrix}=30,\quad u_5^*(4)=R,$$

$$f_5(6)=\min\begin{bmatrix}35\\100\end{bmatrix}=35,\quad u_5^*(6)=R.$$

(3)再由递推关系式(6.49)及上面结果,计算 $f_4(i), i=1,2,3,5$.

$$f_4(1)=\min\begin{bmatrix}50-32+10+f_5(1)\\13+f_5(2)\end{bmatrix}=\min\begin{bmatrix}24\\25\end{bmatrix}=24,$$

$u_4^*(1)=R$,

$$f_4(2)=\min\begin{bmatrix}35\\44\end{bmatrix}=35,\quad u_4^*(2)=R,$$

$$f_4(3)=\min\begin{bmatrix}45\\70\end{bmatrix}=45,\quad u_4^*(3)=R,$$

$$f_4(5)=\min\begin{bmatrix}56\\135\end{bmatrix}=56,\quad u_4^*(5)=R.$$

(4)计算 $f_3(i), i=1,2,4$.

$$f_3(1)=\min\begin{bmatrix}52\\48\end{bmatrix}=48,\quad u_3^*(1)=K,$$

$$f_3(2)=\min\begin{bmatrix}63\\65\end{bmatrix}=63,\quad u_3^*(2)=R,$$

$$f_3(4)=\min\begin{bmatrix}79\\126\end{bmatrix}=79,\quad u_2^*(4)=R.$$

(5)计算 $f_2(i), i=1,3$.

$$f_2(1)=\min\begin{bmatrix}76\\76\end{bmatrix}=76,\quad u_2^*(1)=K,R,$$

$$f_2(3)=\min\begin{bmatrix}97\\119\end{bmatrix}=97, u_2^*=R.$$

(6)计算 $f_1(i), i=2$.

$$f_1(2)=\min\begin{bmatrix}50-21+10+76\\20+97\end{bmatrix}=\min\begin{bmatrix}115\\117\end{bmatrix}=115,\ u_1^*(2)=R.$$

由上面的计算过程反推可求得最优策略：第 1 年，$i=2$，$u_1^*(2)=R$，更新；第 2 年，车龄为 $i=1$（因第 1 年刚更新过），由 $u_2^*(1)=K$ 和 R，保留或更新，比如我们采用更新决策；第 3 年，$i=1$，由 $u_3^*(1)=K$，保留；第 4 年，$i=2$，由 $u_4^*(2)=R$，更新；第 5 年，$i=1$，由 $u_5^*(1)=K$，保留．于是得到一个最优策略：$RRKRK$，总花费为 115.

如果第 2 年决策为保留 K，则相应的最优策略为：$RKRRK$，总花费也是 115.

6.4.3 排序问题

设有 n 个零件需要先在机床 A 上加工，然后在机床 B 上加工．我们给零件编号为 $1,2,\cdots,n$；设第 i 个零件在机床 A 和 B 上加工的时间

分别为 a_i 和 b_i. 如果排定各零件在机床 A 和 B 上的加工顺序,那么就可以确定加工 n 个零件的总时间. 问题是如何安排加工顺序,使得加工的总工时最少? 这就是所谓排序问题.

首先必须指出,在两机床上加工顺序不同的方案一定不是最优的. 这是因为如果加工顺序不同就意味着在机床 A 上加工完的某些零件,不能在机床 B 上立即加工,而要等待另一个或另一些零件加工完毕之后才能加工. 这样,在机床 B 上的等待时间必然变长,而在机床 A 上是没有等待时间的,所以总的加工时间变长了. 因此,最优加工顺序只能从在 A、B 上加工顺序相同的排序中去找. 下面只考虑在 A、B 上加工顺序相同的情形.

如果用枚举法,需要从 $n!$ 个方案中挑选. 显然当 n 较大时是不可取的. 我们考虑用动态规划方法来处理这个问题.

以在机床 A 上更换零件的时刻作为"阶段"的分点;有序集合 X 表示在机床 A 上等待加工的按取定顺序排列的零件集合;以 K 表示不属于 X 的,在 A 上最后加工完的零件;t_k 表示从 A 上加工完起,直至在 B 上加工完零件 k 所需的时间(包括中间等待时间及在 B 上加工的时间). 这样,任一工件 k 在 A 上加工完后,集合 X 就确定了,t_k 也可以推知了. 以 (X, t_k) 作为状态变量,相应的阶段数为 $n-m$,其中 m 为 X 中的零件个数. 定义:

$f(X, t_k)$ = 从状态 (X, t_k) 出发,对未加工零件采用最优排序加工完所需时间;

$f(X, t_k, i)$ = 由状态 (X, t_k) 起,先在 A 上加工零件 i,再加工完其余零件 $X \setminus \{i\}$ 所需的最短时间;

$f(X, t_k, i, j)$ = 由状态 (X, t_k) 起,先在 A 上加工零件 i,再加工零件 j,最后加工完其余零件 $X \setminus \{i, j\}$ 所需的最短时间.

令 t_{ki} 表示零件 i 从在 A 上加工完起,到 B 上加工完止的时间,则

$$t_{ki} = \begin{cases} t_k - a_i + b_i, & t_k \geqslant a_i, \\ b_i, & t_k < a_i. \end{cases} \tag{6.50}$$

于是,我们有

$$f(X,t_k,i)=a_i+f(X\setminus\{i\},t_{ki}).\tag{6.51}$$

令 t_{kij}表示零件j从在A上加工完起到在B上加工完止的时间(零件j排在i之后),则有

$$t_{kij}=\begin{cases}t_{ki}-a_j+b_j, & t_{ki}\geqslant a_j,\\ b_j, & t_{ki}<a_j,\end{cases}\tag{6.52}$$

从而有

$$f(X,t_k,i,j)=a_i+a_j+f(X\setminus\{i,j\},t_{kij}).\tag{6.53}$$

类似地定义 t_{kj}和t_{kji},则有

$$t_{kj}=\begin{cases}t_k-a_j+b_j, & t_k\geqslant a_j,\\ b_j, & t_k<a_j,\end{cases}\tag{6.54}$$

$$t_{kji}=\begin{cases}t_{kj}-a_i+b_i, & t_{kj}\geqslant a_i,\\ b_i, & t_{kj}<a_i,\end{cases}\tag{6.55}$$

$$f(X,t_k,j,i)=a_j+a_i+f(X\setminus\{j,i\},t_{kji}).\tag{6.56}$$

因为$f(X,t_k)$是 t_k 的增函数,所以当 $t_{kij}\leqslant t_{kji}$时,由(6.53),(6.56)知

$$f(X,t_k,i,j)\leqslant f(X,t_k,j,i),$$

故不论 t_k 为何值,当 $t_{kij}\leqslant t_{kji}$时,零件 i 应排在j前面;当 $t_{kji}\leqslant t_{kij}$时,零件j排在i前面.可见,为确定零件 i 和j 的加工顺序,只需比较 t_{kij}和t_{kji}的大小.为方便比较,对(6.50)变形:

$$t_{ki}=\max[t_k-a_i,0]+b_i,\tag{6.57}$$

由式(6.52)有

$$\begin{aligned}t_{kij}&=\max[t_{ki}-a_j,0]+b_j\\&=\max[\max[t_k-a_i,0]+b_i-a_j,0]+b_j\\&=\max[\max[t_k-a_i-a_j+b_i,b_i-a_j],0]+b_j\\&=\max[t_k-a_i-a_j+b_i+b_j,b_i+b_j-a_j,b_j].\end{aligned}\tag{6.58}$$

同理有

$$t_{kji}=\max[t_k-a_j-a_i+b_j+b_i,b_j+b_i-a_i,b_i].\tag{6.59}$$

由(6.58),(6.59)两式知,不等式 $t_{kij} \leqslant t_{kji}$ 等价于

$$\max[b_i + b_j - a_j, b_j] \leqslant \max[b_j + b_i - a_i, b_i],$$

上式两边同加上 $-(b_i + b_j)$,得等价形式

$$\max[-a_j, -b_i] \leqslant \max[-a_i, -b_j],$$

这又等价于

$$\min[a_j, b_i] \geqslant \min[a_i, b_j], \tag{6.60}$$

因此,只需(6.60)成立,则 $t_{kij} \leqslant t_{kji}$,从而 i 排在 j 前.

式(6.60)是将 i 排在 j 前面加工的充分条件.由此条件可以推出最优排序的一般规则:

(1)找出 $a_1, a_2, \cdots, a_n, b_1, b_2, \cdots, b_n$ 中最小的(若不唯一,则任选一个);

(2)若 a_i 最小,则将零件 i 排在第一位,并从零件集合中去掉 i;

(3)若 b_j 最小,则将零件 j 排在最后一位,并从零件集合中去掉 j;

(4)重复上述过程,直至零件集合成为空集为止.

例 6.4.3　排序问题如表 6-13 所示,$n = 6$,求最优排序.

表 6-13

零件 / 加工时间	1	2	3	4	5	6
a_i	8	7	7	4	3	5
b_i	8	6	2	5	4	5

解　根据最优排序规则知,最优排序为 5→4→1→2→6→3,相应的加工时间为 36.另一个最优排序为 5→4→6→1→2→3,加工时间仍为 36.可见最优排序不是唯一的.

6.4.4　存储问题

设某工厂对某种产品要制订一项 n 个周期(周期可以是年,月,星期等)的生产(或采购)计划.各周期生产的产品全部作为库存,于周期末除供应社会的需求外,余下的部分可以继续存在仓库备用.每个周期社会对该产品的需求量是已知的,工厂保证供应.若某个周期末 存储量大于零,则要付库存费.设第 n 周期末和第 1 周期初库存均为零,问

该厂如何制定每个周期的生产计划,使 n 个周期的总成本最小?这就是所谓确定性存储问题.它可以用动态规划方法求解.

将问题按周期化为多阶段决策问题.阶段变量 k 表示周期序号;d_k 表示第 k 周期的需求量,$k=1,2,\cdots,n$;决策变量 u_k 为第 k 周期的生产量,$k=1,2,\cdots,n$;状态变量 x_k 为第 k 周期初即第 $k-1$ 周期末的存储量,$k=1,2,\cdots,n$.因保证供应,故 $x_k\geqslant 0$;令 $b_k(u_k)$表示第 k 周期的生产成本,它包括生产准备成本 G_k(如手续费等)和产品成本 $c_k u_k$(c_k 为单位产品成本),即

$$b_k(u_k)=\begin{cases}G_k+c_k u_k, & u_k\neq 0,\\ 0, & u_k=0.\end{cases} \tag{6.61}$$

令 $p_k(x_k,u_k)$表示第 k 周期的存储费用,则可表示为

$$p_k(x_k,u_k)=h_k(x_k+u_k-d_k), \tag{6.62}$$

其中 h_k 为单位产品的存储费,$x_k+u_k-d_k$ 为第 k 周期末的存储量.

根据状态变量的定义,状态转移方程为

$$\begin{aligned}&x_{k+1}=x_k+u_k-d_k, \quad k=1,2,\cdots,n,\\ &x_{n+1}=x_n+u_n-d_n=0.\end{aligned} \tag{6.63}$$

最优值函数 $f_k(x_k)$为由第 k 周期初到第 n 周期末的最小总成本.根据最优性原理,得到基本方程

$$\begin{aligned}&f_k(x_k)=\min_{u_k\geqslant 0}[\,b_k(u_k)+p_k(x_k,u_k)+f_{k+1}(x_k+u_k-d_k)\,],\\ &\qquad\qquad k=1,2,\cdots,n,\\ &f_{n+1}(x_{n+1})=0.\end{aligned} \tag{6.64}$$

利用这个关系式,用动态规划逆推算法求出的 $f_1(x_1)$就是最小总成本,相应的策略就是最优策略.

习　题

6.1　计算如图 6-4 所示的从 A 到 G 的最短路线及相应距离.其中连线上的数字表示两点间的距离.

6.2　计算图 6-5 所示的从 A 到 B,C,D 的最短路线及相应距离.

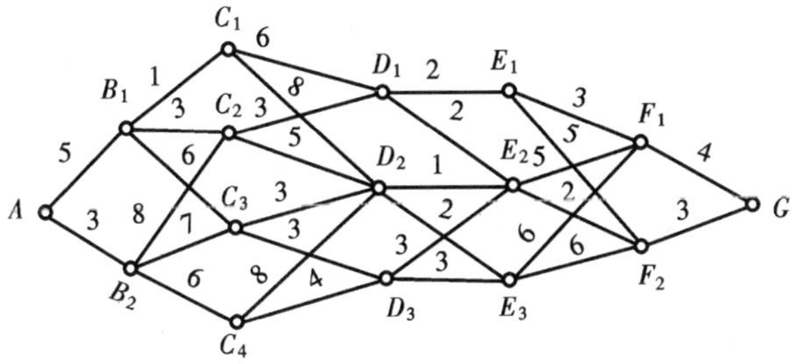

图 6-4

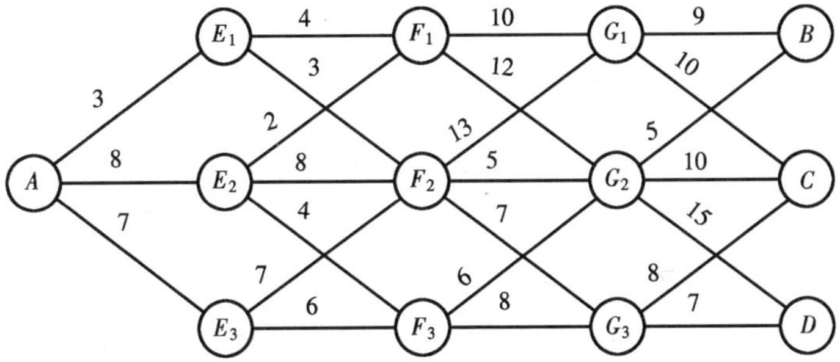

图 6-5

6.3　对于背包问题例 6.1.3,试建立

(1)其数学规划模型;

(2)其动态规划模型.

6.4　设有五个城市,标号从 1 到 5,相应距离如图 6-6 所示.试分别用函数迭代法和策略迭代法求各城到城 5 的最短路线及相应距离.

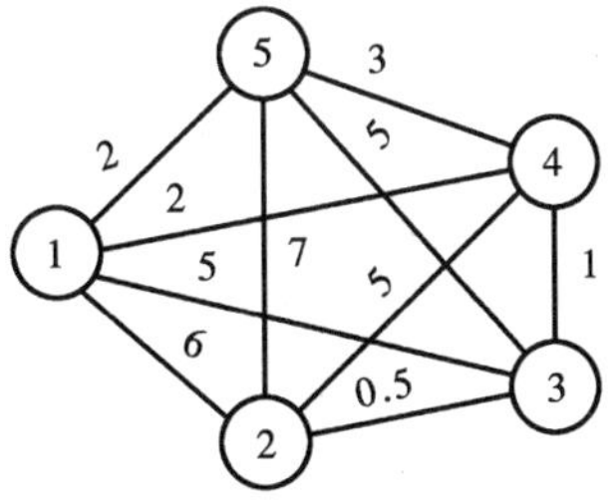

图 6-6

6.5　给出函数方程

$$f(i)=\min_{j\in J_i}[r_{ij}+\alpha f(j)],$$

其中 i 取有限多个值,J_i 有限,$0<\alpha<1$.试写出解此函数方程的函数迭代法和策略迭代法.

6.6　用动态规划方法求解下列数学规划问题:

(1) $\max\ z = y_1^2 + y_2^2 - y_3^2$,

s.t. $y_1 + y_2 + y_3 = 4$,

$y_1, y_2, y_3 \geqslant 0$;

(2) $\max\ z = 4y_1 + 9y_2 + 2y_3^2$,

s.t. $2y_1 + 4y_2 + 3y_3 \leqslant 10$,

$y_1, y_2, y_3 \geqslant 0$;

(3) $\max\ z = 5y_1 + 10y_2 + 3y_3 + 6y_4$,

s.t. $y_1 + 4y_2 + 5y_3 + 10y_4 \leqslant 11$,

$y_i \geqslant 0$ 且为整数, $i = 1,2,3,4$;

(4) 用顺推算法解

$\max\ z = y_1 y_2 \cdots y_n$,

s.t. $y_1 + y_2 + \cdots + y_n = c$,

$y_i \geqslant 0, i = 1,2,\cdots,n$.

6.7 某工厂可以生产四种产品,这四种产品都需要同一种原料,这种原料总数有 5 袋.设各种产品使用这种原料的袋数与获得的效益如下表:

表 6-14

效益 \ 原料 / 产品号	0	1	2	3	4	5
1	0	3	5	8	12	13
2	0	2	5	7	9	11
3	0	3	6	9	11	12
4	0	4	6	9	10	14

问如何分配,才能使总收益最大?

6.8 用 Lagrange 乘子法解下面的问题:

$\max\ (3x_1^2 + 6x_1 + 5x_2^2 + x_2 + 4x_3^2 + 2x_3)$,

s.t. $2x_1 + 8x_2 + 5x_3 \leqslant 30$,

$x_1 + x_2 + x_3 \leqslant 6$,

$x_i \geqslant 0$ 且为整数, $i = 1,2,3$.

6.9　设有三种资源,数量为 a,b,c,需要分配给 n 个部门.若已知将数量分别为 u_i,v_i 和 w_i 的三种资源分配给第 i 个部门,则产生的效益为 $r_i(u_i,v_i,w_i)$.问如何分配这三种资源,才能使总效益最大? 试建立其动态规划模型,并讨论如何用 Lagrange 乘子法求解.

6.10　求解下面的设备更新问题.当设备的年龄为 k 时,每年所得净收入可用下式表示

$$I_k = 26 - 2k - \frac{1}{2}k^2,\ k = 0,1,2,3,4,$$

假设设备用过 4 年后就废弃,更新设备的费用为 22.现有一台设备,已用过一年.做一个五年计划,每年决定一次设备的更新或保留,使得总收入最大.

6.11　有一种机器,当机器的年龄为 i 时,一年所得的收入总额为 $z(i)$,一年所需的维修费为 $u(i)$;若更新年龄为 i 的机器,卖旧买新还需费用 $c(i)$.试建立动态规划模型.

6.12　在设备更新问题中,设役龄达到 M 的机器必须更新(M 已知),且可以将正在使用的机器用役龄为0(新的)到 $M-1$ 的机器更新,用一台役龄为 j 的机器更新一台役龄为 i 的机器的费用为$u(i,j)$,其中 $u(i,0)=\varphi - t(i)$,$u(i,i)=0$,试建立动态规划模型.

6.13　求如表 6-15 所示的排序问题的最优排序.

表 6-15

零件 / 加工时间	1	2	3	4	5
a_i	4	4	30	6	2
b_i	5	1	4	30	5

6.14　某厂生产一种产品,其销售量如表 6-16 所示.该产品每件的生产费为 1,存储费为 1,生产准备成本为 0.5(不生产时为 0).设 1 月初的库存为 1,4 月末的库存为 0.求工厂在这四个月中,既能使总费用最小又能保障供给的生产计划.

表 6-16

月份	1	2	3	4
销售量	4	5	2	3

6.15 某厂准备连续三个月生产某种产品,每月初开始生产.该产品的生产成本费为 x^2,其中 x 是该产品当月的产量.仓库存货成本费是每月每单位为 1,估计三个月的需求量分别为 1 000,1 100,1 200.假设第一个月初库存和第三月末库存都为 0.问每月应生产多少该产品,才能使总的生产和存储费用最少(要求保障供给)?

第7章　遗传算法简介

遗传算法(Genetic Algorithms)是一种借鉴生物界自然选择和自然遗传机制的随机、高度并行、自适应搜索算法.遗传算法是多学科相互结合与渗透的产物.目前它已发展成一种自组织、自适应的综合技术.

7.1　遗传算法概述

按照进化论的观点,地球上的每一物种从诞生开始就进入了漫长的进化过程,各种生物要生存下去就必须进行生存斗争.具有较强生存能力的生物个体容易存活下来并有较多的机会产生后代,反之则被淘汰,逐渐消亡.这就是"自然选择,适者生存".我们也已经知道,基因对物种产生巨大影响,不同基因的组合产生的个体对环境的适应性不一样.通过基因的交叉和突变可以产生对环境适应性强的后代.在一定的环境下,生物物种通过自然选择、基因交叉和变异等过程构成了生物的进化过程.另外,生物进化是一个开放的过程,自然界对进化中的生物群体提供及时的反馈信息,这些信息是外界对生物的评价.评价反映了生物的生存价值和机会.在相同环境下的生存斗争中,生存价值低的个体被淘汰了,具有较高生存价值的个体生存下来了,并产生后代.由此形成了生物进化的外部机制.

生物的进化过程,本质上是一种优化过程.这个过程为计算科学提供了一种有效的途径和通用框架,具有直接的借鉴意义.

由于计算机技术的迅猛发展,生物的进化过程不仅可以在计算机上模拟实现.而且可以借鉴进化过程,创立新的优化计算方法.遗传算法就是以生物的进化过程为基础产生的计算方法之一.

与其他的优化算法一样,遗传算法也是一种迭代算法.从选定的初始解出发,通过不断的迭代,逐步改进当前解,直到最后搜索到最优解或满意解.其迭代过程是从一组初始解(群体)出发,采用类似于自然选择和有性繁殖的方法,在继承原有优良基因的基础上生成具有更好性能的下一代解的群体.遗传算法开创了一种新的搜索算法.

设数学规划的模型如下:

$$\max f(\boldsymbol{x}),$$
$$\text{s.t.}\quad \boldsymbol{x}\in D, D\subseteq U.$$

其中 $\boldsymbol{x}=(x_1,x_2,\cdots,x_n)^{\mathrm{T}}$ 为决策变量,$f(\boldsymbol{x})$为目标函数.约束条件中 U 是基本空间,D 是 U 的一个子集.满足约束条件的解 $\boldsymbol{x}$ 称为可行解.集合 D 表示可行解集合.

在遗传算法的迭代过程中,不是对所求解的实际决策变量直接进行操作,而是首先对问题的可行解用适当的方法进行遗传编码,也就是将某个可行解 $\boldsymbol{x}=(x_1,x_2,\cdots,x_n)^{\mathrm{T}}$ 中的每个分量 x_i 用一个记号 $A_{ij}=a_{i1}a_{i2}\cdots a_{ih_i}$ 来表示,$i=1,2,\cdots,n;j=1,2,\cdots,h_i$.每个 A_{ij}是一个符号串.所以每个可行解都用一系列的符号串来表示.

即 $$\boldsymbol{x}=A_{1j}A_{2j}\cdots A_{nj}\Rightarrow \boldsymbol{x}=(x_1,x_2,\cdots,x_n)^{\mathrm{T}}.$$

把 $A_{ij}(i=1,2,\cdots,n;j=1,2,\cdots,h_i)$看成是遗传基因,$\boldsymbol{x}$ 可看成是由遗传基因组成的染色体.若$\sum\limits_{i=1}^{n}h_i=L$,一般称 L 为染色体的长度,对同一问题 L 是固定的常数.A_{ij}所有可能的取值可以是一组整数,也可以是某一范围内的实数值,或者是纯粹的一个记号.最简单的情况,A_{ij}是由 0 和 1 这两个整数组成,相应的染色体 $\boldsymbol{x}$ 就可以表示为一个二进制的符号串.这种由编码所形成的排列形式 $\boldsymbol{x}$ 是个体的基因型,与它对应的 $\boldsymbol{x}$ 值是个体的表现型.通常个体的表现型与基因型是一一对应的.染色体 $\boldsymbol{x}$ 也称为个体 $\boldsymbol{x}$.

在研究自然界中生物的遗传和进化现象时,生物学家使用适应度这个术语来度量某个物种对于其生存环境的适应程度.对生存环境适应程度较高的物种将有更多的繁殖机会.与此类似,遗传算法中也使用适应度这个概念来度量群体中各个个体在优化计算中有可能达到或接近于或有助于找到最优解的优良程度.适应度较高的个体遗传到下一代的概率就大.度量个体适应度的函数称为适应度函数,为此,除了把问题的可行解进行遗传编码之外,还要定义一个适应度函数 $F(\boldsymbol{x})$.每个个体的适应度函数的函数值称为适应度函数值.简称为适应度或适应值.适应度函数就构成了个体的生存环境,根据个体 $\boldsymbol{x}$ 的适应度函数值,可以决定此个体 $\boldsymbol{x}$ 的生存能力.一般来说,好的染色体符号串的位串结构具有比较高的适应度,可以获得较高的评价,具有较强的生存能力.根据实际问题,适应度函数值可以表示利润,也可以表示效用、目标函数值、得分、机器的可靠性等等.为了能够直接将适应度与个体优劣程度的度量相联系,在遗传算法中,规定适应度函数值为非负值,并且在任何情况下总是希望它越大越好.

生物的进化是以集团为主体的.与此相对应,遗传算法的运算对象是由 M 个个体所组成的集合,称为群体.

与生物一代一代的自然进化相类似,遗传算法也是一个反复迭代的过程.若第 t 代群体记作 $P(t)$,经过一代遗传和进化后,得到第$(t+1)$代群体 $P(t+1)$.这些群体经过不断的遗传和进化操作,并且每次都按照优胜劣汰的规则将适应度较高的个体更多地遗传到下一代,最终在群体中将会得到一个优良的个体 $\boldsymbol{x}$,它所对应的表现型 $\boldsymbol{x}$ 将达到或接近于问题的最优解 $\boldsymbol{x}^*$.

生物的进化过程主要是通过染色体之间的交叉和染色体的变异来完成的.与此相对应,遗传算法中最优解的搜索过程也模仿生物的这个进化过程,对群体 $P(t)$不断地进行所谓的遗传操作,从而得到新的群体.遗传操作主要包括下面三个方面.

(1)选择(selection),也称为复制.根据各个个体的适应度,按照一定的规则或方法,从第 t 代群体 $P(t)$中选择出一些优良的个体.

(2)交叉(crossover),也称为重组.以某种概率,称为交叉概率,记为 p_c,将从群体 $P(t)$中选择出的一些个体随机地搭配成对,对每一对个体以某种规则或方法交换它们之间的部分遗传基因.

(3)变异(mutation),以某种概率,称为变异概率,记作 p_m,从群体中选出一个或几个个体,以某种规则或方法改变某一个或者几个遗传基因的值.

对第 t 代群体 $P(t)$ 进行了上述的遗传操作之后,得到新的群体,这个新的群体为第 $(t+1)$ 代群体 $P(t+1)$. 不断地重复这个过程,从而得到最优解或近似最优解.

7.2 遗传算法的运算过程

为了更好地理解遗传算法的计算过程,首先看下面的优化例子.

7.2.1 引例

4 个连锁快餐店寻找好的经营决策. 一个经营决策包括对下面三个方面的确定.

(1)主食的价格. 定得偏高些,还是偏低些?

(2)饮料的搭配. 与主食一起供应的是酒类还是饮料?

(3)服务速度. 提供慢些的服务速度,还是快一些的服务速度?

目的是找到对这三个方面的最佳组合,使得连锁店获利最高.

这个问题共有 $2^3=8$ 个可能的组合方式,下面用遗传算法来求出其中最佳的组合.

因为有三个决策变量:价格、饮料及速度. 每个决策变量为两个可能的情况中的一个. 为此对每个决策变量用数值 0 或 1 表示指定其中之一.

对主食的定价,用 0 表示对主食的价格定得偏高一些;用 1 表示对主食的价格定得偏低一些.

饮料的搭配,用 0 表示与主食一起供应的是酒类;用 1 表示与主食一起供应的是饮料.

服务速度,用 0 表示采取慢一些的服务;用 1 表示采取快一些的服务.

对这三项决定的组合构成一系列的数串,如 001,011,110,…,每个数串表示一个经营决策. 这样就把决策变量转换成了遗传编码,即用数串(符号串)来表示决策变量,每个数串看成一个染色体. 其长度 $L=3$.

假设经营者没有任何经验,完全是个新手,于是他打算经过试验,逐步调整,最终找到一个最优的组合. 经营者进行调整和判断的依据是各连锁店的赢利情况.在这里,把每个经营决策方案在一周内的利润看成是适应度函数值.开始时,在所有可能的经营决策中,随机地选取 4 个,放在 4 个不同的连锁店中进行试用.

表 7-1 给出了 4 个将要试用的经营决策方案.

表 7-1

连锁店编号 i	价格	搭配	速度	数串 X_i
1	高	饮料	快	0 1 1
2	高	酒类	快	0 0 1
3	低	饮料	慢	1 1 0
4	高	饮料	慢	0 1 0

这 4 个数串 011,001,110,010 为初始群体(也叫第 0 代群体).按这 4 个数串所表示的经营决策试验一周之后,各连锁店的利润分别为 3,1,6,2.其中最好的个体为 110,利润为 6.最差的个体为 001,其利润为 1.用这 4 种经营方式,连锁店获得的总利润为 12,平均值为 3.在获得了初始群体的这些信息之后,把遗传操作作用在初始群体上.即进行选择、交叉、变异操作,从而得到下一代群体.

首先进行选择操作.

因为测试个体的利润总和为 12,其中最好的个体 110 的利润(适应度)为 6,占总和的 1/2.所以在选择出的群体中我们期望数串 110 出现 2 次(由于随机性,在选择出来的群体中数串 110 也可能出现 3 次或 1 次,甚至 0 次).对于最差的数串 001 则希望它在新群体中消失.这些都是期望值.但是究竟怎么样选择出新群体中的数串呢?具体的步骤如下.

(1)将当前群体中所有个体的适应度相加,求出适应度的总和

$$\sum F(\boldsymbol{X}_i) = \sum F_i .$$

(2)对每个个体计算出比值 $F_i/\sum F_i$ 的大小,即计算出每个个体的适应度在群体适应度总和中所占的比例.这个比值被看作每个个体在选择过程中被选中的概率.显然,群体中个体的概率值之和为 1.每个概率值组成一个概率区域.

(3)产生一个 0 到 1 之间的随机数,根据该随机数出现在上述哪一

个概率区域内来确定哪个个体在选择过程中被选中.

选择的过程是为了体现生物进化过程中"适者生存,优胜劣汰"的思想.通过计算知,数串 011 的适应度在群体适应值总和中所占的比值为 0.25;数串 001 所占的比值为 0.08;数串 110 所占的比值为 0.5;数串 010 所占的比值为 0.17.根据产生的随机数,数串 110 被选中 2 次,数串 011 与 010 分别被选中 1 次.选择的结果为 110,011,010,110.应当注意到,选择操作并没有产生新的个体,而那些没有被选中的数串则从群体中淘汰出去了.由于选择是随机的,群体中适应度最差的数串有时也可能被选中,但随着进化过程的进行,这种影响会越来越小.

由选择操作所产生的群体不是下一代,它是当前一代与下一代群体之间的中间群体.其群体的规模不变.我们不妨称这一群体为中间群体.选择后产生的中间群体列在表 7-2 的②栏中.可以看出中间群体的平均适应度是 4.25,效果提高了.

因为适应度低的个体趋于被淘汰,适应度高的个体趋于被复制,所以通过选择改进了群体的适应度,但这是以损失群体的多样性作为代价的.中间群体中没有产生新的个体.当然群体中最好个体的适应度也不会改变.

选择操作之后进行交叉操作.

交叉操作可以产生新的个体,从而可以检测到搜索空间中新的点.交叉操作每次作用在以交叉概率 p_c 从中间群体中随机选出的个体上.交叉操作有多种方式.下面介绍一种叫作单点交叉的方法.其具体做法如下:

(1)以交叉概率 p_c 从中间群体中随机地选出需要进行交叉的数串,对这些数串再随机地两两配对;

(2)在 $1\sim(L-1)$之间产生一个随机数 j,该随机数表示交叉点的位置;

(3)对已经配对的两个数串,相互对应的交换第$(j+1)$到 L 位的数字.

在所举的引例中,假设取交叉概率 $p_c=0.5$,即只对中间群体中 50%的个体进行交叉操作,也即只对其中的 2 个个体进行交叉操作.如

选定 $i=1$ 和 $i=2$ 的两个串为配对的串，又设选取的随机数 $j=2$. 则对 110 和 011 两个个体在第 2 位数字之后交叉，即交换 $j+1=3$ 位的数字. 如下所示：

$$\begin{array}{cc:c} 0 & 1 & 1 \\ 1 & 1 & 0 \end{array} \xrightarrow{\text{交叉操作}} \begin{array}{ccc} 0 & 1 & 0 \\ 1 & 1 & 1 \end{array}$$

交叉操作之后得到的两个个体分别是 111 和 010. 按数串所表示的经营方案在连锁店中试用一周，数串 111 的利润为 7.

最后进行变异操作.

变异操作是作用在以变异概率 p_m 随机地从群体中选出的个体上. 变异的方法也有多种，下面介绍的方法叫基本位变异方法.

首先在 $1\sim L$ 之间产生一个随机数 k，然后对已经选出的需要变异的个体，改变其符号串上的第 k 位数字的值. 对于二进制的数串，就是对第 k 位数字由 1 变为 0，或者由 0 变为 1. 比如，若对符号串 010 进行变异，首先选定变异的位置 k，当 $k=2$ 时，则把数串 010 中的第 2 位上的数字 1 改为 0，得到数串 000. 该数串在连锁店中试用一周的利润为 1.

变异操作可以产生新的个体. 变异的目的主要有两个，一个是改善遗传算法的局部搜索能力，另一个是维持群体的多样性. 一般，它只是产生新个体的辅助方法，所以变异概率 p_m 的取值一般很小.

以上所进行的操作结果如表 7-2 所示.

表 7-2

店号 i	① 第 0 代群体 $P(0)$			② 选　择			③ 交　叉		
	串 X_i	$F(X_i)$	$F_i\Big/\sum F_i$	选择次数	选择结果	$F(X_i)$	交叉个体及交叉点	交叉结果	$F(X_i)$
1	011	3	0.25	1	0 1 1	3		0 1 0	2
2	001	1	0.08	0	1 1 0	6	$i=1,2$	1 1 1	7
3	110	6	0.50	2	1 1 0	6	$j=2$	1 1 0	6
4	010	2	0.17	1	0 1 0	2		0 1 0	2
总和 $\sum F_i$	12			17			17		
最小值	1			2			2		
最大值	6			6			7		
平均值	3.00			4.25			4.25		

续表

④ 变　异			⑤ 第1代群体 $P(1)$		
变异个体	变异结果	$F(\boldsymbol{X}_i)$	串 $\boldsymbol{X}_i$	$F(\boldsymbol{X}_i)$	$F_i\Big/\sum F_i$
$i=1$	0 0 0	1	0 0 0	1	0.063
	1 1 1	7	1 1 1	7	0.437
	1 1 0	6	1 1 0	6	0.375
	0 1 0	2	0 1 0	2	0.125
16			16		
1			1		
7			7		
4			4		

上面用遗传算法描述了对所举的引例由第0代产生第1代的经过.从表7-2中可以看出,群体经过一代进化之后,其适应度的最大值、平均值都得到了明显改进.事实上,这里已经得到了最好的经营决策,它是个体111.即主食的价格定在低价位,与主食一起搭配供应的是饮料,并且提供快速的服务.按此种经营决策,每周可获利润为7.

在这个例子中,新一代群体中的最好个体111是个体011与110的子代串.其中一个父代串110恰好是第0代群体中的最好个体,另一个父代串011的适应度正好等于第0代群体的平均适应度.它们是基于其适应度被随机地选择为中间群体的.两个父代串的适应度都不在群体平均适应度之下,由它们交叉所产生的每个子代串都包含它们的染色体物质,在这种情况下,其中一个子代串比它的两个父代串的适应度有可能都好.

在迭代过程中,对每一代群体,首先计算群体中每个个体的适应度,然后利用适应度的信息分别以一定的概率进行选择、交叉和变异操作,从而产生新一代群体.不断地执行这个过程,直到满足某种停止准则为止.

停止准则,一般情况下表示成算法执行的最大代数目的形式.此时,把当前代中最好的个体或者迭代过程中所得到的最大适应度的个体指定为遗传算法的结果.对那些一旦最优解出现就能识别的问题,算法可以当这样的个体找到时就停止执行.

7.2.2　遗传算法的运算过程

根据前面的引例,我们可以得到遗传算法的运算过程.

1　运算过程

对给定问题,给出变量的编码方法.定义适应度函数.

(1)初始化.令 $t=0$.给出正整数 T(最大迭代次数),交叉概率 p_c 及变异概率 p_m.随机生成 M 个个体作为初始群体 $P(0)$.

(2)个体评价.计算 $P(t)$中各个体的适应度 $F(\boldsymbol{x}_i)=F_i$.

(3)选择.计算比值 $F_i\Big/\sum F_i$,根据此比值对群体 $P(t)$进行选择操作,得到中间群体.

(4)交叉.把交叉操作作用于中间群体.

(5)变异.把变异操作作用于交叉之后所得到的群体.则得到第$(t+1)$代群体 $P(t+1)$.

(6)若 $t<T$,则令 $t=t+1$,转(2).

若 $t\geqslant T$,则以进化过程中所得到的具有最大适应度的个体作为最优解.运算停止.

2　遗传算法运算过程示意图

由第 t 代群体$P(t)$到第$(t+1)$代群体 $P(t+1)$,运算过程的示意图如图 7-1 所示.

7.2.3　遗传算法的特点

与传统的优化算法相比较,遗传算法主要有以下几个不同的特点.

(1)遗传算法不是直接作用在参变量集上,而是利用参变量集的某种编码,把遗传操作作用于个体的编码上.

(2)遗传算法不是单个点之间的搜索,而是群体之间的搜索.

(3)遗传算法利用适应度函数值信息,不需要导数或其他辅助信息.

(4)遗传算法利用概率转移规则,而不是确定性的规则.其选择、交叉、变异等操作都是以一种概率的形式来进行.从而增加了搜索过程的

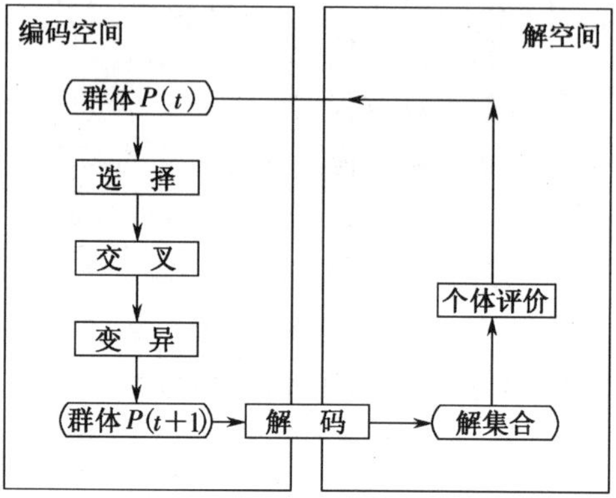

图 7-1

灵活性、多样性.

基于遗传算法的上述特点,在搜索过程中不容易陷于局部最优,即使所定义的适应度函数是不连续的、非规则的情况下,它也能以很大的概率找到整体最优解.实践和理论都已证明了在一定的条件下,遗传算法总是以概率 1 收敛于问题的最优解,因而具有较好的全局最优解的求解能力.其次,由于它固有的并行性,遗传算法非常适用于大规模并行计算机.另外,遗传算法应用面广泛,为求解复杂系统的优化问题提供了一个框架.它不依赖于问题的领域和类型,对函数的性态无要求,搜索过程既不受函数连续性的约束,也没有导数存在的要求.

遗传算法一经提出就引起了各界的高度重视,并在实际工程技术和经济管理领域得到了广泛的应用,产生了大量的成功案例.

7.3 基本遗传算法及应用举例

针对各种不同类型的问题,借鉴自然界中生物遗传与进化的机理,学者们设计了许多不同的编码方法来表示问题的可行解,开发出了许多不同的遗传操作方法来处理不同环境下的生物遗传特性.这样,由不同的编码方法和不同的遗传操作方法就构成了各种不同的遗传算法.

但这些遗传算法有共同的特点,即通过对生物的遗传和进化过程中的选择、交叉、变异机理的模仿来完成对最优解的自适应搜索过程.基于此共同点,人们总结出了最基本的遗传算法——基本遗传算法.基本遗传算法只使用选择、交叉、变异三种基本遗传操作.遗传操作的过程也比较简单、容易理解.同时,基本遗传算法也是其他一些遗传算法的基础与雏形.

7.3.1 基本遗传算法的构成要素

1 编码方法

用遗传算法求解问题时,不是对所求解问题的实际决策变量直接进行操作,而是对表示可行解的个体编码施加选择、交叉、变异等遗传操作运算.遗传算法通过对个体编码的操作,不断搜索出适应度较高的个体,并在群体中逐渐增加其数量,最终寻找到问题的最优解或近似最优解.因此,必须建立问题的可行解的实际表示与遗传算法的染色体位串结构之间的联系.在遗传算法中,把一个问题的可行解从其解空间转换到遗传算法所能处理的搜索空间的转换方法称为编码.反之,个体从搜索空间的基因型变换到解空间的表现型的方法称为解码方法.

编码是应用遗传算法时需要解决的首要问题,也是一个关键步骤.迄今为止人们已经设计出了许多种不同的编码方法.基本遗传算法使用的是二进制编码方法.即所使用的编码符号集是由二进制符号 0 和 1 所组成的二值符号集$\{0,1\}$,也就是说,把问题空间的参数表示为基于字符集$\{0,1\}$构成的染色体位串.每个个体的染色体中所包含的数字的个数 L 称为染色体的长度或称为符号串的长度.一般染色体的长度 L 为一固定的数,如

$$\boldsymbol{x} = 10011100100011010100$$

表示一个个体,该个体的染色体长度 $L=20$.

二进制编码符号串的长度与问题所要求的求解精度有关.假设某一参数的取值范围是$[a,b]$,我们用长度为 L 的二进制编码符号串来表示该参数,总共能产生 2^L 种不同的编码,若参数与编码的对应关系为

$$\begin{aligned}&00000000\cdots\ 00000000 = 0 \ \to a\\&00000000\cdots\ 00000001 = 1 \ \to a+\delta\\&\quad\vdots\\&11111111\cdots 11111111 = 2^L-1 \to b\end{aligned}$$

则二进制编码的编码精度 $\delta=\dfrac{b-a}{2^L-1}$.

假设某一个个体的编码是 $x_k = a_{k1}a_{k2}\cdots a_{kL}$,则对应的解码公式为

$$x_k = a+\frac{b-a}{2^L-1}\left(\sum_{j=1}^{L} a_{kj}2^{L-j}\right).$$

例如,对于 $x\in[0,1\ 023]$,若用长度为 10 的二进制编码来表示该参数的话,则下述符号串:

$$x = 0010101111$$

就表示一个个体,它对应的参数值是 $x=175$.此时的编码精度为 1.

二进制编码方法相对于其他编码方法的优点,首先是编码、解码操作简单易行;其次是交叉、变异遗传操作便于实现;另外便于对算法进行理论分析.

2　个体适应度函数

在遗传算法中,根据个体适应度的大小来确定该个体在选择操作中被选定的概率.个体的适应度越大,该个体被遗传到下一代的概率也越大;反之,个体的适应度越小,该个体被遗传到下一代的概率也越小.基本遗传算法使用比例选择操作方法来确定群体中各个个体是否有可能被遗传到下一代群体中.为了正确计算不同情况下各个个体的选择概率,要求所有个体的适应度必须为正数或零,不能是负数.这样,根据不同种类的问题,必须预先确定好由目标函数值到个体适应度之间的转换规则,特别是要预先确定好当目标函数值为负数时的处理方法.

设所求解的问题为 $\begin{cases}\max f(\boldsymbol{x}),\\ \boldsymbol{x}\in D.\end{cases}$

对于求目标函数最小值的优化问题,理论上只需简单地对其增加一个负号就可将其转化为求目标函数最大值的优化问题,即

$$\min f(\boldsymbol{x}) = \max\left(-f(\boldsymbol{x})\right).$$

当优化目标是求函数最大值,并且目标函数总取正值时,可以直接设定个体的适应度函数值 $F(\boldsymbol{x})$就等于相应的目标函数值 $f(\boldsymbol{x})$,即

$$F(\boldsymbol{x})=f(\boldsymbol{x}).$$

但实际优化问题中的目标函数值有正也有负,优化目标有求函数最大值,也有求函数最小值,显然上面两式保证不了所有情况下个体的适应度都是非负数这个要求,所以必须寻求出一种通用且有效的由目标函数值到个体适应度之间的转换关系,由它来保证个体适应度总取非负值.

为满足适应度取非负值的要求,基本遗传算法一般采用下面两种方法之一将目标函数值 $f(\boldsymbol{x})$变换为个体的适应度 $F(\boldsymbol{x})$.

(1)对于求目标函数最大值的优化问题,变换方法为

$$F(\boldsymbol{x})=\begin{cases}f(\boldsymbol{x})+C_{\min}, & f(\boldsymbol{x})+C_{\min}>0\text{ 时},\\ 0, & f(\boldsymbol{x})+C_{\min}\leqslant 0\text{ 时},\end{cases}$$

式中,$C_{\min}$为一个适当的相对比较小的数,它可以是预先指定的一个较小的数,或进化到当前代为止的最小目标函数值,又或当前代或最近几代群体中的最小目标函数值.

(2)对于求目标函数最小值的优化问题,变换方法为

$$F(\boldsymbol{x})=\begin{cases}C_{\max}-f(\boldsymbol{x}), & f(\boldsymbol{x})<C_{\max}\text{时},\\ 0, & f(\boldsymbol{x})\geqslant C_{\max}\text{时},\end{cases}$$

式中,$C_{\max}$为一个适当地相对比较大的数,它可以是预先指定的一个较大的数,或进化到当前代为止的最大目标函数值.又或当前代或最近几代群体中的最大目标函数值.

3　基本遗传操作方法

基本遗传算法使用下述三种基本遗传操作方法.

(1)比例选择:选择或称复制,建立在对个体适应度进行评价的基础之上.其作用是从当前群体中选择出一些比较优良的个体,并将其复制到下一代群体中.基本遗传算法采用比例选择的方法,所谓比例选择,是指个体在选择操作中被选中的概率与该个体的适应度大小成正比.

比例选择实际上是一种有退还的随机选择,也叫做赌盘选择,因为这种选择方式与赌博中的赌盘操作原理颇为相似.

图 7-2 为一赌盘示意图.整个赌盘被分为大小不同的一些扇面,分别对应着价值各不相同的一些赌博物品.当旋转着的赌盘自然停下来时,其指针所指扇面上的物品就归赌博者所有.虽然赌盘的指针具体停止在哪一个扇面是无法预测的,但指针指向各个扇面的概率却是可以估计的,它与各个扇面的圆心角大小成正比:圆心角越大,停在该扇面的可能性也越大;圆心角越小,停在该扇面的可能性也越小.与此类似,在遗传算法中,整个群体被各个个体所分割,各个个体的适应度在全部个体的适应度之和中所占比例大小不一,这些比例值瓜分了整个赌盘盘面,它们决定了各个个体在选择操作中被选中的概率.

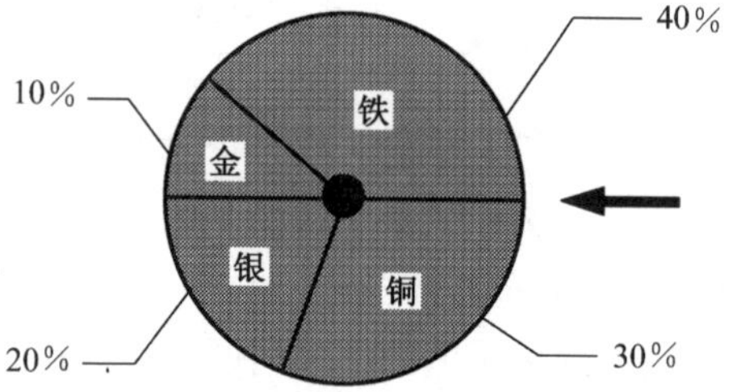

图 7-2

比例选择操作的具体执行过程如下(设群体的大小为 M).

(i)计算出群体中所有个体的适应度的总和 $\sum_{i=1}^{M} F_i$.

(ii)计算出每个个体的相对适应度的大小,即计算出比值 $F_i \Big/ \sum_{i=1}^{M} F_i$.它即为各个个体在选择操作中被选中的概率.

(iii)最后再使用模拟赌盘操作,即产生 0 到 1 之间的随机数,来确定各个个体被选中的次数.

(2)单点交叉.单点交叉又称简单交叉,是基本遗传算法所使用的交叉操作方法.单点交叉操作的具体执行过程如下.

(i)依设计的交叉概率 p_c,从比例选择之后的群体中随机地选出需要交叉的个体,并对这些个体两两随机地配对.比如已选出需要交叉的个体数目为 Q 个,则共有$[Q/2]$对相互配对的个体组.其中$[x]$表示不大于 x 的最大整数.

(ii)若染色体的长度为 L,对每一对相互配对的个体,由 1 到$(L-1)$之间随机的设置一个随机数 j.随机数 j 称为交叉点.它表示对需要交叉的一对个体,在二进制符号串中的第 j 位数字之后的所有基因相互交换.显然,共有$(L-1)$个可能的交叉点位置.

(iii)对已配对的两个个体相互对应地交换由$(j+1)$到 L 的所有基因.

单点交叉运算的示意如下所示:

$$\begin{array}{l} A:1\ 0\ 1\ 1\ 0\ 1\ 1\ 1 \mid 0\ 0 \\ B:0\ 0\ 0\ 1\ 1\ 1\ 0\ 0 \mid 1\ 1 \end{array} \xrightarrow{\text{单点交叉}} \begin{array}{l} A':1\ 0\ 1\ 1\ 0\ 1\ 1\ 1 \mid 1\ 1 \\ B':0\ 0\ 0\ 1\ 1\ 1\ 0\ 0 \mid 0\ 0 \end{array}$$

交叉点

在生物的自然进化过程中,两个同源染色体通过交配而重组,形成新的染色体,从而产生出新的个体或物种.交配重组是生物遗传和进化过程中的一个主要环节.遗传算法中的交叉操作正是模仿了这个环节来产生新的个体.它在遗传算法中起着关键作用,是产生新的个体的主要方法.

(3)基本位变异.基本位变异是最简单和最基本的变异操作,也是基本遗传算法中所使用的变异操作方法.对于基本遗传算法中用二进制编码符号串所表示的个体,对需要进行变异操作的某一基因,若原有基因值为 0,则变异操作将该基因值变为 1;反之,若原有基因值为 1,则变异操作将其变为 0.

基本位变异操作的具体执行过程如下.

(i)依变异概率 p_{m},从单点交叉之后的群体中随机地选出需要进行变异的个体.

(ii)对每一个将要进行变异的个体,由 1 到 L 之间随机地设置一个随机数 k.该随机数 k 叫做变异点.它表示对二进制编码的符号串中第 k 位数字进行变异.从而产生出一个新的个体.

基本位变异运算的示意如下所示：

$$A:1\ 0\ 1\ 0\ \boxed{1}\ 0\ 1\ 0\ 1\ 0 \xrightarrow{\text{基本位变异}} A':1\ 0\ 1\ 0\ \boxed{0}\ 0\ 1\ 0\ 1\ 0$$

变异点

4 基本遗传算法的运行参数

执行基本遗传算法时，有 4 个参数需要事先指定.它们是群体的大小 M、交叉概率 p_c、变异概率 p_m 及终止的代数 T.

(1)群体大小 M.群体的大小 M 表示群体中所含个体的数量.当 M 取值较小时，可提高遗传算法的运算速度，但却降低了群体的多样性，有可能会引起遗传算法的早熟现象；而当 M 取值较大时，又会使得遗传算法的运行效率降低.一般建议的取值范围是 20 ~ 100.

(2)交叉概率 p_c.交叉操作是遗传算法中产生新个体的主要方法，所以交叉概率一般应取较大值.但若取值过大的话，它又会破坏群体中的优良模式，对进化运算反而产生不利影响；若取值过小的话，产生新个体的速度又较慢.一般建议的取值范围是 0.4 ~ 1.00.

(3)变异概率 p_m.若变异概率 p_m 取值较大的话，虽然能够产生出较多的新个体，但也有可能破坏掉很多较好的模式，使得遗传算法的性能近似于随机搜索算法的性能；若变异概率 p_m 取值太小的话，则变异操作产生新个体的能力和抑制早熟现象的能力就会较差.一般建议的取值范围是 0.001 ~ 0.1.

(4)终止代数 T.终止代数 T 是表示遗传算法运行结束条件的一个参数，它表示遗传算法运行到指定的进化代数之后就停止运行，并将当前群体中的最佳个体作为所求问题的最优解输出.一般建议的取值范围是 100 ~ 1 000.

至于遗传算法的终止条件，还可以利用某种判定准则，当判定出群体已经进化成熟且不再有进化趋势时就可终止算法的运行过程.如连续几代个体平均适应度的差异小于某一个极小的值；或者群体中所有个体适应度的方差小于某一个极小的值.

这 4 个参数对遗传算法的搜索效果及搜索效率都有一定影响，目前尚无合理选择它们的理论根据.在遗传算法的实际应用中，往往需要经过多次的试算后才能确定出这些参数合理的取值范围或取值大小.

7.3.2　基本遗传算法应用举例

由前述可以知道,基本遗传算法是一个迭代过程,它模仿生物在自然环境中的遗传和进化机理,反复将选择操作、交叉操作、变异操作作用于群体,最终可得到问题的最优解或近似最优解.虽然算法的思想比较单纯,结构也比较简单,但它却也具有一定的实用价值,能够解决一些复杂系统的优化计算问题.

遗传算法的应用步骤如下.

遗传算法提供了一种求解复杂系统优化问题的通用框架,它不依赖于问题的领域和种类.对一个需要进行优化计算的实际应用问题,一般可按下述步骤来构造求解该问题的遗传算法.

第一步:建立优化模型,即确定出目标函数、决策变量及各种约束条件以及数学描述形式或量化方法.

第二步:确定表示可行解的染色体编码方法,也即确定出个体的基因型 $\boldsymbol{x}$ 及遗传算法的搜索空间.

第三步:确定解码方法,即确定出由个体基因型 $\boldsymbol{x}$ 到个体表现型 $\boldsymbol{x}$ 的对应关系或转换方法.

第四步:确定个体适应度的量化评价方法,即确定出由目标函数值 $f(\boldsymbol{x})$到个体适应度 $F(\boldsymbol{x})$的转换规则.

第五步:设计遗传操作方法,即确定出选择运算、交叉运算、变异运算等具体操作方法.

第六步:确定遗传算法的有关运行参数,即确定出遗传算法的 M、T、p_c、p_m 等参数.

由上述构造步骤可以看出,可行解的编码方法、遗传操作的设计是构造遗传算法时需要考虑的两个主要问题,也是设计遗传算法时的两个关键步骤.对不同的优化问题需要使用不同的编码方法和不同的遗传操作,它们与所求解的具体问题密切相关,因而对所求解问题的理解程度是遗传算法应用成功与否的关键.

例 7.3.1　求解规划问题

$$\max f(x_1,x_2)=x_1^2+x_2^2,$$
$$\text{s.t.}\quad x_1\in\{0,1,2,\cdots,7\},$$
$$x_2\in\{0,1,2,\cdots,7\}.$$

解 主要运算过程如表 7-3 所示.

(1)个体编码.遗传算法的运算对象是表示个体的符号串,所以必须把变量 x_1,x_2 编码为一种符号串.该例题中,x_1 和 x_2 取 0~7 之间的整数,可分别用 3 位无符号二进制整数来表示,将它们连接在一起所组成的 6 位无符号二进制整数就形成了个体的基因型,表示一个可行解.例如,基因型 $\boldsymbol{x}=101110$ 所对应的表现型是 $\boldsymbol{x}=(5,6)^{\mathrm{T}}$.个体的表现型 $\boldsymbol{x}$ 和基因型 $\boldsymbol{x}$ 之间可通过编码和解码程序相互转换.

(2)初始群体的产生.遗传算法是对群体进行遗传操作,需要准备一些表示起始搜索点的初始群体数据.本例中,群体规模的大小 M 取为 4,即群体由 4 个个体组成,每个个体可通过随机方法产生.一个随机产生的初始群体如表 7-3 中第②栏所示.

(3)适应度计算.本例中,目标函数总取非负值,并且是以求函数最大值为优化目标,故可直接利用目标函数值作为个体的适应度,即 $F(\boldsymbol{x})=f(\boldsymbol{x})$.为计算函数的目标值,需先对个体基因型 $\boldsymbol{x}$ 进行解码.表 7-3 中第③、④栏所示为初始群体中各个个体的解码结果,第⑤栏所示为各个个体所对应的目标函数值,它也是个体的适应度,第⑤栏中还给出了群体中适应度的最大值和平均值.

表 7-3

① 个体编号 i	② 初始群体 $P(0)$	③ x_1	④ x_2	⑤ $f_i(x_1,x_2)$	⑥ $f_i/\sum f_i$
1	011101	3	5	34 $\sum f_i=143$	0.24
2	101011	5	3	34	0.24
3	011100	3	4	25 $f_{\max}=50$	0.17
4	111001	7	1	50 $f=35.75$	0.35

续表

⑦ 选择次数	⑧ 选择结果	⑨ 配对情况	⑩ 交叉点位置	⑪ 交叉结果	⑫ 变异点	⑬ 变异结果
1	011101			011001		011001
1	111001	1-2	1-2：2	111101	5	111111
0	101011	3-4	3-4：4	101001		101001
2	111001			111011		111011

⑭ 子代群体 $P(1)$	⑮ x_1	⑯ x_2	⑰ $f_i(x_1,x_2)$	
011001	3	1	10	$\sum f_i = 192$
111111	7	7	98	$f_{\max} = 98$
101001	5	1	26	$\bar{f} = 48.00$
111011	7	3	58	

(4)选择操作.其具体操作过程是先计算出群体中所有个体的适应度的总和$\sum f_i$及每个个体的相对适应度的大小$f_i \Big/ \sum f_i$,如表7-3中⑤、⑥栏所示.表7-3中第⑦、⑧栏表示随机产生的选择结果.

(5)交叉操作.本例采用单点交叉的方法,并取交叉概率$p_c = 1.00$.表7-3中第⑪栏所示为交叉运算的结果.

(6)变异操作.为了能显示变异操作,取变异概率$p_m = 0.25$,并采用基本位变异的方法进行变异运算.表7-3第⑬栏所示为变异运算的结果.

对群体$P(t)$进行一轮选择、交叉、变异操作之后得到新一代群体$P(t+1)$.如表7-3第⑭栏所示.表中第⑮、⑯、⑰栏分别表示出了新群体的解码值、适应度和适应度的最大值及平均值等.从表7-3中可以看出,群体经过一代进化之后,其适应度的最大值、平均值都得到了明显的改进.事实上,这里已经找到了最佳个体“111111”.

需要说明的是,表中第②、⑦、⑨、⑩、⑫栏的数据是随机产生的.这里为了更好地说明问题,我们特意选择了一些较好数值以便能够得到较好的结果.在实际运算过程中有可能需要一定的循环次数才能达到这个结果.

例 7.3.2　求解下面的规划问题：

$$\max f(x_1,x_2)=100(x_1^2-x_2)^2+(1-x_1)^2,$$

$$\text{s.t.}\quad -2.048\leqslant x_i\leqslant 2.048\quad (i=1,2).$$

解　(1)编码方法.

用长度为 10 位的二进制编码串来分别表示两个决策变量 x_1,x_2. 10 位二进制编码串可以表示从 0 到 1 023 之间的 1 024 个不同的数，故将 x_1,x_2 的定义域离散化为 1 023 个均等的区域，包括两个端点在内共有 1 024 个不同的离散点. 从离散点 -2.048 到离散点 2.048，依次让它们分别对应于从 0000000000(0)到 1111111111(1 023)之间的二进制编码. 再将分别表示 x_1,x_2 的两个 10 位长的二进制编码串连接在一起，组成一个 20 位长的二进制编码串，它就构成了这个函数优化问题的染色体编码方法. 使用这种编码方法，解空间和遗传算法的搜索空间具有一一对应的关系. 例如

$$\boldsymbol{x}:\underbrace{0000110111}_{x_1}\ \underbrace{1101110001}_{x_2}$$

就表示一个个体的基因型，其中前 10 位表示 x_1，后 10 位表示 x_2.

(2)确定解码方法.

解码时需先将 20 位长的二进制编码串切断为两个 10 位长的二进制编码串，然后分别将它们转换为对应的十进制整数代码，分别记为 y_1 和 y_2. 依据前述个体编码方法和对定义域的离散化方法可知，将代码 y_i 转换为变量 x_i 的解码公式为

$$x_i=4.096\times\frac{y_i}{1\,023}-2.048\quad (i=1,2).$$

例如，对于前述个体

$$\boldsymbol{x}:00001101111101110001$$

它由这样的两个代码所组成：

$$y_1=55,$$

$$y_2=881.$$

经过解码公式处理后，可得到

$$x_1=-1.828,$$

$$x_2=1.476.$$

(3)确定个体评价方法.

由目标函数可知,目标函数的值域总是非负的,并且优化目标是求函数的最大值,故这里可将个体的适应度直接取为对应的目标函数值,并且不再对它做其他变换处理,即有

$$F(\boldsymbol{x})=f(x_1,x_2).$$

(4)遗传操作方法采用基本遗传操作方法,即

选择操作使用比例选择;

交叉操作使用单点交叉;

变异操作使用基本位变异.

(5)确定遗传算法的运行参数.

对于本例,设定基本遗传算法的运行参数如下.

群体大小:$M=80$;

终止代数:$T=200$;

交叉概率:$p_c=0.6$;

变异概率:$p_m=0.001$.

该问题的最优解为$(-2.048,-2.048)^T$,最优值为 3 905.926 2.图 7-3 所示为其进化过程示例及运行结果.图中横轴表示进化代数,纵轴表示适应度(也是目标函数值),图中的两条曲线分别为各代群体中个体适应度的最大值和平均值.

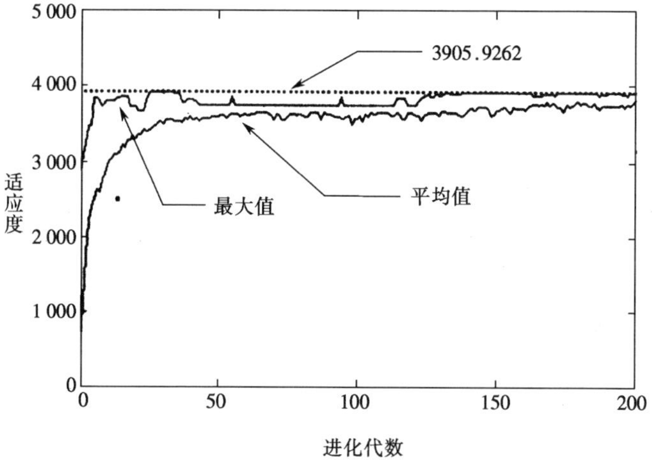

图 7-3

从图 7-3 可以看出，在解的进化过程中，群体中个体适应度的最大值和平均值虽然有上下波动的情况，但总的来说却是呈现出一种上升的趋势.

图 7-4 所示分别为初始群体、第 5 代群体、第 10 代群体和第 100 代群体中个体的分布情况. 图 7-4(a)表示初始群体中个体的分布情况，可以看出个体分布得比较均匀；图 7-4(b)表示第 5 代群体个体的分布情况，可以看出大量的个体分布在最优点和次最优点附近；图 7-4(c)表示第 10 代群体中个体的分布情况，可以看出，次最优点也被淘汰；图 7-4(d)表示第 100 代群体的分布情况，可以看出，个体更加集中在最优点附近. 由该组图形我们可以看出，随着进化过程的进行，群体中适应度较低的一些个体被逐渐淘汰掉，而适应度较高的一些个体会越来越多，并且它们都集中在所求问题的最优点附近，从而最终就可搜索到问题的最优解.

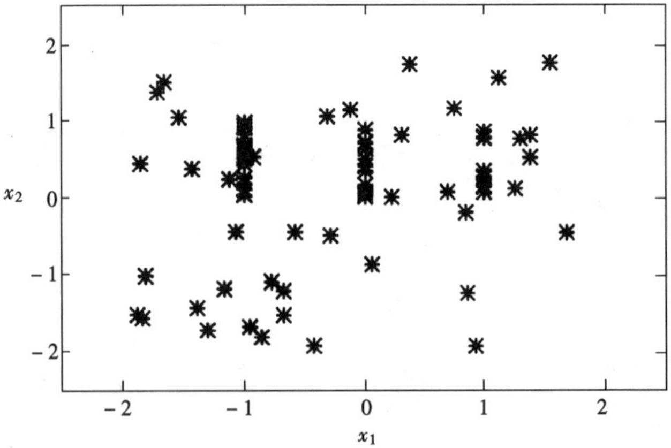

(a)

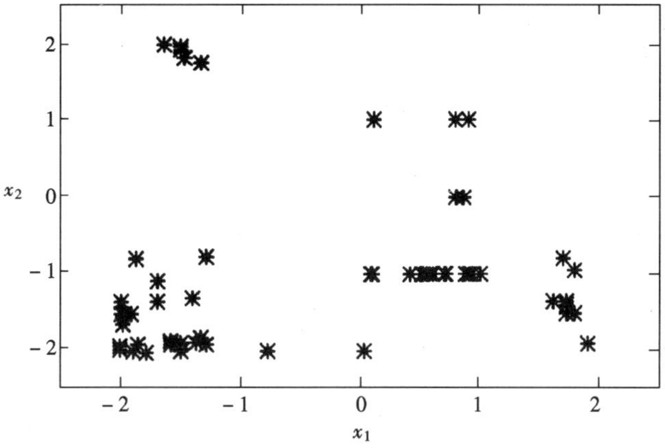

(b)

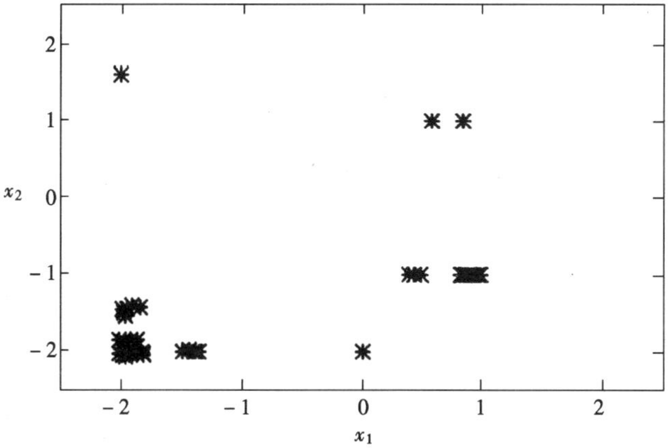

(c)

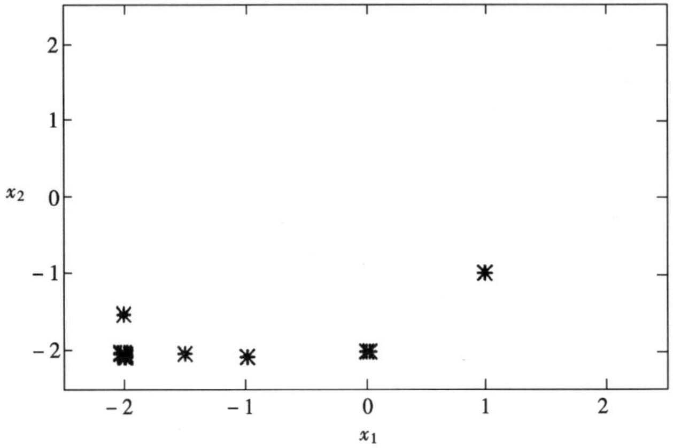

(d)

图 7-4

7.4 模式定理

7.4.1 模式

遗传算法通过对群体中多个个体的迭代搜索来逐步找出问题的最优解.这个搜索过程是通过个体之间的优胜劣汰、交叉重组和突然变异等遗传操作来实现的.在这个搜索过程中,哪种个体更容易生存,哪种个体更容易被淘汰掉呢?

由例 7.3.1 所给出的求 $f(x_1, x_2) = x_1^2 + x_2^2$ 的最大值这个例子来看,4 个初始个体经过一代遗传和进化运算之后得到 4 个新的个体,如图 7-5 所示.

通过对上述过程的观察可以看出,新一代个体的编码串组成结构与其父代个体的编码串组成结构之间有一些相似的结构联系.如第 2 代群体中的个体 101001、111011,与其父代个体之一 111001 在编码串的某些部分数码一致、结构相似,并且该父代个体的适应度要高于群体中全部个体的平均适应度.而且 7.2 中的引例也有类似的情况.

个体编码串	适应度
011101	34
101011	34
011100	25
111001	50
平均适应度	35.75

第1代群体

➡

个体编码串	适应度
011001	10
111111	98
101001	26
111011	58
平均适应度	48.00

第2代群体

图 7-5

由此我们可以看到,遗传算法处理了一些具有相似编码结构模板的个体.若把个体作为某些相似模板的具体表示的话,对个体的搜索过程实际上就是对这些相似模板的搜索过程.这样,就需要引入一个描述这种相似模板的新概念——模式.

定义 7.4.1　模式表示一些相似的模块,它描述了在某些位置上具有相似结构特征的个体编码串的一个子集.

不失一般性,以二进制编码方式为例,个体是由二值字符集 $V=\{0,1\}$ 中的元素所组成的一个编码串,而模式却是由三值字符集 $V_+=\{0,1,*\}$ 中的元素所组成的一个编码串,其中“*”表示通配符,它既可被当作“1”,也可被当作“0”.

例如,模式 $H=11**1$ 描述了长度为 5,且在位置 1、2、5 取值为“1”的所有字符串的集合{11001,11011,11101,11111};模式 $H=00***$ 描述了由 8 个个体所组成的集合{00000,00001,00010,…,00111};而模式 $H=11011$ 所描述的个体集合是由它自身组成的,即{11011}.由这些例子可以看出,模式的概念使得我们可以简明地描述具有相似结构特点的个体编码字符串.

在进行遗传算法的理论分析时,有时需要估算模式的数量.在一个编码字符串中往往隐含着多种不同的模式,定义在长度为 l 的二进制编码字符串上的模式共有 3^l 个.更为一般地,定义在含有 k 个基本字符的字母表上的长度为 l 的字符串中的模式共有 $(k+1)^l$ 个,在长度为 l、规模为 M 的二进制编码字符串群体中,一般包含有 $2^l\sim M\cdot2^l$ 个模式.另一方面,不同的模式所能匹配的字符串的个数也是不同的.

在引入模式概念之后,遗传算法的本质是对模式所进行的一系列运算,即通过选择操作将当前群体中的优良模式遗传到下一代群体中,通过交叉操作进行模式的重组,通过变异操作进行模式的突变.通过这些遗传运算,一些较差的模式逐渐被淘汰,而一些较好的模式逐步被遗传和进化,最终就可得到问题的最优解.

为定量地估计模式运算,下面再引入两个概念:模式阶和模式定义长度.

定义 7.4.2 在模式 H 中具有确定编码值的位置数目称为该模式的模式阶,记为 $o(H)$.

对于二进制编码字符串而言,模式阶就是模式中所含有的 1 和 0 的数目,例如,$o(10*0*)=3$,$o(*******1)=1$.当字符串的长度固定时,模式阶数越高,能与该模式匹配的字符串(称为样本)数就越少,因而该模式的确定性也就越高.

定义 7.4.3 模式 H 中第一个确定编码值的位置和最后一个确定编码值的位置之间的距离称为该模式的模式定义长度.记为 $\delta(H)$.

例如,$\delta(11*0**)=3$,$\delta(0***1)=4$.而对于 $H=****1$,$H=0*****$,$H=*****1**$ 之类的模式,由于它们只有一位确定的编码值,这个位置既是第一个确定编码值位置,也是最后一个确定编码值位置,所以规定它们的模式定义长度为 1,如 $\delta(**0****)=1$.

7.4.2 模式定理

由前面的叙述我们可以知道,在引入模式的概念之后,遗传算法的实质可看作是对模式的一种运算.对基本遗传算法而言,也就是某一模式 H 的各个样本经过选择运算、交叉运算、变异运算之后,得到一些新的样本和新的模式.

假设对进化过程中的第 t 代群体,当前群体 $P(t)$ 中能与模式 H 匹配的个体数(样本数)记为 $m(H,t)$,下一代群体 $P(t+1)$ 中能与模式 H 匹配的个体数记为 $m(H,t+1)$.下面对基本遗传算法在选择操作、交叉操作和变异操作的连续作用下,模式 H 的样本数 $m(H,t)$ 的变化情况进行分析.

1　选择操作的作用

基本遗传算法中的选择运算使用的是比例选择的操作方法.将当前群体中适应度的总和记为 $F(t)=\sum_i F(A_i)$,在这个操作的作用下,与模式 H 所匹配的各个个体 A_i 能够平均复制 $M\cdot F(A_i)/F(t)$ 个个体到下一代群体中,即

$$
\begin{aligned}
m(H,t+1) &= \sum_{A_i\in H\cap P(t)} \frac{M\cdot F(A_i)}{F(t)} \\
&= \sum_{A_i\in H\cap P(t)} \frac{M\cdot f(H,t)}{F(t)} \\
&= m(H,f)\frac{M\cdot f(H,t)}{F(t)} \\
&= m(H,f)\frac{f(H,t)}{\bar{F}(t)},
\end{aligned}
\tag{7.1}
$$

式中,$f(H,t)$是第 t 代群体中模式 H 所隐含个体的平均适应度;$\bar{F}(t)=F(t)/M$ 是第 t 代群体的平均适应度.

若再假设模式 H 的平均适应度总是高出群体平均适应度的 C 倍,则式(7.1)可改写为

$$m(H,t+1)=m(H,t)\cdot(1+C). \tag{7.2}$$

由此可见,$m(H,t)$为一等比级数,其通项公式为

$$m(H,t)=m(H,0)\cdot(1+C)^t. \tag{7.3}$$

由式(7.3)可知,若 $C>0$,则 $m(H,t)$呈指数级增长;若 $C<0$,则 $m(H,t)$呈指数级减少.

由此可得到下述结论:在选择操作的作用下,对于平均适应度高于群体平均适应度的模式,其样本数将呈指数级增长;而对于平均适应度低于群体平均适应度的模式,其样本数将呈指数级减少.

2　交叉操作的作用

这里以单点交叉为例进行研究.

假设有如图 7-6 所示的一个模式.

隐含在该模式中的样本与其他个体进行交叉操作时,根据交叉点的位置不同,有可能破坏该模式,也有可能不破坏该模式而

$$H = * * * * * \left| \begin{array}{c} 1 * 0 * 1\ 1 \\ \overleftrightarrow{\delta(H)} \end{array} \right| * * * * * *$$

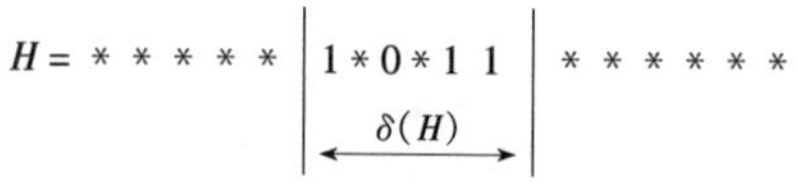

图 7-6

使其继续生存到下一代群体中.下面估算该模式生存概率 p_s 的下界.

显然,当随机设置的交叉点在模式的定义长度之内时,将有可能破坏模式(当然,根据与之交叉的配对个体所属模式情况也可能不破坏该模式);而当随机设置的交叉点在模式的定义长度之外时,不会破坏该模式.再考虑到交叉操作本身是以交叉概率 p_c 发生的,所以模式 H 的生存概率下界为

$$p_s \geqslant 1 - p_c \cdot \delta(H)/(l-1). \tag{7.4}$$

这样,经过选择运算和交叉运算作用之后,模式 H 的样本数满足下式:

$$m(H, t+1) \geqslant m(H, t) \cdot (1 + C) \cdot \left[1 - p_c \cdot \frac{\delta(H)}{l-1} \right]. \tag{7.5}$$

由式(7.5)可知,在其他值固定的情况下($C > 0$),$\delta(H)$ 越小,则 $m(H, t)$ 越容易呈指数级增长;$\delta(H)$ 越大,则 $m(H, t)$ 越不容易呈指数级增长.

3　变异操作的作用

这里以基本位变异操作为例进行研究.

此时,若某一模式被破坏,则必然是模式描述形式中通配符"$*$"之处的某一编码值发生了变化,其发生概率是

$$1 - (1 - p_m)^{o(H)}.$$

当 $p_m \ll 1$ 时,有

$$1 - (1 - p_m)^{o(H)} \approx o(H) \cdot p_m$$

由此可知,在变异操作作用下,模式 H 的生存概率大约是

$$p_s \approx 1 - o(H) \cdot p_m. \tag{7.6}$$

由式(7.6)可知:$o(H)$ 越小,模式 H 越易于生存;$o(H)$ 越大,模式 H 越易于被破坏.

这样,综合上述式(7.1)、式(7.4)、式(7.6),并忽略一些极小项,则

在比例选择操作、单点交叉操作、基本位变异操作的连续作用下，群体中模式 H 的子代样本数为

$$m(H,t+1) \geqslant m(H,t) \cdot \frac{f(H,t)}{\bar{F}(t)} \cdot \left[1 - p_c \cdot \frac{\delta(H)}{l-1} - o(H) \cdot p_m\right]. \tag{7.7}$$

由式(7.7)就可得到下述定理.

模式定理　遗传算法中，在选择、交叉和变异操作的作用下，具有低阶、短的定义长度，并且平均适应度高于群体平均适应度的模式将按指数级增长.

模式定理阐述了遗传算法的理论基础，它说明了模式的增加规律，同时也给遗传算法的应用提供了指导作用.

参考文献

1 D G Luenberger. Introduction to Linear and Nonlinear Programming. Addison-Wesley, 1973

2 M Avriel. Nonlinear Programming: Analysis and Methods. Prentice-Hill, 1976

3 M S Bazaraa, C M Shetty. Nonlinear Programming: Theory and Algorithms. John Wiley and Sons, 1979

4 R Fletcher. Practical Methods of Optimization. Second Edition, John Wiley and Sons, 1987

5 俞玉森.数学规划的原理和方法.武汉:华中工学院出版社,1983

6 席少霖,赵风治.最优化计算方法.上海:上海科技出版社,1983

7 管梅谷,郑汉鼎.线性规划.济南:山东科技出版社,1983

8 赵风治.线性规划计算方法.北京:科学出版社,1981

9 张建中,许绍吉.线性规划.北京:科学出版社,1990

10 S I Gass. Linear Programming. McGraw-Hill, 1964

11 P E Gill, W Murray, M H Wright. Practical Optimization. New York: Academic Press, 1981

12 J E Dennis, J J More. Quasi-Newton Methods. Motivation and Theory, SIAM Review, 19 (1977), P.46 ~ 89

13 邓乃扬.无约束最优化计算方法.北京:科学出版社,1982

14 席少霖.非线性最优化方法.北京:高等教育出版社,1992

15 薛嘉庆.最优化原理与方法(修订版).北京:冶金工业出版社,1992

16 S P Han. Superlinearly Convergent Variable Metric Algorithms for General Nonlinear Programming Problems. Mathematical Programming(1976), P.236 ~ 282

17 M J D Powell. The Fast Algorithm for Nonlinearly Constrained Optimization Calculations. in G. A. Watson(ed.), Numerical Analysis, Dundee, 1977

18 D P Bertsekas. Constrained Optimization and Lagrange Multiplier Methods. Acadmic Press, 1982

19 W Hock, K Schittkoski. Test Examples for Nonlinear Programming Codes. Lecture Notes in Economics and Mathematical Systems, Vol 187, Springer, 1981

20 Y Sawaragi, H Nakayama, T Tanino. Theory of Multiobjective Optimization. Mathematics in Science and Engineering, Vol 176, Academic Press, 1985

21 S M Lee. Goal Programming for Decision Analysis. Auerbach Publishers Inc., Philadel-

phia,1972
22 顾基发,魏权龄.多目标决策问题.应用数学与计算数学.1981(1)
23 胡毓达.实用多目标最优化.上海:上海科技出版社,1990
24 王日爽,徐兵,魏权龄.应用动态规划.北京:国防工业出版社,1987
25 张润琦.动态规划.北京:北京理工大学出版社,1989
26 R Bellman. Dynamic Programming. Princeton University Press,1957
27 L Cooper,M Cooper. Introduction to Dynamic Programming. Pergamon Press,1981
28 S Dreyfus,A Law. The Art and Theory of Dynamic Programming. Academic Press,1977
29 刘 勇,康立山,陈毓屏著.非数值并行算法(第二册),遗传算法.北京:科学出版社,1995
30 周 明,孙树栋.遗传算法原理及应用.北京:国防工业出版社,1999
31 李敏强,寇纪淞等.遗传算法的基本理论与应用.北京:科学出版社,2002